高等职业技术教育精品教材——工程测量类

工 程 测 量

（第 2 版）

解宝柱 蒋 伟 李春静 主编

西南交通大学出版社
·成 都·

内容提要

本书包含基本测量、控制与应用测量、专业测量 3 篇，共 12 章内容，主要介绍工程测量的基本概念与基本原理，介绍基于水准仪、全站仪、GNSS-RTK 接收机实施的水准测量、角度测量、距离测量、控制测量、数字测图、曲线测量、铁路线路测量、桥梁与隧道施工测量的基本知识和技术方法。

本书可作为交通运输铁道、道路工程类专业教学用书，也可供相关专业技术人员参考。

图书在版编目（CIP）数据

工程测量 / 解宝柱，蒋伟，李春静主编. —2 版
. —成都：西南交通大学出版社，2022.9
ISBN 978-7-5643-8882-9

Ⅰ. ①工… Ⅱ. ①解… ②蒋… ③李… Ⅲ. ①工程测量 – 教材 Ⅳ. ①TB22

中国版本图书馆 CIP 数据核字（2022）第 158184 号

Gongcheng Celiang

工 程 测 量
（第 2 版）

解宝柱 蒋 伟 李春静 / 主编

责任编辑 / 王 旻
特邀编辑 / 王玉珂
封面设计 / 曹天擎

西南交通大学出版社出版发行
（四川省成都市金牛区二环路北一段 111 号西南交通大学创新大厦 21 楼 610031）
发行部电话：028-87600564 028-87600533
网址：http://www.xnjdcbs.com
印刷：四川森林印务有限责任公司

成品尺寸 185 mm × 260 mm
印张 22.5 字数 563 千
版次 2009 年 8 月第 1 版 2022 年 9 月第 2 版
印次 2022 年 9 月第 10 次

书号 ISBN 978-7-5643-8882-9
定价 55.00 元

第 2 版前言

"工程测量"是铁道工程等交通土建类专业的重要技术基础课程,其主要任务是培养学生具有本专业工程测量方面的基本理论和实践能力。使学生掌握本领域中的高程控制测量、平面控制测量、地形测量、线路测量与施工测量的基本方法,具备熟练操作水准仪、全站仪、GNSS 测量系统和工程软件的技能,并初步具备参与相应测量设计与实施的能力;是一门需一定理论基础,更注重实践训练,实践比重大于理论教学,强调学生动手能力以及运用测量技术规范、标准解决工程测量实际问题能力培养的课程。

本书第 1 版自 2009 年 8 月发行至今,已十余年。期间,工程测量技术方法发生了根本变革。电子水准仪、全站仪、GNSS-RTK 等数字化测量系统全面替代了光学水准仪、经纬仪、钢尺等传统测量设备和测量方法,移动互联网信息技术广泛应用于工程测量中。因此,也促使工程测量规范与时俱进。例如,铁路行业颁布了《铁路工程测量规范》(TB 10101—2018)(以下简称《规范》),基于电子水准仪、智能全站仪和 GNSS 定位测量的数字测量技术成为主要测量方法。

另外,《工程测量标准》(GB 50026—2020)(以下简称《标准》)的颁布实施,可以看成是我国工程测量技术全面迈向数字化的标志,《标准》中已不再推荐使用传统测量设备和方法。

本书第 2 版仍分为基本测量、控制与应用测量、专业测量 3 部分。主要修订内容如下。

基本测量部分:绪论中增加了"2000 国家大地坐标系";水准测量、角度测量、距离测量中将微倾式水准仪、光学经纬仪、钢尺等测量只做简要介绍,而代之以自动安平水准仪、电子水准仪、全站仪测量为主;角度测量突出了方向观测法。

控制与应用测量部分:删除第 1 版第九章施工测量的基本工作,将 GNSS 定位测量调整到控制测量之前;GNSS 定位测量,增加对我国北斗系统的介绍,并详细介绍了工程之星 5.0 以手机为控制器的 RTK 操作方法;控制测量增加了 GPS 控制测量的内容,全站仪导线外业测量方法,全面修订了相关技术要求;第八章地形图的测绘与应用,删除了经纬仪测图法,代之介绍全站仪、RTK 数字测图。

专业测量部分:考虑本书的针对性,删除第 1 版第十二章建筑施工测量和第十五章管道工程测量;曲线测量增加了 RTK 曲线测设的内容,删除有障碍曲线、复曲线、长大曲线和回头曲线部分内容；线路测量主要介绍铁路线路测量，重点是依据《规范》对原内容做了全面修订，主要介绍铁路线路在"三网（CPⅠ、CPⅡ、CPⅢ）"测量基础上，全站仪、GNSS-RTK 在铁路线路初测、定测、施工测量中的基本应用。

本书由辽宁铁道职业技术学院解宝柱主持修订。

参与修订工作的还有南京铁道职业技术学院蒋伟，吉林铁道职业技术学院李春静、李昊鹏，辽宁铁道职业技术学院姜雄基、闫野、杨柳青、范玉忠。

本书在修订过程中参考和引用了大量有关文献资料，在此对原作者表示感谢！

由于笔者水平有限，书中不妥和疏漏在所难免，恳请读者批评指正。

编　者
2022 年 3 月

第 1 版前言

"工程测量"是交通土建类专业的主干课程之一。传统的工程测量内容是以光学测量仪器为基础的普通测量理论与方法为主，强调各行业的具体应用。随着全站仪的普及，传统的测角、测距工具及方法已渐成历史；电子水准仪的应用也给水准测量带来了效率上的革命；GPS测量技术的日益普及，对传统的测量理论和方法构成了直接的挑战。

在设计、施工、维修部门普及应用全站仪，广泛使用 GPS 测量系统的今天，作为以就业为导向的高职教育工程测量课程内容如何在传统工程测量方法和现代测量技术之间找到一个合适的切入点，以适应企业对测量工作的新要求，是我们从事高职工程测量教学工作的教师必须要解决的问题。为此，在西南交通大学出版社的大力支持下，由吉林铁道职业技术学院、黑龙江交通职业技术学院、辽宁铁道职业技术学院和黑龙江中铁建设监理有限责任公司共同成立了高职院校《工程测量》教材开发小组，针对铁道工程技术、道路桥梁工程技术等交通土建类专业，共同编写了这本《工程测量》教材。

本书分为基本测量、控制与应用测量、专业测量三部分。基本测量部分介绍了水准、角度、距离及全站仪测量工作的基本内容和方法，介绍了误差及精度的概念和基本知识；控制与应用测量部分介绍了小区域控制测量，GPS 卫星定位测量，施工测量的基本内容和方法，其中在地形图的测绘与应用一章，还着重介绍了数字地形图的应用；专业测量部分则针对各专业的具体需要，介绍了曲线、铁路、公路、建筑、桥梁、隧道、管线等工程设计、施工阶段的测量工作，在线路测量部分，针对近年来我国高速客运专线建设中已大量铺设无砟轨道的现象，增加了无砟轨道测量的基本内容。

"工程测量"是一门实践性和理论性都很强的课程，本书比较系统地反映了铁路、公路、建筑工程各阶段测量工作的内容，实用性很强，注重深入浅出，理论联系实际。为便于学生学习、复习及应用，每章后均附有思考题与习题。本书为高等职业技术教育工程测量课程教学用书，也可作为相关专业工程技术人员的参考资料。

本书共分十五章，由吉林铁道职业技术学院解宝柱、黑龙江交通职业技术学院蒋伟主编，全书由解宝柱统稿，吉林铁道职业技术学院张炳南教授主审。第一、四、七、八章由解宝柱编写；第二、三、六、十四章由蒋伟编写；第五章由黑龙江交通职业技术学院张俊刚编写；第九章由吉林铁道职业技术学院金鹏涛编写；第十一章第四、五节由黑龙江中铁建设监理有限责任公司蒋君编写；第十章，第十一章第一、二、三、六节由辽宁铁道职业技术学院赵勇编写；第十二章由吉林铁道职业技术学院侯春奇编写；第十三章由黑龙江交通职业技术学院王兴杰编写；第十五章由吉林铁道职业技术学院李春静编写。

本书在编写过程中得到了西南交通大学出版社、黑龙江中铁建设监理有限责任公司、中铁九局集团有限责任公司、沈阳铁路局等单位的热心帮助和指导，在此表示衷心的感谢。

由于笔者水平有限，书中不妥和疏漏在所难免，恳请读者批评指正。

编　者

2009 年 4 月

目　录

第一篇　基本测量

第二篇　控制与应用测量

第三篇　专业测量

绪论　工程测量工作基础

第一节　工程测量的任务和程序

一、测量学的分类及研究对象

测量学是研究地球的形状和大小以及确定地面点位的科学。它的主要任务有 3 个方面：一是研究确定地球的形状和大小，为地球科学提供必要的数据和资料；二是将地球表面的地物地貌测绘成图；三是将图纸上的设计成果准确地在地面上表达出来。根据研究的具体对象及任务的不同，传统上又将测量学分为以下几个主要分支学科：

（1）大地测量学是研究广大区域的测量工作。具体的任务是在广大区域内测定一些点的精确位置，以建立国家大地控制网，作为各种测量工作的基础，并用来研究地球的形状和大小。大地测量必须考虑地球曲率的影响。

（2）地形测量学是研究小范围内地面上各种物体所在位置详细情况的测量工作。它的具体任务则是测绘各种比例尺的地形图。在地形测量中不考虑地球曲率的影响。

（3）摄影测量学是研究用摄影所得的地面相片绘制地形图的方法。它可用航空摄影或地面摄影的方法，也可用遥感的方法。

（4）工程测量学是研究各种工程在勘测设计、施工以及运营等阶段中的各种测量工作。

在测量工作中有两类不同性质的工作：一类是把地面上存在的各种附着物、构筑物和地表形态，用测量的方法测出它们的位置并用特定符号表达出来，并绘制成图，例如测绘地形图的工作，一般称之为测量；另一类工作则是把预定好的点位用测量方法标定于地面，例如各种工程的施工放样工作，它是工程测量中一项主要的工作，称之为测设。前者是把地面实际的形态通过测量转化成图或数字，可认为是认识自然的过程；后者则是按设计图纸或预定的数字，通过测量方法把设计好的建筑物位置标定到地面，使设计成为现实，它是改造自然的过程。

二、工程测量的任务

按工程建设的进行程序，工程测量可分为规划设计阶段的测量，施工兴建阶段的测量和竣工后的运营管理阶段的测量。规划设计阶段的测量主要是提供地形资料。取得地形资料的方法是，在所建立的控制测量的基础上进行地面测图或航空摄影测量。施工兴建阶段的测量的主要任务是，按照设计要求在实地准确地标定建筑物各部分的平面位置和高程，作为施工与安装的依据。一般也要求先建立施工控制网，然后根据工程的要求进行各种测量工作。竣工后的营运管理阶段的测量，包括竣工测量以及为监视工程安全状况的变形观测与维修养护等测量工作。

按工程建设的对象，工程测量可分为建筑工程测量、水利工程测量、铁路测量、公路测量、桥梁工程测量、隧道工程测量、矿山测量、城市市政工程测量、工厂建设测量以及军事工程测量、海洋工程测量等。因此，工程测量工作遍布国民经济建设和国防建设的各部门和各个方面。

例如，铁路、公路在建造之前，为了确定一条最经济、最合理的路线，必须预先进行该地带的测量工作，由测量的成果绘制带状地形图，在地形图上进行线路设计，然后将设计路线的位置标定在地面上，以便进行施工。当路线跨越河流时，必须建造桥梁，在建桥之前，要绘制河流两岸的地形图，测定河流的水位、流速、流量和河床地形图以及桥梁轴线长度等，为桥梁设计提供必要的资料，最后将设计的桥台、桥墩的位置用测量的方法在实地标定；当路线穿过山地需要开挖隧道时，开挖之前，必须在地形图上确定隧道的位置，并由测量数据来计算隧道的长度和方向。隧道施工通常从隧道两端开挖，这就需要根据测量的成果指示开挖的方向等，使之符合设计要求。又例如，城市规划、给水排水、煤气管道等市政工程的建设，工业厂房和高层建筑的建造，在设计阶段要测绘各种比例尺的地形图，供结构物的平面及竖向设计之用；在施工阶段，要将设计结构物的平面位置和高程在实地标定出来，作为施工的依据；待工程完工后，还要测绘竣工图，供日后扩建、改建、维修和城市管理应用。对某些重要的建筑物或构筑物在建设中和建成以后都需要进行变形观测，以保证建筑物的安全。

三、测量工作程序

测量工作无论是测图还是施工放样都应本着从整体到局部，先测控制、后测细部的施测原则。以测图为例，因为每个测区都有一定的施测范围，所测区域的地形情况往往不能在一张图纸上表示出来，就是用一张图纸也不能在一个测站（即安置仪器并在此测量的点）上将该测区的所有细部点测绘出来，而是需要若干个测站点。这些安放仪器的测站点，应该先用木桩或其他材料标志在地面上，并测出它们之间的关系，然后，在各测站点安置仪器，分别测出各测站点周围的细部来，如图 0.1 所示。设置测站点是从整体出发，即从整个测区的情况来考虑测站点的位置。测细部时，只是在各个测站点分别施测，对于一个测站周围的细部来说，它是测区的局部而不是全体。所以这个原则称为从整体到局部，又因测站点是测细部点的依据，它对于细部有控制作用，从这个意义上讲，这也叫作先控制后细部的原则。

因此，测量工作的程序分两步进行。第一步建立控制点、施测控制点，这项工作称为控制测量；第二步是测定细部特征点的位置，称为细部测量或碎部测量。

测量工作的实质是确定地面点的位置，而点的位置是以平面直角坐标 X、Y 和地面点高程 H 表示的。但在实际工作中，并不是直接测出地面各点的坐标和高程，而是测出他们的水平角 β 和水平距离 D 以及各点之间的高差。再根据控制点（已知点）的坐标、两点间直线方向和高程，推算出 1、2 等点的坐标和高程，以确定它们的点位，如图 0.2 所示。所以，高程测量、角度测量、距离测量是测量的基本工作，也是传统工程测量学的基本内容。这样，就把角度、水平距离和高程（或高差）作为确定点位的基本三要素。

图 0.1　测图的测量工作程序

3 项基本要素，都需要在现场直接观测才能得到。首先，在野外用仪器测出控制点之间或控制点与细部点之间的距离、水平角和高差等，这称为外业工作。

根据外业施测的有关数据，再回到室内进行整理计算、平差等工作，称为内业工作。所以，测量工作又分为外业和内业两个工作步骤。

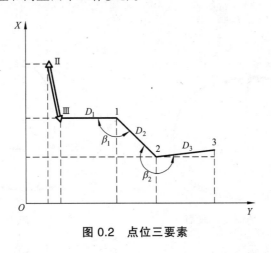

图 0.2　点位三要素

第二节　工程测量的基本原理

一、地球的形状和大小

测绘工作大多是在地球表面上进行的，测量基准的确定，测量成果的计算及处理都与地球的形状和大小有关。

地球的自然表面是很不规则的，其上有高山、深谷、丘陵、平原、江湖、海洋等，最高的珠穆朗玛峰高出海平面 8 848.86 m，最深的太平洋马里亚纳海沟低于海平面 11 022 m，其相对高差不足 20 km，与地球的平均半径 6 371 km 相比，是微不足道的，就整个地球表面而言，陆地面积仅占 29%，而海洋面积占了 71%。因此，我们可以设想地球的整体形状是被海水所包围的球体，即设想将一静止的海洋面扩展延伸，使其穿过大陆和岛屿，形成一个封闭的曲面，如图 0.3 所示。静止的海水面称作水准面。由于海水受潮汐风浪等影响而时高时低，故水准面有无穷多个，其中与平均海水面相吻合的水准面称作大地水准面。由大地水准面所包围的形体称为大地体。通常用大地体来代表地球的真实形状和大小。

　　水准面的特性是处处与铅垂线相垂直。水准面和铅垂线就是实际测量工作所依据的基准面和基准线。

　　由于地球内部质量分布不均匀，致使地面上各点的铅垂线方向产生不规则变化，所以，大地水准面是一个不规则的无法用数学式表述的曲面，在这样的面上是无法进行测量数据的计算及处理的。因此人们进一步设想，用一个与大地体非常接近的又能用数学式表述的规则球体即旋转椭球体来代表地球的形状。如图 0.4 所示，它是由椭圆 NESW 绕短轴 NS 旋转而成。旋转椭球体的形状和大小由椭球基本元素确定，即

　　　　长半轴：a

　　　　短半轴：b

　　　　扁　率：$f = \dfrac{a-b}{a}$

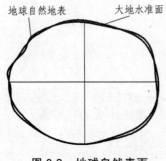

图 0.3　地球自然表面

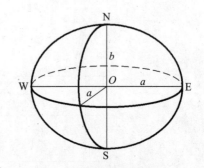

图 0.4　旋转椭球体

　　某一国家或地区为处理测量成果而采用与大地体的形状大小最接近，又适合本国或本地区要求的旋转椭球，这样的椭球体称为参考椭球体。参考椭球体面是严格意义上的测量计算基准面。

　　几个世纪以来，许多学者分别测算出了许多椭球体元素值，表 0.1 列出了几个著名的椭球体。我国的 1954 年北京坐标系采用的是克拉索夫斯基椭球，1980 国家大地坐标系采用的是 1975 国际椭球，而全球定位系统（GPS）采用的是 WGS-84 椭球，我国 2000 国家大地坐标系统采用的椭球参数与 WGS-84 椭球基本相同。

　　由于参考椭球的扁率很小，在小区域的普通测量中可将地（椭）球看作圆球，其半径 $R = (a + a + b)/3 = 6\ 371$ km。

表 0.1　常用椭球参数

椭球名称	长半轴 a/m	短半轴 b/m	扁率 f	计算年代和国家	备　注
贝塞尔	6 377 397	6 356 079	1 : 299.152	1841 德国	—
海福特	6 378 388	6 356 912	1 : 297.0	1910 美国	1942 年国际 第一个推荐值
克拉索夫斯基	6 378 245	6 356 863	1 : 298.3	1940 苏联	中国 1954 年 北京坐标系采用
1975 国际椭球	6 378 140	6 356 755	1 : 298.257	1975 国际 第三个推荐值	中国 1980 年国家 大地坐标系采用
WGS-84	6 378 137	6 356 752	1 : 298.257	1979 国际 第四个推荐值	美国 GPS 采用

二、地面点位的确定

地面点的位置需用平面坐标和高程三维量来确定。坐标表示地面点投影到基准面上的位置，高程表示地面点沿投影方向到基准面的距离。根据不同的需要可以采用不同的坐标系和高程系。

（一）地理坐标

当研究和测定整个地球的形状或进行大区域的测绘工作时，可用地理坐标来确定地面点的位置。地理坐标是一种球面坐标，视依据球体的不同而分为天文坐标和大地坐标。

1. 天文坐标

以大地水准面为基准面，地面点沿铅垂线投影在该基准面上的位置，称为该点的天文坐标。该坐标用天文经度和天文纬度表示。如图 0.5 所示，将大地体看作地球，NS 即为地球的自转轴，N 为北极，S 为南极，O 为地球体中心。包含地面点 P 的铅垂线且平行于地球自转轴的平面称为 P 点的天文子午面。天文子午面与地球表面的交线称为天文子午线，也称经线。而将通过英国格林尼治天文台埃里中星仪的子午面称为本初子午面或首子午面，相应的子午线称为本初子午线或首子午线，并作为经度计量的起点。过点 P 的天文子午面与本初子午面所夹的两面角就称为 P 点的天文经度。用 λ 表示，其值为 $0° \sim 180°$，在本初子午线以东的叫东经，以西的叫西经。

通过地球体中心 O 且垂直于地轴的平面称为赤道面。它是纬度计量的起始面。赤道面与地球表面的交线称为赤道。其他垂直于地轴的平面与地球表面的交线称为纬线。过点 P 的铅垂线与赤道面之间所夹的线面角就称为 P 点的天文纬度。用 φ 表示，其值为 $0° \sim 90°$，在赤道以北的叫北纬，以南的叫南纬。

可以应用天文测量方法测定地面点的天文经度 λ 和天文纬度 φ。例如，北京地区的概略天文地理坐标为东经 $116°28'$，北纬 $39°54'$。

2. 大地地理坐标

大地地理坐标又称大地坐标，是表示地面点在参考椭球面上的位置，它的基准是法线和参考椭球面，它用大地经度 L 和大地纬度 B 表示，如图 0.6。P 点的大地经度 L 是过 P 点的大地子午面和首子午面所夹的两面角，P 点的大地纬度 B 是过 P 点的法线与赤道面的夹角。

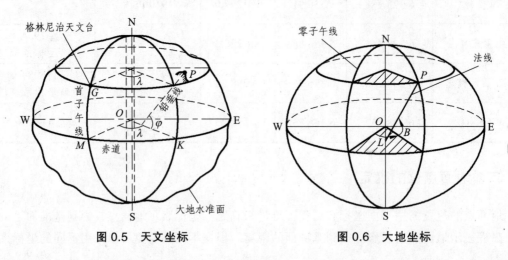

图 0.5　天文坐标　　　　　　　　图 0.6　大地坐标

大地经、纬度是根据起始大地点（又称大地原点，该点的大地经纬度与天文经纬度一致）的大地坐标，按大地测量所得的数据推算而得。我国以陕西省泾阳县永乐镇石际寺村大地原点为起算点，由此建立的大地坐标系，称为"1980 西安坐标系"，简称"80 西安系"；通过与苏联 1942 年普尔科沃坐标系联测，经我国东北传算过来的坐标系称"1954 北京坐标系"，简称"54 北京系"，其大地原点位于苏联彼得格勒普尔科夫天文台中央。

（二）平面直角坐标

在实际测量工作中，若用以角度为度量单位的球面坐标来表示地面点的位置是不方便的，通常是采用平面直角坐标。测量工作中所用的平面直角坐标与数学上的直角坐标基本相同，只是测量工作以 x 轴为纵轴，一般表示南北方向，以 y 轴为横轴一般表示东西方向，象限为顺时针编号，直线的方向都是从纵轴北端按顺时针方向度量的，如图 0.7 所示。这样的规定，使数学中的三角公式在测量坐标系中完全适用。

1. 独立测区的平面直角坐标

在小范围内，进行平面测量或地形测量，可用水平面代替水准面，并用平面直角坐标来确定地面点的平面位置。平面直角坐标是由在同一平面内两条互相垂直的直线组成。如图 0.7 所示，南北方向为纵坐标轴（X 轴），东西方向为横坐标轴（Y 轴）。纵横坐标轴的交点 O 为坐标原点。原点坐标值可令其为零或等于任意一个整数值。坐标轴将平面分为四个象限，象限的顺序是从数学上的第一象限开始，按顺时针方向排列。在各象限内规定点的纵横坐标值，由原点向上（北）、向右（东）为正；向下（南）、向左（西）为负。点的平面位置是以点到纵、横坐标轴的垂直距离来决定。如图 0.7 中 A、B 两点的坐标即是。

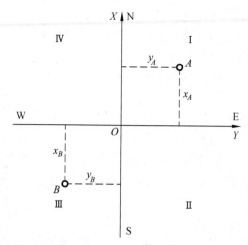

图 0.7 测量平面直角坐标系

测量上使用的平面直角坐标与数学上的直角坐标不同。测量上的 X、Y 轴位置与数学上的相反。测量上的象限顺序与数学上的象限顺序也相反。这样规定，既不改变数学公式，又便于测量上的方向与坐标计算。

2. 高斯平面直角坐标系

当测区范围较大时，要建立平面坐标系，就不能忽略地球曲率的影响，为了解决球面与平面这对矛盾，则必须采用地图投影的方法将球面上的大地坐标转换为平面直角坐标。目前，我国采用的是高斯投影，高斯投影是由德国数学家、测量学家高斯提出的一种横轴等角切椭圆柱投影，该投影解决了将椭球面转换为平面的问题。从几何意义上看，就是假设一个椭圆柱横套在地球椭球体外并与椭球面上的某一条子午线相切，这条相切的子午线称为中央子午线。假想在椭球体中心放置一个光源，通过光线将椭球面上一定范围内的物像映射到椭圆柱的内表面上，然后将椭圆柱面沿一条母线剪开并展成平面，即获得投影后的平面图形，如图0.8 所示。

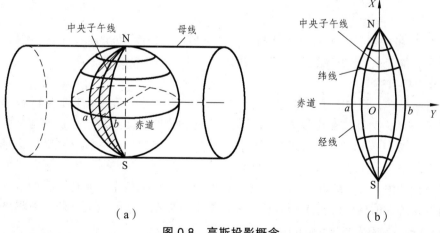

（a）　　　　　　　　　　　　　　　（b）

图 0.8 高斯投影概念

该投影的经纬线图形有以下特点：

（1）投影后的中央子午线为直线，无长度变化。其余的经线投影为凹向中央子午线的对称曲线，长度较球面上的相应经线略长。

（2）赤道的投影也为一直线，并与中央子午线正交。其余的纬线投影为凸向赤道的对称曲线。

（3）经纬线投影后仍然保持相互垂直的关系，说明投影后的角度无变形。

高斯投影没有角度变形，但有长度变形和面积变形，离中央子午线越远，变形就越大。为了对变形加以控制，测量中采用限制投影区域的办法，即将投影区域限制在中央子午线两侧一定的范围，这就是所谓的分带投影，如图 0.9 所示。投影带一般分为 6° 带和 3° 带两种，如图 0.10 所示。

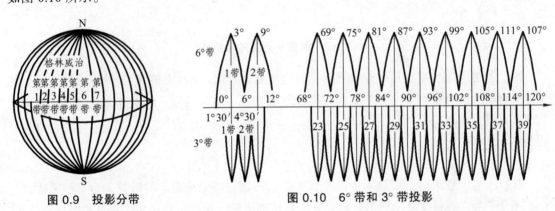

图 0.9　投影分带　　　　　　　图 0.10　6° 带和 3° 带投影

6° 带投影是从英国格林尼治首子午线开始，自西向东，每隔经差 6° 分为一带，将地球分成 60 个带，其编号分别为 1、2、…、60。每带的中央子午线经度可用下式计算：

$$L_6 = (6n-3)° \tag{0.1}$$

式中，n 为 6° 带的带号。6° 带的最大变形在赤道与投影带最外一条经线的交点上，长度变形为 0.14%，面积变形为 0.27%。

3° 投影带是在 6° 带的基础上划分的。每 3° 为一带，共 120 带，其中央子午线在奇数带时与 6° 带中央子午线重合，每带的中央子午线经度可用下式计算：

$$L_3 = 3°n' \tag{0.2}$$

式中，n' 为 3° 带的带号。3° 带的边缘最大变形现缩小为长度 0.04%，面积 0.14%。

我国领土位于东经 72°～136° 之间，共包括了 11 个 6° 投影带，即 13～23 带；22 个 3° 投影带，即 24～45 带。

通过高斯投影，将中央子午线的投影作为纵坐标轴，用 x 表示，将赤道的投影作为横坐标轴，用 y 表示，两轴的交点作为坐标原点，由此构成的平面直角坐标系称为高斯平面直角坐标系，如图 0.11（a）。高斯投影的平面直角坐标，在各投影带为独立系统，纵轴（X 坐标轴）为各带的中央子午线，横轴（Y 坐标轴）为赤道投影。纵坐标从赤道起向北为正，向南为负；横坐标从中央子午线起，向东为正，向西为负。我国位于北半球，故所有纵坐标值 X 都是正值，而各带的横坐标值 Y 则有正有负。横坐标出现负值使用不方便，故将坐标纵轴往西移动 500 km，如图 0.11（b）所示。

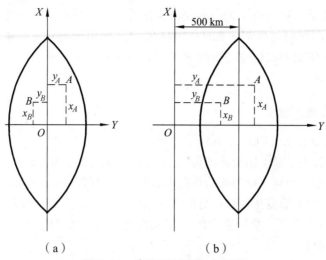

（a） （b）

图 0.11 高斯平面直角坐标系

如有一点 B，其坐标 $Y_B = 163\ 780$（m），移轴后坐标值变为 $500\ 000\ \text{m} - 163\ 780\ \text{m} = 336\ 220\ \text{m}$。为了说明该点所在的投影带，可在点的横坐标值前面写出带号，如 B 点位于 20 带内，则其横坐标值为 $Y_B = 20\ 336\ 220\ \text{m}$。

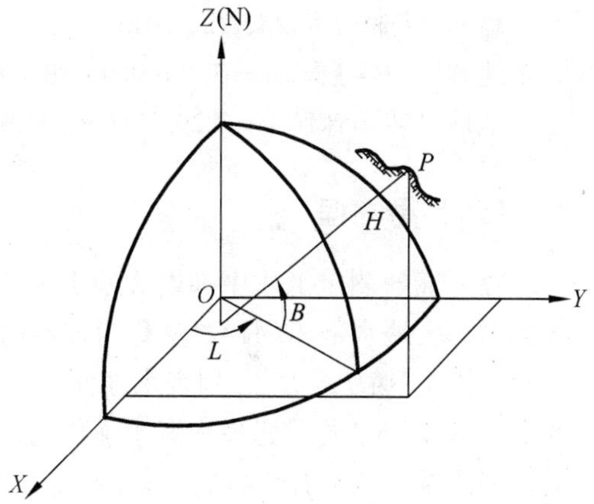

（三）地心坐标系

卫星大地测量是利用空中卫星的位置来确定地面点的位置。由于卫星围绕地球质心运动，所以卫星大地测量中需采用地心坐标系。该系统一般有两种表达式，如图 0.12 所示。

图 0.12 地心坐标系

1. 地心空间直角坐标系

坐标系原点 O 与地球质心重合，Z 轴指向地球北极，X 轴指向格林尼治首子午面与地球赤道的交点 E，Y 轴垂直于 XOZ 平面构成右手坐标系。

2. 地心大地坐标系

椭球体中心与地球质心重合，椭球短轴与地球自转轴重合，大地经度 L 为过地面点的椭球子午面与格林尼治首子午面的夹角，大地纬度 B 为过地面点的法线与椭球赤道面的夹角，大地高 H 为地面点沿法线至椭球面的距离。

于是，任一地面点 P 在地心坐标系中的坐标，可表示为（X，Y，Z）或（L，B，H）。二者之间有一定的换算关系。美国的全球定位系统（GPS）用的 WGS-84 坐标（见图 0.13）就属这类坐标。

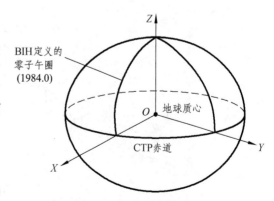

图 0.13 WGS-84 坐标系

WGS-84 坐标系是一种国际上采用的地心坐标系。坐标原点为地球质心,其地心空间直角坐标系的 Z 轴指向国际时间局(BIH)1984.0 定义的协议地极(CTP)方向,X 轴指向 BIH1984.0 的协议子午面和 CTP 赤道的交点,Y 轴与 Z 轴、X 轴垂直构成右手坐标系,称为 1984 世界大地坐标系。

3. 2000 国家大地坐标系

2000 国家大地坐标系(CGCS2000)的原点为包括海洋和大气的整个地球的质量中心; 2000 国家大地坐标系的 Z 轴由原点指向历元 2000.0 的地球参考极的方向,该历元的指向由国际时间局给定的历元为 1984.0 作为初始指向来推算,定向的时间演化保证相对于地壳不产生残余的全球旋转;X 轴由原点指向格林尼治首子午线与地球赤道面(历元 2000.0)的交点;Y 轴与 Z 轴、X 轴构成右手正交坐标系。2000 国家大地坐标系的尺度为在引力相对论意义下的局部地球框架下的尺度。

2000 国家大地坐标系采用的地球椭球参数数值为:

长半轴:$a = 6\ 378.137$ m;

扁率:$f = 1/298.257\ 222\ 101$;

地球引力常数 $GM = 3.986\ 004\ 418 \times 10^{14}$ m^3/s^2;

地球自转角速度 $\omega = 7.292\ 115 \times 10^{-5}$ rad/s。

(四)高 程

在一般的测量工作中都以大地水准面作为高程起算的基准面。因此,地面任一点沿铅垂线方向到大地水准面的距离就称为该点的绝对高程或海拔,简称高程,用 H 表示。如图 0.14 所示,图中的 H_A、H_B 分别表示地面上 A、B 两点的高程。我国规定以 1950—1956 年间青岛验潮站多年记录的黄海平均海水面作为我国的大地水准面,由此建立的高程系统称为 "1956 黄海高程系"。新的国家高程基准面是根据青岛验潮站 1952—1979 年间的验潮资料计算确定的,依此基准面建立的高程系统称为 "1985 国家高程基准",并于 1987 年启用。

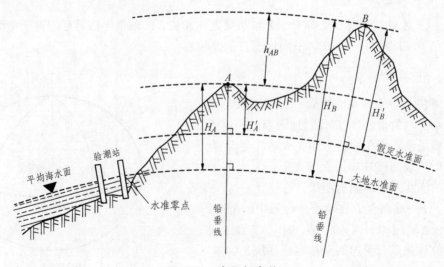

图 0.14 高程与高差

相应于验潮标尺上的平均海水面位置这一点，称为水准零点（见图 0.14）。水准零点经常被海水淹没，不便于由此引测高程，所以在附近的观象山上建立了一个非常坚固的点，用最精密的水准测量方法测定其高程，全国各地高程都由这一点引测，这一点就叫水准原点，如图 0.15 所示。

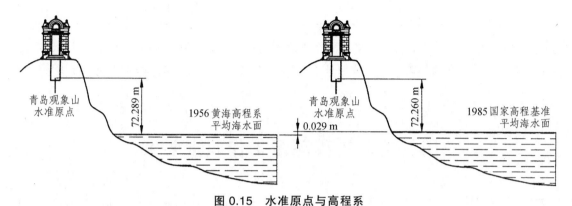

图 0.15　水准原点与高程系

当测区附近暂没有国家高程点可联测时，也可临时假定一个水准面作为该区的高程起算面。地面点沿铅垂线至假定水准面的距离，称为该点的相对高程或假定高程。如图 0.14 中的 H'_A、H'_B 分别为地面上 A、B 两点的假定高程。

地面上两点之间的高程之差称为高差，用 h 表示，例如，A 点至 B 点的高差可写为：

$$h_{AB} = H_B - H_A = H'_B - H'_A \qquad (0.3)$$

由式（0.3）可知，高差有正、负之分，并用下标注明其方向。在土木建筑工程中，又将绝对高程和相对高程统称为标高。

三、地球曲率对测量工作的影响

当测区范围较小时，可用水平面代替大地水准面作为测量基准面。但这样会使水平距离和高程产生误差。

表 0.2 是用水平面代替水准面时引起的距离误差。

表 0.2　用水平面代替水准面的距离误差和距离相对误差

距离 D/km	距离误差 ΔD/cm	距离相对误差 $\Delta D/D$
10	0.8	1∶1 200 000
25	12.8	1∶200 000
50	102.7	1∶49 000
100	821.2	1∶12 000

从表 0.2 可以看出，当距离 D 为 10 km 时，所产生的相对误差为 1∶1 200 000，这样小的误差，就是对精密量距来说也是允许的。因此，在 10 km 为半径的圆面积之内进行距离测量时，可以用切平面代替大地水准面，而不必考虑地球曲率对距离的影响。

表 0.3 是用水平面代替水准面时引起的高程误差。

表 0.3 水平面代替水准面的高程误差

距离 D/km	0.1	0.2	0.3	0.4	0.5	1	2	5	10
Δh/cm	0.08	0.3	0.7	1.3	2	8	31	196	785

由表 0.3 可知，用水平面代替水准面作为高程的起算面，即使距离很短，对高程的影响也是很大的。因此，在高程测量中，即使在很小的测区内，也必须考虑地球曲率对高程的影响。

第三节 工程测量工作职责要求

测量工作是各项工程建设的"尖兵"，平面图、断面图、地形图是工程师的"眼睛"。因此，测量成果的质量，直接影响某项工程建设、设计方案的优劣，也影响施工质量的好坏。这就要求测绘技术人员应该对工作严肃认真，实事求是，精益求精，一定要按有关规范的要求办事；要尊重客观事实，不合格的资料和数据绝对不能采用，数据不合格就要重测，测至合格为止；并力争测出精度较高的数据，绘出既精细又美观的图纸。

1. 做好周密计划，精心组织安排

测量工作时，应根据单位工程、分部工程和分项工程直至具体设计、施工工序，对测量工作做好周密计划、分清主次并精心安排，认真组织好每一个测量中心环节，使测量环节与设计、施工工序密切衔接。

2. 把握测量原则，注重工作程序

工程测量人员必须遵守基本测量原则，也就是在测量布局上，"由整体到局部"；在精度上，"由高级到低级"；在程序上，"先控制后碎部"。

3. 认真做好记录，注意妥善保管

所有测量成果必须认真做好记录。记录应工整、清楚。人工记录时，为防止潮湿或雨淋造成数据涂染，按规定都要用铅笔填写并填写在规定的表格内。错误之处不能用橡皮涂擦，而要将其划掉，在旁边重写即可，以分清责任。对记录不准随意涂改、誊抄，要原始记录。对记录要妥善保管，防止丢失、损毁。

当用全站仪、GPS 等自带电子记录簿或存储装置的仪器测量数据时，要做好数据备份。

4. 爱护仪器设备，遵守操作规程

测量仪器设备是测量人员工作的武器，精密且价值比较贵重，应倍加爱护。工作时要轻拿轻放，妥善保管，要养成细心、谨慎并能正确操作仪器的良好习惯。

5. 搞好团结协作，树立团队意识

测量工作强调团队合作。因为测量往往是以小组（队）为单位进行工作的，组员之间需要密切地配合和有良好的协作精神，力戒互相埋怨，更不允许只从自己的爱好兴趣出发，不顾整体利益，而影响测量工作的质量。

测量工作的特点是实践性强，对于仪器的操作和施测方法等应该熟练掌握。尤其前面谈到的 3 项基本工作，更要多练习。充分利用测量实习课的机会，练好仪器操作的基本功，切实掌握这些基本工作的施测原理、施测步骤和操作方法。同时，还要掌握好测量计算和绘图的技能。这样才能顺利完成测量工作的任务，并在工作中获得优良成绩。

思考题与习题

1. 测量学的任务是什么？有几个传统分支学科？

2. 测量工作中有哪两类不同性质的工作？

3. 简述工程测量工作的任务。

4. 什么是水准面？什么是大地水准面？

5. 什么是大地体？参考椭球体与大地体有什么区别？

6. 确定地球表面上一点的位置，常用哪几种坐标系？它们各自的定义是什么？

7. "1956 黄海高程系" 使用的平均海水面与 "1985 国家高程基准" 使用的平均海水面有何关系？

8. 什么叫绝对高程？什么叫假定高程？什么是高差？

9. 测量平面直角坐标系与数学平面直角坐标系的联系与区别是什么？

10. 测量工作应遵循的基本原则是什么？为什么要这样做？

11. 为什么测量工作的实质都是测量点位的工作？

12. 北京某点的经度为 116°28′，试计算它在 6° 带和 3° 带的带号，并计算它所在带的中央子午线的经度。

13. 我国领土内某点 A 的高斯平面坐标为：$A_x = 2\ 497\ 019.17$ m，$A_y = 19\ 710\ 154.33$ m，试说明 A 点所处的 6° 投影带和 3° 投影带的带号、各自的中央子午线经度。

第一篇

基本测量

第一章　水准测量

第一节　高程测量工作概述

一、高程测量的方法

确定地面点的四要素分别是地面点的距离（水平距离或斜距）、角度（水平角和竖直角）、直线方向和高程。

高程测量的目的就是要获得地面点的高程。但高程往往不能直接测量，一般只能直接测得两点间的高差，然后根据其中一点的已知高程推算出另一点的高程。

进行高程测量的主要方法有水准测量、三角高程测量和卫星定位高程测量。水准测量是利用水平视线来测量两点间的高差。由于水准测量的精度较高，所以是高程测量中最主要的方法，可用于各等级精度高程测量。三角高程测量是测量两点间的水平距离或斜距和竖直角（即倾斜角），然后利用三角公式计算出两点间的高差。基于传统钢尺量距的三角高程测量一般精度较低，但采用电磁波测距的三角高程测量可用于四等以下水准测量。卫星定位高程测量是采用卫星定位拟合高程测量或利用区域似大地水准面精化成果获取点位正常高的方法，可用于五等精度高程测量。除了上述方法外，还有利用大气压力的变化测量高差的气压高程测量，利用液体的物理性质测量高差的液体静力高程测量，以及利用摄影测量的测高等方法（但此方法较少采用）。

二、高程测量工作过程

高程测量工作也分为两类性质的工作，即确定地面点未知高程的工作——测量，和在地面上确定已知高程点高程位置的工作——测设。本章只介绍水准测量的基本知识和方法。

高程测量工作过程可用图 1.1 所示的框图表示。

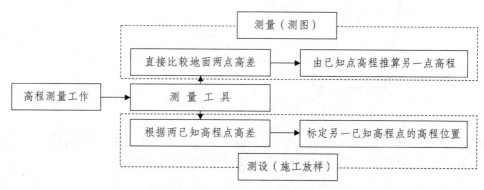

图 1.1　高程测量工作过程示意框

三、高程系

高程测量的任务是求出点的高程，即求出该点到某一基准面的垂直距离。为了建立一个全国统一的高程系统，必须确定一个统一的高程基准面，通常采用大地水准面即平均海水面作为高程基准面。新中国成立后我国采用青岛验潮站 1950—1956 年观测结果求得的黄海平均海水面作为高程基准面。根据这个基准面得出的高程称为"1956 黄海高程系"。为了确定高程基准面的位置，在青岛建立了一个与验潮站相联系的水准原点，并测得其高程为 72.289 m。水准原点作为全国高程测量的基准点。从 1985 年起，国家规定采用青岛验潮站 1952—1979 年的观测资料，计算得出的平均海水面作为新的高程基准面，称为"1985 国家高程基准"。根据新的高程基准面，得出青岛水准原点的高程为 72.260 m。所以在使用已有的高程资料时，应注意到高程基准面的差异。

四、水准点

高程测量也是按照"从整体到局部"的原则来进行的。就是先在测区内设立一些高程控制点，并精确测出它们的高程，然后根据这些高程控制点测量附近其他点的高程。这些高程控制点称为水准点，工程上常用 BM 来标记。水准点按需要保存的时间长短，分为永久性水准点和临时性水准点。永久性水准点一般用混凝土标石制成，顶部嵌有金属或瓷质的标志，如图 1.2 所示。标石应埋在地下，埋设地点应选在地质稳定、便于使用和便于保存的地方。在城镇居民区，也可以采用把金属标志嵌在墙上的"墙脚水准点"。临时性的水准点则可用更简便的方法来设立，例如用刻凿在岩石上的或用油漆标记在建筑物上的简易标志，如图 1.3 所示。

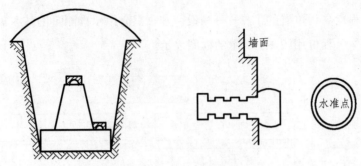

图 1.2　永久性水准点

水准点埋设后应根据周围地形、明显地物绘出草图，图上注明点的位置和编号，如 BM_1、BM_2、BM_3…以方便查找使用。这样的草图称为"点之记"，如图 1.4 所示。

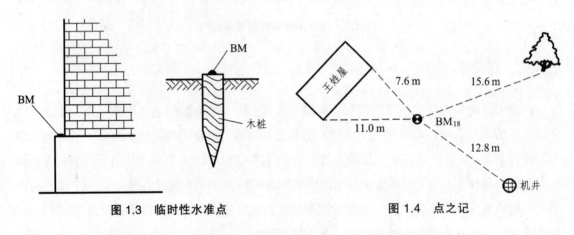

图 1.3　临时性水准点　　　　　　　　图 1.4　点之记

第二节　水准测量原理与水准测量仪器

一、水准测量的原理

水准测量是利用水平视线来求得两点的高差。例如图 1.5 中，为了求出 A、B 两点的高差 h_{AB}，在 A、B 两个点上竖立带有分划的标尺——水准尺，在 A、B 两点之间安置可提供水平视线的仪器——水准仪。当视线水平时，在 A、B 两个点的标尺上分别读得读数 a 和 b，则 A、B 两点的高差等于两个标尺读数之差。即：

$$h_{AB} = a - b \tag{1.1}$$

如果 A 为已知高程的点，B 为待求高程的点，则 B 点的高程为：

$$H_B = H_A + h_{AB} \tag{1.2}$$

读数 a 是在已知高程点上的水准尺读数，水准测量时一般从已知高程点测向未知高程点，所以在已知高程点的读数称为"后视读数"。但这不是绝对的，而与测量方法有关，后视点也可以是未知高程点，例如在后面讲授的往返测量中就是这样。b 是在待求高程点上的水准尺读数，称为"前视读数"。高差必须是后视读数减去前视读数。高差 h_{AB} 的值可能是正，也可能是负，正值表示前视点 B 高于后视点 A，负值表示前视点 B 低于后视点 A。高差是个代数量，其正负号与测量进行的方向有关，例如图 1.5 中测量由 A 向 B 进行，高差用 h_{AB} 表示，其值为正；反之由 B 向 A 进行，则高差用 h_{BA} 表示，其值为负。所以说明高差时必须标明高差的正负号，同时要说明测量进行的方向。

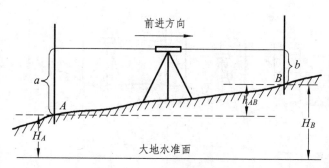

图 1.5　一测站测两点高差

当两点相距较远或高差太大时，则可分段连续进行，从图 1.6 中可得：

$$\left.\begin{aligned}
h_1 &= a_1 - b_1 \\
h_2 &= a_2 - b_2 \\
&\vdots \\
h_n &= a_n - b_n \\
h_{AB} &= \sum h = \sum a - \sum b
\end{aligned}\right\} \tag{1.3}$$

即两点的高差等于连续各段高差的代数和，也等于后视读数之和减去前视读数之和。通常要同时用 $\sum h$ 和 $(\sum a - \sum b)$ 进行计算，用来检核计算是否有误。

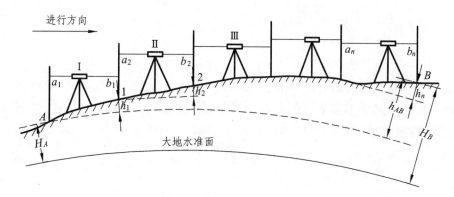

图 1.6　多测站测两点高差

图 1.6 中安置仪器的点 I、II、… 称为测站。立标尺的点 1、2、… 称为转点，它们在前一测站先作为待求高程的点，然后在下一测站再作为已知高程的点，转点起传递高程的作用。

转点非常重要，转点上产生的任何差错，都会影响到以后所有点的高程。

从以上可见：水准测量的基本原理是利用水平视线来比较两点的高低，求出两点的高差。

当然水准测量的目的不是仅仅为了获得两点的高差，而是要求得一系列点的高程，例如测量沿线的地面起伏情况时，水准测量可按图 1.7 进行。此时，水准仪在每一测站上除了要读出后视和前视读数外，同时要在这一测站范围内需要测量高程的点上立尺读取读数，如图 1.7 中在 P_1、P_2 等点上立尺读出 c_1、c_2 等读数，这些读数称为中视读数或插前视读数。中视各点的高程可按下列方法计算：

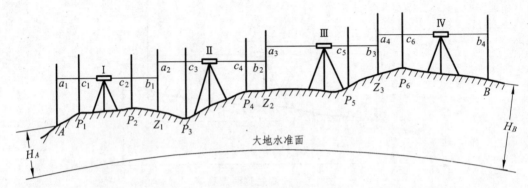

图 1.7　中视读数

仪器在测站 I 的视线高程：

$$H_1 = H_A + a_1 \tag{1.4}$$

$$\left. \begin{aligned} H_{P_1} &= H_1 - c_1 \\ H_{P_2} &= H_1 - c_2 \\ H_{Z_1} &= H_1 - b_1 \end{aligned} \right\} \tag{1.5}$$

同法，仪器在测站 II 的视线高程：

$$H_{\mathrm{II}} = H_{Z_1} + a_2$$

$$\left. \begin{aligned} H_{P_3} &= H_{\mathrm{II}} - c_3 \\ H_{P_4} &= H_{\mathrm{II}} - c_4 \\ H_{Z_2} &= H_{\mathrm{II}} - b_2 \end{aligned} \right\}$$

式中，H_{I}、H_{II} 为仪器视线的高程，简称仪器高。图中 Z_{I}、Z_{II}、… 为传递高程的转点，在转点上既有前视读数又有后视读数。图中 P_1、P_2 等点称中间点，中间点上只有一个前视读数，也就是中视读数或插前视读数。计算的检核仍用公式：

$$h_{AB} = \sum a - \sum b = H_B - H_A$$

二、水准仪和水准尺

水准仪是进行水准测量的主要仪器，它可以提供水准测量所必需的水平视线。目前通用的水准仪从构造上可分为两大类：一类是利用水准管来获得水平视线的水准管水准仪，其主要形式称"微倾式水准仪"；另一类是利用补偿器来获得水平视线的"自动安平水准仪"。此外，现已普遍使用的一种新型水准仪——电子水准仪，它配合条纹编码尺，利用数字化图像处理的方法，可自动显示高程和距离，使水准测量实现了自动化。

我国的水准仪系列标准分为 DS_{05}、DS_1、DS_3 和 DS_{20} 4 个等级。D 是大地测量仪器的代号，S 是水准仪的代号，均取大和水两个字汉语拼音的首字母。角码的数字表示仪器的精度。其中 DS_{05} 和 DS_1 用于精密水准测量，DS_3 用于一般水准测量，DS_{20} 则用于简易水准测量。

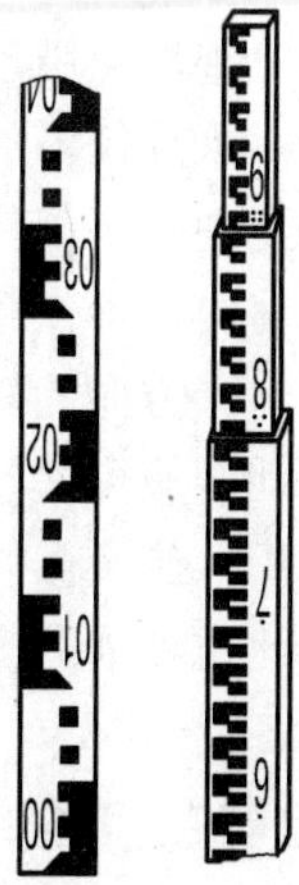

（一）水准尺

水准尺用优质木材或铝合金、玻璃钢制成，最常用的形状有杆式和箱式两种，如图 1.8 所示，长度分别为 3 m 和 5 m。箱式尺能伸缩，携带方便，但接合处容易产生误差，杆式尺比较坚固可靠。水准尺尺面绘有 1 cm 或 5 mm 黑白相间的分格，米和分米处注有数字，尺底为零。为了便于倒像望远镜读数，注的数字常倒写。双面水准尺是一面为黑色另一面为红色的分划，每两根为一对。两根的黑面都以尺底为零，而红面的尺底分别为 4.687 m 和 4.787 m。利用双面尺可对读数进行检核。

（a）　（b）

图 1.8　水准尺

尺垫是用于转点上的一种工具，用钢板或铸铁制成（见图 1.9）。使用时把 3 个尖脚踩入土中，把水准尺立在突出的圆顶上。尺垫可使转点稳固而防止下沉。

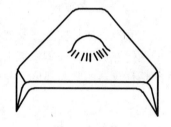

图 1.9　尺垫

（二）DS_3 微倾式水准仪

图 1.10 为在一般水准测量中使用较广的 DS_3 型微倾式水准仪，它由下列 3 个主要部分组成：

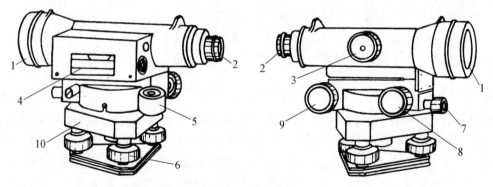

1—物镜；2—目镜；3—调焦螺旋；4—管水准器；5—圆水准器；6—脚螺旋；
7—制动螺旋；8—微动螺旋；9—微倾螺旋；10—基座。

图 1.10　水准仪

望远镜：它可以提供视线，并可读出远处水准尺上的读数。

水准器：用于指示仪器或视线是否处于水平位置。

基座：用于置平仪器，它支承仪器的上部并能使仪器的上部在水平方向转动。

水准仪各部分的名称见图 1.10。基座上有 3 个脚螺旋，调节脚螺旋可使圆水准器的气泡移至中央，使仪器粗略整平。望远镜和管水准器与仪器的竖轴联结成一体，竖轴插入基座的轴套内，可使望远镜和管水准器在基座上绕竖轴旋转。制动螺旋和微动螺旋用来控制望远镜在水平方向的转动。制动螺旋松开时，望远镜能自由旋转；旋紧时望远镜则固定不动。旋转微动螺旋可使望远镜在水平方向作缓慢的转动，但只有在制动螺旋旋紧时，微动螺旋才能起作用。旋转微倾螺旋可使望远镜连同管水准器作俯仰微量的倾斜，从而可使视线精确整平。因此这种水准仪称为微倾式水准仪。

三、DS₃微倾式水准仪的安置与使用

使用水准仪的基本作业是：在适当位置安置水准仪，整平视线后读取水准尺上的读数。微倾式水准仪的操作应按下列步骤和方法进行：

1. 安置水准仪

开三脚架，安置三脚架要求高度适当、架头大致水平并牢固稳妥，在山坡上应使三脚架的两脚在坡下，一脚在坡上。然后把水准仪用中心连接螺旋连接到三脚架上，取水准仪时必须握住仪器的坚固部位，并确认已牢固地连接在三脚架上之后才可放手。

2. 仪器的粗略整平（粗平）

仪器的粗略整平是用脚螺旋使圆水准器的气泡居中。不论圆水准器在任何位置，先用任意两个脚螺旋使气泡移到通过圆水准器零点并垂直于这两个脚螺旋连线的方向上，如此可使仪器在这两个脚螺旋连线的方向处于水平位置。然后单独用第 3 个脚螺旋使气泡居中，如此使原两个脚螺旋连线的垂线方向也处于水平位置，从而使整个仪器置平。如仍有偏差可重复进行。操作时必须记住以下 3 条要领：

（1）先旋转两个脚螺旋，然后旋转第 3 个脚螺旋。

（2）旋转两个脚螺旋时必须作相对转动，即旋转方向应相反。

（3）气泡移动的方向始终和左手大拇指移动的方向一致。

3. 照准目标

用望远镜照准目标，必须先调节目镜使十字丝清晰。然后利用望远镜上的准星从外部瞄准水准尺，再旋转调焦螺旋使尺像清晰，也就是使尺像落到十字丝平面上。这两步不可颠倒。最后用微动螺旋使十字丝竖丝照准水准尺，为了便于读数，也可使尺像稍偏离竖丝一些。当照准不同距离处的水准尺时，需重新调节调焦螺旋才能使尺像清晰，但十字丝可不必再调。

照准目标时必须要消除视差。当观测时眼睛稍做上下移动，如果尺像与十字丝有相对的移动，即读数有改变，则表示有视差存在。其原因是尺像没有落在十字丝平面上［见图 1.11（a）］。存在视差时不可能得出准确的读数。消除视差的方法是一面稍旋转调焦螺旋一面仔细观察，直到不再出现尺像和十字丝有相对移动为止，即尺像与十字丝在同一平面上［见图 1.11（b）］。

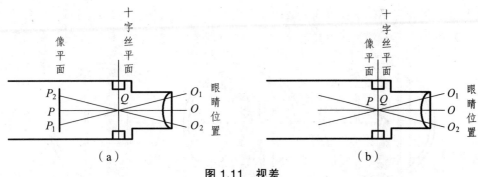

图 1.11　视差

4. 视线的精确整平（精平）

由于圆水准器的灵敏度较低，所以用圆水准器只能使水准仪粗略地整平。因此在每次读数前还必须用微倾螺旋使水准管气泡符合，使视线精确整平。由于微倾螺旋旋转时，经常改变望远镜和竖轴的关系，当望远镜由一个方向转变到另一个方向时，水准管气泡一般不再符合。所以望远镜每次变动方向后，也就是在每次读数前，都需要用微倾螺旋重新使气泡符合。

精平的方法：如图 1.12 所示，缓慢转动微倾螺旋，使观察窗内气泡的两个半影像严格吻合，顺时针转动左上右下。

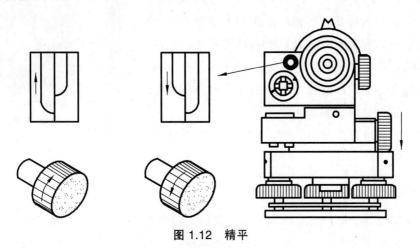

图 1.12　精平

5. 读　数

用十字丝中间的横丝读取水准尺的读数。从尺上可直接读出米、分米和厘米数，并估读出毫米数，所以每个读数必须有四位数。如果某一位数是零，也必须读出并记录，不可省略，如 1.002 m、0.007 m、2.100 m 等。由于望远镜一般都为倒像，所以从望远镜内读数时应由上向下读，即由小数向大数读。读数前应先认清水准尺的分划特点，特别应注意与注字相对应的分米分划线的位置。为了保证得出正确的水平视线读数，在读数前和读数后都应该检查气泡是否符合。

在具体进行水准测量工作时，气泡像一符合就应立即读数。为了求得准确结果，读数时，应先估读毫米数，再读出米数、分米数、厘米数。读数时可直接读四位毫米数，如 1002、0007 等。水准测量时读数最容易出错的地方就是把倒镜尺由下往上读，读错分米数。

如图 1.13 所示：图（a）正确读数为 1714 或 1715，可能错读成 1786 或 1785；图（b）正确读数为 0023，容易错读成 0077；图（c）正确读数为 2510，容易错读成 2590 等。

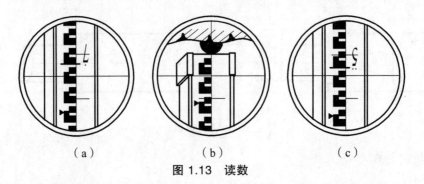

（a）　　　　　　　　（b）　　　　　　　　（c）

图 1.13　读数

四、自动安平水准仪

自动安平水准仪是一种不用水准管而能自动获得水平视线的水准仪（见图 1.14）。由于微倾式水准仪在用微倾螺旋使气泡符合时要花一定的时间，水准管灵敏度愈高，整平需要的时间愈长。在松软的土地上安置水准仪时，还要随时注意气泡有无变动。而自动安平水准仪在用圆水准器使仪器粗略整平后，经过 1～2 s 即可直接读取水平视线读数。当仪器有微小的倾斜变化时，补偿器能随时调整，始终给出正确的水平视线读数。因此它具有观测速度快、精度高的优点，被广泛地应用在各种等级的水准测量中。

图 1.14　自动安平水准仪

1. 自动安平原理

传统的水准仪，是通过水准器的指示，借助微倾装置使视准轴水平的，而自动安平水准仪是借助在望远镜的成像光路中装置一套自动补偿器，当水准仪处在一定的倾斜范围内，可以自动获得水平视线的读数。

如图 1.15（a）所示，当望远镜的视准轴处于水平位置时，它指向水准尺上的 M 点，M 的像点 m 映在十字丝中心 N 上，m 即为视准轴水平时的读数。

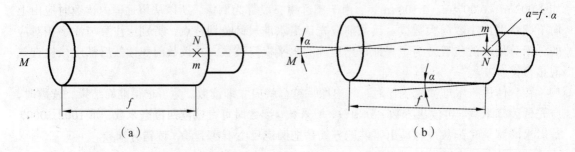

（a）　　　　　　　　　　　　　　　（b）

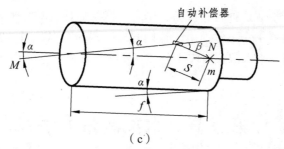

（c）

图 1.15　自动安平原理

当视准轴向上倾斜 α 角时［见图 1.15（b）］，十字丝中心点 N 向下偏移，此时来自 M 点的水平光线不会落在十字丝中心点 N 上，而是偏离十字丝中心，偏离的间距为 a，此时，十字丝中心 N 的读数不是视线水平时的读数。

为了使视准轴处于倾斜位置时，十字丝中心 N 仍然能读到视准轴水平时的读数 m，假想使来自 M 点的水平光线产生一个折射角 β，则需在水平光线的光路中安装一个光学部件（即自动补偿器），在满足 $f \cdot \alpha = S \cdot \beta$（$S$ 为光轴转折处到十字丝的距离）的条件下，十字丝中心的读数就会是 m，如图 1.15（c）所示。

2. 自动安平水准仪的构造

图 1.16 所示为我国生产的 DSZ_3 型自动安平水准仪的外形；图 1.17 所示为 DSZ_3 型自动安平水准仪的光学系统。

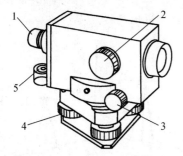

1—目镜；2—对光螺旋；3—微动螺旋；
4—脚螺旋；5—圆水准器。

图 1.16　自动安平水准仪的构造

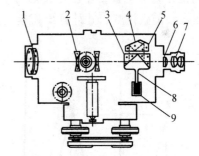

1—物镜；2—调焦透镜；3、5—直角棱镜；4—屋脊棱镜；
6—十字丝；7—目镜；8—摆；9—空气阻尼器。

图 1.17　自动安平水准仪的光路

注：在调焦透镜和十字丝中间，装置了有空气阻尼器的
补偿器，补偿器由 3 个棱镜组成

3. 自动安平水准仪的使用

自动安平水准仪的使用方法十分简便，操作时可按以下步骤进行：
（1）用脚螺旋使圆水准器气泡居中，完成仪器的粗略整平。
（2）用望远镜照准水准尺。
（3）用十字丝的横丝读取水准尺上的读数。

有的仪器在目镜旁有一按钮，它可以直接触动补偿器，读数前可轻按此按钮，以检查补偿器是否处于正常工作状态。如果每次触动后，水准尺读数变动后又能恢复原有读数，则表

示工作正常。如果仪器没有这种检查按钮，则可用脚螺旋使仪器竖轴在视线方向稍做倾斜，若读数不变则表示补偿器工作正常。由于补偿器有一定的工作范围，即处于能起到补充作用的范围，所以使用自动安平水准仪时应十分注意圆水准器的气泡居中。

第三节　水准测量方法

一、水准测量的一般工作过程与记录计算

水准测量的一般工作过程如图 1.18 所示。图中 A 为已知高程的点，B 为待求高程的点。首先在已知高程的起始点 A 上竖立水准尺，在测量前进方向离起点不超过 200 m 处设立第一个转点 Z_1，必要时可放置尺垫，并竖立水准尺。在离这两点等距离处测站 I 安置水准仪。仪器粗略整平后，先照准起始点 A 上的水准尺，用微倾螺旋使气泡符合后，读取 A 点的后视读数 2073，记入手簿。然后照准转点 Z_1 上的水准尺，气泡符合后读取 Z_1 点的前视读数 1526，记入手簿，如表 1.1 所示。并计算出这两点间的高差，根据其符号填在该测站的高差栏内（一般高差栏分 + 、 – 两栏）。此后在转点 Z_1 处的水准尺不动，立尺员仅把尺面转向前进方向。在 A 点的水准尺和 I 点的水准仪则向前转移，立尺员根据地形情况和视线距离选择第二个转点 Z_2 立好水准尺。而水准仪要求安置在 Z_1、Z_2 两转点大约等距离处的测站 II。有时由于地势陡峻，测站和转点位置要经过几次试测才能符合测量要求。按在第 I 站同样的步骤和方法读取后视读数和前视读数，并计算出高差。如此继续进行直到待求高程点 B。

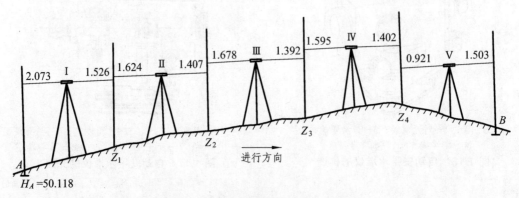

图 1.18　水准测量的一般工作过程

对观测所得每一读数都应立即记入手簿。水准测量手簿格式最直观的形式如表 1.1 所示，它以测站为基础，记录形式直观、一目了然。但现场用测量记录手册往往不是表 1.1 的形式，而是简单的多行横格形式。这时需要记录员根据具体测量工作需要将手册的格式进行简单改造使之符合记录要求，如水准测量记录往往采用表 1.2 的形式，记录时只记测点（立尺点）。填写时应注意把各个读数正确地填写在相应的行和栏内。例如仪器在测站 I 时，起点 A 上所得水准尺读数 2.073 应记入该点的后视读数栏内，照准转点 Z_1 所得读数 1.526 应记入该点的前视读数栏内。后视读数减前视读数得 A、Z_1 两点的高差 + 0.547 记入高差栏内，以后各测站

观测所得均按同样方法记录和计算。各测站所得的高差代数和 $\sum h$，就是从起点 A 到终点 B 总的高差。终点 B 的高程等于起点 A 的高程加 A、B 间的高差。因为测量的目的是求 B 点的高程，所以各转点的高程不需计算。

表 1.1　水准测量手簿（一）

测站	测点	后视读数	前视读数	高差		高程	备注
				+	−		
I	A Z_1	2.073	1.526	0.547		50.118	已知 $H_A = 50.118$
II	Z_1 Z_2	1.624	1.407	0.217			
III	Z_2 Z_3	1.678	1.392	0.286			
IV	Z_3 Z_4	1.595	1.402	0.193			
V	Z_4 B	0.921	1.503		0.582	50.779	
$\sum$		7.891	7.230	1.243	0.582		
计算检核		$\sum a - \sum b = +0.661$　　$\sum h = +0.661$　　$H_B - H_A = +0.661$					

在每一测段结束后或手簿上每一页之末，必须进行计算检核（见表 1.2）。检查后视读数之和减去前视读数之和（$\sum a - \sum b$）是否等于各站高差之和（$\sum h$），并等于终点高程减起点高程。如不相等，则计算中必有错误，应进行检查。但应注意这种检核只能检查计算工作有无错误，而不能检查出测量过程中所产生的错误，如读错、记错等。

表 1.2　水准测量手簿（二）

测点	后视读数	前视读数	高差 h		高程	备注
			+	−		
A	2.073				50.118	已知 $H_A = 50.118$
Z_1	1.624	1.526	0.547			
Z_2	1.678	1.407	0.217			
Z_3	1.595	1.392	0.286			
Z_4	0.921	1.402	0.193			
B		1.503		0.582	50.779	
$\sum$	7.891	7.230	1.243	0.582		
计算 检核	$7.891 - 7.230 = \sum a - \sum b = +0.661$ $1.243 - 0.582 = \sum h = +0.661$ $50.779 - 50.118 = H_B - H_A = +0.661$					

二、水准测量的检核和精度要求

为了保证水准测量成果的正确可靠，对水准测量的成果必须进行检核。检核方法有测站检核和水准路线检核两种。

（一）测站检核

为防止在一个测站上发生错误而导致整个水准路线结果的错误，可在每个测站上对观测结果进行检核，方法如下：

1. 两次仪器高法

在每个测站上一次测得两转点间的高差后，改变一下水准仪的高度，再次测量两转点间的高差。对于一般的水准测量，当两次所得高差之差小于 5 mm 时可认为合格，取其平均值作为该测站所得高差，否则应进行检查或重测。

2. 双面尺法

利用双面水准尺分别由黑面和红面读数得出的高差，扣除一对水准尺的常数差后，两个高差之差小于 5 mm 时可认为合格，否则应进行检查或重测。用双面尺进行水准测量的检核方法见第六章第五节。

（二）水准路线的检核

计算检核只能发现计算是否有错，而测站检核只能检核每一个测站上是否有错误，不能发现立尺点变动的错误，更不能评定测量成果的精度；同时由于观测时受到观测条件的影响，随着测站数的增多使误差积累，有时也会超过规定的限差。因此应对水准路线的成果进行检核，即进行高差闭合差的检核。在水准测量中，由于测量误差的影响，使沿水准路线测得的起终点的高差值与起终点的实际应有高差值不相符，其二者的差值，称为高差闭合差，一般用 f_h 表示。

1. 闭合水准路线

闭合水准路线是水准测量从一已知高程的水准点开始，最后又闭合到起始点上的水准路线。这种形式的水准路线自身形成了严密的检核条件，因而可以使测量成果得到可靠的检核［见图 1.19（a）］。

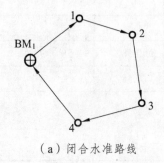

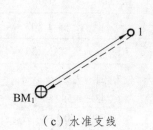

（a）闭合水准路线　　　　　　　　　　（c）水准支线

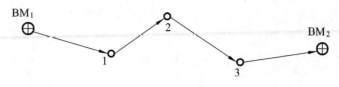

（b）附合水准路线

图 1.19　水准路线示意图

闭合水准路线适合于小区域布设水准点的测量，如小测区测图、施工水准点的布设等。

对于闭合水准路线，因为它起讫于同一个点，所以理论上全线各站高差之和应等于零。即：

$$\sum h = 0$$

如果高差之和不等于零，则其差值 $\sum h$ 为高差闭合差。即：

$$f_\mathrm{h} = \sum h \tag{1.6}$$

高差闭合差的大小在一定程度上反映了测量成果的质量。

2. 附合水准路线

附合水准路线是水准测量从一个高级水准点开始，结束于另一高级水准点的水准路线。这种形式的水准路线，也可使测量成果得到可靠的检核［见图 1.19（b）］，附合水准路线常用于铁路、公路、管线等线状工程的高程控制测量。铁路、公路初测时布设的水准路线应每隔 30 km 与高等级水准点联测一次。

对于附合水准路线，理论上在两已知高程水准点间所测得各站高差之和应等于起讫两水准点间高程之差。即：

$$\sum h = H_{\text{终}} - H_{\text{起}}$$

如果它们不能相等，其差值即为高差闭合差：

$$f_\mathrm{h} = \sum h - (H_{\text{终}} - H_{\text{起}}) \tag{1.7}$$

高差闭合差的大小在一定程度上反映了测量成果的质量。

3. 水准支线

水准支线是由一已知高程的水准点开始，最后既不附合也不闭合到已知高程的水准点上的一种水准路线。这种形式的水准路线由于不能对测量成果自行检核，因此必须进行往测和返测，或用两组仪器进行并测［见图 1.19（c）］。

水准支线必须在起终点间用往返测进行检核。理论上往返测所得高差的绝对值应相等，但符号相反，或者是往返测高差的代数和应等于零。即：

$$\sum h_{\text{往}} = -\sum h_{\text{返}}$$

如果往返测高差的代数和不等于零，其值即为水准支线的高差闭合差。即：

$$f_\mathrm{h} = \sum h_{\text{往}} + \sum h_{\text{返}} \tag{1.8}$$

有时也可以用两组并测来代替一组的往返测以加快工作进度。两组所得高差应相等，若不等，其差值即为水准支线的高差闭合差。故：

$$f_h = \sum h_1 - \sum h_2 \tag{1.9}$$

闭合差的大小反映了测量成果的精度。由于闭合差是各种因素产生的测量误差，故闭合差的数值应该在容许值范围内，否则应检查原因，返工重测。在不同等级水准测量中，都规定了高程闭合差的限值即容许高程闭合差，一般用 F_h 表示。《工程测量规范》（GB 50026—2020）规定：

用于测图控制的图根水准测量容许高差闭合差为：

$$\left.\begin{array}{l} 平地\ F_h = \pm 40\sqrt{L}\ (\text{mm}) \\ 山地\ F_h = \pm 12\sqrt{n}\ (\text{mm}) \end{array}\right\} \tag{1.10}$$

铁路及二级以下公路线路水准测量的容许高差闭合差则为：

$$\left.\begin{array}{l} 平地\ F_h = \pm 30\sqrt{L}\ (\text{mm}) \\ 山地\ F_h = \pm 8\sqrt{n}\ (\text{mm}) \end{array}\right\} \tag{1.11}$$

高速、一级公路水准测量按四等水准测量要求，其容许高差闭合差则为：

$$\left.\begin{array}{l} 平地\ F_h = \pm 20\sqrt{L}\ (\text{mm}) \\ 山地\ F_h = \pm 6\sqrt{n}\ (\text{mm}) \end{array}\right\} \tag{1.12}$$

式中，L 为附合水准路线或闭合水准路线的长度，在水准支线上，L 为测段的长（km）；n 为测站数。

每千米测站数达到 16 个时，可按山地测量计算其容许高差闭合差。当实际闭合差小于容许闭合差时，表示观测精度满足要求，否则应对外业资料进行检查，甚至返工重测。

三、水准测量成果计算

在进行水准测量的成果计算时，首先要计算出高差闭合差，它是衡量水准测量精度的重要指标。当高差闭合差在容许值范围内时，再对闭合差进行调整，求出改正后的高差，最后求出待定的水准点高程。

因为高程测量的误差是随水准路线的长度或测站数的增加而增加，所以闭合差调整的原则是把闭合差以相反的符号根据各测段路线的长度或测站数按比例分配到各测段的高差上。故各测段高差的改正数为：

$$v_i = -\frac{f_h}{\sum L} \cdot L_i \tag{1.13}$$

或

$$v_i = -\frac{f_h}{\sum n} \cdot n_i \tag{1.14}$$

式中，L_i、n_i 为各测段路线之长和测站数；$\sum L$、$\sum n$ 为水准路线总长和测站总数。

1. 闭合水准路线成果计算

【例 1.1】 如图 1.20 所示为一高速公路施工工地布设的闭合水准路线。由已知水准点 A 测至 B、C 再回至 A。A 点为全线第 47 个水准点，高程为 114.684 m，B、C 为加密的两个水准点，编号、里程和位置如图。D 表示测点间的水平距离，箭头处数据为测段高差，试计算 B、C 两水准点的高程。

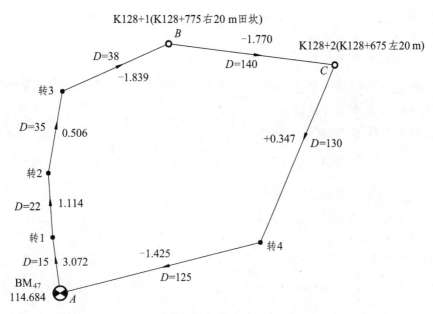

图 1.20 闭合水准路线

解 （1）计算各测段高差及水准路线长，并填入水准路线成果计算表 1.3。

表 1.3 闭合水准路线高差闭合差调整计算表

点号	距离/km	高差/m	改正数/mm	改正后高差/m	高程/m
A					114.684
	0.11	+2.853	−1	+2.852	
B					117.536
	0.14	−1.770	−1	−1.771	
C					115.765
	0.255	−1.078	−3	−1.081	
A					114.684
$\sum$	0.505	0.005	−5	0	
$f_{h} = 2.853 + （−1.770） + （−1.078） = 0.005 \text{ m} = 5 \text{ mm}$ $F_{h} = \pm 20\sqrt{L} = \pm 20\sqrt{0.505} = \pm 14.2 \text{ mm} \quad f_{h} < F_{h}$					

AB 段：$h = 3.072 + 1.114 + 0.506 - 1.839 = 2.853$ m

　　　　$L_1 = 110 = 0.11$ km

　　　　$n_1 = 4$ 站

BC 段：$h = -1.770$ m

　　　　$L_2 = 140 = 0.14$ km

　　　　$n_2 = 1$ 站

CA 段：$h = 0.347 - 1.425 = -1.078$ m

　　　　$L_3 = 255 = 0.255$ km

　　　　$n_3 = 2$ 站

路线总长 $\sum L = 0.11 + 0.14 + 0.255 = 0.505$ km，测站总数 $n = 7$ 站，平均每千米测站数为 $n / \sum L = 13.86$，故按平地计算。

（2）计算高差闭合差和容许闭合差：

$$f_h = 2.853 + （-1.770）+ （-1.078）= 0.005（m）= 5（mm）$$

$$F_h = \pm 20\sqrt{L} = \pm 20\sqrt{0.505} \approx \pm 14.2（mm）$$

$f_h < F_h$，精度合格，可以进行闭合差调整。

（3）计算各测段改正数。

先计算每千米应分配的闭合差：

$$-\frac{f_h}{\sum L} = -\frac{0.005}{0.505} = -0.01$$

则各测段应分配的闭合差为：

$$AB \text{ 段：} v_1 = -0.01 \times 0.110 \approx -0.001 （m）$$

$$BC \text{ 段：} v_2 = -0.01 \times 0.140 \approx -0.001 （m）$$

$$CA \text{ 段：} v_3 = -0.01 \times 0.255 \approx -0.003 （m）$$

计算完改正数后要检查各测段分配数之和的相反数是否等于高差闭合差。

（4）计算改正后高差。

改正后高差 = 实测高差 + 改正数，填入计算表。

（5）推算各测点高程：

$$H_B = H_A + h_{AB} = 114.684 + 2.852 = 117.536（m）$$

依此类推直至再计算回 A 点进行检核。

2. 附合导线水准测量成果计算

附合导线水准测量成果计算的步骤与闭合导线基本一致，只不过在计算高差闭合差时要比闭合导线复杂一些，本例附合水准路线上共设置了 5 个水准点，各水准点间的距离和实测高差均列于表 1.4 中。起点和终点的高程为已知，实际高差闭合差为 + 0.075 m，小于容许高

程闭合差 ± 0.105 m。表中高差的改正数是按改正数公式计算的，改正数总和必须等于实际闭合差，但符号相反。实测高差加上高差改正数得各测段改正后的高差。由起点 Ⅳ21 的高程累计加上各测段改正后的高差，就得出相应各点的高程。最后计算出终点 Ⅳ22 的高程应与该点的已知高程完全符合。

表 1.4　附合水准路线高差闭合差计算表

点号	距离/km	高差/m	改正数/mm	改正后高差/m	高程/m
Ⅳ21					63.475
	1.9	+ 1.241	− 12	+ 1.229	
BM₁					64.704
	2.2	+ 2.781	− 14	+ 2.767	
BM₂					67.471
	2.1	+ 3.244	− 13	+ 3.231	
BM₃					70.702
	2.3	+ 1.078	− 14	+ 1.064	
BM₄					71.766
	1.7	− 0.062	− 10	− 0.072	
BM₅					71.694
	2.0	− 0.155	− 12	− 0.167	
Ⅳ22					71.527
$\sum$	12.2	+ 8.127	− 75		
$f_{\mathrm{h}} = \sum h - (H_{终} - H_{起}) = + 8.127 - (71.527 - 63.475) = + 0.075 \text{ m} = 75 \text{ (mm)}$ $F_{\mathrm{h}} = \pm 30\sqrt{L} \text{ (mm)} = \pm 30\sqrt{12.2} = \pm 105 \text{ (mm)}$ $f_{\mathrm{h}} < F_{\mathrm{h}}$					

3. 水准支线测量成果计算

闭合水准路线的高差闭合差按式（1.10）计算，当为两组并测时，则按式（1.11）计算。若闭合差在容许范围内，应将闭合差按相反的符号分配在往测和返测的实测高差值上。

【**例 1.2**】　在 A、B 两点间进行往返水准测量，已知 $H_A = 8.475$ m，$\sum h_{往} = +0.028$ m，$\sum h_{返} = +0.018$ m，A、B 间线路长 $L = 3$ km，求改正后的 B 点高程。

解　实际高差闭合差：

$$f_{\mathrm{h}} = \sum h_{往} + \sum h_{返} = 0.028 + 0.018 = +0.046 \text{（m）}$$

容许高差闭合差：

$$F_{\mathrm{h}} = \pm 30\sqrt{L} = \pm 30\sqrt{3} = \pm 52 \text{（mm）}$$

$f_{\mathrm{h}} < F_{\mathrm{h}}$，故精度符合要求。

改正后往测高差：

$$\sum h'_{往} = \sum h_{往} + \frac{-f_{\mathrm{h}}}{2} = +0.028 - \frac{0.046}{2} = +0.005 \text{（m）}$$

改正后返测高差：

$$\sum h'_{\text{返}} = \sum h_{\text{返}} + \frac{-f_{\text{h}}}{2} = +0.018 - \frac{0.046}{2} = -0.005 \text{（m）}$$

故 B 点高程：

$$H_B = H_A + \sum h'_{\text{往}} = 8.475 + 0.005 = 8.480 \text{（m）}$$

第四节　水准仪的检验和校正

为保证测量工作能得出正确的成果，工作前必须对所使用的仪器进行检验和校正。

一、微倾式水准仪的检验和校正

微倾式水准仪的主要轴线如图 1.21 所示，它们之间应满足的几何条件是：
（1）圆水准器轴应平行于仪器的竖轴（$VV /\!/ L'L'$）。

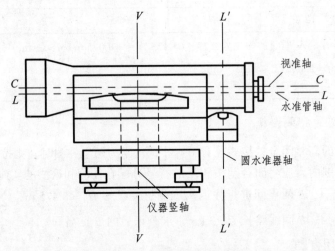

图 1.21　水准仪的主要轴线

（2）十字丝的横丝应垂直于仪器的竖轴（横丝 $\perp VV$）。
（3）水准管轴应平行于视准轴（$LL /\!/ CC$）。
检验校正的步骤和方法如下。

（一）圆水准器的检验和校正

1. 目　的
使圆水准器轴平行于仪器竖轴，圆水准器气泡居中时，竖轴便位于铅垂位置。

2. 检验方法

旋转脚螺旋使圆水准器气泡居中，然后将仪器上部在水平方向绕竖轴旋转180°，若气泡仍居中，则表示圆水准器轴已平行于竖轴，若气泡偏离中央则需进行校正。

3. 校正方法

用脚螺旋使气泡向中央方向移动偏离量的一半，然后拨圆水准器的校正螺旋使气泡居中。由于一次拨动不易使圆水准器校正得很完善，所以需重复上述的检验和校正，使仪器上部旋转到任何位置气泡都能居中为止。

圆水准器校正装置的构造常见的有两种：一种在圆水准器盒底有3个校正螺旋［见图1.22（a）］；

盒底中央有一球面突出物，它顶着圆水准器的底板，3个校正螺旋则旋入底板拉住圆水准器。当旋紧校正螺旋时，可使水准器该端降低，旋松时则可使该端上升。另一种构造，在盒底可见到四个螺旋［见图1.22（b）］，中间一个较大的螺旋用于连接圆水准器和盒底，另外3个为校正螺旋，它们顶住圆水准器底板。当旋紧某一校正螺旋时，水准器该端升高，旋松时则该端下降，其移动方向与第一种相反。校正时，无论对哪一种构造，当需要旋紧某个校正螺旋时，必须先旋松另两个螺旋，校正完毕时必须使3个校正螺旋都处于旋紧状态。

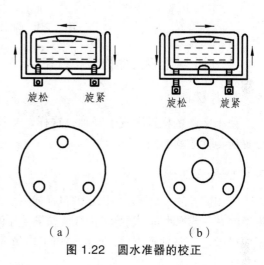

图1.22　圆水准器的校正

4. 检校原理

若圆水准器轴与竖轴没有平行，构成一 α 角，当圆水准器的气泡居中时，竖轴与铅垂线成 α 角［见图1.23（a）］。若仪器上部绕竖轴旋转180°，因竖轴位置不变，故圆水准器轴与铅垂线成 2α 角［见图1.23（b）］。当用脚螺旋使气泡向零点移回偏离量的一半，则竖轴将变动一 α 角而处于铅垂方向，而圆水准器轴与竖轴仍保持 α 角［见图1.23（c）］。此时拨圆水准器的校正螺旋，使圆水准器气泡居中，则圆水准器轴也处于铅垂方向，从而，使它平行于竖轴［见图1.23（d）］。

当圆水准器的误差过大，即 α 角过大时，气泡的移动不能反映出 α 角的变化。当圆水准器气泡居中后，仪器上部平转180°，若气泡移至水准器边缘，再按照使气泡向中央移动的方向旋转脚螺旋1~2周，若未见气泡移动，这就属于 α 角偏大的情况。此时不能按上述正常的情况，用改正气泡偏离量一半的方法来进行校正。首先应以每次相等的量转动脚螺旋，使气泡居中，并记住转动的次数，然后将脚螺旋按相反方向转动原来次数的一半，此时可使竖轴接近铅垂位置。拨圆水准器的校正螺旋使气泡居中，则可使 α 角迅速减小。然后再按正常的检验和校正方法进行校正。

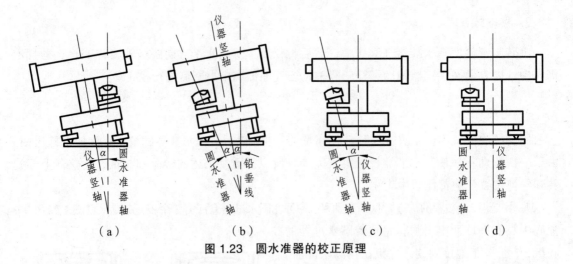

图 1.23　圆水准器的校正原理

（二）十字丝横丝的检验和校正

1. 检校目的

使十字丝的横丝垂直于竖轴，这样，当仪器粗略整平后，横丝基本水平，用横丝上任意位置所得读数均相同。

2. 检验方法

先用横丝的一端照准一固定的目标或在水准尺上读一读数，然后用微动螺旋转动望远镜，用横丝的另一端观测同一目标或读数。如果目标仍在横丝上或水准尺上读数不变［见图 1.24（a）］，说明横丝已与竖轴垂直。若目标偏离了横丝或水准尺读数有变化［见图 1.24（b）］，则说明横丝与竖轴没有垂直，应予校正。

3. 校正方法

打开十字丝分划板的护罩，可见到 3 个或 4 个分划板的固定螺丝（见图 1.25）。松开这些固定螺丝，用手转动十字丝分划板座，反复试验使横丝的两端都能与目标重合或使横丝两端所得水准尺读数相同，则校正完成。最后旋紧所有固定螺丝。

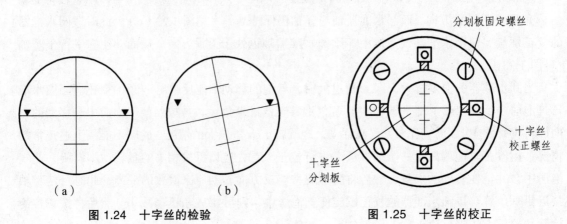

图 1.24　十字丝的检验　　　　　　图 1.25　十字丝的校正

4. 检校原理

若横丝垂直于竖轴，横丝的一端照准目标后，当望远镜绕竖轴旋转时，横丝在垂直于竖轴的平面内移动，所以目标始终与横丝重合。若横丝不垂直于竖轴，望远镜旋转时，横丝上各点不在同一平面内移动，因此目标与横丝的一端重合后，在其他位置的目标将偏离横丝。

（三）水准管的检验和校正

1. 检校目的

使水准管轴平行于视准轴，当水准管气泡符合时，视准轴就处于水平位置。

2. 检验方法

在平坦地面选相距 $40 \sim 60$ m 的 A、B 两点，在两点打入木桩或设置尺垫。水准仪首先置于离 A、B 等距的 I 点，测得 A、B 两点的高差 $h_I = a_1 - b_1$，如图 1.26（a）所示。重复测 $2 \sim 3$ 次，当所得各高差之差小于 3 mm 时取其平均值。若视准轴与水准管轴不平行而构成 i 角，由于仪器至 A、B 两点的距离相等，因此由于视准轴倾斜，而在前、后视读数所产生的误差 δ 也相等，所以所得的 h_I 是 A、B 两点的正确高差。然后把水准仪移到 AB 延长方向上靠近 B 的 II 点，再次测 A、B 两点的高差。如图 1.26（b）所示，必须仍把 A 作为后视点，故得高差 $h_{II} = a_2 - b_2$。如果 $h_{II} = h_I$，说明在测站 II 所得的高差也是正确的，这也说明在测站 II 观测时视准轴是水平的，故水准管轴与视准轴是平行的，即 $i = 0$。如果 $h_{II} \neq h_I$，则说明存在 i 角的误差，由图 1.26（b）可知：

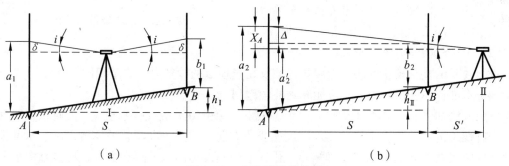

（a）	（b）

图 1.26 水准管轴的检验

$$i = \frac{\Delta}{S} \cdot \rho \qquad (1.15)$$

而

$$\Delta = a_2 - b_2 - h_I = h_{II} - h_I \qquad (1.16)$$

式中，Δ 为仪器分别在 II 和 I 所测高差之差；S 为 A、B 两点间的距离；ρ 为 1 弧度所对应的秒数，$\rho = \dfrac{360°}{2\pi} = 3\,438' = 206\,265''$。

对于一般水准测量，要求 i 角不大于 $20''$，否则应进行校正。

3. 校正方法

当仪器存在 i 角时，在远点 A 的水准尺读数 a_2 将产生误差 x_A，从图 1.26（b）可知：

$$x_A = \Delta \frac{S + S'}{S} \tag{1.17}$$

式中，S' 为测站 Ⅱ 至 B 点的距离，为使计算方便，通常使 $S' = \frac{1}{10} S$ 或 $S' = S$，则 x_A 相应为 1.1Δ 或 2Δ。也可使仪器紧靠 B 点，并假设 $S' = 0$，则 $x_A = \Delta$，读数 b_2 可用水准尺直接量取桩顶到仪器目镜中心的距离。计算时应注意 Δ 的正负号，正号表示视线向上倾斜，与图上所示一致，负号表示视线向下倾斜。

为了使水准管轴和视准轴平行，用微倾螺旋使远点 A 的读数从 a_2 改变到 a_2'，$a_2' = a_2 - x_A$。此时视准轴由倾斜位置改变到水平位置，水准管也随之变动而气泡不再符合。用校正针拨动水准管一端的校正螺旋使气泡符合，则水准管轴也处于水平位置从而使水准管轴平行于视准轴。水准管的校正螺旋如图 1.27 所示，校正时先松动左右两校正螺旋，然后拨上下两校正螺旋使气泡符合。拨动上下校正螺旋时，应先松一个再紧另一个，逐渐改正，当最后校正完毕时，所有校正螺旋都应适度旋紧。

以上检验校正也需要重复进行，直到 i 角小于 20″ 为止。

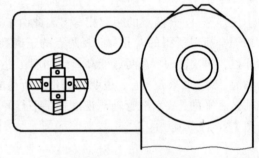

图 1.27　水准管轴的校正

二、自动安平水准仪的检验和校正

自动安平水准仪应满足的条件是：
（1）圆水准器轴应平行于仪器的竖轴。
（2）十字丝横丝应垂直于竖轴。

以上两项的检验校正方法与微倾式水准仪相应项目的检校方法完全相同。

（3）水准仪在补偿范围内，应能起到补偿作用。

检验方法如下：将水准仪安置在一点，在离仪器约 50 m 处立一水准尺。安置仪器时使其中两个脚螺旋的连线垂直于仪器到水准尺连线的方向。用圆水准器整平仪器，读取水准尺上读数。旋转视线方向上的第三个脚螺旋，让气泡中心偏离圆水准零点少许，使竖轴向前稍倾斜，读取水准尺上读数。然后再次旋转这个脚螺旋，使气泡中心向相反方向偏离零点并读数、重新整平仪器，用位于垂直于视线方向的两个脚螺旋，先后使仪器向左右两侧倾斜，分别在气泡中心稍偏离零点后读数。如果仪器竖轴向前后左右倾斜时所得读数与仪器整平时所得读数之差不超过 2 mm，则可认为补偿工作正常，否则应检查原因或送工厂修理。检验时圆水准器气泡偏离的大小，应根据补偿器的工作范围及圆水准器的分划值来决定。例如补偿工作范围为 ±5′，圆水准器的分划值为 8′/2 mm 弧长所对之圆心角值，则气泡偏离零点不应超过 $5/8 \times 2 \approx 1.2$ mm。补偿器工作范围和圆水准器的分划值在仪器说明书中均可查得。

（4）视准轴经过补偿后应与水平线一致。

若视准轴经补偿后不能与水平线一致，则也构成 i 角，产生读数误差。这种误差的检验方法与微倾式水准仪 i 角的检验方法相同，但校正时应校正十字丝。拨十字丝的校正螺旋，使图 1.26（b）中 A 点的读数从 a_2 改变到 a_2'，使之得出水平视线的读数。对于一般水准测量也应使 i 角不大于 $20''$。

第五节　水准测量的误差及其消减方法

测量工作中由于仪器、人、环境等各种因素的影响，使测量成果中都带有误差。为了保证测量成果的精度，需要分析研究产生误差的原因，并采取措施消除和减小误差的影响。水准测量中误差的主要来源如下。

一、仪器误差

1. 视准轴与水准管轴不平行引起的误差

仪器虽经过校正，但 i 角仍会有微小的残余误差。当在测量时如能保持前视和后视的距离相等，这种误差就能消除。当因某种原因某一测站的前视（或后视）距离较大，那么就在下一测站上使后视（或前视）距离较大，使误差得到补偿。

2. 调焦引起的误差

当调焦时，调焦透镜光心移动的轨迹和望远镜光轴不重合，则改变调焦就会引起视准轴的改变，从而改变了视准轴与水准管轴的关系。如果在测量中保持前视后视距离相等，就可在前视和后视读数过程中不改变调焦，避免因调焦而引起的误差。

3. 水准尺的误差

水准尺的误差包括分划误差和尺身构造上的误差，构造上的误差如零点误差和箱尺的接头误差。所以使用前应对水准尺进行检验。水准尺的主要误差是每米真长的误差，它具有积累性质，高差愈大误差也愈大。对于误差过大的应在成果中加入尺长改正。

二、观测误差

1. 气泡居中误差

视线水平是以气泡居中或符合为根据的，但气泡的居中或符合都是凭肉眼来判断，不能绝对准确。气泡居中的精度也就是水准管的灵敏度，它主要决定于水准管的分划值。一般认为水准管居中的误差约为 0.1 分划值，它对水准尺读数产生的误差为：

$$m = \frac{0.1\tau''}{\rho} \cdot s \qquad (1.18)$$

式中，τ'' 为水准管的分划值；$\rho = 206\,265''$；s 为视线长。

符合水准器气泡居中的误差大约是直接观察气泡居中误差的$1/5\sim1/2$。为了减小气泡居中误差的影响,应对视线长加以限制,观测时应使气泡精确地居中或符合。

2. 估读水准尺分划的误差

水准尺上的毫米数都是估读的,估读的误差决定于视场中十字丝和厘米分划的宽度,所以估读误差与望远镜的放大率及视线的长度有关。通常在望远镜中十字丝的宽度为厘米分划宽度的$1/10$时,能准确估读出毫米数。所以在各种等级的水准测量中,对望远镜的放大率和视线长的限制都有一定的要求。此外,在观测中还应注意消除视差,并避免在成像不清晰时进行观测。

3. 扶水准尺不直的误差

水准尺没有扶直,无论向哪一侧倾斜都使读数偏大。这种误差随尺的倾斜角和读数的增大而增大。例如尺有$3°$的倾斜,读数为 1.5 m 时,可产生 2 mm 的误差。为使尺能扶直,水准尺上最好装有水准器。没有水准器时,可采用摇尺法,读数时把尺的上端在视线方向前后来回摆动,当视线水平时,观测到的最小读数就是尺扶直时的读数(见图 1.28)。这种误差在前后视读数中均可发生,所以在计算高差时可以抵消一部分。

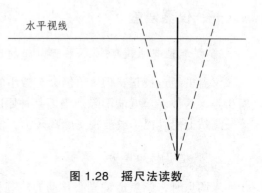

图 1.28　摇尺法读数

三、外界环境的影响

1. 仪器下沉和水准尺下沉的误差

(1)仪器下沉引起的误差:在读取后视读数和前视读数之间若仪器下沉了Δ,由于前视读数减少了Δ从而使高差增大了Δ,如图 1.29 所示。在松软的土地上,每一测站都可能产生这种误差。当采用双面尺或两次仪器高时,第二次观测可先读前视点 B,然后读后视点 A,则可使所得高差偏小,两次高差的平均值可消除一部分仪器下沉的误差。用往测、返测时,亦因同样的原因可消除部分的误差。

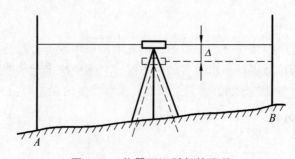

图 1.29　仪器下沉引起的误差

（2）水准尺下沉引起的误差：在仪器从一个测站迁到下一个测站的过程中，若转点下沉了 Δ，则使下一测站的后视读数偏大，使高差也增大 Δ，如图 1.30 所示。在同样情况下返测，则使高差的绝对值减小。所以取往返测的平均高差，可以减弱水准尺下沉的影响。

当然，在进行水准测量时，必须选择坚实的地点安置仪器和转点，避免仪器和尺的下沉。

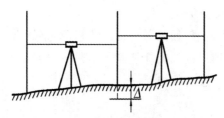

图 1.30　水准尺下沉引起的误差

2. 地球曲率和大气折光的误差

（1）地球曲率引起的误差：理论上水准测量应根据水准面来求出两点的高差（见图 1.31），但视准轴是一直线，因此使读数中含有由地球曲率引起的误差 p：

$$p = \frac{s^2}{2R} \tag{1.19}$$

式中，s 为视线长；R 为地球的半径。

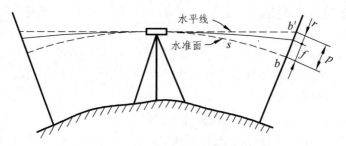

图 1.31　地球曲率引起的误差

（2）大气折光引起的误差：水平视线经过密度不同的空气层被折射，一般情况下形成一向下弯曲的曲线，它与理论水平线所得读数之差，就是由大气折光引起的误差 r（见图 1.31）。实验得出：大气折光误差比地球曲率误差要小，是地球曲率误差的 K 倍，在一般大气情况下，$K = 1/7$，故：

$$r = K\frac{s^2}{2R} = \frac{s^2}{14R} \tag{1.20}$$

所以水平视线在水准尺上的实际读数位于 b'，它与按水准面得出的读数 b 之差，就是地球曲率和大气折光总的影响值 f。故：

$$f = p - r = 0.43\frac{s^2}{R} \tag{1.21}$$

当前视后视距离相等时，这种误差在计算高差时可自行消除。但是离近地面的大气折光变化十分复杂，在同一测站的前视和后视距离上就可能不同，所以即使保持前视后视距离相等，大气折光误差也不能完全消除。由于 f 值与距离的平方成正比，所以限制视线的长可以使这种误差大为减小，此外使视线离地面尽可能高些，也可减弱折光变化的影响。

3. 气候的影响

除了上述各种误差来源外，气候的影响也给水准测量带来误差。如风吹、日晒、温度的变化和地面水分的蒸发等。所以观测时应注意气候带来的影响。为了防止日光曝晒，仪器应打伞保护。无风的阴天是最理想的观测天气。

第六节　精密水准仪和精密水准尺

精密水准仪主要用于国家一、二等水准测量和高精度工程测量中，例如，建、构筑物的沉降观测，大型桥梁工程的施工测量和大型精密设备安装的水平基准测量等。

一、精密水准仪的特点

与 DS$_3$ 普通水准仪比较，精密水准仪的特点是：① 望远镜的放大倍数大、分辨率高，如规范要求 DS$_1$ 不小于 38 倍，DS$_{05}$ 不小于 40 倍；② 管水准器分划值为 10″/2 mm，精平精度高；③ 望远镜物镜的有效孔径大，亮度好；④ 望远镜外表材料应采用受温度变化小的铟瓦合金钢，以减小环境温度变化的影响；⑤ 采用平板玻璃测微器读数，读数误差小；⑥ 配备精密水准尺。

精密水准尺是在木质尺身的凹槽内引一根铟瓦合金钢带，其中零点端固定在尺身上，另一端用弹簧以一定的拉力将其引张在尺身上，以使铟瓦合金钢带不受尺身伸缩变形的影响。长度分划在铟瓦合金钢带上，数字注记在木质尺身上，精密水准尺的分划值有 1 cm 和 0.5 cm 两种。图 1.32（a）为与徕卡新 N$_3$ 精密水准仪配套的精密水准尺。因为新 N$_3$ 的望远镜为正像望远镜，所以水准尺上的注记也是正立的。水准尺全长约 3.2 m，在铟瓦合金钢带上刻有两排分划，右边一排分划为基本分划，数字注记从 0～300 cm，左边一排分划为辅助分划，数字注记从 300～600 cm，基本分划与辅助分划的零点相差一个常数 301.55 cm，称为基辅差或尺常数。水准测量作业时，用以检查读数是否存在粗差。

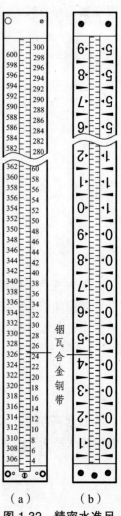

（a）　　　（b）

图 1.32　精密水准尺

图 1.32（b）为与蔡司 Ni_{004} 精密水准仪配套的精密水准尺，国产 DS_1 精密水准仪也使用这种水准尺。因为 Ni_{004} 的望远镜为倒像望远镜，所以水准尺上的注记是倒立的。水准尺的分划值为 0.5 cm，只有基本分划而无辅助分划，左边一排分划为奇数值，右边一排分划为偶数值；右边注记为 m 数，左边注记为 dm 数，小三角形 ▶ 表示半 dm 数，长三角形 ▶━ 表示 dm 起始线。由于将 0.5 cm 分划间隔注记为 1 cm，所以尺面注记值为实际长度的两倍，故用此水准尺观测的高差须除以 2 才等于实际高差值。其读数原理与 N_3 相同。

二、徕卡 N_3 精密水准仪及其读数原理

图 1.33 是徕卡新 N_3 微倾式精密水准仪，各部件的名称见图中注记，仪器每千米往返测高差中数的中误差为 ±0.3 mm。为了提高读数精度，仪器设有平板玻璃测微器。N_3 的平板玻璃测微器结构如图 1.34 所示。

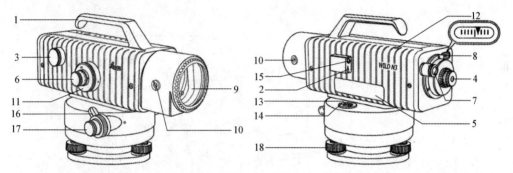

1—手柄；2—光学粗瞄器；3—物镜调焦螺旋；4—目镜；5—管水准器照明窗口；6—微倾螺旋；
7—管水准气泡与测微尺观察窗；8—微倾螺旋行程指示器；9—平板玻璃；10—平板玻璃旋转轴；
11—平板玻璃测微螺旋；12—平板玻璃测微器照明窗；13—圆水准器；14—圆水准器校正螺丝；
15—圆水准器观察装置；16—制动螺旋；17—微动螺旋；18—脚螺旋。

图 1.33　徕卡新 N_3 微倾式精密水准仪

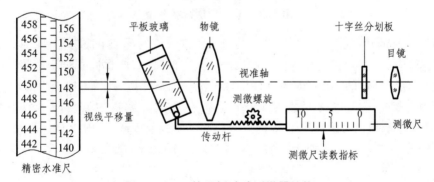

图 1.34　N_3 的平板玻璃测微器结构

它由平板玻璃、测微尺、传动杆和测微螺旋等构件组成。平板玻璃安装在物镜前，它与测微尺之间用带有齿条的传动杆连接，当旋转测微螺旋时，传动杆带动平板玻璃绕其旋转轴作俯仰倾斜。视线经过倾斜的平板玻璃时，产生上下平行移动，可以使原来并不对准尺上某一分划的视线能够精确对准某一分划，从而读到一个整分划读数（见图 1.35 中的 148 cm 分划），而视线在尺上的平行移动量则由测微尺记录下来，测微尺的读数通过光路成像在测微尺读数窗内。

旋转 N_3 的平板玻璃，可以产生的最大视线平移量为 10 mm，它对应测微尺上的 100 个分格，因此，测微尺上 1 个分格等于 0.1 mm，如在测微尺上估读到 0.1 分格，则可以估读到 0.01 mm。将标尺上的读数加上测微尺上的读数，就等于标尺的实际读数。如图 1.35 的读数为 $148 + 0.655 = 148.655$（cm）$= 1.486\ 55$（m）。

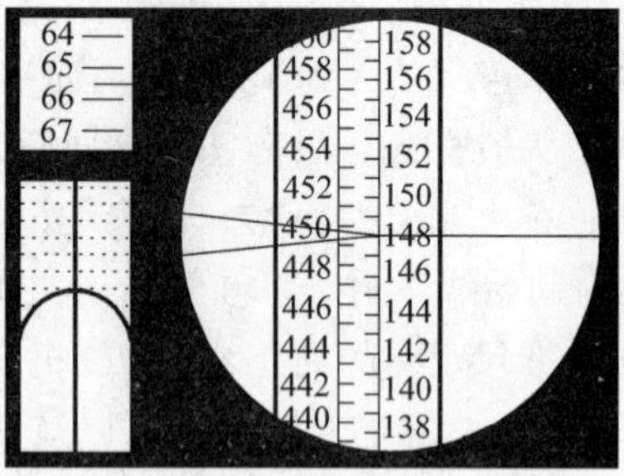

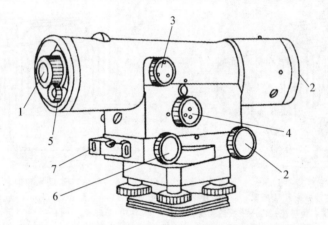

图 1.35 N_3 的望远镜视场

三、国产 DS_1 型精密水准仪及读数

DS_1 型精密水准仪的构造和 DS_3 水准仪基本相同，也有微倾式和自动安平式的，它的不同之处主要也是装有一个供读数的平板玻璃测微器，结构如图 1.36 所示。

1—目镜；2—物镜；3—对光螺旋；4—测微螺旋；5—测微读数显微镜；
6—微倾螺旋；7—十字水准器。

图 1.36 DS_1 型精密水准仪

读数时，用微倾螺旋使目镜视场左边的符合水准气泡的两个半像吻合后，仪器即已精确整平。这时望远镜十字丝横丝往往恰好对准水准尺上的某一分划线，需转动测微螺旋调整视线上下移动，使十字丝的楔形丝精确夹住水准尺上一个整分划线，如图 1.37（a）所示。从望远镜直接读出楔形丝夹住的读数为 1.98 m，再在读数显微镜内读出厘米以下的读数为 1.58 mm。所以水准尺全部读数为 1.98 m + 1.58 mm = 1.981 58 m，但国产 DS_1 型水准仪配套的是 5 mm 分划的水准尺，为了便于读数，尺上注记为 10 mm，故实际读数应是 1.981 58 ÷ 2 = 0.990 79 m。

测量时无须每次将读数除以 2，只需将由读数直接算出的高差除以 2 即可换算成实际的高差。

四、蔡司 Ni_{004}、威尔特 N_3 精密水准仪的读数

图 1.37（b）是配套蔡司 Ni_{004}、威尔特 N_3 精密水准仪基辅分划尺的读数图。楔形丝夹住的水准尺基本分划读数为 1.48 m，测微尺读数为 6.50 mm，全读数为 1.486 500 m。因为水准尺分划值为 1 cm，故读数为实际值，无须除以 2。

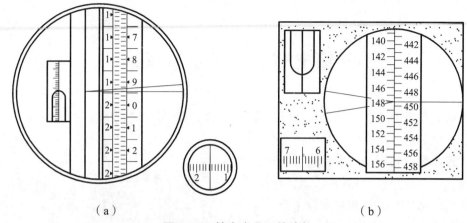

（a）　　　　　　　　　　　　　　　　（b）

图 1.37　精密水准尺的读数

五、国产 DSZ₂ 自动安平精密水准仪及其读数原理

图 1.38 为 DSZ₂ 自动安平精密水准仪，各部件的名称如图中注记。仪器采用交叉吊丝结构补偿器，补偿器的工作范围为 ±14′，视线安平精度为 ±0.3″，安装平板玻璃测微器 FS₁ 时，每千米往返测高差中数的中误差为 ±0.5 mm，可用于国家二等水准测量。平板玻璃测微器 FS₁ 可以根据需要安装或卸载，还可与徕卡的 NA₂ 或 NAK₂ 水准仪配合使用。配合仪器使用的精密水准尺与新 N₃ 的精密水准尺完全相同 ［见图 1.32（a）］，读数方法也相同。

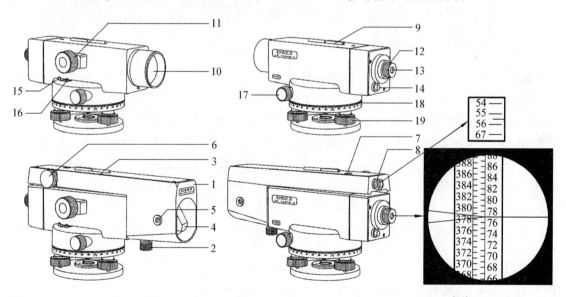

读数 0.775 54 m

1—FS1 平板玻璃测微器；2—平板玻璃测微器固定螺丝；3—平板玻璃测微器粗瞄器；4—平板玻璃；
5—平板玻璃座转轴螺丝；6—测微螺旋；7—平板玻璃测微器照明窗；8—平板玻璃测微器读数
窗目镜调焦螺旋；9—水准仪粗瞄器；10—望远镜物镜；11—物镜调焦螺旋；
12—目镜调焦螺旋；13—目镜；14—补偿器按钮；15—圆水准器；
16—圆水准器校正螺丝；17—无限位水平微动螺旋；
18—水平度盘；19—脚螺旋。

图 1.38　DSZ₂ 自动安平精密水准仪

第七节　电子水准仪

随着电子技术的迅猛发展及计算机技术的广泛应用，水准仪由传统的光学水准仪进入电子水准仪（也称数字水准仪）的时代。电子水准仪集电子光学、图像处理、计算机技术于一体，具有速度快、精度高、操作简捷、自动观测和记录无人为读数误差等特点，它使测量工作实现了自动化。自 1990 年瑞士徕卡公司推出世界上第一台电子水准仪 NA2000 以来，德国蔡司、日本拓普康和索佳等测量公司也相继推出各自的电子水准仪。几十年的时间，电子水准仪已经发展到第二代、第三代产品，其测量精度也达到了一、二等水准测量的要求。国内厂商也推出了自己各有特点的产品，下面以南方测绘推出的 DL-301 电子水准仪（见图 1.39）为例，简介其原理和构造。

图 1.39　DL-301 电子水准仪

一、电子水准仪的特点

电子水准仪是在仪器望远镜光路中增加分光棱镜与 CCD 传感器等部件，采用条形码水准尺和图像处理系统构成光、机、电及信息存储与处理的一体化水准测量系统。与光学水准仪比较，电子水准仪的特点是：① 自动测量视距与中丝读数；② 快速进行多次测量并自动计算平均值；③ 自动存储观测数据，使用后处理软件可实现水准测量从外业数据采集到最后成果计算的一体化；④ 电子水准仪一般是设置有补偿器的自动安平水准仪，当采用普通水准尺或采用条形码水准尺反面测量时，数字水准仪又可当作普通自动安平水准仪使用。

二、电子水准仪测量原理

图 1.40 为 DL-301 电子水准仪的光路图，与之配套的是 3 m 铝合金条形码水准标尺（见图 1.41），标尺的正面为条形码，反面为 0.5 cm 分划注记。

用望远镜照准标尺并调焦后，标尺正面的条形码影像入射到分光棱镜上，分光镜将其分为可见光和红外光两部分，可见光影像成像在十字丝分划板上，供目视观测；红外光影像成像在 CCD 阵列光电探测器上，探测器将接收到的光图像先转换成模拟信号，再转换为数字信号传送给仪器的处理器，通过与机内事先存储好的标尺条形码本源数字信息进行相关比较，当两信号处于最佳相关位置时，即获得水准尺上的水平视线读数和视距读数并输出到屏幕显示。

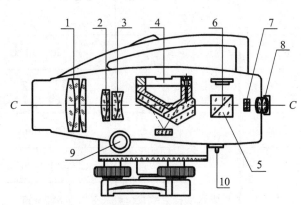

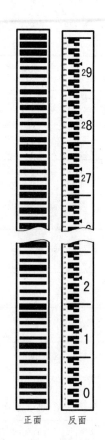

1—物镜前组件；2—调焦镜组件；3—物镜后组件；4—补偿器组件；
5—分光棱镜；6—CCD 阵列光电探测器；7—十字丝分划板；
8—目镜组件；9—无限位水平微动螺旋；
10—补偿器检测按钮。

正面　反面

图 1.40　DL-301 电子水准仪光路　　　　　　图 1.41　条形码水准尺

三、DL-301 电子水准仪的主要部件功能及技术参数

主要构件名称及功能如图 1.42 所示，其主要技术参数如表 1.5 所示。

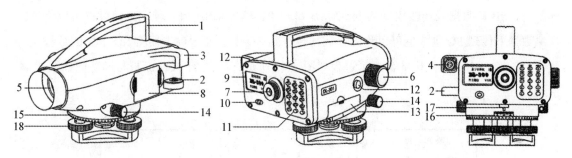

1—提手；2—圆水准器；3—圆水准器反射镜；4—圆水准器影像；5—物镜；6—物镜调焦螺旋；7—目镜；
8—电池；9—显示屏幕；10—电源开关；11—字母数字键盘；12—测量按钮；
13—SD 存储卡插槽与 miniUSB 口；14—无限位水平微动螺旋；15—水平度盘；
16—水平度盘读数窗；17—补偿器检测按钮；18—脚螺旋。

图 1.42　DL-301 电子水准仪

表 1.5 DL-301 电子水准仪的主要技术参数

项 目		技术指标	项 目		技术指标
望远镜	放大倍数	32×	测量时间		3 s
	分辨率	3″	数据存储		10 000 个点
	最短视距	1.5 m	水平度盘分划值		1°
	成像	正像	防水等级		IP54
	视距加常数	0	工作温度		−20~50 ℃
	视距乘常数	100	显示屏		四行中文显示 128×64 点阵 LCD
补偿器	类型	磁阻尼摆式补偿器	最小显示	高差	0.1/1 mm
	补偿范围	±15′		距离	0.1/1 cm
	安平精度	0.5″	圆水准器灵敏度		8′/2 mm
精度	电子（每公里往返测标准差）	1 mm	电源		7.2 V（锂离子电池）
	光学读数	1 mm	使用时间		约 10 h
	测量范围	1.5~100 m	重量		2.5 kg
	距离测量精度	0.2%×D（D 为距离值）	尺寸（长×宽×高）		270 mm×210 mm×180 mm

外业观测数据可以存储在内存或 SD 卡，内存最多可以存储 10 000 个点的观测数据，用标配的 USB 口数据线连接仪器的 miniUSB 口与 PC 机的 USB 口，使用通信软件可以将仪器观测数据下传到 PC 机，也可以将内存数据转存到 SD 卡，使用读卡器将 SD 卡中的数据文件读入 PC 机。DL-301 开机屏幕显示过程如图 1.43 所示，DL-301 操作面板与键功能如图 1.44 所示。

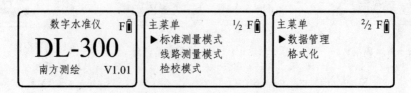

图 1.43 DL-301 开机屏幕显示过程

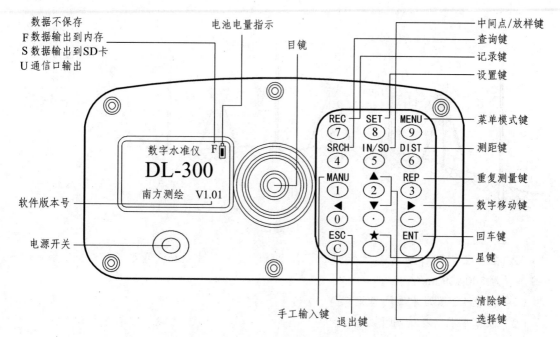

图 1.44　DL-301 的操作面板与各键功能

思考题与习题

1. 高程测量的主要方法有哪几种？一般来说，何种测量方法的精度最高？

2. 什么叫水准点？它有什么作用？

3. 我国的高程系统采用什么作为起算基准面？

4. 水准测量的基本原理是什么？

5. 什么叫后视点、后视读数？什么叫前视点、前视读数？高差的正负号是怎样确定的？

6. 什么叫转点？转点的作用是什么？

7. 水准测量误差分为哪几类，如何减弱或消除？

8. 自动安平水准仪与微倾式水准仪在操作上有何异同点？

9. 与普通水准仪比较，精密水准仪有何特点？电子水准仪有何特点？

10. 水准路线形式有哪几种？怎样计算它们的高程闭合差？当闭合差不超过规定要求时，应如何进行分配？

11. 两次变动仪器高法观测一条水准路线，其观测成果标注如图，图中视线上方的数字为第 2 次仪器高的读数。

（1）将图中读数填入水准测量记录手簿（见表 1.1）;

（2）计算高差 h_{AB}。

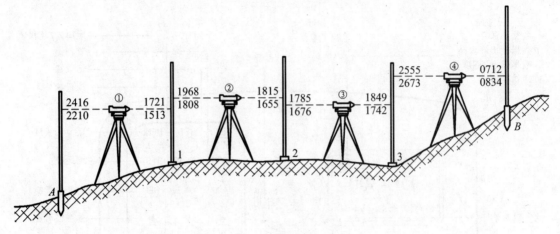

11 题图

12. 在水准点 BM_1 和 BM_2 之间进行了往返测量，施测过程和读数如图所示，已知水准点 1 的高程为 200.919 m。

（1）按表 1.2 填写水准测量记录簿；

（2）计算水准点 2 的高程。

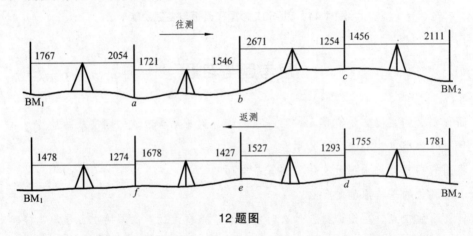

12 题图

13. 计算并调整下列铁路附合水准成果。已知水准点 14 到水准点 15 的单程水准路线长度为 3.2 km。

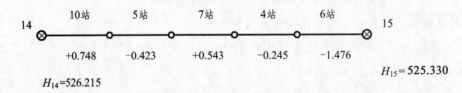

13 题图

14. 在某山区建筑工地布设一条闭合水准路线，如图所示。计算闭合水准路线各水准点的高程。

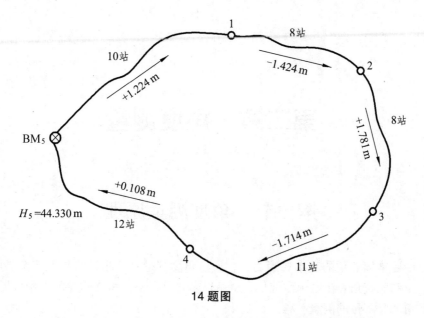

14 题图

15. A、B 两点相距 60 m，水准仪置于等间距处时，得 A 点尺读数 $a = 1.33$ m，B 点尺读数 $b = 0.806$ m，将仪器移至 AB 的延长线 C 点时，得 A 点的尺读数 1.944 m，B 点的尺读数 1.438 m，已知 $BC = 30$ m，试问该仪器的 i 角为多少？若在 C 点校正其 i 角，问 A 点尺的正确读数应为多少？

第二章　角度测量

第一节　角度测量原理

角度是确定地面点位的基本要素之一，所以角度测量也是测量的基本工作。角度按投影面分为水平角和竖直角。在电子经纬仪、全站仪未普及以前，角度测量的常用仪器是经纬仪，可实现水平角和竖直角的测量。

一、水平角测量原理

1. 水平角定义

水平角是指从空间一点出发的两个方向在水平面上投影所夹的角度，一般用"β"表示，其角值范围为 $0° \sim 360°$。

2. 水平角测量原理

如图 2.1 所示，假设 A、B、O 为空间任意 3 点，OA、OB 为从 O 点出发的两条方向线，过 OA 和 OB 分别作两个铅垂面，与水平面 H 的交线 Oa 和 Ob 所构成的二面角 $\angle aOb$，即为 OA、OB 间的水平角 β。若在角顶点 O 上安置一个水平刻度盘，且度盘的刻划中心与 O 点重合，其圆心 O 在通过测点 O 的铅垂线上，设 OA 和 OB 两条方向线在刻度盘上的投影读数分别为 a 和 b，得水平角 β 为：

$$\beta = b - a \qquad (2.1)$$

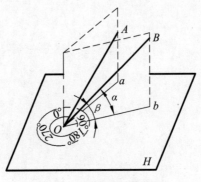

图 2.1　水平角测量原理

二、竖直角测量原理

1. 竖直角定义

竖直角是指观测方向与其在同一铅垂面内的水平线所夹的锐角，又称为垂直角，一般用"α"表示。竖直角的角值在$0° \sim \pm 90°$。

2. 竖直角测量原理

如图2.2所示，观测方向线在水平线之上称为仰角，符号为正；观测方向线在水平线以下称为俯角，符号为负。若在测站上竖直设一个刻度盘，其圆心通过角顶点的水平线，设照准目标时视线的读数为n，水平视线上的读数为m，得竖直角α为：

$$\alpha = n - m \qquad\qquad (2.2)$$

根据上述测角原理可知，用于角度测量的仪器应具有带刻度的水平圆盘（称水平度盘，简称平盘）和竖直圆盘（称竖直度盘，简称竖盘），且水平度盘的中心位于水平角顶点的铅垂线上；还要有一个照准目标的望远镜和读数设备，望远镜不仅能在水平方向左右旋转，而且能在竖直方向上下旋转，构成一个竖直面，以便照准不同高度、不同方向的目标；为了把仪器安置在角顶上和把水平度盘安置水平应有对中和整平装置。经纬仪就是根据这些要求制成的一种以测角为主要功能的仪器，而全站仪则兼备测角、测距等功能。

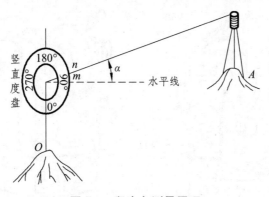

图2.2　竖直角测量原理

第二节　经纬仪与全站仪

经纬仪按结构原理分为光学经纬仪和电子经纬仪两种类型。光学经纬仪具有体积小、质量轻、密封性好、读数方便等优点，曾广泛用于工程测量，但随着全站仪普及，光学经纬仪目前已基本退出工程测量的历史舞台。

电子经纬仪是利用光电技术测角，带有角度数字显示和进行数据自动归算及存储装置的经纬仪。电子经纬仪与光学经纬仪主要区别在于读数系统。光学经纬仪采用带有数字注记刻划的光学度盘，以及由度盘和一系列光学棱镜、透镜所构成的光学读数系统。电子经纬仪采用电子度盘以及由它和机、电、光器件组成的测角系统。

全站仪的全称叫作全站型电子速测仪。它是在电子经纬仪的基础上增加了电子测距的功能，使得仪器不仅能够测角，而且也能测距，并且测量的距离长、时间短、精度高，是由电子测角、电子测距、电子计算和数据存储单元等组成的三维坐标测量系统，测量结果能自动显示，并能与外围设备交换信息的多功能测量仪器。全站仪是当前工程测量应用的主流设备，将在第四章详细介绍。

一、光学经纬仪

光学经纬仪是用于角度测量的仪器。我国生产的经纬仪用"DJ"表示，"D"为"大地测量"的"大"字的汉语拼音的首字母，"J"为"经纬仪"的"经"字的汉语拼音的首字母，紧跟其后的阿拉伯数字代表仪器的精度。光学经纬仪主要由基座、照准部、水平度盘 3 部分组成。DJ_6 型如图 2.3 所示，DJ_2 级型如图 2.4 所示。

光学经纬仪在水平度盘上，相邻两分划线间的弧长所对应的圆心角称为度盘的分划值。在每个分划线上注以度数。J_6 级经纬仪度盘分划值一般为 1° 或 30′，J_2 级经纬仪通常是将 1° 的分划再分为 3 格，即 20′ 为 1 个格，每度均注有字。根据注字可以判定度盘分划值的大小，小于度盘分划值的读数则用测微器读取。

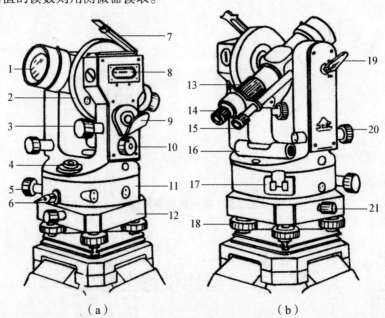

（a）   （b）

1—物镜；2—竖直度盘；3—竖盘指标水准管微动螺旋；4—圆水准器；5—照准部微动螺旋；
6—照准部制动扳钮；7—水准管反光镜；8—竖盘指标水准管；9—度盘照明反光镜；
10—测微轮；11—水平度盘；12—基座；13—望远镜调焦筒；14—目镜；
15—读数显微镜目镜；16—照准部水准管；17—复测扳手；18—脚螺旋；
19—望远镜制动扳钮，20—望远镜微动螺旋；21—轴座固定螺旋。

图 2.3　DJ_6 级经纬仪

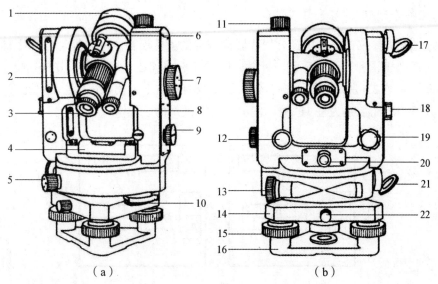

1—物镜；2—望远镜调焦筒；3—目镜；4—照准部水准管；5—照准部制动螺旋；6—粗瞄准器；7—测微轮；
8—读数显微镜目镜；9—度盘换像旋钮；10—水平度盘变换手轮；11—望远镜制动螺旋；12—望远镜微动螺旋；
13—照准部微动螺旋；14—基座；15—脚螺旋；16—基座底板；17—竖盘照明反光镜；
18—竖盘指标水准器观察镜；19—竖盘指标水准器微动螺旋；20—光学对中器；
21—水平度盘照明反光镜；22—轴座固定螺旋。

图 2.4　DJ₂ 级经纬仪

　　读数显微镜位于望远镜的目镜一侧。通过位于仪器侧面的反光镜将光线反射到仪器内部，通过一系列光学组件，使水平度盘、竖直度盘及测微器的分划都在读数显微镜内显示出来，从而可以读取读数。6″ 级经纬仪，一般采用测微尺读数。2″ 级经纬仪，一般采用对径符合读数装置。

1. 测微尺及其读数方法

　　如图 2.5 所示，是 DJ₆ 光学经纬仪从读数显微镜中看到的度盘影像和测微尺的影像。在读数显微镜中可以看到两个读数窗；注有"水平"（或"H"、"—"）的是水平度盘读数窗；注有"竖直"（或"V"、"⊥"）的是竖盘读数窗。度盘分划值为 1°，小于 1° 的读数可以从测微尺读取。度盘 1° 的间隔经放大后与测微尺长度相等。测微尺全长等分为 60 个小格，每格 1′，因此在测微尺上可以直接读 1′，不足 1′的数可以估读到 0.1′ 即 6″，读数时，首先看测微尺上度数的分划线，线上注的字即为"度"的读数值，然后看测微尺上 0 分划线到水平度盘分划线间的分格数即为"分"的读数，不足 1′的估读，三者加起即为全部读数，图 2.5 中水平度盘读数为 215°7.5′，即 215°07′30″；竖直度盘读数为 78°48.3′，即 78°48′18″。该测微尺的"0"分划线就是指标线。

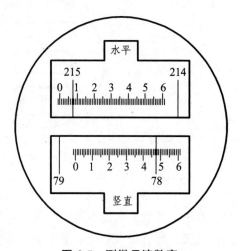

图 2.5　测微尺读数窗

2. 对径符合读数法

在 DJ$_2$ 光学经纬仪中采用对径分划线影像符合的读数设备。它将度盘上相对 180° 的分划线，经过一系列棱镜和透镜的反射与折射，同时显现在读数显微镜中，并分别位于一条横线的上、下方。如图 2.6 所示，右下方为分划线重合窗；右上方读数窗中上面的数字为整度值，凸出的小方框中所注数字为整 10′ 数；左下方为测微尺的读数窗。

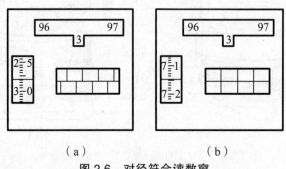

（a）　　　　　　　　　　　（b）

图 2.6　对径符合读数窗

测微尺刻划有 600 小格，每格为 1″，可估读至 0.1″，全程测微范围为 10′。测微尺读数窗中左边注记数字为分，右边注记为整 10″ 数。观测时读数方法如下：转动测微轮，使分划线重合窗中上、下分划线重合，在读数窗中读出度数；在小方框中读出整 10′ 数；在测微尺读数窗中读出分、秒数；将以上读数相加即为度盘读数。图中读数为 96°37′14.7″。

近年来，为便于读数，DJ$_2$ 经纬仪大都采用半数字化读数装置。如图 2.7 所示，读数窗上面为度和整 10′ 数，下面窗口为不足 10′ 的分数和秒数，两排注字中上面的是分，下面的是秒，根据指标线读出。读数时转动测微轮使中间窗中的度盘分划线重合，图 2.7（a）中的完整读数为 176°38′25.8″。但在图 2.7（b）中，应注意此时上面小窗的 0 相当于 60′，故读数应为 177°00′ 而不是 176°00′。完整的读数应为 177°03′35.8″。

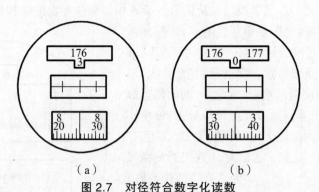

（a）　　　　　　　　　　　（b）

图 2.7　对径符合数字化读数

在 DJ$_2$ 光学经纬仪的读数窗中，只能看到水平度盘或竖直度盘中的一种影像，在使用这种仪器时，读数显微镜不能同时显示水平度盘及竖直度盘的读数。在支架左侧有一个刻有直线的旋钮，当直线水平时，所显示的是水平度盘读数；而直线竖直时，则显示的是竖直度盘读数。此外，读数时应打开水平度盘或竖直度盘各自的进光反光镜。

无论使用哪种读数方式的仪器，读数前均应认清度盘在读数窗中的位置，并正确判读度盘和测微尺的最小分划值。

二、全站仪及其辅助设备

（一）全站仪的结构

全站仪是由光电测距仪、电子经纬仪和数据处理系统组成。它的结构原理如图 2.8 所示。

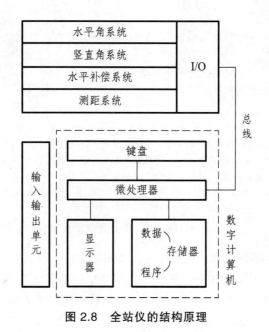

图 2.8　全站仪的结构原理

图中上半部包含有测量的四大光电系统，即测距、测水平角、竖直角和水平补偿。键盘指令是测量过程的控制系统，测量人员通过按键便可调用内部指令指挥仪器的测量工作过程和进行数据处理。以上各系统通过 I/O 接口接入总线与数字计算机联系起来。

微处理机是全站仪的核心部件，它如同计算机的中央处理机（CPU），主要由寄存器系列（缓冲寄存器、数据寄存器、指令寄存器等）、运算器和控制器组成。

微处理机的主要功能是根据键盘指令启动仪器进行测量工作，执行测量过程的检核和数据的传输、处理、显示、储存等工作，保证整个光电测量工作顺利地完成。输入、输出单元是与外部设备连接的装置（接口）。为便于测量人员设计软件系统，处理某种目的的测量工作，在全站仪的数字计算机中还提供有程序存储器。

目前，全站仪的品牌和型号非常多，尽管仪器的主要结构和性能基本相同，但由于各种仪器的键盘设置差异很大，这就给仪器的操作带来诸多不便。因此，要全面了解、掌握一种型号的全站仪，就必须详细、认真阅读其使用说明书。

图 2.9 为南方测绘 NTS-312P 中文界面全站仪。

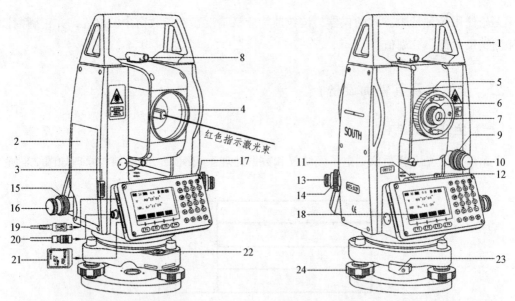

1—手柄；2—电池盒；3—电池盒按钮；4—物镜；5—物镜调焦螺旋；6—目镜调焦螺旋；7—目镜；
8—光学粗瞄器；9—望远镜制动螺旋；10—望远镜微动螺旋；11—管水准器；12—管水准器校正螺丝；
13—光学对中器目镜调焦螺旋；14—光学对中器物镜调焦螺旋；15—水平制动螺旋；
16—水平微动螺旋；17—电源开关键；18—显示窗；19—USB 通讯口；
20—RS232C 通讯口；21—SD 卡插口；22—圆水准器；
23—轴套锁定钮；24—脚螺旋。

图 2.9 NTS-312P 免棱镜测距全站仪

NTS-312P 带有数字/字母键盘，光栅度盘，双轴补偿，一测回方向观测中误差为 ±2″，竖盘指标自动归零补偿采用电子液体补偿器，补偿范围为 ±3′；在良好大气条件下的最大测程为 3 km（单块棱镜），测距误差为 $(2+2\times10^{-6})$ mm；反射片测程为 800 m，免棱镜测程为 200 m，测距误差为 $(5+3\times10^{-6})$ mm；内存容量为 2 MB 闪存，一个 RS-232C 串行通讯口，一个 USB 通信口，一个 SD 卡插口，最大可插 2 GB 标准 SD 卡，工作内存可以在 FLASH 或 SD 卡间选择。仪器采用 6 V 镍氢可充电电池 NB-28（容量为 2 800 mA·h）供电，一块充满电的电池可供连续测距 6 h。

按电源键开机，屏幕显示仪器型号与机载软件版本信息［见图 2.10（a）］后进入图 2.10（b）的界面，纵转望远镜，触发光栅度盘计数，进入图 2.10（c）的出厂设置"角度模式"界面。

操作面板由显示窗和 28 个键组成，各键功能见图 2.11。

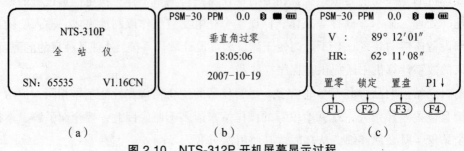

（a）　　　　　　　　（b）　　　　　　　　（c）

图 2.10 NTS-312P 开机屏幕显示过程

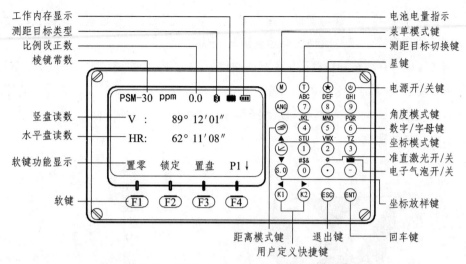

图 2.11　NTS-312P 的操作面板与键功能

（二）全站仪的辅助设备

1. 反射棱镜

在用全站仪进行除角度测量之外的所有测量工作时，反射棱镜一般是必不可少的合作目标。但现在各大厂家，都推出了以红色激光源为测距光源的激光型免棱镜全站仪，在一定距离范围内可免设棱镜，使测量更方便、灵活。

构成反射棱镜的光学部分是直角光学玻璃锥体。它如同在正方形玻璃上切下的一角，如图 2.12 所示。图中 $\triangle ABC$ 为透射面，呈等边三角形；另外 3 个面 ABD、BCD 和 CAD 为反射面，呈等腰直角三角形。反射面镀银，面与面之间相互垂直。由于这种结构的棱镜，无论光线从哪个方向入射透射面，棱镜必将入射光线反射回入射光的发射方向。因此测量时，只要棱镜的透射面大致垂直于测线方向，仪器便会得到回光信号。

由于光在玻璃中的折射率为 1.5～1.6，而在空气中的折射率近似等于 1，也就是说，光在玻璃中的传播要比在空气中慢，因此，光在反射棱镜中传播所用的超量时间会使所测距离增大某一数值，通常称作棱镜常数。棱镜常数的大小与棱镜直角玻璃锥体的尺寸和玻璃的类型有关，已在厂家所附的说明书或在棱镜上直接标出，供测距时修正使用。

观测时采用一块棱镜，称为单棱镜。根据测程的不同，可以选用三棱镜及九棱镜等。根据测量的精度要求和用途，可以选用三脚架安装棱镜或采用测杆棱镜。

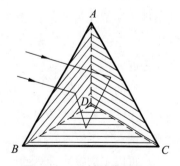

图 2.12　反射棱镜的构成

（1）三脚架上安置棱镜。如图 2.13 所示，将棱镜装在棱镜框上，再将棱镜框装在棱镜底座上，然后通过三脚架的连接螺旋与其固定。棱镜框上可装置觇牌，便于仪器精确瞄准。棱镜框上设有瞄准器，可使棱镜面朝测线方向。棱镜底座上设有圆水准器、水准管和光学对中器，用于对中和整平。松开基座上的固定螺旋，上部即可与基座分离，便于采用"三联脚架法"进行导线测量。另外，棱镜底座能调整其高度，使棱镜中心至基座的高度等于仪器横轴中心至基座的高度。

（2）测杆棱镜。在放样和精度要求不高的测量中，采用测杆棱镜是十分便利的。如图 2.14 所示，它由棱镜、测杆、圆水准器和轻型三脚架组成，必要时也可以安装觇牌。使用时，将测杆尖部对在测点上，利用圆水准器使测杆垂直，并用轻型三脚架固定。放样测量时则可手持测杆，加快放样的速度。

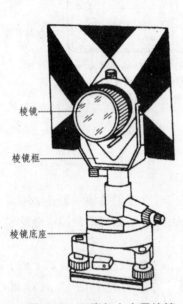

图 2.13 三脚架上安置棱镜

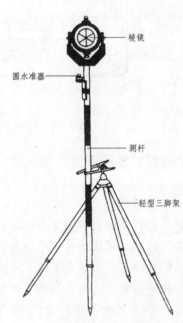

图 2.14 测杆棱镜

2. 温度计与气压表

大气折射率随大气条件而改变。由于仪器作业时的大气条件一般不与仪器选定的基准大气条件（通常称为气象参考点）相同，光尺长度会发生变化，使测距产生误差，因此必须进行气象改正（或称大气改正）。大气条件主要是指大气的温度和气压。精密测距有时还应考虑大气湿度。

仪器的厂家型号不同，所选用的气象参考点也不同。NTS-310 系列全站仪的参考气象点是 $p = 1\,013$ hPa，$t = 20\ ^\circ\text{C}$，在参考点的 ppm（10^{-6}）值为零。当键入温度、气压不同于参考点的温度、气压值时，仪器自动按内置的计算公式计算气象改正比例系数，并进行自动改正。当然也可以手动输入计算的改正系数。但要注意，要依据厂家说明书中给出的计算公式。

测定气压通常使用空盒气压表。气压表所使用的单位有毫巴（1 mbar = 1 hPa）和毫米汞柱（mmHg），两者的换算关系为：1 mbar = 0.75 mmHg。

测定气温通常使用通风干湿温度计。在测程较短（如数百米）或测距精度要求不高的情况下，可使用普通温度计。

三、经纬仪、全站仪的安置

根据角度测量原理，在测量时应将测量仪器水平度盘中心安置在角的顶点上（该点称为测站点），使水平度盘中心与角顶点在同一铅垂线上，并使水平度盘水平。上述两项工作，前者叫对中，后者叫整平。对中的目的，是把仪器的水平度盘中心安置在通过角的顶点（即测站点）的铅垂线上。整平的目的，是使仪器的竖轴处于铅垂位置，水平度盘处于水平位置。

测量角度（距离）的操作包括对中、整平、照准目标和读数。全站仪在使用前还要检查电池是否有电、仪器是否运转正常等。

（一）仪器安置准备

打开三脚架，调节架腿高度使之适合观测。手持三脚架两架腿以第三架腿为轴调节三脚架，让架头中心大致对准测站点标志，并目视架头大致水平。如果地面坡度较大，要将两条腿置于下坡，另一条架腿置于上坡，以防倾倒。然后开箱用双手取出仪器，置于架头，一手扶稳仪器，另一只手拧紧中心联结螺旋。

（二）对中整平

1. 移动架腿初步对中

（1）对光学经纬仪，先调节目镜对光螺旋，使对中十字丝或对中圆圈影像清晰，然后前后调节对中器，使地面测站点标志清晰。而全站仪对中，一般还有醒目的激光对中辅助。

（2）踩实三脚架的一个架腿，手持另两架腿，轻轻前后、左右移动，同时观察测站点标志，当测站点与对中器中心或全站仪对中光斑重合时，就轻轻放下架腿，同时注意使架头大致水平后踏实两个架腿。

2. 伸缩架腿粗平

观察圆水准器对中器的气泡偏离位置，选择高或低一侧架腿，一手卡住架腿，同时另用一手拧松脚架伸缩螺旋，轻缓降低或升高架腿高度，待使基座圆水准器气泡居中后，拧紧伸缩螺旋。此时，若不能使粗平气泡居中，则可观察气泡移动方向，用上述方法调节另一个架腿，直至圆水准器的气泡居中。此操作后，对中点可能有所移动。

3. 平移仪器头精确对中

松开仪器中心连接螺旋，观察对中器或对中光斑，在架头上用双手轻移仪器基座（切勿使仪器头转动），使测站点和对中器中心（光斑）重合。然后拧紧中心连接螺旋。此操作后，可能对仪器粗平略有影响。

4. 调节脚螺旋粗平

调节脚螺旋使圆水准器的气泡居中，以粗略整平，与微倾式水准仪粗平方法相同。

5. 调节脚螺旋精平

由于位于照准部上的管水准器只有一个，如图 2.15 所示。可以先使它与一对脚螺旋连线的方向平行，然后双手以相同速度相反方向旋转这两个脚螺旋，使管水准器气泡居中。再将照准部平转 90°，用另外一个脚螺旋使气泡居中。然后检查管水准器的气泡在任意方向是否居中，若不居中则重复上述整平步骤，直至管水准器的气泡在任意位置居中为止。

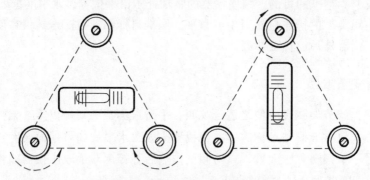

图 2.15　照准部水准管整平方法

转动脚螺旋时应掌握左手大拇指转动的方向与气泡移动的方向一致这一原则。

精平后，检查光学对中器或对中光斑是否偏移。如果偏移，则重复 3、4、5 步骤，直至水准器的气泡居中，对中器（光斑）对中为止。

对中精度要求：光学经纬仪对中容许偏差为 1 mm，全站仪及反光镜的对中偏差均不应大于 2 mm。水平角观测过程中，气泡中心位置偏离整置中心不宜超过 1 格。

（三）照准目标

经纬仪测量角度的步骤：

（1）目镜调焦。一般将望远镜对向明亮背景，调节目镜调焦螺旋，使分划板十字丝清晰。

（2）粗略瞄准。然后用望远镜上的粗瞄器，粗略照准目标，调节望远镜物镜调焦螺旋，使目标标志清晰。

（3）精确瞄准。旋紧照准部及望远镜的制动螺旋，然后调节微动螺旋精确照准目标。如能直接瞄准点的标志中心，则尽可能用十字丝中心处竖丝一端瞄准，如不能直接瞄准标志中心，需通过垂球线、测钎、花杆等指示目标点标志中心铅垂线时，则用十字丝单丝或双丝中分目标影像，但要尽可能靠近目标底部，以提高瞄准的精度，如图 2.16 所示。

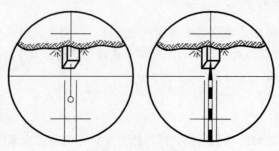

图 2.16　照准目标

全站仪测角，若目标物为配套棱镜时，棱镜要用三脚架安置，并严格按要求对中整平，并用十字丝瞄准棱镜中心。

（四）读　数

打开读数反光镜，调节视场到一定亮度，转动读数显微镜对光螺旋，使读数窗影像清晰可见。读数时，除测微尺型直接读数外，凡在支架上装有测微轮的，均需先转动测微轮，使双指标线或对径分划线重合后方能读数，最后将度盘读数加测微尺读数或测微尺读数，才是整个读数值。

全站仪水平度盘或竖直度盘读数则直接显示在显示屏上。

第三节　水平角测量

水平角测量根据所观测的方向多少，主要采用测回法和方向观测法。

一、测回法

此法适用于观测由两个方向所构成的水平角。如图 2.17（a）所示，欲测 OA、OB 两方向之间的水平角时，先安置经纬仪（全站仪）于角顶点 O 上，进行对中、整平，并在 A、B 两点树立标杆或测钎或用三脚架吊挂垂球，全站仪也可安置对中棱镜，作为照准标志，然后即可进行测角。其观测步骤如下。

1. 盘左位置观测上半测回（竖盘位于望远镜左侧，简称盘左位又称正镜）

松开照准部及望远镜制动螺旋，先利用望远镜上的粗瞄器，粗略瞄准左方目标 A。调节物镜对焦螺旋使目标清晰。旋紧制动螺旋，用照准部微动螺旋和望远镜微动螺旋，精确照准目标，同时注意消除视差及尽可能照准目标的下部。对于细的目标（如垂球线），宜用双丝照准，使目标像平分双丝；而对于粗的目标（如测钎、花杆），则宜用单丝照准，使单丝平分目标像。最后读取水平度盘读数 $a_左$，如图 2.17（b）所示设为 118°47′00″，记入手簿。经纬仪测回法观测手簿的格式如表 2.1 所示。

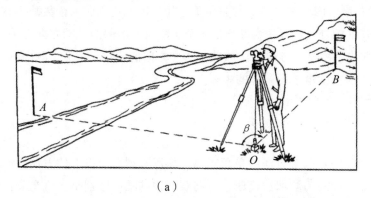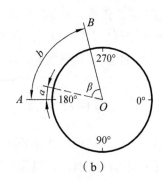

（a）　　　　　　　　　　　　　　　（b）

图 2.17　水平角观测

表 2.1 经纬仪测回法观测手簿

测站	测点	盘位	水平度盘读数	水平角	平均角值	备　注
1	2	3	4	5	6	7
O	A	左	118°47′00″	72°36′00″	75°20′36″	
	B		191°23′00″			
	B	右	11°23′20″	75°36′20″		
	A		298°47′00″			

松开照准部及望远镜的制动螺旋，顺时针方向转动照准部，用上述方法精确照准右方目标 B，读取水平度盘读数 $b_{左}$，设为 191°23′00″，记入手簿。则盘左所得角值即为：

$$\beta_{左} = b_{左} - a_{左} = 191°23′00″ - 118°47′00″ = 72°36′00″$$

以上称为上半测回。

2. 盘右位置观测下半测回（竖盘位于望远镜右侧，简称盘右位又称倒镜）

将望远镜纵转 180°，变为盘右。重新照准右方目标 B，读取水平度盘读数 $b_{右}$，设为 11° 23′20″，记入手簿。再顺时针方向转动照准部，照准左方目标 A，读取水平度盘读数 $a_{右}$，设为 298° 47′00″，记入手簿。则盘右所等角值（计算角值出现负值时，加 360°）：

$$\beta_{右} = b_{右} - a_{右} = 11°23′20″ - 298°47′00″ + 360° = 75°36′20″$$

以上用盘右位置进行观测，称为下半个测回。上、下两个半测回合称为一测回。

按《工程测量标准》（GB 50026—2020）规定，图根导线测量宜采用 6″级仪器一测回测定水平角。一测回限差：首级控制 ±20″，加密控制 ±30″。若在规定范围内，则取盘左盘右所得角值的平均值，$\beta = \dfrac{\beta_{左} + \beta_{右}}{2}$ 即为一测回的角值。根据测角精度的要求，可以测多个测回而取其平均值，作为最后成果。观测结果应及时记入手簿，并进行计算，看是否满足精度要求。

若两个半测回之较差超过规定限值时，则不合格，需要重新观测。计算角值时始终应以右边方向的读数减去左边方向的读数（水平度盘分划注记是顺时针方向）。若右方向读数小于左方向读数，则应先加 360° 后再减，因为水平角不会是负值。如果以左边方向的读数减去右边方向的读数，所得的则是 ∠AOB 的外角。所以测得的是哪个角度与照准部的转动方向无关，与先测哪个方向也无关，而是取决于用哪个方向的读数减去哪个方向的读数。在下半测回时，仍要顺时针转动照准部，是为了消减度盘带动误差的影响。

二、方向观测法

上面介绍的测回法是在一个测站对两个方向的单角观测。如需观测多个以上的方向，则宜采用方向观测法，以简化外业工作。与测回法比较，方向观测法的唯一区别是：每个盘位的零方向需观测两次，称半测回归零。测量标准规定，平面控制测量中的导线测量和三角网测量水平角的观测均采用方向观测法。它的直接观测结果是各个方向相对于起始方向的水平角值，也称方向值。

如图 2.18 所示，设在 O 点有 A、B、C、D 4 个方向，选择一个距离适中且影像清晰的方向为起始方向，例如 OA。

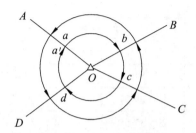

图 2.18　方向观测法

将经纬仪（全站仪）安置于 O 站，对中整平后按下列步骤进行观测：

（1）盘左位照准 A，并设置水平度盘读数使其稍大于 $0°$，读取水平度盘读数 a，并记入方向观测法手簿，如表 2.2 所示。

（2）以顺时针方向依次照准 B、C、D，并分别读取水平度盘读数为 b、c、d，记入手簿。

（3）最后再照准起始方向 A，读取水平度盘读数为 a' 称为"归零"。当观测方向不超过 3 个时，可不归零。起始方向两次读数之差 $\Delta = a' - a$ 称为"归零差"，其目的是为了检查水平度盘在观测过程中是否发生变动。"归零差"不能超过规范允许限值。以上操作称为上半测回。

（4）倒转望远镜改为盘右位，按逆时针方向旋转照准部，依次照准 A、D、C、B、A，分别读取水平度盘读数，记入手簿中。称为下半测回。上、下两个半测回合称为一测回。

（5）计算第（5）栏 $2C$ 值。$2C$ 称为 2 倍的照准差，它是由于视线不垂直于横轴的误差引起的。

$$2C = L - (R \pm 180°)$$

$2C$ 值不能超过规范允许值。

（6）计算第（6）栏各方向观测值的平均值。

$$方向观测平均值 = \frac{1}{2}(L + R \pm 180°) \tag{2.3}$$

由于起始方向经过了两次照准，要取两次盘左和盘右读数平均值的平均值作为结果。以第一测回为例，$\frac{1}{2}(0°00'36'' + 0°00'38'') = 0°00'37''$ 填入第（6）栏括号中。

（7）计算第（7）栏各方向归零值。

各方向归零值为各方向平均值 – 起始方向平均值（括号中数值）；起始方向为零，其余方向归零值为平均值 – 括号中数值，如第一测回

$$B 点归零值 = 25°37'57'' - 0°00'37'' = 25°37'20''$$

从各个方向的盘左、盘右平均值中减去起始方向两次结果的平均值，即得各个方向的方向值。观测手簿及计算如表 2.2 所示。

（8）计算各测回平均值。

计算同一方向各测回归零值后的平均值填入第（8）栏。

表2.2　方向法观测手簿

测回数	测点	盘左 L	盘右 R	2C	平均值	归零值	各测回平均值
		/（° ′ ″）	/（° ′ ″）	/（″）	/（° ′ ″）	/（° ′ ″）	/（° ′ ″）
（1）	（2）	（3）	（4）	（5）	（6）	（7）	（8）
1		$\Delta_L = +3$	$\Delta_R = +1$		（0 00 37）		
	A	00 00 36	180 00 37	−1	<u>00 00 36</u>	00 00 00	
	B	25 37 55	205 37 58	−3	25 37 57	25 37 20	
	C	66 55 49	246 55 51	−2	66 55 50	66 55 13	
	D	144 44 46	324 44 58	−12	144 44 52	144 44 15	
	A	0 00 39	180 00 36	+3	<u>0 00 38</u>		
2		$\Delta_L = +1$	$\Delta_R = -2$		（90 00 28）		
	A	90 00 28	270 00 26	+2	<u>90 00 27</u>	00 00 00	00 00 00
	B	115 37 43	295 37 46	−3	115 37 44	25 37 16	25 37 18
	C	156 55 36	336 55 44	−8	156 55 40	66 55 12	66 55 12
	D	234 44 37	54 44 44	−7	234 44 40	144 44 12	144 44 14
	A	90 00 29	270 00 28	+1	<u>90 00 28</u>		

第四节　竖直角测量

光学经纬仪一般都设有竖盘自动归零补偿机构，这样仪器整平后，立即照准目标进行竖直角观测，并能直接读数。使用时，需打开补偿器锁紧装置，将自动归零补偿器锁紧手轮逆时针旋转，使手轮上红点对准照准部支架上黑点，再用手轻轻敲动仪器，如听到竖盘自动归零补偿器有了"当、当"响声，表示补偿器处于正常工作状态，如听不到响声表明补偿器有故障。可再次转动锁紧手轮，直到用手轻敲有响声为止。竖直角观测完毕，一定要顺时针旋转手轮，以锁紧补偿机构，防止震坏吊丝。

未设竖盘自动归零补偿器的经纬仪，必须用指标微动螺旋使水准器气泡居中后，方可读数。

一、竖直度盘的注记形式和竖直角的计算公式

竖盘的注记形式很多，由于度盘的刻划顺序不同，又可分为全圆顺时针和逆时针两种形式。但多数经纬仪多为顺时针注记的竖盘。

以全圆顺时针刻划的竖盘为例，其刻划如图 2.19（a）、（c）所示。其竖直角计算公式确定如下：

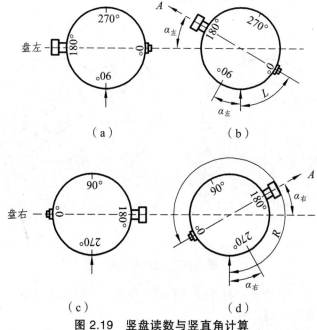

图 2.19　竖盘读数与竖直角计算

（1）盘左位：如图 2.19（a），视线水平时竖盘读数为90°。当望远镜往上仰时，竖盘读数减小，则竖直角计算公式为：

$$\alpha_{左} = 视线水平时的读数 - 瞄准目标时的读数$$
$$\alpha_{左} = 90° - L \tag{2.4}$$

（2）盘右位：如图 2.19（c）中，视线水平时竖盘读数为270°。当望远镜往上仰时，竖盘读数增大，则竖直角计算公式为：

$$\alpha_{右} = 瞄准目标时的读数 - 视线水平时的读数$$
$$\alpha_{右} = R - 270° \tag{2.5}$$

取盘左、盘右的平均值，即为一个测回的竖直角值，即

$$\alpha = \frac{\alpha_{左} + \alpha_{右}}{2} = \frac{R - L - 180°}{2} \tag{2.6}$$

二、竖盘指标差

上述竖直角的计算公式是认为竖盘指标处在正确位置时导出的。即当视线水平，竖盘指标所指读数为90°或270°。但因仪器在使用过程中受到振动，或者是制造上的不严密，使指标指向不是 90°或270°，而是产生一个误差 x，此值称为竖盘指标差，也就是竖盘指标位置不正确所引起的读数误差。

指标偏移方向与竖盘注记方向一致时，使读数中增加一个 x 值，故 x 为正。反之，指标偏移方向与竖盘注记方向相反时，使读数中减少一个 x 值，故 x 为负。

下面以图 2.20 顺时针注记竖盘为例，说明竖盘指标差的计算公式。

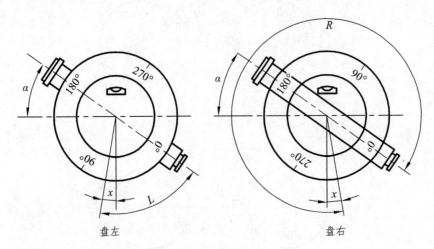

图 2.20　竖盘指标差

由右图可以明显看出，由于指标差 x 的存在，使盘左、盘右读得的 L、R 值均增大了一个 x。为了得到正确的竖直角 α，则：

$$\alpha = 90° - (L - x) = \alpha_{左} + x \tag{2.7}$$

$$\alpha = (R - x) - 270° = \alpha_{右} - x \tag{2.8}$$

解（2.7）、（2.8）式可得

$$\alpha = \frac{\alpha_{左} + \alpha_{右}}{2} = \frac{R - L - 180°}{2} \tag{2.9}$$

即

$$x = \frac{\alpha_{右} - \alpha_{左}}{2} \tag{2.10}$$

从（2.10）式可以看出，取盘左、盘右结果的平均值时，指标差 x 的影响已自然消除。（2.10）式也可写作：

$$x = \frac{R + L - 360°}{2} \tag{2.11}$$

在竖直角测量中，常用指标差来检验观测的质量，即在观测的不同测回中或不同的目标时，指标差的较差应不超过规定的限值。按规定，竖直角观测时，指标差互差的限差：DJ_2 型经纬仪不得超过 $\pm 15''$；DJ_6 型经纬仪不得超过 $\pm 25''$。超过该值则应检查测量是否错误或仪器是否需要校正。此公式适用于竖盘顺时针刻划的注记形式，同理也可推导出逆时针方向注字竖盘的计算公式。

若用一个盘位观测，需进行指标差改正。根据观测计算出的指标差 x 值（注意正、负符号），可计算出正确的竖直角 α 值。

三、竖直角的测量方法

为了消除仪器误差的影响，同样需要用盘左、盘右观测。其具体观测步骤为：

（1）在测站上安置仪器，对中，整平。

（2）以盘左照准目标（用中横丝切准目标），如果是不带竖盘自动归零补偿器的经纬仪，必须用指标微动螺旋使水准器气泡居中，然后读取竖盘读数 L，这称为上半测回。

（3）将望远镜倒转，以盘右用同样方法照准同一目标，读取竖盘读数 R，这称为下半测回。

每次的竖盘读数，均需及时报给记录者记入手簿中，如表 2.3 所示。

表 2.3　竖直角观测手簿

测站	测点	盘位	竖盘读数	竖直角	平均竖直角	竖盘指标差 x
O	A	左	125°40′54″	−35°40′54″	−35°40′45″	+9″
		右	234°19′24″	−35°40′36″		

第五节　水平角度测量的误差及其消减的方法

水平角测量的误差，其来源可分为：仪器误差、观测误差、外界环境的影响产生的误差等三类。

一、仪器误差

仪器误差主要是指仪器校正不完善而产生的误差，主要包括视准轴不垂直于横轴、横轴不垂直于竖轴、水准管轴不垂直于竖轴以及照准部的偏心差等所引起的误差。

1. 视准轴不垂直于横轴的误差

视准轴不垂直于横轴的误差也称为视准轴误差，在方向观测中，盘左、盘右照准同一目标所得到的读数差 $2C$ 就是 2 倍的视准轴误差。由于盘左和盘右所造成视准轴误差大小相等、方向相反，所以可以通过盘左、盘右两个位置观测取平均值，消除此项误差的影响。

2. 横轴不垂直于竖轴的误差

因为横轴不垂直于竖轴，则仪器整平后竖轴居于铅垂位置，横轴必发生倾斜。视线绕横轴旋转所形成的不是铅垂面，而是一个倾斜平面。与视准轴不垂直于横轴的误差一样，盘左和盘右所造成的误差大小相等、方向相反，也可通过盘左、盘右观测取平均值，消除此项误差的影响。

3. 水准管轴不垂直于竖轴的误差

这一误差的影响是气泡居中后竖轴并不铅垂。即使横轴与竖轴垂直，横轴也未处于水平位置。这种情况与横轴不垂直于竖轴的影响是相似的。其区别在于竖轴不在铅垂位置时，无论是盘左还是盘右，横轴总往同一方向倾斜，所以不能用盘左、盘右消除其影响。

为此，观测前应严格校正仪器，观测时保持照准部水准管气泡居中，如果气泡偏离，其偏离量不得超过一格，否则应重新进行对中整平操作。

4. 照准部偏心误差和度盘分划不均匀误差

所谓照准部偏心，即照准部的旋转中心与水平盘的刻划中心不相重合而产生的测角误差。但盘左、盘右所影响的符号是相反的，所以用盘左、盘右观测，可以使这一误差抵消。水平分划不均匀误差是指度盘最小分划间隔不相等而产生的测角误差，各测回零方向根据测回数 n 以 $180°/n$ 为增量配置水平度盘读数可以削弱此项误差的影响。

5. 光学对中器视线不与竖轴旋转中心线重合

光学对中器视线应与竖轴旋转中心重合，否则会产生中误差，影响测角精度。如果对中器是附在基座上，在观测测回数的一半时，可将基座平转 $180°$ 再进行对中，以减少其影响。

6. 竖盘指标差

这项误差影响竖直角的观测精度。如果工作时预先测出，在用半测回测角的计算时予以考虑，或者用盘左、盘右观测取其平均值，则可得到抵消。

二、观测误差

观测误差是由于观测者的工作不够细心，或受人的观察器官限制而引起的，它主要包括测站偏心误差、目标偏心误差、照准误差及读数误差。

1. 测站偏心误差

测站偏心是由于仪器对中不准造成的。它对测角的影响如图 2.21 所示，图中 O 为地面标志点，O' 为仪器中心，因而实际测得的角度是 β' 而不是 β。两角度之差 $\Delta\beta = \beta - \beta'$，即为由于测站偏心所产生的测角误差。由图中可以看出，观测方向与偏心方向越接近 $90°$，边长越短，偏心距 e 越大，对测角的影响越大。所以在测角精度要求一定时，边越短，则对中精度要求越高。

2. 目标偏心误差

目标偏心是由于测站上所竖立的观测标志（如标杆等）不与地面点重合或没有竖直而引起的。如图 2.22 所示，A 为测点标志中心，B 为瞄准目标的位置，其水平投影为 B'，假设立在测点上的标杆是倾斜的，则 x 即为目标偏心对水平度盘读数的影响。由图可知：

$$x = \frac{e}{d}\rho = \frac{l\sin\alpha}{d}\rho \tag{2.12}$$

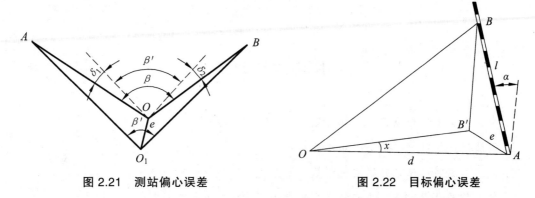

图 2.21　测站偏心误差　　　　　　图 2.22　目标偏心误差

如果观测时瞄准在花杆离地面 2 m 处，花杆倾斜 0.5°，边长为 100 m，则：

$$x = \frac{2\sin 0.5°}{100} \times 206\ 265'' = 36''$$

由式（2.12）可见：由于目标偏心，在一个方向上所产生的误差与观测目标的高度及目标的倾斜角度成正比，而与边长成反比。所以为减小这种误差，应尽量照准目标的底部（靠近点标志中心）。当距离近时，宜尽量直接瞄准点标志中心或用垂球作为照准目标。

3. 照准误差

影响照准误差的因素有：人眼睛的分辨力、仪器的放大率、目标的大小及宽度、操作的仔细程度。

人的眼睛的最小分辨角一般为 60''，经望远镜放大，则可达 $60''/v$。v 为望远镜的放大倍数，一般为 25 ~ 30 倍，故分辨力为 2'' ~ 2.4''。照准时应仔细地消除视差。如目标较小时，则用十字丝竖丝的双丝对称地把目标像夹在中间；目标大时，则应用单丝平分目标，如目标过大，平分困难，自然会降低照准的精度。

4. 读数误差

对光学经纬仪而言，读数误差的大小，主要取决于读数设备的构造及操作的仔细程度。此外，也与光线的明亮程度及刻划与指标的影像是否位于同一平面有关。对全站仪则不存在读数误差，但要避免粗心读错。

三、外界环境的影响产生的误差

外界条件对测角的影响，其因素极为复杂。如大气层受地面热辐射的影响会引起目标影像的跳动；附近有反光建筑物，会引起旁向折光；太阳的照射，会影响仪器的整平和对中；大风会引起仪器晃动；土壤松软，会引起仪器下沉，因而影响仪器的整平和对中；光线的明暗，会影响照准及读数等。

为了减少上述这些因素的影响，以提高测角精度，在安置三脚架时应尽量踩实；有太阳的天气应打伞遮挡仪器；在操作时，应尽量避免在仪器旁走动；如测角精度要求较高，宜选择有利的天气进行工作。

思考题与习题

1. 什么是水平角和竖直角？如何定义竖直角的符号？
2. 简述经纬仪对中、整平的操作要点。
3. 试述用测回法与方向观测法测量水平角的操作步骤。
4. 什么是竖盘指标差？怎样测定它的大小？怎样决定其符号？
5. 在测量水平角及竖直角时，为什么要用两个盘位？
6. 影响水平角和竖直角测量精度的因素有哪些？各应如何消除或降低其影响？
7. 试述一测回测竖直角的观测方法。
8. 观测水平角时，为何有时要测多个测回？若测回数为 3，则各测回的起始读数应为多少？
9. 根据表 2.4 的记录计算水平角值和平均角值。

表 2.4　水平角观测手簿

测站	测点	盘位	水平度盘读数	水平角值	平均角值
O	A	左	55°03′06″		
	B		94°35′12″		
	B	右	274°35′24″		
	A		235°03′20″		

10. 根据表 2.5 的记录计算竖直角与竖盘指标差。

表 2.5　竖直角观测手簿

测站	测点	盘位	竖盘读数	竖直角	平均竖直角	指标差
O	A	左	72°18′18″			
		右	287°42′00″			
	B	左	96°32′48″			
		右	263°27′30″			

注：竖盘按顺时针方向注字。

11. 整理下表所列的方向观测法水平角观测手簿。

方向观测法水平角观测手簿

测站点：___P___　仪器：NTS-362R6LNB　观测员：_____　记录员：_____

测站	测回数	觇点	盘左	盘右	2C	平均值	归零值	各测回平均值
			/ (° ′ ″)	/ (° ′ ″)	/ (″)	/ (° ′ ″)	/ (° ′ ″)	/ (° ′ ″)
P	1		$\Delta_L=$	$\Delta_R=$				
		A	0 00 36	180 00 37				
		B	25 37 55	205 37 58				
		C	66 55 49	246 55 51				
		D	144 44 46	324 44 58				
		A	0 00 39	180 00 36				
P	2		$\Delta_L=+1$	$\Delta_R=-2$				
		A	90 00 28	270 00 26				
		B	115 37 43	295 37 46				
		C	156 55 36	336 55 44				
		D	234 44 37	54 44 44				
		A	90 00 29	270 00 28				

第三章　距离测量与直线定向

距离是确定地面点位的基本要素之一，所以距离测量也是一种基本的测量工作。

测量上所说的距离通常指水平距离（简称平距），即地面上两点的连线在某基准面（参考椭球面或水平面）上的投影长度。

如图 3.1 所示，$A'B'$ 的长度就代表了地面点 A、B 之间的水平距离（简称平距）。若测得的是倾斜距离（简称斜距），还需要将其换算为平距。

距离测量的方法按所用测距工具和原理不同，有钢尺量距、视距测量、电磁波测距和 GNSS 测量等，全站仪的测距原理为电磁波测距，GNSS 测距方法将在第七章介绍。

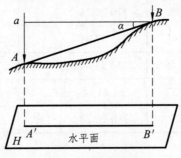

图 3.1　水平距离

第一节　测量距离的仪器工具和方法

距离测量的方法按所用测距工具和原理不同，有钢尺量距、视距测量、电磁波测距和 GNSS 测量等，全站仪的测距原理为电磁波测距，GNSS 测距方法将在第七章介绍。

一、钢尺量距

它是利用钢卷尺（见图 3.2）直接丈量距离。钢卷尺量距精度可达 1/2 000 ~ 1/25 000。在电磁波测距技术未普及前，钢尺量距是使用最广泛的一种量距方法。钢尺量距在距离较长，或需要分段量距时，需要有标杆、测钎、垂球等仪器工具（见图 3.3）配合才能完成。

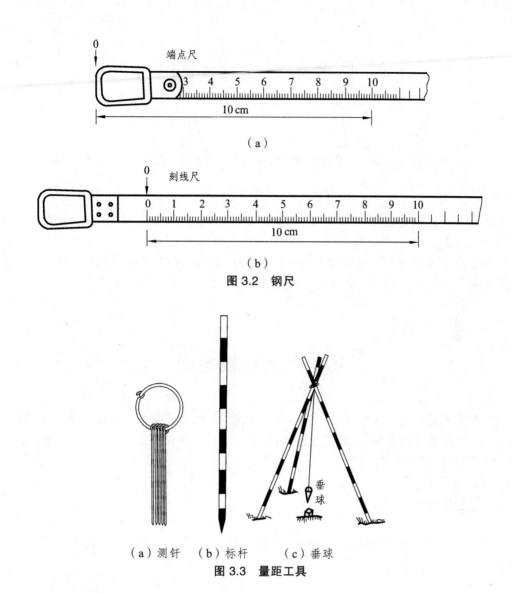

（a）

图 3.2　钢尺

（b）

（a）测钎　　（b）标杆　　　（c）垂球

图 3.3　量距工具

二、视距测量

在水准仪、经纬仪望远镜的十字丝分划板上，与横丝上下对称的有两根短横丝（上丝和下丝）称为视距丝。根据视距丝在视距尺（或塔尺）所截取的间隔长度值及竖直角，即可计算出测站到立尺点之间的水平距离，这种方法称为视距测量。

视距测量的方法不受地形条件限制，效率高，但其精度较低，一般在 1/200～1/300。过去在地形测量中得到广泛应用。

三、电磁波测距

电磁波（光波或微波）测距是利用电磁波作为载波，经调制后由测线一端发射出去，又由另一端反射或转送回来，测定发射波与回波相隔的时间，以测量距离的方法，如图 3.4 所示。

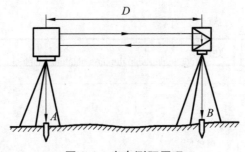

图 3.4　光电测距原理

测距仪按不同的电磁波作为载波，分为微波测距仪、红外光测距仪、激光测距仪，后二者又称为光电测距仪。

目前，在工程测量中，测距仪已很少单独使用，而是使用集测角、测距、数据采集处理等诸多功能于一体的全站仪。全站仪的测距载波为光波，属于光电测距。

第二节　直线定向

为了确定地面点的平面位置，不但要测量直线的长度，还需要已知直线的方向。确定直线方向的工作简称直线定向。确定直线方向首先要有一个共同的基本方向，即标准方向，然后测定直线与基本方向（标准方向）之间的水平角。

一、标准方向

在测量工作中，作为直线定向用的标准方向有 3 种：真子午线方向、磁子午线方向和坐标纵轴方向。

1. 真子午线方向

过地球上某点及地球的北极和南极的半个大圆称为该点的真子午线（见图 3.5）。真子午线方向是指此点在其真子午线处的切线方向，真子午线方向指出地面上某点的真北和真南方向。真子午线方向是用天文测量方法、陀螺经纬仪或 GPS 来测定的。

地球表面上任何一点都有真子午线方向，各点的真子午线都向两极收敛而相交于两极，因此在经度不同的点上，真子午线方向互不平行。两点真子午线方向间的夹角称为子午线收敛角。

如图 3.6 所示，地面上 A、B 两点的真子午线收敛于北极，设 A、B 两点在地球同一纬度上，两点间的距离为 l，过 A、B 两点作子午线的切线 AP、BP，AP、BP 即为两点的真子午线方向，交地轴于 P 点，它们的夹角 γ 即为子午线收敛角。则：

$$\gamma = \frac{l}{BP} \cdot \rho$$

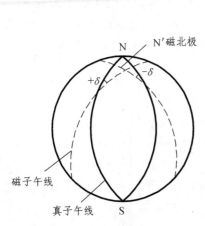

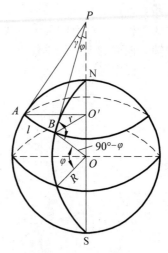

图 3.5　真子午线和磁子午线　　　　图 3.6　子午线收敛角

在直角三角形 BOP 中，$BP = R/\tan\varphi$，因此：

$$\gamma = \rho \cdot \frac{l}{R}\tan\varphi \qquad\qquad (3.1)$$

式中，R 为地球半径，$R = 6\,371$ km；ρ 为 1 弧度所对应的秒数，$\rho = 206\,265''$；φ 为 A、B 两点的纬度。

从式中可以看出，子午线收敛角随纬度的增大而增大，并与两点间的距离成正比。

2. 磁子午线方向

过地球上某点及地球南北磁极的半个大圆称为该点的磁子午线。磁子午线方向是磁针在地球磁场的作用下，自由旋转的磁针静止下来所指的方向。磁子午线方向可用罗盘仪来测定。

由于地磁南北极与地球的南北极并不重合，北磁极约位于西经101°，北纬74°；南磁极约位于东经114°，南纬68°。因此，过地面上某点的真子午线方向与磁子午线方向常不重合，两者之间的夹角称为磁偏角，用符号 δ 表示（见图3.5）。磁子午线方向北端在真子午线方向以东时为东偏，δ 定为"+"；在西时为西偏，δ 定为"–"。磁偏角 δ 是因时因地而变化的，我国磁偏角的变化大约在 +6°（西北地区）~ –10°（东北地区）之间。因此，磁子午线不宜作为精密定向的基本方向线。但是，由于确定磁子午线的方法比较方便，因而在独立地区和低等级公路测量中仍可采用它作为起始方向线。

3. 坐标纵轴方向（轴子午线方向）

不同点的真子午线方向或磁子午线方向都是不平行的，这使直线方向的计算很不方便。采用坐标纵轴方向作为标准方向，这样各点的基本方向都是平行的，所以使方向的计算十分方便。

我国采用高斯平面直角坐标系，每 6° 带或 3° 带内都以该带的中央子午线为坐标纵轴，因此，该带内直线定向，就用该带的坐标纵轴方向作为标准方向。工程上通常取测区内某一特定的子午线方向作为坐标纵轴，在一定范围内以坐标纵轴方向作为基本方向。在局部地区，也可采用假定的坐标纵轴（X 轴）作为标准方向。

由上所知，任何子午线都是指向北（或南）的，我国位于北半球，因此把北方向作为标准方向。图 3.7 中以过 O 点的真子午线方向作为坐标纵轴，所以任意点 A 或 B 的真子午线方向与坐标纵轴方向间的夹角就是任意点与 O 间的子午线收敛角 γ，当坐标纵轴方向的北端偏向真子午线方向以东时，γ 定为 "+"，偏向西时 γ 定为 "-"。δ 和 γ 的符号规定相同。

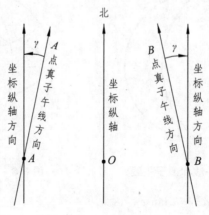

图 3.7 坐标纵轴方向

二、表示直线方向的方法

确定直线方向就是确定直线和标准方向之间的角度关系，表示直线方向有方位角和象限角两种方法。

（一）方位角

1. 方位角的概念

方位角是指以标准方向的指北端起，按顺时针方向转到该直线的水平角称为该直线的方位角。方位角的角值自 0° ~ 360°，如图 3.8 所示。

以真子午线方向北端起，得出的方位角称真方位角，用 A 表示；如果以磁子午线方向为标准方向，则其方位角称为磁方位角，用 A_m 表示；以坐标纵轴方向为标准方向，则其方位角称为坐标方位角，用 α 表示。

2. 3 种方位角之间的关系

因标准方向选择的不同，使得一条直线有不同的方位角，一般来讲，它们之间互不相等。如图 3.9 所示，过 1 点的真北方向与磁北方向之间的夹角为磁偏角 δ，过 1 点的真北方向与坐标北方向之间的夹角为子午线收敛角 γ，不同点的 δ 和 γ 值一般是不相同的。

根据真子午线方向、磁子午线方向、轴子午线方向 3 者之间的关系，直线 12 的 3 种方位角之间可有如下关系：

$$A_{12} = \alpha_{12} + \gamma \tag{3.2}$$

$$A_{12} = A_{m12} + \delta \tag{3.3}$$

$$\alpha_{12} = A_{m12} + \delta - \gamma \tag{3.4}$$

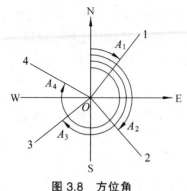

图 3.8 方位角

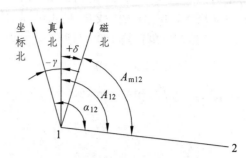

图 3.9 3 种方位角之间的关系

（二）象限角

直线与基本方向构成的锐角称为直线的象限角。象限角由基本方向的指北端或指南端开始向东或向西计量，用 R 表示，角值自 $0° \sim 90°$。

用象限角表示直线的方向，除了要说明象限角的大小外，还应在角值前冠以直线所指的象限名称，象限的名称有 "北东" "北西" "南东" "南西" 4 种。象限名称的第一个字必定是 "北" 或 "南"，第二个字是 "东" 或 "西"。象限的顺序按顺时针方向排序。第一象限为北东方向，第二象限为南东方向，第三象限为南西方向，第四象限为北西方向，象限角的表示方法如图 3.10 所示。如 $R_3 = SW53°$，说明该直线在第三象限。

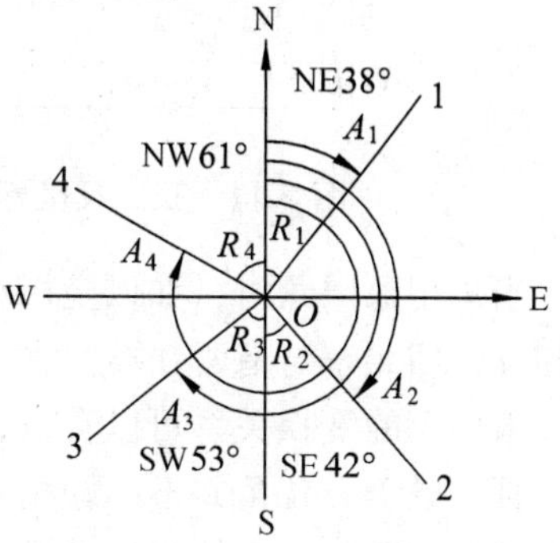

采用象限角时，也可以真子午线方向、磁子午线方向或坐标纵轴方向作为标准方向。象限角 R 和方位角都可以表示直线的方向，二者的关系如表 3.1 所示。

图 3.10 象限角

表 3.1 象限角和方位角的关系

直线方向	象 限	象限角 R 与方位角 A 的关系
北东	I	$R = A$
南东	II	$R = 180° - A$
南西	III	$R = A - 180°$
北西	IV	$R = 360° - A$

这些关系从图上是很容易得出的。要注意的是：在使用计算器计算反三角函数时，只能得出象限角值，求方位角还必须进行换算。

三、直线的正反方向

一条直线有正反两个方向，在直线起点量得的直线方向称直线的正方向，反之在直线终点量得该直线的方向称直线的反方向。例如图 3.11 中，直线 12 的两个端点，1 是起点，2 是终点，α_{12} 称为直线 12 的正坐标方位角，α_{21} 称为直线 12 的反坐标方位角。对于直线 21，2 是起点，1 是终点，α_{21} 称为直线 21 的正坐标方位角，α_{12} 为直线 21 的反坐标方位角。一条直线的正、反坐标方位角相差 180°，即同一直线的正反坐标方位角的关系为：

$$\alpha_{21} = \alpha_{12} \pm 180° \tag{3.5}$$

正反坐标方位角除相差 180° 外，还要考虑子午线收敛角的影响，如图 3.12 所示。

$$A_{反} = A_{正} \pm 180° \pm \gamma \tag{3.6}$$

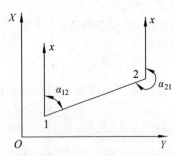

图 3.11　正、反坐标方位角

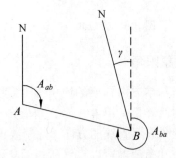

图 3.12　正、反真方位角

当采用象限角时，如以坐标纵轴方向为基本方向，正反象限角的关系是角值不变，但象限相反，即北东与南西互换，北西与南东互换。

由以上的变换关系可以看出，由于地面各点的真北（或磁北）方向之间互不平行，直线正反真（磁）方位角并不刚好相差 180°，用真（磁）方位角表示直线方向会给方位角的推算带来不便，所以在一般测量工作中，常采用坐标方位角来表示直线的方向。

第三节　用罗盘仪测定磁方位角

一、罗盘仪的构造

罗盘仪是测量直线磁方位角或磁象限角的仪器，罗盘仪的种类很多，主要部件由磁针、度盘、望远镜和基座 4 部分组成，如图 3.13 所示。

1. 磁　针

磁针用人造磁铁制成，安装在度盘中心的顶针上，可以自由旋转，当磁针静止时其北端所指的方向就是磁子午线方向。为了减轻顶针的磨损，不用时可用固定螺旋将磁针升起，使它与顶针分离，把磁针压在玻璃盖下。

一般磁针的指北端染成黑色或蓝色，用来辨别指北或指南端。由于受两极不同磁场强度的影响，在北半球磁针的指北端向下倾斜，为使磁针保持平衡，常在磁针的指南端加上几圈铜丝，这也有助于辨别磁针的指南端或指北端。

2. 度　盘

刻度盘一般为金属圆盘，安装在度盘盒内，随望远镜一起转动。度盘上刻有 1° 或 0.5° 的分划，每隔 10° 有一注记，其注记是自 0° 起按逆时针方向增加至一周 360°。这种方式可直接读出直线的磁方位角，所以称为方位罗盘仪，如图 3.14 所示，该直线的磁方位角为 150°。另一种是象限罗盘仪，注记方式是以一个直径的两端各为 0°，各向左右两侧分别增至 90°，把一周分成 4 个象限。在 0° 分划处分别注有"南"和"北"，在两个 90° 分划处分别注有"东"和"西"二字，但东西两字的位置与实地的相反，这种方式的罗盘仪可以用来测定磁象限角，所以称为象限罗盘仪，如图 3.15 所示，读得该方向磁象限角为南西 41°。

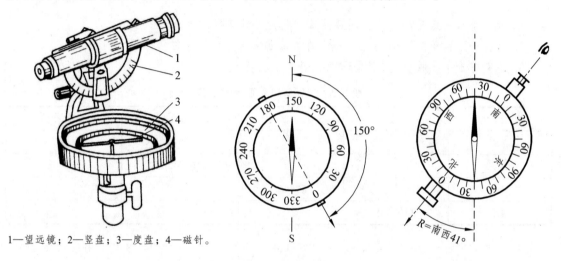

1—望远镜；2—竖盘；3—度盘；4—磁针。

图 3.13　罗盘仪构造　　　　图 3.14　方位罗盘仪度盘　　　图 3.15　象限罗盘仪度盘

3. 望远镜

望远镜是瞄准目标用的照准设备，它安装在支架上，而支架则连接在度盘盒上，可随度盘一起旋转。望远镜下方有一个固定的半圆形竖直度盘，用来测量竖直角。望远镜的物镜端与罗盘盒的刻度盘 0° 线相对应，望远镜的目镜端与刻度盘的 180° 线相对应。

4. 基　座

基座为球形结构，安置在三脚架上，松开球形接头螺旋，转动罗盘盒使水准气泡居中，再旋紧球形接头螺旋，此时，度盘就处于水平位置。

二、罗盘仪的使用

（1）先将罗盘仪安置在直线的起点，对中、整平（罗盘盒内一般均设有两个水准器，用来指示仪器是否处于水平位置），在直线的终点竖立测量标志，并转动望远镜，瞄准直线另一端的标志。

（2）旋松磁针的制动螺旋，待磁针静止后，读出磁针北端所指的读数，即为该直线的磁方位角。

三、注意事项

（1）罗盘仪在使用时，不要使铁质物体接近罗盘，测量时应避开钢轨、高压线等，以免影响磁针位置的正确性。

（2）测量结束后，必须旋紧磁针的制动螺旋，避免顶针磨损，以保护磁针的灵敏性。

思考题与习题

1. 什么是水平距离？为什么测量距离的最后结果都要化为水平距离？

2. 什么是方位角？画图说明真方位角、磁方位角和坐标方位角。

3. 不考虑子午线收敛角，计算表 3.2 中空白部分。

表 3.2　方位角和象限角的换算

直线名称	正方位角	反方位角	正象限角	反象限角
AB				南西 47°31′
AC			南东 52°28′	
AD		67°46′		
AE	319°35′			

4. 已知某段折线 ABC，已知 $R_{BA}=1°36′50.9″$（南东），$R_{BC}=16°24′18.4″$（北东）。试求：

（1）画出该段折线示意图；

（2）求出直线 AB、BC 的坐标方位角。

第四章 全站仪基本测量

第一节 全站仪及其分类

一、全站仪的概念

全站仪的全称叫作全站型电子速测仪。我们知道，确定地面点位就是确定地面点的坐标和高程，是通过测定距离、角度和高差 3 个基本要素来实现的。而测定高差，通常采用水准测量和三角高程测量方法。如果用三角高程测量方法测定高差，则测定地面点位就成为测定水平角、竖直角和距离的问题。

全站仪能够在一个测站上利用光、机、电一体化的技术完成采集水平角、竖直角和倾斜距离三种基本数据的功能，并由这 3 种基本数据，通过仪器内部的微处理机，计算出平距、高差、高程及坐标等数据。因此，全站仪实现了在一个测站上由一台仪器完成全部的测量工作。全站仪的原理框图如图 4.1 所示。

图 4.1 全站仪的原理框图

二、全站仪的分类

目前，世界上许多著名的测绘仪器厂生产全站仪，每个厂家又有各自的系列产品，因此全站仪的类型非常多，但是大致可以进行下列分类：

（一）按功能分类

1. 普通型全站仪

经典型全站仪也称为常规全站仪，它具备全站仪电子测角、电子测距和数据自动记录等基本功能，有的还可以运行厂家或用户自主开发的机载测量程序，如南方的 NTS350、660 系列，徕卡公司的 TC 系列等。

2. 机动型全站仪

在经典全站仪的基础上安装轴系步进电机，可自动驱动全站仪照准部和望远镜的旋转。在计算机的在线控制下，机动型系列全站仪可按计算机给定的方向值自动照准目标，并可实现自动正、倒镜测量。徕卡 TCRM 系列全站仪就是典型的机动型全站仪。

3. 无合作目标型全站仪

无合作目标型全站仪是指在无反射棱镜的条件下，可对一般的目标直接测距的全站仪。因此，对不便安置反射棱镜的目标进行测量，无合作目标型全站仪具有明显优势。如徕卡 TCR 系列全站仪，无合作目标距离测程可达 500 m；南方测绘的 NTS "R" 系列等。可广泛用于地籍测量，房产测量和施工测量中。

4. 智能型全站仪

在机动化全站仪的基础上，仪器安装自动目标识别与照准的新功能，因此在自动化的进程中，全站仪进一步克服了需要人工照准目标的重大缺陷，实现了全站仪的智能化。在相关软件的控制下，智能型全站仪在无人干预的条件下可自动完成多个目标的识别、照准与测量，因此，智能型全站仪又称为"测量机器人"典型的代表有徕卡的 TCA 型全站仪、拓普康 GPT-900A/GPT-9000A 系列等。

5. 集成 GPS 定位系统的全站仪

集成 GPS 接收机的高性能全站仪。该类型全站仪无须控制点、长导线和后方交会操作，使用 GPS 确定该点的准确位置，然后就可以使用全站仪进行测量、放样。

（二）按全站仪测距测程分类

1. 短测程全站仪

测程小于 3 km，一般精度为 $\pm（5+5\times10^{-6}）$ mm，主要用于普通测量和城市测量。

2. 中测程全站仪

测程为 3~15 km，一般精度为 $\pm（5+2\times10^{-6}）$ mm，$\pm（2+2\times10^{-6}）$ mm 通常用于一般等级的控制测量。

3. 长测程全站仪

测程大于 15 km，一般精度为 $\pm（5+1\times10^{-6}）$ mm，通常用于国家三角网及特级导线的测量。

第二节　全站仪的操作与使用

由于各厂商、不同型号和年代生产的全站仪，其操作菜单和内置功能都不尽相同，在操作与使用上的差异则更大。因此，要全面了解、掌握一种型号的全站仪，就必须详细阅读其使用说明书，熟悉掌握各功能按键、参数设置、内置程序的使用方法，才能熟练使用全站仪的各项功能用于实际测量工作。下面以我国南方测绘公司 NTS-312P 全站仪的操作使用为例，对全站仪的基本测量功能做简要的叙述。

一、测前的准备工作

1. 安装电池

测前应检查电池的充电情况，如果电力不足，要及时充电。充电要用仪器自带的专用充电器。

2. 安置仪器和开机

仪器的安置包括对中和整平。全站仪一般均使用光学对中器，具体操作方法与光学经纬仪相同，但因全站仪较重，安置时要注意仪器安全。开机的方法有两种：一种是通过电源开关开启；另一种是通过仪器键盘上的开关键开启。

3. 设置仪器参数

根据测量的具体要求，测前应通过仪器的键盘操作来选择和设置参数，如选择、设置距离、角度、温度、气压的单位、大气折光系数等。

二、仪器的操作与使用

这里主要介绍水平角、距离、高程、坐标及放样测量等基本操作。

（一）水平角测量

1. 设置某一目标的水平度盘读数为某一度数

操作时，先瞄准该目标，然后通过键盘操作输入该度数，设置完成。

2. 水平角测量

如图 4.2 所示，欲测水平角 β，将仪器安置在角的顶点 O 上，瞄准左目标 A，按键设置水平度盘读数为 $0°00'000''$，然后瞄准右目标 B，此时显示的水平度盘读数即为所测的 β 角值。

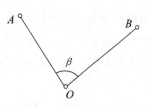

图 4.2　水平角测量

测角也可采用下述方法：先瞄准左目标 A，读取水平度盘读数 a，然后瞄准右目标 B，读取水平度盘读数 b，所测水平角为：

$$\beta = b - a \tag{4.1}$$

（二）竖直角测量

如图 4.3 所示，在角度测量模式下，照准某一方向（视准轴方向）目标时，屏幕默认显示的是天顶距 $V = 75°00'00''$，竖直角 $\alpha = 90° - V = 15°00'00'$。也可以通过竖角和天顶距切换键直接读取竖角。

图 4.3　竖直角测量

（三）距离测量

1. 选择测距模式

测距时一般有精测、速测（或称粗测）、跟踪测量等模式可供选择，故应根据测距的要求通过键盘预先设定。

2. 设置棱镜常数

测距前必须将所用棱镜的棱镜常数输入仪器中，仪器将对所测距离自动改正。棱镜常数恒为负值，也有为零的，使用者应特别注意。另外各个厂家生产的棱镜常数都不相同，使用时，如果选用了与全站仪不配套的厂家棱镜时，要注意测定棱镜常数。

3. 输入大气改正值

将所测的温度和气压，在测距前通过键盘操作输入仪器中，仪器会自动对所测距离进行改正。值得注意的是，这里输入的温度、气压的单位应与设置仪器参数时的单位相一致，否则应重新设置。

4. 距离测量

精确瞄准棱镜中心，在距离测量模式下可测出平距、斜距和高差，具体操作要根据所使用的全站仪说明书所叙述的步骤。

（四）坐标测量

坐标测量是测定地面点的三维坐标，即 $N(x)$、$E(y)$ 和 $Z(H$，即高程$)$。

如图 4.4 所示，B 为测站点；A 为后视点。已知两点坐标 (N_B, E_B, Z_B) 和 (N_A, E_A, Z_A)，求测点 1 的坐标。为此，根据坐标反算公式先计算出 BA 边的坐标方位角：

$$\alpha_{AP} = \arctan \frac{E_P - E_A}{N_P - N_A} \tag{4.2}$$

实际上，在将测站点 B 和后视点 A 的坐标通过键盘操作输入仪器后，瞄准后视点 A，通过键盘操作，可将水平度盘读数设置为该方向的坐标方位角，此时水平度盘读数就与坐标方位角值相一致。当用仪器瞄准 1 点，显示的水平度盘读数就是测站点 B 至测点 1 的坐标方位角。测出测站点 B 至测点 1 的斜距后，测点 1 的坐标即可按下式算出：

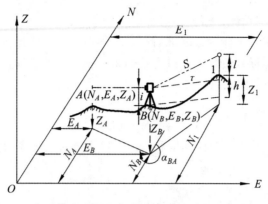

图 4.4 坐标测量

$$
\left.\begin{array}{l}
N_1 = N_B + S \cdot \cos\tau \cdot \cos\alpha \\
E_1 = E_B + S \cdot \cos\tau \cdot \sin\alpha \\
Z_1 = Z_B + S \cdot \sin\tau + i - l
\end{array}\right\} \tag{4.3}
$$

式中，N_1、E_1、Z_1 为测点坐标；N_B、E_B、Z_B 为测站点坐标；S 为测站点至测点斜距；τ 为棱镜中心的竖直角；α 为测站点至测点方向的坐标方位角；i 为仪器高；l 为目标高（棱镜高）。

上述计算是由仪器机内软件计算完成的，通过操作键盘即可直接得到测点坐标。坐标测量可按以下程序进行。

1. 选择测量模式与设置棱镜常数

实际上坐标测量也是测量角度和距离，通过机内的软件计算得来，因此测量模式与距离测量完全相同，故按照距离测量测距模式选择的方法进行。设置棱镜常数也与距离测量相同。

2. 输入仪器高

仪器高是指仪器的横轴中心（一般仪器上设有标志标明位置）至测站点的垂直高度，一般用 2 m 钢卷尺量取，测前通过操作键盘输入。

3. 输入棱镜高

棱镜高是指棱镜中心至测点的垂直高度，一般也用钢卷尺量取，测前通过操作键盘输入。

4. 输入测站点坐标

通过操作键盘找到输入测站点坐标的位置，然后依次将测站点坐标 N、E、Z 的数字输入。

5. 输入后视点坐标

通过操作键盘找到输入后视点坐标的位置，然后依次将后视点坐标的数字输入。由于在坐标测量中，输入后视点坐标是为了求得起始坐标方位角，因此后视点的 Z 坐标可不输入。

如果后视点方位的坐标方位角已知，此时仪器可先瞄准后视点，然后直接输入后视点方向的坐标方位角数值。在这种情况下，就无须输入后视点坐标。

6. 设置起始坐标方位角

在输入测站点和后视点坐标后，瞄准后视点，然后通过操作键盘，水平度盘读数所显示的数值就是后视方向的坐标方位角。如果直接输入后视方向的坐标方位角，正如前面所言，在瞄准后视点后，输入该角值就可以了。

7. 输入大气温度和气压

在测量坐标之前，应输入当时的温度和气压。输入方法与距离测量相同。

8. 测量测点坐标

在测点上安置棱镜，用仪器瞄准棱镜中心，按坐标测量键即显示测点的三维坐标。为便于精确瞄准棱镜中心，可在棱镜框上安装觇牌。

（五）放样测量

放样测量是根据点的设计坐标或与控制点的边、角关系，在实地将其标定出来所进行的测量工作。

1. 按水平角和距离进行放样

按水平角和距离进行放样，采用极坐标法。如图 4.5 所示，A、B 两点为控制点，已知水平角 β 和距离 D，即可在实地定出 P 点放样。可按以下程序进行：

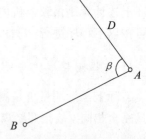

图 4.5　按水平角和距离放样

（1）在 A 点上安置仪器，瞄准 B 点，将水平度盘读数设置为 $0°00'00''$。

（2）选择放样模式，依次输入距离和水平角放样值。

（3）先进行水平放样，在水平角放样模式下转动照准部，当实际角度值与角度放样值的差值显示为零时，固定照准部。此时仪器的视线方向即角度放样值的方向。

（4）将棱镜置于仪器视线方向上进行距离放样，在距离放样模式下测取距离，根据与距离放样值的差值，朝向或背向仪器方向移动棱镜，直至实际距离与距离放样值的差值显示为零时，该棱镜点即是放样点 P，由此定出 P 点。

在放样点的平面位置确定后，如果需要放样该点的高程，则可按照坐标测量的方法，测定该点的实际高程，通过实际高程与高程放样值之差，即可定出放样点的高程设置。

2. 按坐标进行放样

如图 4.5 所示，A 点为测站点，坐标（N_A，E_A，Z_A）为已知。P 为放样点，坐标（N_P，E_P，Z_P）也已给定。根据坐标反算公式计算出 AP 直线的坐标方位角和长度：

$$\alpha_{AP} = \arctan \frac{E_P - E_A}{N_P - N_A} \tag{4.4}$$

$$D_{AP} = \frac{N_P - N_A}{\cos\alpha_{AP}} = \frac{E_P - E_A}{\sin\alpha_{AP}} = \sqrt{(N_P - N_A)^2 + (E_P - E_A)^2} \qquad (4.5)$$

α_{AP} 和 D_{AP} 算出后即可定出放样点 P 的位置。实际上，上述计算是通过仪器机内软件完成的。

坐标放样的程序可归纳为：

（1）按照坐标测量 1~7 步进行操作。

（2）通过操作键盘找到输入放样点坐标的位置，然后依次将放样点坐标的数字输入。

（3）参照按水平角和距离进行放样的步骤（3）、（4），将放样点 P 的平面位置定出。

（4）将棱镜置于 P 点上进行高程（Z 坐标）放样。在坐标放样模式下测量 Z 坐标，根据与 Z 坐标放样值的差值，上、下移动棱镜，直至实际 Z 坐标值与 Z 坐标放样值的差值显示为零时，放样点 P 的位置即确定。

以上仅仅介绍了全站仪最基本的测量功能，而且仅限于键盘操作。如果欲使用其他一些测量功能以及涉及数据采集、存储、管理、传输等问题，可详细阅读仪器使用说明书的相关部分。

第三节　全站仪测距误差分析

一、全站仪测距误差分类

全站仪测距误差可分为两类：一类是与距离远近无关的误差，包括测相误差、仪器加常数误差、仪器和棱镜的对中误差、光波的周期误差，称为固定误差；另一类是与距离呈比例的误差，即光速误差、频率误差和大气折射率误差，称为比例误差。

二、各项误差分析

（一）固定误差

1. 测相误差

测相误差就是测定相位差的误差。测相精度是影响测距精度的主要因素之一，因此应尽量减小此项误差。

测相误差包括测相系统的误差、幅相误差、照准误差和由噪声而引起的误差。测相系统的误差可通过提高电路和测相装置的质量来解决。幅相误差是指由于接收信号强弱不同而引起的测距误差。照准误差是指发光二极管所发射的光束相位不均匀，以不同部位的光束照射反射棱镜时，测距不一致而产生的误差。此项误差主要取决于发光管的质量。此外可采用一些光学措施，如混相透镜等，在观测时采用电瞄准的方法，以减小照准误差。由噪声引起的误差是指大气振动及光、电信号的干扰而产生的噪声，降低了仪器对测距信号的辨别能力而产生的误差，可采用增大测距信号强度的方法来减少噪声的影响。另外，这项误差是随机的，仪器采用增加检测次数而取平均值的方法，也可以减弱其影响。

2. 仪器加常数误差

如图 4.6 所示，仪器加常数 K 是仪器常数 K_1 和棱镜常数 K_2 之和。K_1 是仪器的竖轴中心线至机内距离起算参考面的距离；K_2 是棱镜基座中心轴线至棱镜等效反射面的距离。由于仪器加常数的存在，使得测出的距离值与实际值不符，因而必须改正。因为加常数 K 是与所测距离远近无关的一个常数，所以在仪器出厂前都经过检测，已预置于仪器中，对所测的距离 D 自动进行改正：

$$D = D' + K \tag{4.6}$$

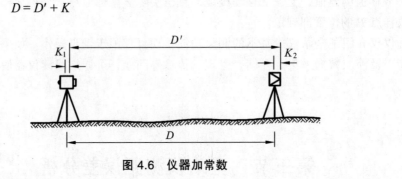

图 4.6　仪器加常数

但在搬运和使用过程中，加常数可能发生变化，因此应定期进行检测，将所测加常数的新值置于仪器中，以取代原值。

3. 仪器和棱镜的对中误差

精密测距时，测前应对光学对中器进行严格校正，观测时应仔细对中。对中误差一般可小于 2 mm。

4. 周期误差

周期误差是由于仪器内部电信号的串扰而产生的。周期误差在仪器的使用过程中也可能发生变化，所以应定期进行测定，必要时可对测距结果进行改正。如果周期误差过大，需送厂检修。

目前生产的全站仪均采用了大规模集成电路，并有良好的屏蔽，因此周期误差一般很小。

（二）比例误差

1. 真空光速值的测定误差

现在真空光速值的测定精度已相当高，对测距影响极小，可以忽略不计。

2. 频率误差

调制频率是由石英晶体振荡器产生的。调制频率决定光尺的长度，因此频率误差对测距的影响是系统性的，它与所测距离的长度呈正比。频率误差的产生有两方面的原因：一是振荡器位置的调制频率有误差；二是由于温度变化、晶体老化等原因使振荡器的频率发生漂移。对于前者可选用高精度的频率计校准；后者则应使用高质量的石英晶体，并采用恒温装置及稳定的电源，以减小频率误差。

3. 大气折射率误差

大气折射率误差主要来源于测定气温和气压的误差，这就要求选用质量好的温度计和气压计。要使测距精度达到 $1/10^6$ 测定温度的误差应小于 1 ℃，测量气压的误差应小于 3.3 hPa。

对于精密的测量，在测前应对所用气象仪表进行检验。此外，所测定的气温、气压应能准确代表测线的气象条件。这是一个较为复杂的问题，通常可以采取以下措施：

（1）在测线两端分别量取温度和气压，然后取平均值。

（2）选择有利的观测时间。一天中上午日出后 30 min 至日出后 1.5 h，下午日落前 3 h 至日落前 30 min 为最佳观测时间。阴天、有微风时，全天都可以观测。

（3）测线以远离地面为宜，离开地面的高度不应小于 2 m。

第五节　全站仪测距部的检验

全站仪的测角部的检验与经纬仪基本相同，以下仅介绍测距部的检验。

测距部的检验项目主要有：

（1）功能检视：查看各部分是否完好，功能是否正常。

（2）发射、接收、照准三轴关系正确性的检验。

（3）周期误差的测定。

（4）仪器常数——加常数、乘常数的测定。

（5）内、外部符合精度的检验。

（6）测程的检定等。

对于新购置或经过修理的仪器，一般应委托国家技术监督局授权的测绘仪器计量检定单位进行全部项目的检定工作。使用中的仪器，检验周期一般为一年，检验项目视具体情况而定。

一、发射、接收、照准三轴关系正确性的检验

全站仪测距时，是用望远镜视准轴瞄准，使发射光轴和接收光轴对准反射棱镜的，因此三轴应保持平行或重合。如果满足这一条件，在用望远镜瞄准棱镜后，接收信号最强。发射光轴与接收光轴平行性的检验校正，只能由制造厂家或在指定的专门维修点进行。

对于发射光轴、接收光轴与视准轴平行的检验工作可在野外进行。在距离仪器 200～300 m 处安置反射棱镜，用望远镜精确瞄准棱镜中心，读取水平度盘读数 H 和竖直度盘读数 V。然后用水平微动螺旋先使望远镜向左移动，直至接收信号消失为止，读取水平度盘读数 H_1；

再向右移动，直至接收信号消失为止，读取 H_2。重新精确瞄准棱镜中心，用望远镜微动螺旋使望远镜向上移动，直至接收信号消失为止，读取竖盘读数 V_1；然后再向下移动，直至接收信号消失为止，读取 V_2。如果式（4.7）成立，则说明满足平行条件。如果平行条件不满足，有的仪器设有发射、接收光轴与视准轴平行的校正机构，可按使用说明书中的校正方法进行校正。

$$\left.\begin{aligned} \frac{H_1 + H_2}{2} - H \leqslant 30'' \\ \frac{V_1 + V_2}{2} - V \leqslant 30'' \end{aligned}\right\} \tag{4.7}$$

二、周期误差的测定

周期误差是由仪器内部的光电信号串扰而引起的，使得精尺的尾数值呈现出一种周期性的误差。测定的目的是了解它的大小，以便在观测中对所测距离进行改正。周期误差改正 ΔD_φ 可由（4.8）式表示：

$$\Delta D_\varphi = A \cdot \sin\left(\varphi + \frac{D}{u} \cdot 360°\right) \tag{4.8}$$

式中，A 为周期误差的振幅；φ 为起始相位角；D 为观测距离；u 为精尺长度。

周期误差的测定一般采用"平台法"。如图 4.7 所示，在室内设置一平台，平台距地面应有适当高度，其长度应略大于精尺的尺长，台面呈水平。台面铺设导轨，并刻有精确的刻划，或者在台上平铺一经过检定的钢带尺，并在尺子两端施加测定时的标准拉力。反射棱镜可沿导轨移动，根据刻划精确地安置它的位置。仪器安置在导轨中心线的延长线上，距平台的距离应在 15~100 m 之间，不宜过长，以免受比例误差的影响。仪器高度应与棱镜高度一致，以免加入倾斜改正。

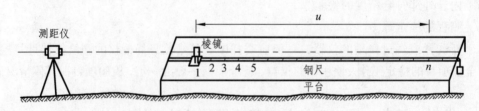

图 4.7　平台法

测定时，将仪器安置在仪器墩上，通过升降仪器或棱镜使望远镜照准棱镜中心时视准轴水平。观测时由近及远将棱镜安置在各测点上（图中 1、2、3、…、n），测点间距一般取精尺长度的 1/40（如精尺长度为 10 间距可取 0.25 m，测点个数为 40）。无论精尺长度如何，测点数均不应少于 20 个。在每个测点上读数 4 次，取其平均值作为该测点的距离观测值。根据最小二乘法原理，用计算机解算出周期误差的振幅 A 和起始相位角 φ，即可按式（4.8）对距离进行周期误差改正。

三、仪器常数的测定

仪器常数包括加常数和乘常数。仪器加常数已在前面红外测距误差中提及。乘常数则是与距离呈比例的改正数。产生乘常数的原因主要是精测频率偏离于仪器的设计频率，其次是大气折射率误差。它们使"光尺"长度发生变化，影响是系统性的。乘常数一般与加常数一起检验，在测距中加以改正。

仪器常数的测定方法较多，六段比较法是其中较好的一种。它可同时测定加常数和乘常数，而且计算工作量较小，检验结果精确可靠，但需要有一个精密的基线场。

如图 4.8 所示，将一条直线分成六段，21 个组合距离已用钢瓦基线尺或用专门量测基线的测距仪精确测定，并以此作为标准长度，这条直线称为基线。用被检定的仪器对该基线进行全组合观测，并与标准长度进行比较，按照最小二乘法原则，采用一元线性回归的方法解出加常数和乘常数。

图 4.8　六段比较法

下面介绍一种野外测定加常数的简易方法。

在一平坦的场地上选一 200 m 左右的直线段 AB，如图 4.9 所示，并定出 AB 直线段的中点 C。将仪器置于 A 点测平距 AB 和 AC；置于 B 点测平距 AB 和 BC；置于 C 点测平距 AB 和 BC。必要时应进行气象改正，在操作中尽可能减小对中误差的影响。测距时使用同一棱镜。

计算 AB、BC 和 AC 的平均值 $\overline{AB}$、$\overline{BC}$ 和 $\overline{AC}$，则仪器加常数为：

$$K = \overline{AC} + \overline{BC} - \overline{AB} \tag{4.9}$$

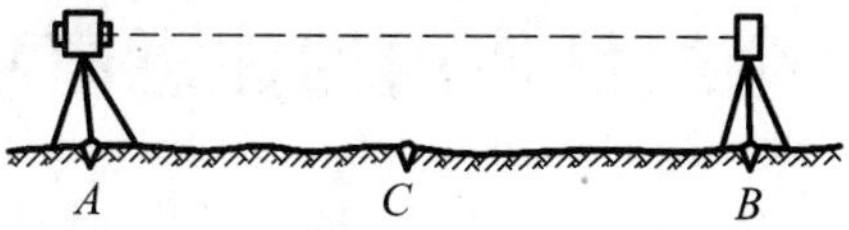

图 4.9　仪器加常数测定的简易方法

四、内部符合精度的检验

内部符合精度反映一定距离范围内仪器重复读数之间的符合程度。它表现为仪器本身测相的偶然误差，是仪器测量稳定性的主要表征。

在进行该项检验时，可选择气象条件良好的场地，布设 40 ~ 100 m 的直线，在其两端分别安置仪器和反射棱镜，然后用仪器望远镜瞄准棱镜，连续读取 30 个以上的距离观测值，记为 $D_i(i = 1, 2, 3, \cdots, n$，$n$ 为读数次数)，平均值即为：

$$\overline{D} = \frac{[D]}{n} = \frac{D_1 + D_2 + \cdots + D_n}{n} \tag{4.10}$$

观测值的改正数为：

$$v_i = \overline{D} - D_i \tag{4.11}$$

内部符合精度即一次测距中误差为：

$$m = \pm\sqrt{\frac{[vv]}{n-1}}$$ （4.12）

五、外部符合精度的检验

外部符合精度也称检定综合精度。检验的目的是检验仪器的实际测量精度是否符合仪器标称精度的要求。通常是利用六段比较法测定加常数、乘常数的 21 个观测值，经过加常数、乘常数等改正，再与基线值比较，采用一元线性回归分析法进行计算，从而得到外部符合精度。

外部符合精度与仪器出厂时给出的标称精度采用同样的形式：

$$m = \pm(A + B \cdot D)$$ （4.13）

式中，A 为固定误差（mm）；B 为比例误差系数（mm/km）；D 为距离值（km）。

六、测程的检定

全站仪的测程是指在规定的大气能见度及棱镜组合个数的情况下，能满足仪器标称精度的测量距离。检验可按以下方法进行：

（1）按照仪器说明书上规定的长度，在已知精密长度的基线上选择相应棱镜个数的距离。

（2）在选定的距离两端分别安置仪器和反射棱镜。对选定的每段距离各观测 4 测回，取其平均值作为观测值。

（3）对各观测值加入气象、仪器常数、周期误差和倾斜改正，然后与基线值比较，求出一测回观测中误差，不应大于仪器标称测距中误差。

第六节　全站仪使用的注意事项及维护

全站仪是一种结构复杂、价格较昂贵的先进测量仪器，必须严格遵守操作规程，正确使用并进行维护。

一、使用注意事项

（1）新购置的仪器，如果首次接触使用，应结合仪器认真阅读仪器说明书。通过反复学习、使用和总结，力求做到"得心应手"，最大限度地发挥仪器的作用。

（2）作业时应先安置好三脚架，然后再开箱取仪器。

（3）仪器开箱时要轻轻地放下箱子，让其盖朝上，打开箱子的锁栓，开箱盖，用双手取出仪器。

（4）作业完毕要用双手存放仪器，要盖好望远镜镜盖，使照准部的垂直制动手轮和基座的圆水准器朝上将仪器平卧（望远镜物镜端朝下）放入箱中，轻轻旋紧垂直制动手轮，盖好箱盖并关上锁栓。

（5）日光下测量应避免将物镜直接瞄准太阳。若在太阳下作业应安装滤光镜或打伞遮阳，阴雨天气作业时要打伞遮雨。

（6）仪器在迁站时，即使很近，也应取下仪器装箱。运输过程中必须注意防振，长途运输最好装在原包装箱内。

（7）仪器安置在三脚架上之前，应检查三脚架的 3 个伸缩螺旋是否已旋紧，再用连接螺旋将仪器固定在三脚架上之后才能放开仪器。在整个操作过程中，观测者绝不能离开仪器，以避免发生意外事故。

（8）避免在高温和低温下存放仪器，也应避免温度骤变（使用时气温变化除外）。

（9）仪器不使用时，应将其装入箱内，置于干燥处，注意防振、防尘和防潮。

（10）若仪器工作处的温度与存放处的温度差异太大，应先将仪器留在箱内，直至它适应环境温度后再使用仪器。

（11）仪器运输应将仪器装于箱内进行，运输时应小心避免挤压、碰撞和剧烈震动，长途运输最好在箱子周围使用软垫。

（12）仪器安装至三脚架或拆卸时，要一只手先握住仪器，以防仪器跌落。

（13）仪器被雨水淋湿后，切勿通电开机，应用干净软布擦干并在通风处放一段时间。

（14）作业前应仔细全面检查仪器，确信仪器各项指标、功能、电源、初始设置和改正参数均符合要求时再进行作业。

（15）用激光全站仪开机时，望远镜不得对准人的眼睛。

二、仪器的维护

（1）仪器应经常保持清洁，用完后使用毛刷、软布将仪器上落的灰尘除去。镜头不能用手去摸，如果脏了，可用吹风器吹去浮土，再用镜头纸擦净。如果仪器出现故障，应与厂家或厂家委派的维修部联系修理，绝不可随意拆卸仪器，造成不应有的损害。仪器应放在清洁、干燥、安全的房间内，并有专人保管。

（2）反射棱镜应保持干净，不用时要放在安全的地方，如有箱子，应装入箱内，避免碰坏。

（3）电池应按规定的充电时间充电。电池如果长期不用，也应一个月之内充电一次。存放温度以 0～40 ℃ 为宜。

思考题与习题

1. 全站仪按功能分为哪几类？
2. 南方全站仪开机后往往显示"垂直角过零"，如何进入正常操作界面？
3. 什么是棱镜常数？测距时为何要设置棱镜常数？
4. 简述全站仪的主要测量功能。
5. 坐标测量或坐标放样时如何设置起始边坐标方位角？
6. 全站仪测距固定误差主要包括哪些？比例误差主要包括哪些？
7. 全站仪测距部的检验项目主要包括哪些？外部符合精度的检验目的是什么？

第五章　测量误差

第一节　测量误差的分类

前面四章我们介绍了水准、角度、距离测量工作。通过学习和实际的测量工作实践表明，不管采用多么精密的仪器，不管我们测量人员在观测时多么认真，最后的测量值都不可避免地存在测量误差。例如，一个平面三角形的内角和等于180°，但3个实测内角的结果之和并不等于180°，而是有一差值。又如，对同一角度盘左、盘右观测及多测回观测，从理论上讲其值都应相等，可实际上并不相等。这种差异是测量工作中经常而又普遍发生的现象，这是由于观测值中包含有各种误差的缘故。

一、测量误差的来源

产生测量误差的原因很多，概括起来有以下3方面：

1. 仪器的原因

测量工作是需要用测量仪器进行的，而每一种测量仪器只具有一定的精确度，使测量结果受到一定影响。例如DJ$_6$型经纬仪度盘分划误差可能达到3″，由此使角度测量产生误差。

此外，仪器结构不可能十分完善，例如水准仪的视准轴不平行于水准管轴的残余误差也会对高差测量产生影响。

2. 人的原因

由于观测者的感觉器官的鉴别能力存在局限性，所以对仪器的各项操作，如经纬仪对中、整平、瞄准、读数等方面都会产生误差。又如在厘米分划的水准尺上，由观测者估读至毫米数，则1 mm以下的误差是完全可能存在的。此外，观测者的技术熟练程度也会对观测成果带来不同程度的影响。

3. 外界环境的影响

测量所处的外界环境，如温度、风力、日光、大气折光、烟雾等客观情况时刻在变化，使测量结果产生误差。例如温度变化、日光照射都会使钢尺产生伸缩，日光照射会使仪器结构产生微小变化，大气折光会使瞄准产生偏差等。

人、仪器和外界环境是测量工作得以进行的观测条件，由于受到这些条件的影响，测量中的误差是不可避免的。

观测者、测量仪器和观测时的外界条件是引起观测误差的主要因素，通常称为观测条件。观测条件相同的各次观测，称为等精度观测。观测条件不同的各次观测，称为非等精度观测。任何观测都不可避免地要产生误差。为了获得观测值的正确结果，就必须对误差进行分析研究，以便采取适当的措施来消除或削弱其影响。

二、测量误差的分类

测量误差按其对观测结果影响性质的不同可以分为系统误差与偶然误差两类。

1. 系统误差

在相同的观测条件下，对某一量进行一系列的观测，若误差出现的符号和数值均相同，或按一定的规律变化，这种误差称为系统误差。例如用名义长度为 30.000 m 而实际正确长度应为 29.995 m 的钢卷尺量距，每量一尺段就多出 0.005 m 的误差，其量距误差的影响符号不变，且与所量距离的长度成正比，因此系统误差具有积累性，对测量结果的影响较大；另一方面，系统误差对观测值的影响具有一定的规律性，且这种规律性总能想办法找到，因此系统误差对观测值的影响可加以改正，或用一定的测量措施加以消除或削弱。如：

（1）对工具和仪器进行检定和改正。例如检定钢尺，求出尺长改正数，对丈量结果进行改正。

（2）对仪器进行检验和校正。如对水准仪视准轴与水准管轴平行的校正，使残余误差减弱到一定程度。

（3）采用合理的观测方法，使误差自行抵消或减弱到最小。如用经纬仪盘左、盘右测角或水准仪观测前后视距相等，又如水准观测中用后黑、前黑、前红、后红的观测程序等。这些措施都在于消除或降低仪器误差影响。

2. 偶然误差

在相同的观测条件下，对某一量进行一系列的观测，若误差出现的符号和数值大小均不一致，这种误差称为偶然误差。偶然误差是由人为所不能控制的因素（如人眼的分辨能力、仪器的极限精度、气象因素等）共同引起的测量误差，其数值的正负、大小纯属偶然。例如，在厘米分划的水准尺上读数、估读毫米数时有时估读过大、有时过小；大气折光使望远镜中成像不稳定，引起瞄准目标有时偏左、有时偏右。多次观测取其平均，可以抵消掉一些偶然误差，因此偶然误差具有抵偿性，对测量结果影响不大；另外，偶然误差是不可避免的，且无法消除，但应加以限制。在相同的观测条件下观测某一量，所出现的大量偶然误差具有统计的规律，或称之为具有概率论的规律，关于这方面知识在下面"偶然误差的特性"部分再做进一步分析。

在测量工作中，除了上述两种误差以外，还可能发生错误，例如瞄错目标，读错读数等。

错误是一种特别大的误差，也称粗差，是由观测者的粗心大意所造成的。测量工作中，错误是不允许的，含有错误的观测值应该舍弃，并重新进行观测。

三、多余观测

为了防止错误的发生和提高观测成果的质量，在测量工作中一般要进行多于必要的观测，称为多余观测。

例如一段距离采用往返丈量，如果往测属于必要观测，则返测就属于多余观测；如对一个水平角观测了 4 个测回，如果第 1 个测回属于必要观测，则其余 3 个测回就属于多余观测；又例如一个平面三角形的水平角观测，其中两个角属于必要观测，第三个角属于多余观测。有了多余观测可以发现观测值中的错误，以便将其剔除或重测。由于观测值中的偶然误差不可避免，有了多余观测，观测值之间必然产生差值（不符值、闭合差）。根据差值的大小可以评定测量的精度（精确程度），差值如果大到一定的程度（超过极限误差），就认为观测值中有错误（不属于偶然误差），称为误差超限。差值如果不超限，则按偶然误差的规律加以处理，称为闭合差的调整，以求得最可靠的数值。

四、偶然误差的特性

当观测值中剔除了粗差，排除了系统误差的影响，或者与偶然误差相比系统误差处于次要地位后，占主导地位的偶然误差就成了我们研究的主要对象。从单个偶然误差来看，其出现的符号和大小没有一定的规律性，但对大量的偶然误差进行统计分析，就能发现其规律性，误差个数愈多，规律性愈明显。

例如，在相同的观测条件下，对 358 个三角形的内角进行了观测。由于观测值含有偶然误差，致使每个三角形的内角和不等于 $180°$。设三角形内角和的真值为 X，观测值为 L，其观测值与真值之差为真误差 Δ，用下式表示为：

$$\Delta = L_i - X \quad (i = 1, 2, \cdots, 358) \tag{5.1}$$

由（5.1）式计算出 358 个三角形内角和的真误差，并取误差区间为 $0.2''$，以误差的大小和正负号，分别统计出它们在各误差区间内的个数 v 和频率 v/n，结果列于表 5.1。

表 5.1　偶然误差的区间分布

误差区间 dΔ/ (")	正 误 差		负 误 差		合 计	
	个数 v	频率 v/n	个数 v	频率 v/n	个数 v	频率 v/n
0.0~0.2	45	0.126	46	0.128	91	0.254
0.2~0.4	40	0.112	41	0.115	81	0.226
0.4~0.6	33	0.092	33	0.092	66	0.184
0.6~0.8	23	0.064	21	0.059	44	0.123
0.8~1.0	17	0.047	16	0.045	33	0.092
1.0~1.2	13	0.036	13	0.036	26	0.073
1.2~1.4	6	0.017	5	0.014	11	0.031
1.4~1.6	4	0.011	2	0.006	6	0.017
1.6 以上	0	0	0	0	0	0
—	181	0.505	177	0.495	358	1.000

从表 5.1 中可看出，最大误差不超过 1.6″，小误差比大误差出现的频率高，绝对值相等的正、负误差出现的个数近于相等。通过大量实验统计结果证明了偶然误差具有如下特性：

（1）在一定的观测条件下，偶然误差的绝对值不会超过一定的限度。

（2）绝对值小的误差比绝对值大的误差出现的可能性大。

（3）绝对值相等的正误差与负误差出现的机会相等。

（4）当观测次数无限增多时，偶然误差的算术平均值趋近于零，即：

$$\lim_{n \to \infty} \frac{[\Delta]}{n} = 0 \qquad (5.2)$$

式中，$[\Delta]$ 为各个真误之和，即 $[\Delta] = \sum_{1}^{n} \Delta = \Delta_1 + \Delta_2 + \cdots + \Delta_n$；$n$ 为观测次数。

第一个特性说明误差出现的范围；第二个特性说明误差值大小的规律；第三个特性说明误差符号出现的规律；第四个特性说明偶然误差具有抵偿性。显然第四个特性可由第三个特性导出。

如果将表 5.1 中所列数据用图 5.1 表示，可以更直观地看出偶然误差的分布情况。图中横坐标表示误差的大小，纵坐标表示各区间误差出现的频率除以区间的间隔值。当误差个数足够多时，如果将误差的区间间隔无限缩小，则图 5.1 中各长方形顶边所形成的折线将变成一条光滑的曲线，称为误差分布曲线。在概率论中，把这种误差分布称为正态分布。

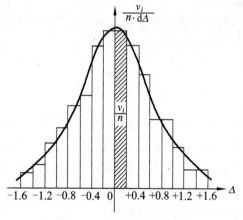

图 5.1　误差分布直方图

掌握了偶然误差的特性，就能根据带有偶然误差的观测值求出未知量的最可靠值，并衡量其精度。同时，也可应用误差理论来研究最合理的测量工作方案和观测方法。

第二节　评定精度的指标

测量工作必须获得可靠的数据，即符合精度要求的数据才能作为设计或施工的依据。所谓精度，指的是误差分布的密集或离散的程度。若各观测值之间差异很大，则精度低；差异很小，则精度高。衡量观测值精度的常用标准有以下几种。

一、中误差

在等精度观测列中，各真误差平方的平均数的平方根，称为中误差，也称均方误差，即：

$$m = \pm\sqrt{\frac{[\Delta\Delta]}{n}} \quad\quad (5.3)$$

式中，$[\Delta\Delta]$ 为各个真误差的平方和，即 $[\Delta\Delta] = \Delta_1^2 + \Delta_2^2 + \cdots + \Delta_n^2$；$n$ 为观测次数；m 为观测值的中误差，也称均方差。

【例 5.1】 设有两组等精度观测列，其真误差分别为：

第一组 $-3''$，$+3''$，$-1''$，$-3''$，$+4''$，$+2''$，$-1''$，$-4''$

第二组 $+1''$，$-5''$，$-1''$，$+6''$，$-4''$，$0''$，$+3''$，$-1''$

试求这两组观测值的中误差。

解 $\quad m_1 = \pm\sqrt{\dfrac{9+9+1+9+16+4+1+16}{8}} = 2.9''$

$\quad\quad\quad m_2 = \pm\sqrt{\dfrac{1+25+1+36+16+0+9+1}{8}} = 3.3''$

比较 m_1 和 m_2 可知，第一组观测值的精度要比第二组高。

必须指出，在相同的观测条件下所进行的一组观测，由于它们对应着同一种误差分布，因此，对于这一组中的每一个观测值，虽然各真误差彼此并不相等，有的甚至相差很大，但它们的精度均相同，即都为同精度观测值。

二、容许误差

由偶然误差的第一特性可知，在一定的观测条件下，偶然误差的绝对值不会超过一定的限值。这个限值就是容许误差或称极限误差。根据误差理论和大量的实践证明，在一系列的同精度观测误差中，真误差绝对值大于中误差的概率约为 32%；大于 2 倍中误差的概率约为 5%；大于 3 倍中误差的概率约为 0.3%。也就是说，大于 3 倍中误差的真误差实际上是不可能出现的。因此，通常以 3 倍中误差作为偶然误差的极限值。在测量工作中一般取 2 倍中误差作为观测值的容许误差，即：

$$\Delta_{容} = 2m \quad\quad (5.4)$$

当某观测值的误差超过了容许的 2 倍中误差时，将认为该观测值含有粗差，应舍去不用或重测。

三、相对误差

对于某些观测结果，有时单靠中误差还不能完全反映观测精度的高低。例如，分别丈量了 100 m 和 200 m 两段距离，中误差均为 ±0.02 m。虽然两者的中误差相同，但就单位长度而言，两者精度并不相同，后者显然优于前者。为了客观反映实际精度，常采用相对误差。

观测值中误差 m 的绝对值与相应观测值 S 的比值称为相对中误差。它是一个无名数，常用分子为 1 的分数表示，即：

$$K = \frac{|m|}{S} = \frac{1}{S/|m|} \tag{5.5}$$

上例中前者的相对中误差为 1/5 000，后者为 1/10 000，表明后者精度高于前者。

对于真误差或容许误差，有时也用相对误差来表示。例如，距离测量中的往返测较差与距离值之比就是所谓的相对真误差，即：

$$\frac{|D_{往} - D_{返}|}{D_{平均}} = \frac{1}{D_{平均}/\Delta D} \tag{5.6}$$

相对误差是一个比值，无正负号，而真误差、中误差、容许误差都是绝对误差，绝对误差有单位，且应冠以正负号。

第三节　误差传播定律

当对某量进行了一系列的观测后，观测值的精度可用中误差来衡量。但在实际工作中，往往会遇到某些量的大小并不是直接测定的，而是由观测值通过一定的函数关系间接计算出来的。例如，水准测量中，在一测站上测得后、前视读数分别为 a、b，则高差 $h = a - b$，这时高差 h 就是直接观测值 a、b 的函数。当 a、b 存在误差时，h 也受其影响而产生误差，这就是所谓的误差传播。阐述观测值中误差与观测值函数中误差之间关系的定律称为误差传播定律。

本节就以下 4 种常见的函数来讨论误差传播的情况。

一、倍数函数

设有函数

$$Z = kx \tag{5.7}$$

式中，k 为常数；x 为直接观测值，其中误差为 m_x。

现在求观测值函数 Z 的中误差 m_Z。设 x 和 Z 的真误差分别为 Δ_x 和 Δ_Z，由（5.7）式知它们之间的关系为：

$$\Delta_Z = k\Delta_x$$

若对 x 共观测了 n 次，则：

$$\Delta_{Z_i} = k\Delta_{x_i} \quad (i = 1, 2, \cdots, n)$$

将上式两端平方后相加，并除以 n，得：

$$\frac{[\Delta_Z^2]}{n} = k^2 \frac{[\Delta_x^2]}{n} \tag{5.8}$$

按中误差定义可知：

$$m_Z^2 = \frac{[\Delta_Z^2]}{n}$$

$$m_x^2 = \frac{[\Delta_x^2]}{n}$$

所以（5.8）式可写成：

$$m_Z^2 = k^2 m_x^2$$

或 $\qquad\qquad\qquad m_Z = k m_x \tag{5.9}$

即观测值倍数函数的中误差等于观测值中误差乘倍数（常数）。

【例 5.2】 用水平视距公式 $D = k \cdot l$ 求平距。已知观测视距间隔的中误差 $m_l = \pm 1\ \text{cm}$，$k = 100$，则水平距离的中误差 $m_D = 100 \cdot m_l = \pm 1\ \text{m}$。

二、和差函数

设有函数

$$Z = x \pm y \tag{5.10}$$

式中，x、y 为独立观测值，它们的中误差分别为 m_x 和 m_y。设真误差分别为 Δ_x 和 Δ_y，由（5.10）式可得：

$$\Delta_Z = \Delta_x \pm \Delta_y$$

若对 x、y 均观测了 n 次，则：

$$\Delta_{Z_i} = \Delta_{x_i} \pm \Delta_{y_i} \qquad (i = 1,\ 2,\ \cdots,\ n)$$

将上式两端平方后相加，并除以 n，得：

$$\frac{[\Delta_Z^2]}{n} = \frac{[\Delta_x^2]}{n} + \frac{[\Delta_y^2]}{n} \pm 2\frac{[\Delta_x \Delta_y]}{n}$$

上式 $[\Delta_x \Delta_y]$ 中各项均为偶然误差。根据偶然误差的特性，当 n 愈大时，式中最后一项将趋近于零，于是上式可写成：

$$\frac{[\Delta_Z^2]}{n} = \frac{[\Delta_x^2]}{n} + \frac{[\Delta_y^2]}{n} \tag{5.11}$$

根据中误差定义，可得：

$$m_Z^2 = m_x^2 + m_y^2 \tag{5.12}$$

即观测值和差函数的中误差平方等于两观测值中误差的平方之和。

100

【例5.3】 在 $\triangle ABC$ 中，$\angle C = 180° - \angle A - \angle B$，$\angle A$ 和 $\angle B$ 的观测中误差分别为 3″ 和 4″，则 $\angle C$ 的中误差 $m_C = \pm\sqrt{m_A^2 + m_B^2} = \pm 5″$。

三、线性函数

设有线性函数

$$Z = k_1 x_1 \pm k_2 x_2 \pm \cdots \pm k_n x_n \tag{5.13}$$

式中，x_1、x_2、$\cdots$、x_n 为独立观测值，k_1、k_2、$\cdots$、k_n 为常数，则综合（5.9）式和（5.12）式可得：

$$m_Z^2 = (k_1 m_1)^2 + (k_2 m_2)^2 + \cdots + (k_n m_n)^2 \tag{5.14}$$

【例5.4】 有一函数 $Z = 2x_1 + x_2 + 3x_3$，其中 x_1、x_2、x_3 的中误差分别为 ± 3 mm、± 2 mm、± 1 mm，则 $m_Z = \pm\sqrt{6^2 + 2^2 + 3^2} = \pm 7$ mm。

四、一般函数

设有一般函数

$$Z = f(x_1, x_2 \cdots x_n) \tag{5.15}$$

式中，x_1、x_2、$\cdots$、x_n 为独立观测值，已知其中误差为 m_i（$i = 1$，2，$\cdots$，n）。

当 x_i 具有真误差 Δ_i 时，函数 Z 则产生相应的真误差 Δ_Z，因为真误差 Δ 是一微小量，故将（5.15）式取全微分，将其化为线性函数，并以真误差符号"Δ"代替微分符号"d"，得：

$$\Delta_Z = \frac{\partial f}{\partial x_1}\Delta_{x_1} + \frac{\partial f}{\partial x_2}\Delta_{x_2} + \cdots + \frac{\partial f}{\partial x_n}\Delta_{x_n}$$

式中，$\frac{\partial f}{\partial x_i}$ 是函数对 x_i 取的偏导数并用观测值代入算出的数值，它们是常数，因此，上式变成了线性函数，按（5.14）式得：

$$m_Z^2 = \left(\frac{\partial f}{\partial x_1}\right)^2 m_1^2 + \left(\frac{\partial f}{\partial x_2}\right)^2 m_2^2 + \cdots + \left(\frac{\partial f}{\partial x_n}\right)^2 m_n^2 \tag{5.16}$$

上式是误差传播定律的一般形式。前述的（5.9）、（5.12）、（5.14）式都可看作上式的特例。

【例 5.5】 某一斜距 $S = 106.28$ m，斜距的竖直角 $\delta = 8°30'$，中误差 $m_S = \pm 5$ cm、$m_\delta = \pm 20″$，求相应水平距 D 及其中误差 m_D。

解　　　　$D = S \cdot \cos\delta$

水平距离 $D = 106.28 \times \cos 8°30' = 105.113$ m

全微分化成线性函数，用"Δ"代替"d"，得：

$$\Delta_D = \cos\delta \cdot \Delta_S - S\sin\delta\Delta_\delta$$

应用（5.16）式后，得：

$$m_D^2 = \cos^2\delta \, m_S^2 + (S \cdot \sin\delta)^2\left(\frac{m_\delta}{\rho''}\right)^2 = (0.989)^2(\pm 5)^2 + (1\,570.92)^2 \times \left(\frac{20}{206\,265}\right)^2$$

$$= 24.45 + 0.02 = 24.47 \quad (\text{cm}^2)$$

$$m_D = \pm 4.9 \text{ cm}$$

故　　　　　　　$D = (105.113 \pm 0.049) \text{ m}$

在此项中误差计算中，单位统一为厘米，$\left(\dfrac{m_\delta}{\rho''}\right)$ 是将角值的单位由秒化为弧度。

第四节　算术平均值及其中误差

设在相同的观测条件下对某量进行了 n 次等精度观测，观测值为 L_1、L_2、$\cdots$、L_n，其真值为 X，真误差为 Δ_1、Δ_2、$\cdots$、Δ_n。由（5.1）式可写出观测值的真误差公式为：

$$\Delta_i = L_i - X \quad (\text{i} = 1,\ 2,\ \cdots,\ \text{n})$$

将上式相加后，得：

$$[\Delta] = [L] - nX$$

故　　　　　　　$X = \dfrac{[L]}{n} - \dfrac{[\Delta]}{n}$

若以 x 表示上式中右边第一项的观测值的算术平均值，即：

$$x = \frac{[L]}{n}$$

则　　　　　　　$X = x - \dfrac{[\Delta]}{n}$　　　　　　　　　　　　　（5.17）

式（5.17）右边第二项是真误差的算术平均值。由偶然误差的第四个特性可知，当观测次数 n 无限增多时，$\dfrac{[\Delta]}{n} \to 0$，则 $x \to X$，即算术平均值就是观测量的真值。

在实际测量中，观测次数总是有限的。根据有限个观测值求出的算术平均值 x 与其真值 X 仅差一微小量 $\dfrac{[\Delta]}{n}$。故算术平均值是观测量的最可靠值，通常也称为"最或是值"或"最或然值"。

由于观测值的真值 X 一般无法知道，故真误差 Δ 也无法求得。所以不能直接应用（5.3）式求观测值的中误差，而是利用观测值的最或是值 x 与各观测值之差 v 来计算中误差，v 被称为改正数，即：

$$v = x - L$$　　　　　　　　　　　　　　　　　　　　（5.18）

实际工作中利用改正数计算观测值中误差的实用公式称为白塞尔公式，即：

$$m = \pm\sqrt{\frac{[vv]}{n-1}}$$ （5.19）

利用 $[v] = 0$，$[vv] = [Lv]$ 检核式，可做计算正确性的检核。

在求出观测值的中误差 m 后，就可应用误差传播定律求观测值算术平均值的中误差 M，推导如下：

$$x = \frac{[L]}{n} = \frac{L_1}{n} + \frac{L_2}{n} + \cdots + \frac{L_n}{n}$$

因为是等精度观测，各观测值的中误差相同，应用误差传播定律有：

$$\left. \begin{array}{l} M_x^2 = \left(\frac{1}{n}\right)^2 m^2 + \left(\frac{1}{n}\right)^2 m^2 + \cdots + \left(\frac{1}{n}\right)^2 m^2 = \frac{1}{n} m^2 \\ M_x = \frac{m}{\sqrt{n}} \end{array} \right\}$$ （5.20）

由式（5.20）可知，增加观测次数能削弱偶然误差对算术平均值的影响，提高其精度。但因观测次数与算术平均值中误差并不是线性比例关系，所以，当观测次数达到一定数目后，即使再增加观测次数，精度却提高得很少。因此，除适当增加观测次数外，还应选用适当的观测仪器和观测方法，选择良好的外界环境，才能有效地提高精度。

第五节　加权平均值及其中误差

此时当各观测量的精度不相同时，不能按算术平均值（5.17）式和中误差（5.19）式及（5.20）式来计算观测值的最或是值和评定其精度。计算观测量的最或是值应考虑到各观测值的质量和可靠程度，显然对精度较高的观测值，在计算最或是值时应占有较大的比重。反之，精度较低的应占较小的比重，为此各个观测值要给定一个数值来比较它们的可靠程度，这个数值在测量计算中被称为观测值的权。显然，观测值的精度愈高，中误差就愈小，权就愈大，反之亦然。

在测量计算中，给出了用中误差求权的定义公式，即：

$$P_i = \frac{\mu^2}{m_i^2} \quad (i = 1, 2, \cdots, n)$$ （5.21）

式中，P_i 为观测值的权；μ 为任意常数；m 为各观测值对应的中误差。

在用上式求一组观测值的权 P_i 时，必须采用同一 μ 值。当取 $P = 1$ 时，μ 就等于 m，即 $\mu = m$，通常称数字为 1 的权为单位权，单位权对应的观测值为单位权观测值。单位权观测

值对应的中误差 μ 为单位权中误差。当已知一组非等精度观测值的中误差时，可以先设定 μ 值，然后按（5.21）式计算各观测值的权。

例如：已知 3 个角度观测值的中误差分别为 $m_1 = \pm 3''$、$m_2 = \pm 4''$、$m_3 = \pm 5''$，它们的权分别为：

$$P_1 = \mu^2 / m_1^2, \quad P_2 = \mu^2 / m_2^2, \quad P_3 = \mu^2 / m_3^2$$

若设 $\mu = \pm 3''$，则 $P_1 = 1$，$P_2 = 9/16$，$P_3 = 9/25$；

若设 $\mu = \pm 1''$，则 $P_1' = 1/9$，$P_2' = 1/16$，$P_3' = 1/25$。

上例中 $P_1 : P_2 : P_3 = P_1' : P_2' : P_3' = 1 : 0.56 : 0.36$。可见，$\mu$ 值取得不同，权值也不同，但不影响各权之间的比例关系。当 $\mu = \pm 3''$ 时，P_1 就是该问题中的单位权，$m_1 = \pm 3''$ 就是单位权中误差。

中误差是用来反映观测值的绝对精度，而权是用来比较各观测值相互之间的精度高低。因此，权的意义在于它们之间所存在的比例关系，而不在于它本身数值的大小。

对某量进行了 n 次非等精度观测，观测值分别为 L_1、L_2、$\cdots$、L_n，相应的权为 P_1、P_2、$\cdots$、P_n，则加权平均值 x 就是非等精度观测值的最或是值，计算公式为：

$$x = \frac{P_1 L_1 + P_2 L_2 + \cdots + P_n L_n}{P_1 + P_2 + \cdots + P_n} = \frac{[PL]}{[P]} \tag{5.22}$$

显然，当各观测值为等精度时，其权为 $P_1 = P_2 = \cdots = P_n = 1$，式（5.22）就与求算术平均值的（5.17）式一致。

设 L_1，$\cdots$，L_n 的中误差为 m_1，$\cdots$，m_n，则根据误差传播定律，由（5.22）式可导出加权平均值的中误差为：

$$M^2 = \frac{P_1^2}{[P]^2} m_1^2 + \frac{P_2^2}{[P]^2} m_2^2 + \cdots + \frac{P_n^2}{[P]^2} m_n^2 \tag{5.23}$$

由（5.21）式有 $P_i m_i^2 = \mu^2$，代入上式得：

$$M_x^2 = \frac{\mu^2}{[P]^2} (P_1 + P_2 + \cdots + P_n) = \frac{\mu^2}{[P]}$$

$$M_x = \pm \frac{\mu}{\sqrt{[P]}} \tag{5.24}$$

实际计算时，上式中的单位权中误差 μ 一般用观测值的改正数来计算，其公式为：

$$\mu = \pm \sqrt{\frac{[pvv]}{n-1}} \tag{5.25}$$

思考题与习题

1. 产生测量误差的原因是什么？

2. 测量误差分哪些？各有何特性？在测量工作中如何消除或削弱？

3. 什么是等精度观测和不等精度观测？举例说明。

4. 什么是多余观测？多余观测有什么实际意义？

5. 偶然误差有哪些特性？

6. 我们用什么标准来衡量一组观测结果的精度？中误差与真误差有何区别？

7. 什么是极限误差？什么是相对误差？

8. 什么是误差传播定律？试述任意函数应用误差传播定律的步骤。

9. 用同一架仪器测两个角度，$A = 10°20.5' \pm 0.2'$，$B = 81°30' \pm 0.2'$，哪个角精度高？为什么？

10. 在 $\triangle ABC$ 中，已测出 $A = 30°00' \pm 2'$，$B = 60°00' \pm 3'$，求 C 及其中误差。

11. 水准测量中已知后视读数 $a = 1.734$，中误差 $m_a = \pm 0.002\,\text{m}$；前视读数 $b = 0.476\,\text{m}$，中误差 $m_b = \pm 0.003\,\text{m}$，试求两点间的高差及其中误差。

第二篇

控制与应用测量

第六章　GNSS 测量

第一节　GNSS 系统概述

GNSS 是全球导航卫星系统（Global Navigation Satellite System）的缩写。目前，GNSS 包含了美国的 GPS、俄罗斯的 GLONASS、中国的北斗（BeiDou）和欧盟的 Galileo 系统，可用的卫星数目超过 100 颗。2020 年北京时间 6 月 23 日 9 时 43 分，中国在西昌卫星发射中心用长征三号乙运载火箭，成功发射北斗系统第 55 颗导航卫星暨北斗三号最后一颗全球组网卫星，标志着北斗三号卫星导航系统全面建成。2020 年 7 月 31 日，北斗三号全球卫星导航系统建成暨开通仪式在人民大会堂隆重举行。中国向全世界郑重宣告，中国自主建设、独立运行的全球卫星导航系统已全面建成，中国北斗自信开启了高质量服务全球、造福人类的崭新篇章。

1. GPS

GPS 是全球定位系统 "Global Positioning System" 的英文缩写，它是美国国防部主要为满足军事部门对海上、陆地和空中设施进行高精度导航和定位的要求而建立的。该系统自 1973 年开始设计、研制，历时 20 年，于 1993 年全部建成。

目前，GPS 精密定位技术已广泛地应用到经济建设和科学技术的许多领域，特别是在大地测量学及其相关学科领域，如地球动力学、海洋大地测量学、地球物理勘探、资源勘察、航空与卫星遥感、工程测量等方面的广泛应用，充分地显示了卫星定位技术的高精度和高效益。

GPS 卫星有 24 颗且分布合理，在地球上任何地点、任何时刻均可连续同步观测到 4 颗以上卫星，因此在任何地点、任何时间均可进行 GNSS 测量。GNSS 测量一般不受天气状况的影响。

2. GLONASS

GLONASS 是俄语全球卫星导航系统 "GLOBAL NAVIGATION SATELLITE SYSTEM" 的

缩写，作用类似于美国的 GPS、欧洲的 Galileo 卫星定位系统。最早开发于苏联时期，后由俄罗斯继续该计划。俄罗斯于 1993 年开始独自建立本国的全球卫星导航系统。GLONASS 始建于 1976 年，2004 年投入运营，设计使用的 24 颗卫星均匀分布在 3 个相对于赤道的倾角为 64.8° 的近似圆形轨道上，每个轨道上有 8 颗卫星运行，它们距地球表面的平均高度为 1.9 万 km，运行周期为 11 h 16 min。

3. 北斗卫星导航系统（BeiDou Navigation Satellite System）

中国北斗卫星导航系统实施"三步走"战略。

第一步：北斗一号，服务中国。

1994 年，启动北斗一号系统建设；2000 年发射 2 颗地球静止轨道（Geostatimary Earth Orbit，GEO）卫星，建成系统并投入使用，采用有源定位体制，为中国用户提供定位、授时、广域差分和短报文通信服务；2003 年，发射第 3 颗地球静止轨道卫星，进一步增强系统性能。

北斗一号，中国卫星导航系统实现从无到有，使中国成为继美、俄之后第三个拥有卫星导航系统的国家。北斗一号是探索性的第一步，初步满足中国及周边区域的定位导航授时需求。北斗一号巧妙设计了双向短报文通信功能，这种通导一体化的设计，是北斗的独创。

第二步：北斗二号，服务亚太。

2004 年，启动北斗二号系统建设；2012 年，完成 14 颗卫星、即 5 颗地球静止轨道卫星、5 颗倾斜地球轨道卫星（Inclined Geosynchronous Orvit，IGSO）和 4 颗中圆地球轨道卫星（Medium Earth Orbit，MEO）的发射组网。北斗二号在兼容北斗一号技术体制基础上，增加无源定位体制，为亚太地区提供定位、测速、授时和短报文通信服务。

北斗二号创新性构建了的 5GEO+5IGSO+4MEO 的中高轨混合星座架构，为全世界卫星导航系统发展提出了新的中国方案。

第三步，北斗三号，服务全球。

北斗三号系统继承北斗一号和二号有源服务和无源服务两种技术体制，能够为全球用户提供基本导航（定位、测速、授时）、全球短报文通信、国际搜救服务，中国及周边地区用户还可享有区域短报文通信、星基增强、精密单点定位等服务。

基本导航服务，空间信号精度优于 0.5 m；全球定位精度优于 10 m，测速精度优于 0.2 m/s，授时精度优于 20 ns；亚太地区定位精度优于 5 m，测速精度优于 0.1 m/s，授时精度优于 10 ns，整体性能大幅提升，北斗卫星导航系统如图 6.1 所示。

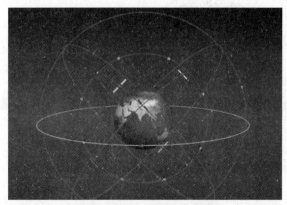

图 6.1 北斗卫星导航系统

第二节　GPS 系统的组成

以美国 GPS 系统为例，介绍 GNSS 系统。GPS 由 3 部分组成，即空间星座部分、地面监控部分和用户设备部分，如图 6.2 所示。

一、空间星座部分

GPS 空间星座部分由 24 颗卫星组成，其中 21 颗工作卫星、3 颗备用卫星。卫星分布在 6 个轨道面上，每个轨道面上有 4 颗卫星（见图 6.2）。卫星轨道面相对地球赤道面的倾角约为 55°，各个轨道平面之间交角为 60°，同一轨道上各卫星之间交角为 90°。轨道平均高度约为 20 200 km，卫星的运行周期为 11 h 58 min，因而在同一观测站上，每天出现的卫星分布图形相同，只是每天提前约 4 min。每颗卫星每天约有 5 h 位于地平线以上，同时位于地平线以上的卫星数目，随时间和地点而不同，最少为 4 颗，最多可达 11 颗。GPS 卫星的上述时空配置，保证在地球上任何地点、任何时刻均至少可以同时观测到 4 颗卫星，因而满足了精密导航和定位的需要。

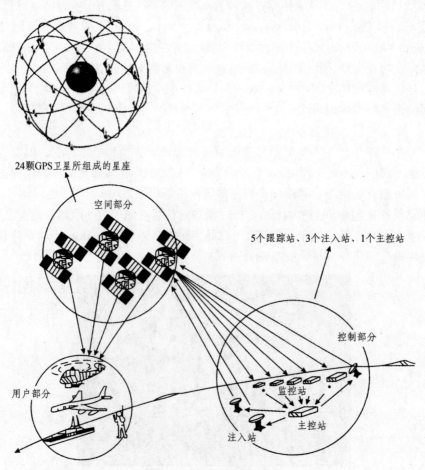

图 6.2　GPS 系统的组成

108

GPS 卫星的基本功能是：

（1）接收并储存由地面监控站发送出来的导航信息，执行监控站的控制指令。

（2）向 GPS 用户发送导航电文，提供导航和定位信息。

（3）通过高精度的铷钟和铯钟，为用户提供精密的时间标准。

（4）根据地面监控站的指令，调整卫星的姿态和启用备用卫星。

（5）利用卫星上设有的微处理机，进行一些必要的数据处理工作。

二、地面监控部分

GPS 地面监控部分，目前由 5 个地面站组成，其中包括主控站、信息注入站和监测站。

主控站设在美国本土科罗拉多（Colorado Springs）。主控站除协调和管理所有地面监控系统的工作外，其主要任务还有：

（1）根据本站和其他监测站提供的所有观测资料，推算编制各卫星的星历、卫星钟差和大气层的修正参数等，并把这些数据传送到注入站。

（2）提供全球定位系统的时间基准。各监测站和 GPS 卫星的原子钟，均应与主控站的原子钟同步，或测出其间的钟差，并把这些钟差信息编入导航电文送到注入站。

（3）调整偏离轨道的卫星，使之沿预定的轨道运行。

（4）启用备用卫星以代替失效的工作卫星。

注入站现有 3 个，分别设在印度洋的迭哥加西亚（Diego Garcia）、南大西洋的阿松森岛（Ascencion）和南太平洋的卡瓦加兰（Kwajalein）。注入站的主要设备，包括一台直径为 3.6 m 的天线，一台 C 波段发射机和一台计算机。其主要任务是在主控站的控制下，将主控站推算和编制的卫星星历、钟差、导航电文和其他控制指令等注入相应卫星的存储系统，并监测注入信息的正确性。

监测站现有 5 个，主控站和注入站兼作监测站，另外一个设在夏威夷（Hawaii）。站内设有双频 GPS 接收机、高精度原子钟、计算机各一台和若干台环境数据传感器。接收机可对 GPS 卫星进行连续观测，以采集数据和监测卫星的工作状况。原子钟提供时间标准，而环境传感器收集有关当地的气象数据。所有观测资料由计算机进行处理，并存储和传送到主控站，为主控站编算导航电文提供观测数据。

整个 GPS 的地面监控部分，除主控站外均无人值守。各站间用现代化的通信网络联系起来，在原子钟和计算机的驱动和精确控制下，各项工作均已实现了高度的自动化和标准化。

三、用户设备部分

全球定位系统的空间星座部分和地面监控部分，是用户应用该系统进行定位的基础，而用户只有通过用户设备，才能实现应用 GPS 定位的目的，如图 6.3 所示，是一台测地型单频静态 GPS 接收机。

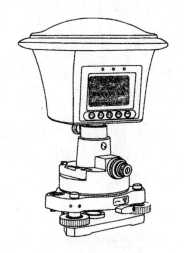

图 6.3　静态 GNSS 接收机

GNSS 的用户设备部分由 GPS 接收机硬件、相应的数据处理软件和微处理机及其终端设备组成。GPS 接收机硬件包括接收机主机、天线和电源。它的主要功能是接收 GPS 卫星发射的信号，以获得必要的导航和定位信息及观测量，并经简单数据处理而实现实时导航和定位。GPS 软件是指各种后处理软件包，它通常由厂家提供，其主要作用是对观测数据进行加工，以便获得精密定位结果。

GPS 接收机的类型，一般可分为导航型、测量型和授时型 3 类。测量中使用的 GNSS 接收机一般为测量型。

第三节　GNSS 测量的作业模式

近几年来，随着 GNSS 定位后处理软件的发展，为确定两点之间的基线向量，已有多种测量方案可供选择。这些不同的测量方案，也称为 GNSS 测量的作业模式。目前，在 GNSS 接收系统硬件和软件的支持下，较为普遍采用的作业模式主要有静态相对定位、快速静态相对定位、准动态相对定位、动态相对定位以及往返式重复设站等。下面就这些作业模式的特点及其适用范围做简要介绍。

一、静态相对定位

1. 作业方法

采用两台（或两台以上）接收设备，分别安置在一条或数条基线的两个端点，同步观测 4 颗以上卫星，每时段长 45 min ~ 2 h 或更多。作业布置如图 6.4 所示。

2. 精　度

基线的定位精度可达 $5 \text{ mm} + 1 \times 10^{-6} \cdot D$，$D$ 为基线长度（km）。

3. 适用范围

建立全球性或国家级大地控制网，建立地壳运动监测网、建立长距离检校基线、进行岛屿与大陆联测、钻井定位及精密工程控制网建立等。

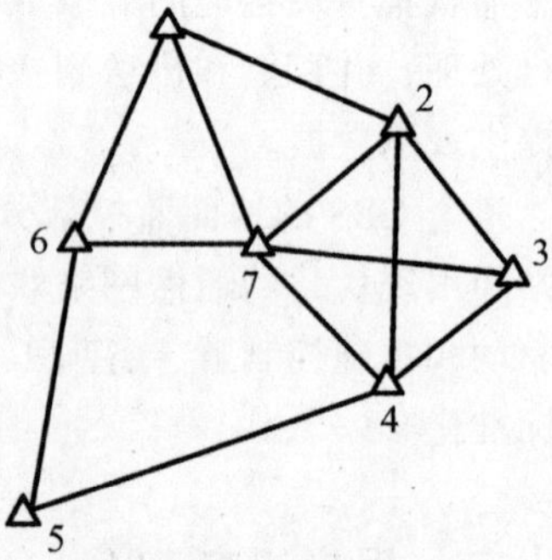

图 6.4　静态相对定位

4. 注意事项

所有已观测基线应组成一系列封闭图形（见图 6.4），以利于外业检核，提高成果可靠度。并且可以通过平差，有助于进一步提高定位精度。

二、快速静态相对定位

1. 作业方法

在测区中部选择一个基准站，并安置一台接收设备连续跟踪所有可见卫星；另一台接收机依次到各点流动设站，每点观测数分钟。作业布置如图 6.5 所示。

2. 精　度

流动站相对于基准站的基线中误差为 $5 \text{ mm} + 1 \times 10^{-6} \cdot D$。

3. 应用范围

控制网的建立及其加密、工程测量、地籍测量、大批相距百米左右的点位定位。

4. 注意事项

在观测时段内应确保有 5 颗以上卫星可供观测；流动点与基准点相距应不超过 20 km；流动站上的接收机在转移时，不必保持对所测卫星连续跟踪，可关闭电源以降低能耗。

5. 优缺点

优点：作业速度快、精度高、能耗低；缺点：两台接收机工作时，构不成闭合图形（见图 6.6），可靠性较差。

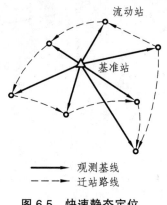

图 6.5　快速静态定位

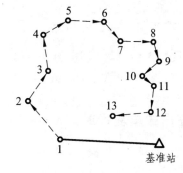

图 6.6　准动态定位

三、准动态相对定位

1. 作业方法

在测区选择一个基准点，安置接收机连续跟踪所有可见卫星；将另一台流动接收机先置于 1 号站（见图 6.7）观测；在保持对所测卫星连续跟踪而不失锁的情况下，将流动接收机分别在 2，3，4…各点观测数秒钟。

2. 精　度

基线的中误差约为 1 ~ 2 cm。

3. 应用范围

开阔地区的加密控制测量、工程定位及碎部测量、剖面测量及线路测量等。

4. 注意事项

应确保在观测时段上有 5 颗以上卫星可供观测；流动点与基准点距离不超过 20 km；观测过程中流动接收机不能失锁，否则应在失锁的流动点上延长观测时间 1 ~ 2 min。

四、动态定位

1. 作业方法

建立一个基准点安置接收机连续跟踪所有可见卫星（图 6.7）；流动接收机先在出发点上静态观测数分钟；然后流动接收机从出发点开始连续运动；按指定的时间间隔自动测定运动载体的实时位置。

2. 精　度

相对于基准点的瞬时点位精度 1 ~ 2 cm。

3. 应用范围

精密测定运动目标的轨迹、测定道路的中心线、剖面测量、航道测量等。

4. 注意事项

需同步观测 5 颗卫星，其中至少 4 颗卫星要连续跟踪；流动点与基准点相距不超过 20 km。

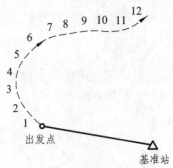

图 6.7　动态定位

五、往返式重复设站

1. 作业方法

建立一个基准点安置接收机连续跟踪所有可见卫星；流动接收机依次到每点观测 1 ~ 2 min；1 h 后逆序返测各流动点 1 ~ 2 min。设站布置如图 6.8 所示。

2. 精　度

相对于基准点的基线中误差为 $5 \text{ mm} + 1 \times 10^{-6} \cdot D$。

3. 应用范围

控制测量及控制网加密、取代导线测量及三角测量、工程测量及地籍测量等。

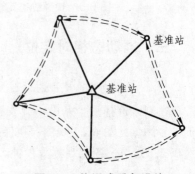

图 6.8　往返式重复设站

4. 注意事项

流动点与基准点相距不超过 20 km；基准点上空开阔，能正常跟踪 3 颗以上的卫星。

第四节　GNSS 实时动态测量

实时动态（Real Time Kinematic，RTK）定位技术，是 GNSS 测量技术与数据传输技术相结合的产物，是 GNSS 测量技术发展中的一个新阶段。

GNSS 系统具有定位精度高、观测时间短、测站间无须通视、可提供三维坐标、操作简便、全天候作业、功能多且应用广等特点。GNSS 的发展对于传统的测量技术是一次巨大的冲击，它是测量技术领域的一项重大变革。RTK 测量技术不仅具有 GNSS 系统的这些基本特点，它也克服了静态 GNSS 定位测量观测数据需测后处理所带来的一系列缺点，具备能够实现快速实时定位、现场检核成果、目标不用通视、一人也能作业的明显优势。

但 RTK 测量也不是万能的，也不能全面替代传统测量，下面对其优缺点总结如下。

一、RTK 测量的优缺点

（一）优　点

1. 作业效率高

在一般的地形地势下，高质量的 RTK 设站一次即可覆盖 5～10 km 半径的测区，大大减少了传统测量所需的控制点数量和测量仪器的搬站次数，仅需一人操作，每线路定测分为控制导线、交点、中线及中平 4 个作业环节，即使将交点、中线合并为一个作业环节，导线组需 5～7 人，交点中线综合组需 7～9 人，中平组需 4～6 人。而运用 RTK 技术，以上 4 个作业环节可以省去定测导线测量这项工作，其余可合并为一个作业环节，实现单人单机操作，加上必要的写桩人员和基准站配备人员，一套（4 台）RTK 系统仅需 7～10 人，可形成 3 个作业组，且外业数据自动记录，内业数据处理十分方便，外业在投入相同人员的情况下，综合效率是传统作业的 6 倍以上。

2. 定位精度高，没有误差积累

不同于传统的全站仪、水准仪等测量设备，其在多次搬站后，不存在误差累积的情况。只要满足 RTK 作业的基本工作条件，在一定的作业半径范围内（一般为 5 km），RTK 测量平面精度和高程精度都能达到厘米级，且不存在误差积累。

3. 全天候作业

RTK 技术不要求两点间满足光学通视，只需满足电磁波通视和对空通视的要求，因此和传统测量相比，RTK 技术作业受障碍通视条件、能见度、气候、季节等因素的影响和限制较小，几乎可以全天候作业。

4. RTK 作业自动化、集成化程度高

RTK 可胜任各种测绘外业。流动站配备高效手持操作手簿，内置专业软件可自动实现多种测绘功能，减少人为误差，保证了作业精度。

（二）缺　点

虽然 RTK 技术有着常规仪器所不能比拟的优点，但经过多年的工程实践证明，也存在以下几方面不足。

1. 受卫星状况限制

GNSS 系统的总体设计方案是在 1973 年完成的，受当时的技术条件限制，总体设计方案自身存在很多不足。随着时间的推移和用户要求的日益提高，GNSS 卫星的空间组成和卫星信号强度都存在不能完全满足实际需要的问题，即当卫星系统位置对美国来说处于最佳位置的时候，其他一些国家在某一特定的时间段不能被卫星有效覆盖。例如，在中、低纬度地区每天总有两次盲区，每次 20～30 min，处盲区时，卫星几何图形结构强度低，RTK 测量很难得到固定解。同时，由于信号强度较弱，在对空遮挡比较严重的地方 GNSS 无法正常应用。

2. 受电离层影响

在中午时段，GNSS 测量受电离层干扰大，共用卫星数少，因而 RTK 初始化时间长甚至不能初始化，也就无法进行测量。

3. 受数据链电台传输距离影响

数据链电台信号在传输过程中易受外界环境影响，如高大山体、建筑物和各种高频信号源的干扰，其在传输过程中衰减严重，影响作业半径和测量精度。另外，当 RTK 作业半径超过一定距离时，测量结果误差超限，所以 RTK 的实际作业有效半径比其标称半径一般要小，工程实践和理论研究都证明了这一点。

4. 受对空通视环境影响

在山区、林区、城镇密楼区等地作业时，GNSS 卫星信号被阻挡概率较多，信号强度低，可捕获卫星空间分布结构差，容易造成失锁，重新初始化困难甚至无法完成初始化，影响正常作业。

5. 受高程异常问题影响

RTK 作业模式要求高程的转换必须精确，目前使用高程拟合法进行，高程精度受到既有已知高程控制点的精度和密度及测区高程异常未知的影响。我国现有的大地水准面模型分辨率还不高，在有些地区，尤其是山区，模型的高程异常存在较大误差，在有些地区还是空白，这就使得将 GNSS 大地高转换至海拔高程的工作变得比较困难，精度也不均匀，影响 RTK 的高程测量精度。

6. 不能达到 100%的可靠度

RTK 确定整周模糊度的可靠性为 95%～99%，在稳定性方面不及全站仪，这是由于 RTK 较容易受卫星状况、天气状况、数据链传输状况等影响的缘故。

二、RTK 测量技术应用范围

RTK 测量技术适用于平面和高程控制测量、地形测量及其他相应精度的定位测量。

1. 各种控制测量

RTK 控制测量适用于布测外业数字测图、摄影测量与遥感以及等级较低的工程测量项目基础控制点。传统的大地测量、工程控制测量采用三角网、导线网方法来施测，不仅费工费时，要求点间通视，而且精度分布不均匀，且在外业时不知精度如何；采用常规的 GNSS 静态测量、快速静态、伪动态方法，在外业测设过程中也不能实时知道定位精度，如果测设完成后，回到内业处理后发现精度不合要求，还必须返测。而采用 RTK 来进行控制测量，能够实时知道定位精度，如果点位精度要求满足了，用户就可以停止观测，测一个控制点在几分钟甚至于几秒钟内就可完成，而且还知道观测质量如何。如果把 RTK 用于公路、铁路、水利工程等各种等级要求不高的控制测量，不仅可以大大减少人力强度、节省费用，而且能够大大提高工作效率。

2. 地形测图

RTK 地形测图适用于外业数字测图的图根测量和碎部点数据采集。以往，测地形图时一般首先要在测区建立图根控制点，然后在图根控制点上架上全站仪或经纬仪配合小平板测图，现在发展到外业用全站仪和电子手簿配合地物编码，利用大比例尺测图软件来进行测图，甚至于发展到外业电子平板测图等，都要求在测站上测四周的地形地貌等碎部点，这些碎部点都与测站通视，而且一般要求至少 2～3 人操作，在拼图时一旦精度不合要求还需要到外业去返测。采用 RTK 时，仅需一人背着仪器在要测的地形地貌碎部点待上几秒钟，并同时输入特征编码，通过手簿可以实时知道点位精度，把一个区域测完后回到室内，使用专业的软件接口就可以输出所要求的地形图，这样用 RTK 仅需一人操作，不要求点间通视，大大提高了工作效率。采用 RTK 配合电子手簿可以测设各种地形图，如普通地形图、铁路线路带状地形图、公路、管线地形图等，配合测深仪可以用于测水下地形图和航海海洋测图等。

3. 工程放样

工程放样是工程测量的重要内容之一，在勘测设计、工程施工中经常用到，它就是用一定的测量仪器和方法将图上设计的点、线、面等要素的平面位置或高程测设到实地的测量工作。过去采用常规的放样方法很多，如经纬仪交会放样、全站仪的边角放样等。一般要放样出一个设计点位时，往往需要来回移动目标，而且要 2～3 人操作，同时在放样过程中还要求点间通视情况良好，在生产应用上效率较低；有时放样中遇到障碍物等困难时，需要转点、现场重新计算放样要素后才能再次放样。若采用 RTK 技术放样，仅需把设计好的点位坐标输入到电子手簿中，背着 GNSS 接收机，无须考虑和已知控制点的通视，流动站手簿内程序会自动计算放样要素，既快捷又方便，由于 GNSS 是通过坐标来直接放样的，误差不会累积，放样精度均匀，因而在外业放样中效率得到大大提高。由此，其在公路、铁路、管道、电力等行业得到广泛应用。

4. 其他工程上的应用

RTK 技术也可用于其他工程纵、横断面测量等其他碎部测量，以及在航空摄影测量、水下地形测量等中提供实时导航定位，还可应用在特大桥梁的动态变形监测等方面。

三、RTK 测量技术的原理

1. RTK 的基本原理

RTK 定位的原理是在已知坐标点或任意未知点上安置一台 GNSS 接收机（称基准站），利用已知坐标和卫星星历计算出观测值的校正值，并通过无线电通信设备（称数据链）将校正值发送给运动中的 GNSS 接收机（称移动站），移动站应用接收到的校正值对自身的 GNSS 观测值进行改正，以消除卫星钟差、接收机钟差、大气电离层和对流层折射误差的影响，从而实时得到较精确的观测点坐标。

2. RTK 的系统组成

RTK 测量系统包括 GNNS 接收机、数据通信链和 RTK 软件 3 大部分。即"基准站（参考站）测量系统+无线电数据通信系统+流动站（用户）测量系统 = RTK 测量系统"，如图 6.9 所示。基准站测量系统可以是一台接收设备作为单基准站，也可以是几台接收机构成多个基准站组成 GNSS 连续运行参考站（Continuously Operating Reference Stations，CORS）网络，或者是其他形式的参考站网络系统，但基本原理和实现的功能是相同的；流动站测量系统包括接收机和手簿（手机）及测量软件。

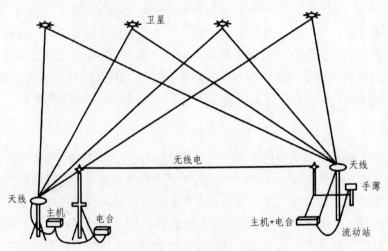

图 6.9　RTK 的系统组成

四、坐标转换

由于在实际测量工程中往往是采用地方（局部）坐标系统，而 GNSS 定位是直接得到点位在 WGS84 中的坐标和高程，故进行 RTK 测量时需要进行坐标转换或点位校正。求取转换参数方法有 3 种：三参数法、四参数法、七参数法。这 3 种方法中三参数和七参数法是在空间直角坐标系下求转换参数，四参数是在平面直角坐标系下求转换参数。

坐标转换通常包括两层含义，即坐标系变换与基准变换。坐标系变换就是在同一地球椭球下，空间点的不同坐标表示形式间进行变换；基准变换则是指空间点在不同的地球椭球间的坐标变换。在 RTK 测量中，从 WGS84 大地坐标变换为当地工程所用椭球的大地坐标，一般使用三参数、四参数或七参数转换相似变换进行，然后再从大地坐标投影至工程所用平面坐标。

1. 三参数转换

（X_A、Y_A、Z_A）和（X_B、Y_B、Z_B）表示不同的参心（或地心）空间直角坐标系，两坐标系各轴相互平行、坐标原点不相重合（如图 6.10 所示）。ΔX、ΔY、ΔZ 表示两参心（或地心）空间直角坐标系之间一个坐标系原点相对于另一个坐标系原点的位置向量 O_BO_A 在 3 个坐标轴上的分量，通常称为 3 个平移转换参数。这是在假定两坐标系间各坐标轴相互平行条件下导出的，与实际应用情况并不相符。但由于各坐标轴之间的夹角不大，所求夹角的误差与夹角本身在数值上属同一数量级，故在精度要求不高的情况下，可设各坐标轴相互平行。

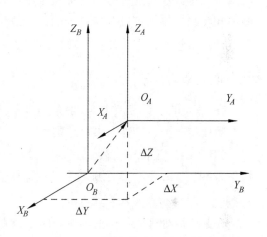

图 6.10　三参数坐标转换示意图

例如，在某铁路工程测量中用于求解转换参数的已知点的两套坐标。一套坐标为 WGS84 大地坐标（B、L、H）或 WGS84 空间坐标（X、Y、Z）。此套坐标应为高等级 GNSS 控制测量时自由网平差得到的三维坐标成果。需要注意的是，在一个测区求解转换参数时所用的已知点，其 WGS84 坐标应为一个 GNSS 控制网自由网平差或三维平差所得的成果。

另一套坐标为 RTK 测量时所用的坐标系坐标和高程，平面坐标为 1954 北京坐标系坐标、1980 西安坐标系坐标、地方独立坐标或工程所设计的任意带坐标系坐标等。高程系统有 1985 国家高程基准、1956 黄海高程基准等。

注意各已知点的地方坐标系坐标、高程基准应当一致，如果不一致要进行转换后再使用。

如果已知点没有 WGS84 坐标，可在现场采集数据并计算转换参数。现场采集数据可用静态、快速静态或动态进行。在运用动态进行采集数据时，一个测区求解转换参数所用的已知点应在同一基准站设置情况下进行。转换参数的求解可根据不同 GNSS 接收机随机软件在计算机上或接收机电子手簿上进行。

2. 四参数坐标转换

不同地球椭球坐标系的平面相似转换实际上是一种二维转换，平面坐标转换包含 4 个转换参数，即 2 个平移参数（X 平移：ΔX，Y 平移：ΔY）、1 个旋转参数（旋转角：α）和 1 个尺度参数（尺度比：m）。如图 6.11 所示。

需要注意的是，在运用国家坐标系统时，旋转角 α 的值接近零，一般在 1 s 以下或者几秒，如果旋转角 α 比较大时，应分析查找原因。比例参数值接近 1，其变化量级应在 10^{-4}，对于独立坐标系统可能较大一些，如果比例参数变化比较大时，应分析查找原因。

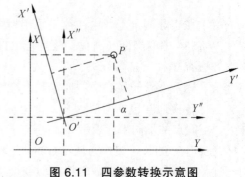

图 6.11　四参数转换示意图

在某些后处理软件中的经典 2D 法、一步法，均属于四参数法。这种方法的优点是利用较少的信息即可计算出转换参数。不需要已知地方椭球和投影模型就可以利用最少的点计算出转换参数。值得注意的是，当使用一个或两个地方点计算参数时，作为计算的转换参数仅对于点的附近区域是有效的。

3．七参数坐标转换

在 RTK 的坐标转换中，一般常用布尔莎七参数模型转换，又称七参数转换法。

如图 6.12 所示，七个参数包括：3 个平移参数 ΔX、ΔY、ΔZ，3 个旋转参数 ε_x、ε_y、ε_z 和一个尺度参数（尺度比）m。

在某些后处理软件中的经典 3D 法就属于七参数法。

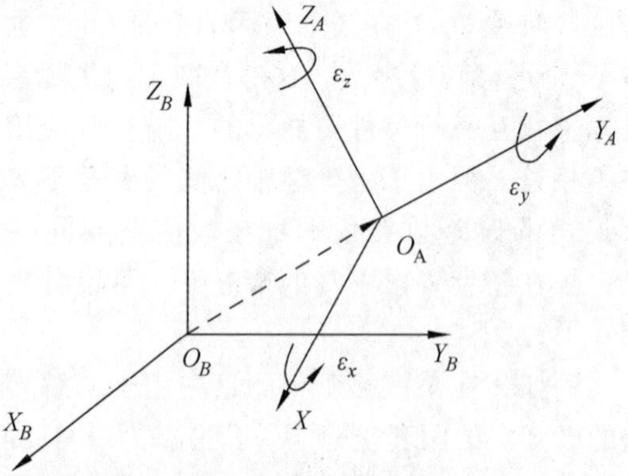

图 6.12　七参数转换示意图

五、高程拟合

（一）大地高与正常高

在绪论中已简要介绍了我国高程基准，但 RTK 如果用于高程测量，还要涉及大地高、正高、正常高的概念。

1．大地高

大地高系统是以参考椭球面为基准面的高程系统。某点的大地高是该点沿通过该点的参考椭球面法线至参考椭球面的距离（见图 6.13）。大地高也称为椭球高。

大地高是一个纯几何量，不具有物理意义。它是大地坐标的一个分量，与基于参考椭球的大地坐标系有着密切的关系。显然，大地高与大地基准有关，同一个点在不同的大地基准下，具有不同的大地高。大地高可以通过公式将空间直角坐标（x、y、z）转换为大地坐标（B、L、H）得出。

2. 正 高

正高系统是以地球不规则的大地水准面为基准面的高程系统。如图 6.13 所示，某点的正高是从该点出发，沿通过该点的铅垂线（重力线）到大地水准面所量测出的距离。大地水准面与地球内部质量分布有密切关系。但由于该质量分布复杂多变，因而大地水准面其形状大致为一个旋转椭球，但在局部地区会有起伏，也就是说大地水准面是一个表面有起伏变化的不规则曲面。大地水准面是重力等位面，有明确的物理意义。

作为大地高基准的参考椭球面和与作为正高基准的大地水准面之间的几何关系如图 6.13 所示。

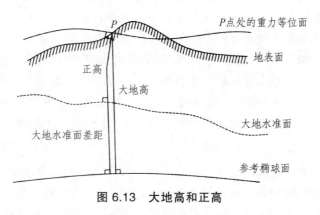

图 6.13　大地高和正高

3. 正常高

虽然正高系统具有明确的物理定义，但由于大地水准面是一个不规则的曲面，所以实际上很难确定地面点的正高。为了解决这一问题，提出了正常高的概念，用似大地水准面代替大地水准面。可以简单理解为似大地水准面就是一个相当于由平均海水面围成的椭球面。但与大地水准面较为接近，并且在辽阔的海洋上与大地水准面一致。沿正常重力线方向，由似大地水准面上的点量测到参考椭球面的距离被称为高程异常。如果能得到地面某点的高程异常值，就可以由大地高计算出该点的正常高。作为大地高基准的参考椭球面与似大地水准面之间的几何关系如图 6.14 所示。

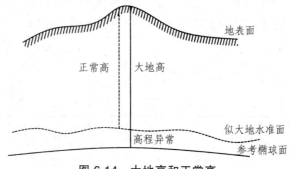

图 6.14　大地高和正常高

（二）高程拟合

使用 RTK 测量得到的是大地高，如果知道该点准确的大地水准面差距或高程异常值，即可很方便地求得正高或正常高，那么就需要设法得到大地水准面差距或高程异常值。确定大地水准面差距或高程异常值的基本方法有天文大地法、大地水准面模型法、重力测量法、几何内插法（数学拟合法）、残差模型法及 BP 神经网络法等方法。在 RTK 测量中，一般使用几何内插法及残差模型法进行。

1. 几何内插法

几何内插法的基本原理就是通过一些既进行了 GNSS 观测又具有水准资料的点上的高程异常，采用平面或曲面拟合、配置、三次样条等内插方法，得到其他点上的高程异常。

几何内插法简单易行，不需要复杂的软件，可以得到相对于局部参考椭球的大地水准面差距信息，适用于那些具有足够既有已知正高又有大地高的点并且其分布和密度都较为合适的地方。该方法所得到的大地水准面差距精度与公共点的分布、密度和质量及大地水准面的光滑度等因素有关。由于该方法是一种纯几何的方法，进行内插时未考虑大地水准面起伏变化，因而一般仅适用于大地水准面较为光滑的地区，如平原地区。在这些区域拟合的准确度可优于 10 cm。但对于大地水准面起伏较大的地区，如山区，这种方法的准确度有限。另外，通过该方法所得到的拟合系数，仅适用于确定这些系数的 GNSS 网范围内。

2. 残差模型法

几何内插法是一种纯几何的方法，进行内插时未考虑大地水准面起伏变化，因而内插精度和适用范围均受到很大限制。残差模型法则较好地克服了几何内插法的一些缺陷，其基本思想也是内插，不过与几何内插法所针对的内插对象不同，残差模型法内插的对象并不是大地水准面差距或高程异常值，而是它们的模型残差值，其处理步骤如下：

（1）根据大地水准面模型计算某些地面点的大地水准面差距。

（2）对这些地面点进行常规水准联测，利用这些点上的 GNSS 观测成果和水准资料求出这些点的大地水准面差距。

（3）求出采用以上两种不同方法所得到的大地水准面差距的差值，即所谓的大地水准面模型残差。

（4）算出 GNSS 网中所有进行了常规水准联测点上的大地水准面模型残差值。

（5）根据所得到的大地水准面模型残差值，采用内插法确定出 GNSS 网中未进行过常规水准联测点上的大地水准面模型残差值，并利用这些值对这些点上由大地水准面模型所计算出的大地水准面差距进行改正，得出经过改正后的大地水准面差距值。

3. RTK 中的高程拟合

RTK 测量中的高程拟合方式如表 6.1 所示。

表 6.1　高程拟合方式

高程点的数量	高程拟合方式
0	无高程转换
1	高程按常数插值拟合
2	由两个高程点推算的平均改正数进行拟合
3	通过 3 个高程点进行平面拟合
大于 3	平均平面拟合、插值法，采用最小二乘法进行垂直平差

（三）提高 RTK 高程拟合精度的方法

GNSS 拟合高程的精度取决于大地高和大地水准面差距（或高程异常）两者的精度，因此，要保证和提高 GNSS 拟合高程的精度必须从提高以上两者的精度着手。

大地水准面差距精度的提高，有赖于物理大地测量理论和技术。从局部应用的角度来看，发展方向是建立区域性的高精度、高分辨率大地水准面（或似大地水准面）。目前，应用最新的全球重力场模型，结合地面重力数据、GNSS 测量成果和精密水准资料所建立的区域性水准面（或似大地水准面的）精度已达到 2 ~ 3 cm。

1. 提高 GNSS 测量大地高的精度

要保证通过 GNSS 测量所得到的大地高的精度，可以采用以下方法和步骤进行作业与数据处理。

（1）使用双频接收机。使用双频接收机所采集的双频观测数据，可以较为彻底地改正 GNSS 观测值中与电离层有关的误差。

（2）使用类型相同且带有抑径板或抑径圈的大地型接收机天线，不同类型的 GNSS 接收机天线具有不同的相位中心特性，当混合使用不同类型的天线时，如果在数据处理过程中未进行相位中心偏移和变化改正，将引起很高的垂直分量误差，极端情况下能达到分米级。有时，即使进行了相应的改正，也可能由于所采用的天线相位中心模型不完善而在垂直分量中引入一定量的误差。如果使用相同类型的天线，则可以完全避免这一情况的发生。至于要求天线带有抑径板或抑径圈，则是为了有效地抑制多路径效应的发生。

（3）对每个点在不同卫星星座和大气条件下进行多次设站观测。对于卫星轨道误差和大气折射会引起垂直分量上的系统性偏差，如果同一测站在不同卫星星座和不同大气条件下进行了设站观测，则可以在一定程度上削弱它们对垂直分量精度的影响。

（4）在进行基线解算时使用精密星历。使用精密星历将减小卫星轨道误差，从而提高 GNSS 测量成果的精度。

（5）基线解算时，对天顶对流层延迟进行估计。将天顶对流层延迟作为待定参数在基线解算时进行估计，可有效地减小对流层对 GNSS 测量成果精度特别是垂直分量精度的影响。不过，需要指出的是，由于天顶对流层延迟参数与基线解算时的位置参数不相互正交，因而要使其能够被准确确定，必须进行较长时间的观测。

2. 选用高精度已知点水准点

在拟合 GNSS 高程时，拟合所用已知点水准点的精度会直接影响到拟合数据的精度，因此选择高精度的联测水准点就是提高拟合高程精度的措施之一。已知水准点要在测区内均匀地分布，且具有一定的密度。

3. 提高 GNSS 拟合精度

从 GNSS 转换的过程来说，拟合 GNSS 高程是主要的一步。拟合的精度关系着正常高的精度，可以从以下两点提高拟合精度。

（1）选择适当的转换方法，根据不同的地形和掌握的数据情况，可以在现有的拟合方法中选择拟合精度高的方法。

（2）在测区面积比较大的时候，可以采用分区拟合的方法，把整个测区分成若干区域，分别对每个测区进行拟合，这时就会提高拟合精度。

第五节 GNSS RTK 测量简介

虽然 GNSS 接收机品牌众多，配套的测量处理软件也各有特色，但 RTK 测量的方法和总体步骤是相同的，而且设备越来越轻型化、智能化，使用户操作更简单、快捷。

RTK 外业测量工作流程如图 6.15 所示。各品牌设备和软件使用的具体方法请阅读设备及软件的使用说明书。下面以南方科立达 K6RTK 接收机和手机安装工程之星 5.0 代替手簿为例，介绍 RTK 测量作业流程。

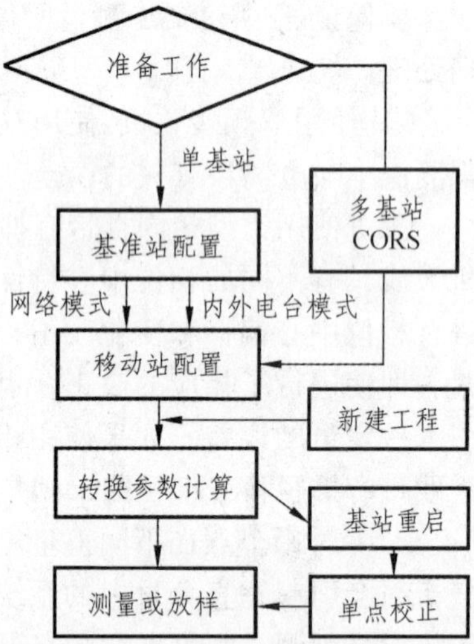

一、准备工作

1. 收集已有控制点资料

RTK 作业之前首先要搜集测区已有的控制点成果资料，对成果资料进行可靠性检验，若满足精度要求，可以从中选择 3~4 个控制点用于求取测区的转换参数，这些点最好均匀分布于测区四周，避免点位过于集中或分布在一条直线上，这样 RTK 定位测量的精度会更高。

图 6.15 RTK 外业测量工作流程

2. 仪器设备检查

在出外作业前要检查接收机、电台等能否正常工作，确保所有设备电量充足，满足一天作业需要，另外注意检查携带的配件是否齐全，不同的作业模式需要的设备也不尽相同，出工之前一定要检查清楚，不要遗漏以免影响工作效率。

3. 手簿设置

在进行外业数据采集或测设放样工作之前可以提前在手簿中将工程项目和有关参数设定好，这样能提高外业的作业效率。

打开手簿，新建一个工程项目，选择相应的坐标系统和投影参数，输入作业区域正确的中央子午线经度，最后保存任务。同时输入测区拟求取转换参数的已知点坐标，如果也知道这些已知点的 WGS84 坐标，则将其输入，并可以在室内完成转换参数计算并应用到当前工程。

二、基准站和移动站架设

基准站一定要架设在视野比较开阔、周围环境比较空旷、地势比较高的地方；避免架在高压输变电设备附近、无线电通信设备收发天线旁边、树荫下以及水边。

若基准站架设在已知点上，则必须用基座进行严格的对中整平。

（一）外置电台基准站和移动站设置

1. 外置电台基准站的架设和启动

（1）基准站架设。

按图 6.16 所示架好三脚架，挂上电台，固定好主机，连接好延长杆及大电台发射天线；连接主机五芯数据传输线，大电台数据传输线，连好电瓶。

（2）启动基准站。

① 首次启动基准站时，需要对启动参数进行设置，设置步骤如下：

主机开机→电台开机→在手机或手簿上打开工程之星软件→通过"蓝牙管理器"连接主机→返回工程之

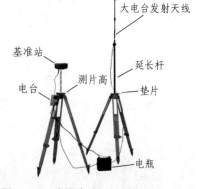

图 6.16　外置电台 1+1 模式基站架设

星主界面→点击配置→仪器设置→基准站设置→数据链设置为外置电台→修改对应参数。

其中，差分格式一般都使用国际通用的 RTCM32 差分格式；发射间隔可以选择 1 s 或者 2 s 发射一次差分数据（可按默认值）；基站启动坐标一般选自动单点启动（可按默认值）；天线高有直高、斜高、杆高、测片高等，并对应输入天线高度（可按默认值）；截止角可按默认值（规范有要求的按要求设置）。PDOP 可按默认值（规范有要求的按要求设置），如图 6.17 所示。

② 设置基站启动坐标。如图 6.18 所示，如果基准站架设在已知点，可以直接输入该已知控制点坐标作为基站启动坐标；如果基站架设在未知点，可以外部获取按钮，然后点击"获取定位"来直接读取基站坐标来作为基站启动坐标。

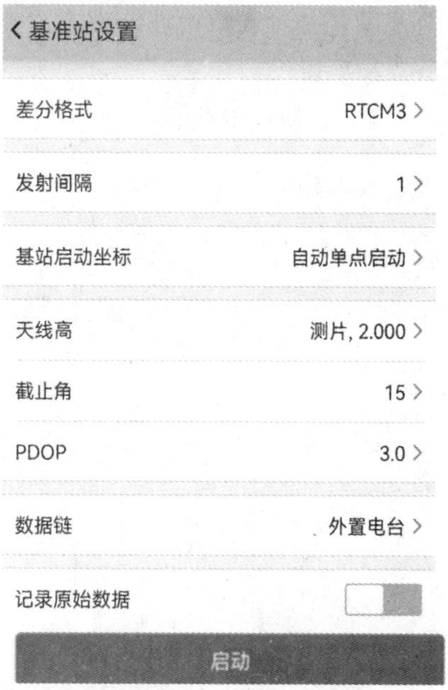

‹ 基准站设置	
差分格式	RTCM3 ›
发射间隔	1 ›
基站启动坐标	自动单点启动 ›
天线高	测片，2.000 ›
截止角	15 ›
PDOP	3.0 ›
数据链	外置电台 ›
记录原始数据	
启动	

图 6.17　基准站设置界面

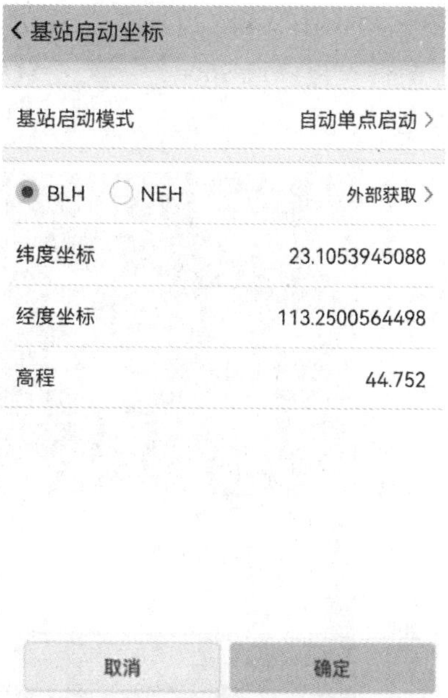

‹ 基站启动坐标	
基站启动模式	自动单点启动 ›
● BLH ○ NEH	外部获取 ›
纬度坐标	23.1053945088
经度坐标	113.2500564498
高程	44.752
取消	确定

图 6.18　基站启动坐标界面

③ 如图 6.19 所示，在外置电台上设置好对应电台通道（例如选通道 2），点击"启动"启动基站，当主机和电台数据链灯（1 s 1 闪）正常闪烁时，表示基站已正常工作。

注意：第一次启动基站成功后，以后作业如果不改变配置可直接打开基准站，主机即可自动启动发射。

2. 外置电台移动站设置

确认基准站发射成功后，即可开始移动站的架设。

（1）按图 6.20 所示，安装主机到对中杆上，安装电台天线，安装托架，夹上手簿或手机。

图 6.19　外置电台设置界面

图 6.20　移动站架

（2）移动站架设好后需要对移动站进行设置才能达到固定解状态。

断开手簿与基准站的连接，打开工程之星：配置→仪器设置→移动站设置，点击移动站设置则默认将主机工作模式切换为移动站，如图 6.21 所示。

（3）参数设置。数据链设置为内置电台；通道保持与大电台通道一致（例如设置为 2）；功率档位有"HIGH"和"LOW"两种功率，根据作业范围选一种；空中波特率有"9600"和"19200"两种，建议选 9600；协议选 SOUTH，如图 6.22 所示。

设置完毕，等待移动站达到固定解，即可在手簿上看到高精度的坐标。

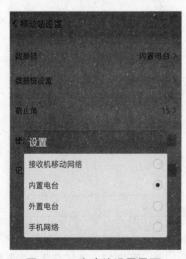

图 6.21　移动站设置界面　　图 6.22　数据链设置——内置电台界面

（二）内置电台基准站和移动站设置

1. 基准站架设

（1）内置电台基准站架设，只需架设主机，如图 6.23 所示。

（2）基准站设置步骤。主机开机，用蓝牙连接手簿，打开工程之星软件，点击配置→仪器设置→基准站设置，数据链设置为内置电台，点击"数据链设置"，设置好电台通道数及协议。其他同外置电台基站设置。

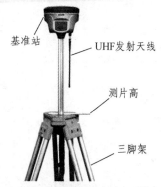

图6.23 内置电台基准站架设

点击"启动"，启动基站，当主机数据链灯（1 s 1 闪）正常闪烁时，表示基站已正常工作。

（3）设置移动站。同外置电台移动站设置一样，但需注意，将电台通道切换为与基准站电台一致的通道号。当移动站数据灯正常闪烁，接收基站电台信号，达到固定解，表明移动站正常工作。

（三）网络模式基准站和移动站设置

RTK 网络模式与电台模式的主要区别是采用网络方式传输差分数据，因此在架设上与电台模式相同。所不同的是网络模式下基准站设置为基准站网络模式，无须架设大电台。网络模式下移动站设置为移动站网络模式。

不同版本工程之星对网络模式基准站和移动站的设置差别较大，具体设置时，注意阅读对应版本的软件说明书或向设备供应商咨询。下面以工程之星 5.0 及科立达 K6 接收机为例，简要介绍网络模式的设置步骤。

1. 基准站设置

（1）第一次启动基准站时，需要对启动参数进行设置，设置步骤如下：

主机插入 SIM 卡，开机；手簿开机，打开工程之星软件，与主机连接；点击配置→仪器设置→基准站设置，将主机工作模式切换为基准站，将数据链设为接收机移动网络模式，如图 6.24 所示。

（2）点击"数据链设置"，点击"增加"，点击"连接服务器"，选择对应 IP 和端口，依次输入名称（任意）、账号（任意）、密码（任意）、接入点（点击接入点选择→刷新接入点，也可手动输入），有若干种网络模式可供选择（软件版本越高，可供选择的模式越多），模式选择 EAGLE（网络/电台 1+1，是工程之星 3.0 的模式，如图 6.25），完成参数配置，如图 6.26 所示。

（3）点击确定，回到模板参数管理页面—手机网络（见图 6.30），选中配置的网络（本例为 12345），点击连接，进入连接界面，并开始进入启动连接过程，最后登录服务器，显示登录成功，如图 6.27 所示。

（4）点击"确定"，返回基准站启动界面（见图 6.24），设置基站启动坐标后，点击确定，点击"启动"即可进行网络基站发射。

图 6.24　基准站网络模式设置界面

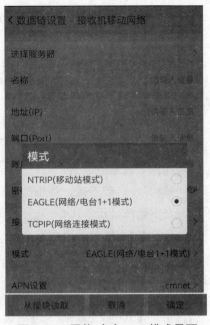

图 6.25　网络/电台 1+1 模式界面

图 6.26　基准站网络参数及模式界面

图 6.27　基准站网络启动连接并登录界面

2. 移动站设置

（1）移动站主机开机，断开手簿（手机）与基站的连接，并与移动站主机连接。点击配置→仪器设置→移动站设置，数据链有接收移动网络、内置电台、外置电台、手机网络等项可供选择，如图 6.28 所示。选手机网络需手簿或手机保证能上网，选为接收机移动网络，主机需插入 SIM 卡。本例选手机网络，则进入如图 6.29 所示界面。

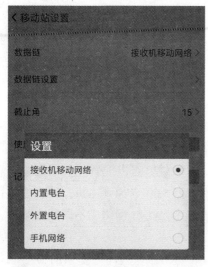

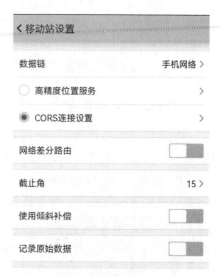

| 图 6.28　移动站数据链选择界面 | 图 6.29　移动站数据链设置界面 |

点击"CORS 连接设置",进入模板参数管理界面—手机网络(见图 6.30),点击"增加",进入数据链设置界面,如图 6.31 所示。IP 和端口、账号、密码、接入点与基准站保持一致,模式选择 NTRIP(移动站模式),完成参数配置。

| 图 6.30　模板参数管理界面 | 图 6.31　数据链网络参数设置界面 |

(2)点击"确定",返回模板参数管理页面,选择新增加的网络模板,点击"连接"返回主界面等待达到固定解。

第一次登录成功后,以后作业如果不改变配置可直接打开移动站,主机即可得到固定解。

实际上,设置完基准站网络,并登录成功后,断开基准站连接,点开配置→仪器设置→

移动站设置→数据链选手机网络→CORS 连接设置，进入"模板参数管理—手机网络"界面，此时能看到基准站设置的网络（12345），点击编辑，可查看其各项参数，将"模式"改为 NTRIP（移动站模式），点击确定，点击连接，连接成功后，移动站设置完成。

（四）网络 CORS 模式设

网络 CORS 模式优势就是不用架设基站，当地如果已建成 CORS 网，通过向 CORS 管理中心申请账号。在 CORS 网覆盖范围内，用户只需单移动站即可作业。

（1）主机开机，手簿（手机）开机，打开工程之星软件，点击配置→仪器设置→移动站设置，数据链设置为网络模式。设为接收机移动网络，需 SIM 卡插到主机；设为手机网络，需 SIM 卡插到安卓手簿；设为接收机 Wi-Fi-，需主机连接 Wi-Fi 网络。不同版本软件及不同网络模式选项有所不同。

（2）点击"CORS 连接设置"，点击"增加"，输入 CORS 管理中心提供的 IP、端口、账号、密码、接入点信息，模式选择 NTRIP，按步骤完成参数配置。

（3）点击"确定"，返回模板参数管理页面，选择新增加的网络模板，点击"连接"返回主界面等待达到固定解。

注：由于一些地区 CORS 网为专网，上网方式不一样，所以设置 APN 时，需要输入 CORS 网管理中心的 APN 上网参数。

三、新建工程

在确保蓝牙连通和收到差分信号后，打开测量软件，开始新建工程（工程→新建工程），依次按要求填写或选取如下工程信息：工程名称、椭球系名称、投影参数设置、四参数设置（未启用可以不填写）、七参数设置（未启用可以不填写）和高程拟合参数设置（未启用可以不填写），最后确定，工程新建完毕。

新建工程的工作也可以在准备工作阶段完成。

四、计算转换（校正）参数（点校正）

实际测量工作中我们一般需要的是当地格网坐标或施工坐标，而 GNSS 定位测量采集的是基于 WGS84 的坐标，这就需要将 GNSS 测量得到的 WGS84 坐标转换成用户使用的坐标。

因此需要计算出不同坐标系之间的转换参数。计算方法一般有三参数法、四参数法和七参数法。其中三参数法是两个空间直角坐标系尺度一致且两个坐标轴相互平行的情况下使用，一般至少需要 1 个公共已知点，但单点校正精度无法保障，控制范围也无法确定，所以一般避免采用这种方式；计算四参数时至少需要 2 个已知点，计算七参数至少需要 3 个已知点。

计算转换参数可以在室内或野外作业现场进行，当公共点基于两个坐标系下的坐标均已知时，可在室内完成转换参数计算；若 WGS84 坐标未知，则通过 RTK 实地测量已知点的 WGS84 坐标后再计算。

求取转换参数后要注意查看水平和垂直残差，一般不应超过 2 cm，若超过 2 cm 应检查已知点输入和 RTK 采集是否有误，若无误则说明是已知数据问题，并且最大可能就是残差最大的那个点精度不高。另外在校正时选择的已知控制点要尽量包围测区，避免线状分布。

转换参数计算完成后，应用于当前工程，则移动站接收机采集的坐标都自动地转换为用户坐标，其操作过程如图 6.32 所示。

具体操作步骤：

1. 输入已知点坐标

打开工程之星软件→输入→求转换参数→添加，进入增加坐标界面，如图 6.33 所示。可以手动直接输入已知点点名和北、东坐标和高程，也可以点击"更多获取方式"弹出"外部获取（点库获取）"，选择点库获取，则弹出坐标管理库界面，并自动筛选出库中所有点的平面坐标如图 6.34 所示。

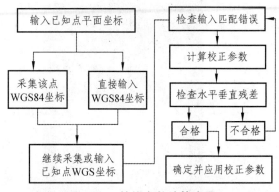

图 6.32　转换参数计算步骤

图 6.33　增加坐标界面　　　　　图 6.34　坐标管理库界面

坐标管理库中，坐标按点分为测量点坐标、输入点坐标、控制点坐标，按坐标分为平面坐标、经纬度坐标。可以用"筛选"功能快速地对库中点和坐标分类，根据需要选用，如图 6.35 所示。

坐标管理库中有事先输入的控制点 A、B、C、D 平面坐标（左右滑动数据，可以看到包括北、东、高程和自动转换的经、纬度、椭球高、点来源等信息）。点选 A，则在增加坐标界面自动获取 A 点平面坐标数据，再用同样方法输入 A 点 WGS84 大地坐标（为好区分，A 点另取名为 WGS84A），如图 6.36 所示。

重复上述步骤，依次输入 B、C、D 的平面和 WGS84 大地坐标，如图 6.37 所示。

图 6.35　筛选坐标界面

图 6.36　输入已知点平面和大地坐标界面

2. 计算校正参数

在图 6.37 中点击计算，则计算出转换参数（默认是四参数）结果，如图 6.38 所示。

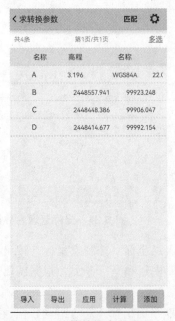

图 6.37　计算转换参数界面

图 6.38　转换参数计算结果界面

点击确定，显示出转换参数精度，查看是否符合要求。点击确定返回求转换参数界面（见图 6.37），若合格，点击应用，出现提示："确定将该参数应用到当前工程？"点确定，则将返回工程之星主界面。若不合格，则检查原因，重新计算转换参数，直至合格为止。

上述是在知道已知点 WGS84 大地坐标的情况下，直接输入 WGS84 大地坐标求取转换参数。若 WGS84 大地坐标未知，则需通过"定位获取"的方式获得已知点 A、B、C、D 的 WGS84 大地坐标。

WGS84 坐标的获取有两种方式：一种是布设静态控制网，采用静态控制测量，用后处理软件解算出已知点的 WGS84 大地坐标；另一种是用移动站在没有任何校正参数作用时，在固定解状态下测得 WGS84 大地坐标。

五、测量或放样

所有准备工作做好之后，就可以开始测量工作了。

工程之星测量菜单包含测量和放样两方面的内容。点击主菜单"测量"，则显示 13 个子菜单：点测量、自动测量、控制点测量、面积测量、PPK 测量、点放样、直线放样、曲线放样、道路放样、CAD 放样、面放样、电力线勘测、塔基断面放样，这就是 RTK 测量能实现的 13 项功能。

点测量就是确定地面点的坐标，点放样就是根据点的坐标确定该点在地面的实地位置。无论何种工程测量工作，最终都可以归结为这两项基本工作。而 RTK 测量，无论是哪种测量方法，最终也都是通过点测量或点放样操作来实现的。

下面简介点测量和点放样的基本操作方法。

1. 点测量

在工程之星主界面，点击测量，进入测量模式选择菜单，点击"点测量"打开点测量菜单，如图 6.39 所示。当待测点坐标达到固定解，点击保存，则该点坐标被保存到坐标管理库中。

通过选项可以设置保存的类型（见图 6.40）。点击"选项"，"一般存储模式"里面有一快速存储选项，实现即采即存，不会出现"输入点名、编码、天线高等"界面，而"常规存储"才可以输入点名、编码、天线高等信息。继续测量并保存点坐标时，点名将自动累加。

图 6.39　点测量界面

图 6.40　点测量选项界面

2. 点放样

在工程之星主界面，点击测量，进入测量模式选择菜单，点击"点放样"打开点放样菜单，如图 6.41 所示。点击目标，进入放样点库（见图 6.42）。放样测量工作前，将欲放样的坐标点导入或输入放样点库。这样在进入放样点库后，就会看见所要放样的所有坐标点；或点击添加，选择手动输入、定位获取或点库获取（见图 6.42）。在放样点库里选择要放样的点，在点名下显示编辑、点放样、导航、删除子菜单。点击"点放样"，则返回到点放样主菜单，如图 6.43 所示。在图 6.43 中，显示出移动站与待放样点之间的北坐标差 DX 和东坐标差 DY，以及移动站与待放点之间的水平距离。点击指南针图标，提示待放点方向。点击"选项"，进入点放样设置菜单，可以对放样点的提示范围、屏幕缩放方式等诸多选项进行选择，例如选择"提示范围"，选择 1 m，则当前点移动到离目标点 1 m 范围以内时，系统会语音提示，如图 6.44 所示。放样点与当前点相连时，可以不用进入放样点库，点击"上点"或"下点"根据提示选择即可。

图 6.41　点放样界面

图 6.42　放样点库界面

图 6.43　点放样指示界面

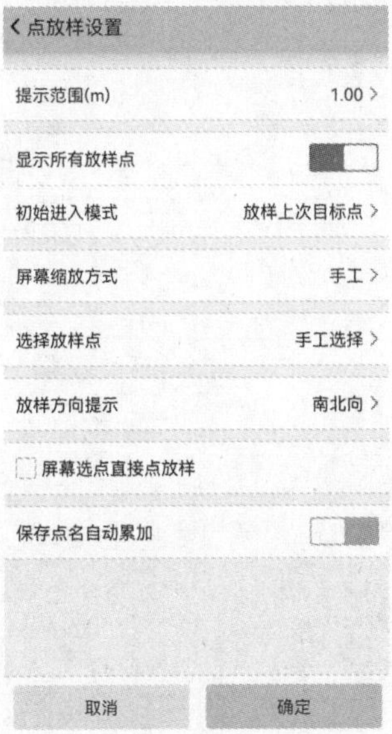

图 6.44　点放样设置指示界面

132

六、单点校正与校正向导的应用

基站发生重启、移动或者重新架设，测量作业开始前都要对已知点进行校正。

前提是需要在已经打开转换参数的基础上进行。

单点校正产生的参数实际上是使用一个公共点计算重启前与重启后同一坐标系下两套不同坐标平移的"三参数"，与不同参考椭球坐标系之间的转换有着不同的意义。可以简单地理解为，此处的单点校正就是比较基站重启或重新架设后，移动站所采集的坐标（完成转换的）与基准站未发生变化前所采集的坐标之差。

这项工作，在《南方工程之星软件》里称为校正参数，在《华测测地通》里被称为基站平移，实质是一个道理。

在工程之星软件里，设有校正向导，分为基准站架在已知点上或基准站架在未知点上两种情况，校正步骤如下：

（1）基准站架在已知点上。选择"基准站架设在已知点"，点击"下一步"，输入基准站架设点的已知坐标及天线高，并且选择天线高形式，输入完后即可点击"校正"。系统会提示你是否校正，并且显示相关帮助信息，检查无误后"确定"校正完毕。

（2）基准站架在未知点上。选择"基准站架设在未知点"，再点击"下一步"。输入当前移动站的已知坐标、天线高和天线高的量取方式，再将移动站对中立于已知点上后点击"校正"，系统会提示是否校正，"确定"即可。

注意：如果当前状态不是"固定解"时，会弹出提示，这时应该选择"否"来终止校正，等精度状态达到"固定解"时重复上面的过程重新进行校正。

思考题与习题

1. 什么是"GNSS"？简述其特点。

2. 我国"北斗"三号系统由几颗工作卫星组成？可提供哪些服务？

3. 简述 GNSS 测量的作业模式。

4. 什么是 RTK 技术？简述其优缺点。

5. 什么是大地高？正高？正常高？

6. GNSS 测量能否直接测出我国的大地坐标？为什么？

7. 什么是转换参数？计算三参数、四参数、七参数至少需要几个已知点？

8. 简述在已知点设置基准站（外置电台）的步骤。

第七章 控制测量

第一节 控制测量概述

为了限制误差的累积和传播，保证测图和施工的精度及速度，测量工作必须遵循"从整体到局部，先控制后碎部"的原则。即先进行整个测区的控制测量，再进行碎部测量。控制测量的实质就是测量控制点的平面位置和高程。

一、控制测量的分类

测定控制点平面位置的工作，称为平面控制测量；测定控制点高程的工作，称为高程控制测量。控制测量按工作内容和用途可做如下分类，如图 7.1 所示。

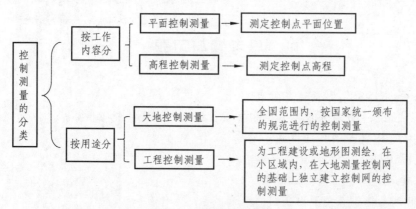

图 7.1 控制测量分类

二、控制网与控制网的等级

（一）控制点、控制网的概念

控制点：为实施控制测量在测区范围内选择的若干个具有代表性和控制意义的点，分为平面控制点和高程控制点（水准点）。

控制网：为了测量和计算控制点的坐标或高程，需要把控制点连接起来，组成一定的几何图形，称为控制网。如果把平面控制点连成折线或多边形，这种控制网称为导线，如图 7.2

所示；如果把高程控制点连形折线或多边形，这种控制网就是水准路线。

如果把平面控制点连接成一系列的三角形，这种控制网就称为三角网，对应的控制点称为三角点，如图7.3所示。

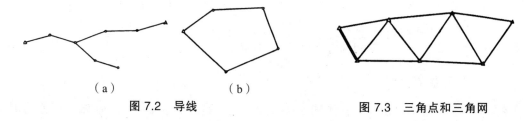

（a） （b）

图7.2 导线　　　　　　　　　图7.3 三角点和三角网

（二）国家控制网

在全国范围内，作为各种测绘工作的基本控制而建立的平面控制网和高程控制网，统称为国家控制网。它是全国各种比例尺测图的基本控制，也为研究地球的形状和大小，了解地壳水平形变和垂直形变的大小和趋势，为地震预测提供形变信息等服务。国家控制网是用精密测量仪器和方法依照《国家三角测量和精密导线测量规范》《全球定位系统（GPS）测量规范》《国家一、二等水准测量规范》及《国家三、四等水准测量规范》按一、二、三、四等4个等级、由高级到低级逐级加密点位建立的。

1. 国家平面控制网

我国原有的国家平面控制网首先是一等天文大地锁网，在全国范围内大致沿经线和纬线方向布设，形成间距约200 km的格网，三角形的平均边长约20 km，在格网中部用平均边长约13 km的二等全面网填充，如图7.4所示。

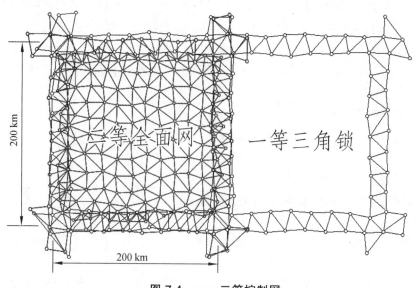

图7.4 一、二等控制网

三、四等三角网是以一、二等三角网为基础，用插网或插点方法布设，三等网边长为8 km，四等网平均边长为2～6 km。

国家一等平面控制网由三角锁和青藏高原导线构成三角锁共 5 206 个点，构成 326 个锁段，形成 120 个锁环，全长 7.5 万 km；青藏高原导线共 426 个点，构成 22 条导线，全长 1.24 万 km。

《工程测量标准》（GB 50026—2020）对工程测量的平面控制网按精度划分为等与级两种规格，由高向低依次为一、二、三、四等和一、二、三级。卫星定位测量可用于二、三、四等和一、二级控制网的建立；导线测量可用于三、四等和一、二、三级控制网的建立；三角形网测量可用于二、三、四等和一、二级控制网的建立。

2. 国家高程控制网

在全国领土范围内，由一系列按国家统一规范测定高程的水准点构成的水准网称为国家水准网，水准点上设有固定标志，以便长期保存，为国家各项建设和科学研究提供高程资料。

国家水准网按逐级控制、分级布设的原则分为一、二、三、四等，其中一、二等水准测量称为精密水准测量。一等水准是国家高程控制的骨干，沿地质构造稳定和坡度平缓的交通线布满全国，构成网状。二等水准是国家高程控制网的全面基础，一般沿铁路、公路和河流布设。二等水准环线布设在一等水准环内。沿一、二等水准路线还应进行重力测量，提供重力改正数据；三、四等水准直接为测制地形图和各项工程建设使用。全国各地的高程都是根据国家水准网统一传算的。国家一等水准网埋设标石 2 万多座，形成 289 条路线，总长 9.336 万 km。

3. 2000 国家大地控制网

2000 国家大地控制网由原国家测绘局布设的高精度 GPS A、B 级网，总参测绘局布设的 GPS 一、二级网，中国地震局、总参测绘局、中国科学院、国家测绘局共建的中国地壳运动观测网组成。该控制网整合了上述 3 个大型的、有重要影响力的 GPS 观测网的成果，共 2 609 个点。通过联合处理将其归于一个坐标参考框架，形成了紧密的联系体系，可满足现代测量技术对地心坐标的需求，同时为建立我国新一代的地心坐标系统打下了坚实的基础。

2000 国家大地控制网由 2000 国家 GPS 大地控制网和在 2000 国家 GPS 大地控制网基础上完成的天文大地网联合平差后获得的在 ITRF97 框架下的近 5 万个一、二等天文大地网点和在 ITRF97 框架下平差后获得的近 10 万个三、四等天文大地网点构成。

（三）工程控制网

工程控制网包括平面控制网和高程控制网。

1. 平面控制网

平面控制网可按精度划分为等与级两种规格，由高向低依次划分为二、三、四等和一、二、三级。

平面控制网的坐标系统，应在满足测区内投影长度变形不大于 25 mm/km 的要求下，做下列选择：

（1）可采用 2000 国家大地坐标系，统一的高斯正形投影 3°带平面直角坐标系统。

（2）可采用高斯投影 3°带，投影面为测区抵偿高程面或测区平均高程面的平面直角坐标系统；或任意带，投影面为 1985 国家高程基准面或测区平均高程面的平面直角坐标系统。

（3）小测区或有专项工程需求的控制网，可采用独立坐标系统。

（4）在已有平面控制网的区域，可沿用原有的坐标系统。

（5）厂区内可采用建筑坐标系统。

（6）大型的有特殊精度要求的工程测量项目或新建城市平面控制网，坐标系统可进行专项设计。

2. 高程控制网

高程控制测量按精度等级划分为二、三、四、五等。

各等级高程控制宜采用水准测量，四等及以下等级也可采用电磁波测距三角高程测量，五等还可采用卫星定位高程测量。

测区的高程系统采用 1985 国家高程基准。在已有高程控制网的地区测量时，可沿用原有的高程系统；小测区不具备联测条件时，也可采用假定高程系统。

三、工程控制测量的任务

1. 在设计阶段建立用于测绘大比例尺地形图的测图控制网

例如，进行铁路、公路选线设计需要测绘大比例尺带状地形图，沿路线走向布设的附合导线平面控制网和附合水准路线高程控制；城市开发建设中往往需要在测区布设闭合导线和闭合水准路线控制网为大比例尺地形图测绘提供依据等。

2. 在施工阶段建立施工控制网

例如在建筑工程施工前在场区建立的建筑方格网或导线网；桥梁、隧道工程施工前都必须根据施工精度要求和工程特点建立相应的平面和高程控制网等。

3. 在工程竣工后的运营阶段，建立以监测建筑物变形为目的的变形观测专用控制网

在铁路、公路、工业与民用建（构）筑物、水坝、桥梁隧道等工程竣工投入运营后，往往要对一些特殊地段路基、高层建筑、厂房、地基基础等进行水平或垂直位移监测，需要布设一些基准点和工作点，构成的监测基准网等。

四、工程控制测量的施测方法

1. 高程控制测量的施测方法

各等级高程控制测量一般均采用水准测量。因为水准测量精度高，适用性强，能在各种地形条件下施测。而且用于水准测量的光学水准仪结构简单、轻便，又能提供预期的测量精度，所以，用于水准测量的光学水准仪，也没有因为电子水准仪的出现而淘汰。

过去由于精度低不能用于高程控制量的三角高程测量，由于电磁波测距的普及和测距精度得以保证，已用于四等及以下等级的高程控制测量。另外五等高程控制网还可采用卫星定位高程测量。

2. 平面控制测量的施测方法

在过去相当长的时期内，建立平面控制网，不管是导线还是三角网，普遍采用传统的经纬仪测角、钢尺量距的方法，因为普通钢尺量距精度有限，要取得较高的量距精度，就要使用特殊的高精密的铟钢尺，而且效率低，强度大，操作要求严格。电磁波测距手段成熟，特别是集电子测角、光电测距于一体的电子全站仪普及之后，传统导线和三角网的建立就变得方便和快速。特别是卫星定位测量的应用，彻底改变了平面控制测量的传统施测模式，也把我国以 54 北京坐标、80 西安坐标为基础的参心天文大地平面坐标系统转换为基于高精度 GNSSA、B 级网为基础的地心 2000 国家大地坐标系统。

在工程测量实际应用当中，卫星定位测量可用于二、三、四等和一、二级平面控制网的建立，也可用于五等水准测量。

第二节　导线测量

导线测量是进行平面控制测量的主要方法之一，它适用于平坦地区、城镇建筑密集区及隐蔽地区。由于全站仪的普及及相关的坐标计算软件的应用，告别了传统经纬仪配合钢尺量距测设导线的繁重外业工作和繁锁的坐标计算等内业工作，使导线测量具有进度快、精度高的特点。

一、导线的布设形式

根据测区的地形以及已知高级控制点的情况，导线可布设成以下几种形式。

1. 闭合导线

起、止于同一已知控制点，形成一闭合多边形，这种导线称为闭合导线，如图 7.5 所示。导线从已知控制点 B 和已知方向 BA 出发，经过 1、2、3、4 点，最后仍回到起始点 B。闭合导线有较好的几何条件检核，是小区域控制测量的常用布设形式。适用于面积宽阔地区的平面控制。

2. 附合导线

起始于一个高级控制点，最后附合到另一高级控制点的导线称为附合导线，如图 7.6 所示。导线从已知控制点 B 和已知方向 BA 出发，经过 1、2、3 点，最后附合到另一已知控制点 C 和已知方向 CD。由于附合导线附合在两个已知点和两个已知方向上，所以具有较好的检核条件，多用于带状地区作测图控制。

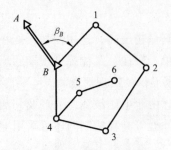

图 7.5　闭合导线、支导线

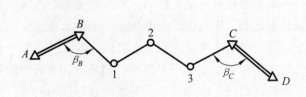

图 7.6　附合导线

3. 支导线

从一已知控制点开始，既不附合到另一已知点又不回到原来起始点的导线称为支导线，如图7.5中的4—5—6即为支导线。支导线没有检核条件，因此不易发现错误，故只能用于图根控制，并且要对导线边数进行限制，导线点的数量不宜超过2~3个，一般仅作补点用。

以上3种是导线的常用布设形式，此外根据具体情况还可以布设成由多个高级控制点汇合在一起的结点导线（见图7.7），或具有多个闭合导线连接在一起的导线网（见图7.8）。

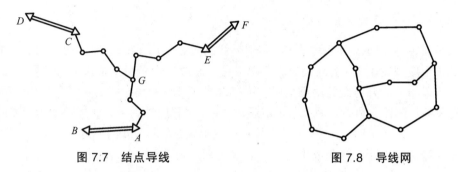

图7.7　结点导线　　　　　　　　　图7.8　导线网

二、导线测量的技术要求

1. 等级导线测量的技术要求

随着全站仪的普及应用，工程测量部门对中小规模的控制测量大部分采用导线测量的方法。导线测量的具体技术要求要依据所执行规范的相关规定来确定。下面主要介绍《工程测量标准》对导线测量的主要技术要求，如表7.1所示。

当布设的导线平均边长较短时，应控制导线边数不超过表7.1相应等级导线长度和平均边长算得的边数；当导线长度小于表7.1规定长度的1/3时，导线全长的绝对闭合差不应大于0.13 m。

另外，导线网中结点与结点、结点与高级点之间的导线段长度，不应大于表7.1中相应等级规定长度的70%。

内业计算中数值取位要求应符合表7.2的规定。

表 7.1　各等级导线测量的主要技术要求

等级	导线长度/km	平均边长/km	测角中误差/（"）	测距中误差/kmm	测距相对中误差	测回数				方位角闭合差/（"）	导线全长相对闭合差
						0.5"级仪器	1"级仪器	2"级仪器	6"级仪器		
三等	14	3	1.8	20	1/150 000	4	6	10	—	$3.6\sqrt{n}$	≤1/55 000
四等	9	1.5	2.5	18	1/80 000	2	4	6	—	$5\sqrt{n}$	≤1/35 000
一级	4	0.5	5	15	1/30 000	—	—	2	4	$10\sqrt{n}$	≤1/15 000
二级	2.4	0.25	8	15	1/14 000	—	—	1	3	$16\sqrt{n}$	≤1/10 000
三级	1.2	0.1	12	15	1/7 000	—	—	1	2	$24\sqrt{n}$	≤1/5 000

注：1. n 为测站数；

　　2. 当测区测图的最大比例尺为1:1 000时，一、二、三级导线的导线长度、平均边长可放大，但最大长度不应大于表中规定相应长度的2倍。

表 7.2　内业计算中数值取位要求

等级	观测方向值及 各项修正数/（″）	边长观测值及 各项修正数/m	边长与 坐标/m	方位角 /（″）
三、四等	0.1	0.001	0.001	0.1
一级及以下	1	0.001	0.001	1

2. 图根导线测量的主要技术要求

图根平面控制一般采用导线形式。图根导线测量宜采用 6″级仪器一测回测定水平角。主要技术要求不应超过表 7.3 的限差规定。图根导线的边长可采用全站仪单向施测。

对于难以布设附合导线的困难地区，可布设成支导线。支导线的水平角可用 6″级仪器观测左、右角各一测回，圆周角闭合差不应超过 40″。边长应往返测定，边长往返较差的相对误差不应大于 1/3 000。图根支导线平均边长及边数不应超过表 7.4 的规定。

图根控制测量内业计算和成果的取位要求应符合表 7.5 的有关规定。

表 7.3　图根导线测量的主要技术要求

导线长度/m	相对闭合差	测角中误差/（″）		方位角闭合差/（″）	
		首级控制	加密控制	首级控制	加密控制
≤ $a \cdot M$	≤1/（2 000×a）	20	30	$40\sqrt{n}$	$60\sqrt{n}$

注：1. a 为比例系数，取值宜为 1. 当采用 1∶500、1∶1 000 比例尺测图时，a 值可在 1～2 之间选用；
　　2. M 为测图比例尺的分母，但对于工矿区现状图测量，不论测图比例尺大小，M 应取值为 500；
　　3. 施测困难地区导线相对闭合差，不应大于 1/（1 000×a）。

表 7.4　图根支导线平均边长及边数

测图比例尺	平均边长/m	导线边数
1∶500	100	3
1∶1 000	150	3
1∶2 000	250	4
1∶5 000	350	4

表 7.5　图根控制测量内业计算和成果的取位要求

各项计算修正值 /（″或 mm）	方位角计算值 /（″）	边长及坐标计算值/m	高程计算值/m	坐标成果/m	高程成果/m
1	1	0.001	0.001	0.01	0.01

三、导线测量外业工作

导线测量的外业工作包括踏勘选点、建立标志、测角与量边和定向等工作。

1. 踏勘选点及设置标志

踏勘选点之前应收集测区已有地形图和高一级控制点的成果资料，根据测图要求在地形图上设计导线布设方案，最后到实地踏勘选点。

导线点的选择应符合下列要求：

（1）点位应选在稳固地段，视野应开阔且方便加密、扩展和寻找。

（2）相邻点之间应通视，视线距障碍物的距离，三、四等不宜小于 1.5 m，四等以下应以不受旁折光的影响为原则。

（3）当采用电磁波测距时，相邻点之间视线应避开烟囱、散热塔、散热池等发热体及强电磁场。

（4）相邻边的长度尽量不要相差悬殊，导线边长要符合所执行规范的要求。

（5）导线点应均匀分布在测区内，应充分利用符合要求的原有控制点。

导线点选定后，应在地上打入木桩，桩顶钉一小铁钉作为临时性的标志，必要时在木桩周围灌上混凝土加以保护，如图 7.9（a）所示。如导线点需要长期保存，则应埋设混凝土桩或标石，桩顶刻凿十字或嵌入有十字的钢筋作标志，如图 7.9（b）所示。导线点埋设后应统一进行编号。为了今后便于观测查找，应绘出导线点与附近明显地物的相对位置草图，称为点之记。在点之记上要注明地名、路名、地物名、导线点编号及导线点与建筑物的距离等信息，以方便日后寻找。点之记如图 7.10 所示。

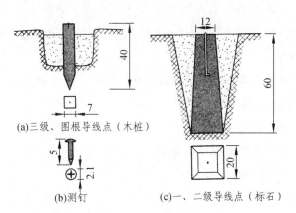

(a)三级、图根导线点（木桩）

(b)测钉

(c)一、二级导线点（标石）

图 7.9　导线点标志

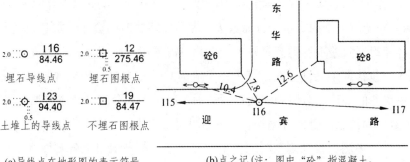

(a)导线点在地形图的表示符号

(b)点之记(注：图中"砼"指混凝土，测图软件中注记用字为"砼")

图 7.10　点之记

141

2. 测量水平角

导线转折角即导线中两相邻边之间的水平角。如图 7.11 所示：其中转折角 β_C 在导线前进方向的右侧，称为右角；β_B、β_E 在导线前进方向的左侧，称为左角。

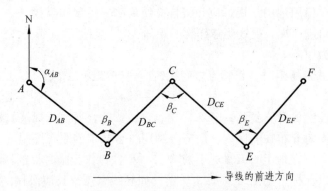

图 7.11　导线转折角测量

（1）水平角观测仪器及要求

水平角观测宜使用全站仪，全站仪的主要技术指标应符合下列规定：

① 照准部旋转轴正确性指标应按管水准器气泡或电子水准器长气泡在各位置的读数较差衡量，对于 0.5″级和 1″级仪器不应超过 0.3 格，2″级仪器不应超过 1 格，6″级仪器不应超过 1.5 格。

② 望远镜视轴不垂直于横轴指标值。对于 0.5″级和 1″级仪器不应超过 6″，2″级仪器不应超过 8″，6″级仪器不应超过 10″。

③ 全站仪的补偿器在补偿区间，对观测成果的补偿应满足要求。

④ 光学（激光）对中器的视轴（激光束）与竖轴的重合偏差不应大于 1 mm。

（2）水平角观测方法及要求。

水平角观测适宜采用方向观测法。

① 根据工程测量单位的实践经验，由于方向数少、观测时间短，不归零对观测精度影响不大，所以当观测方向不多于 3 个时，可不归零。不归零的观测，实际上就是测回法观测。

② 观测方向超过 6 个时，由于方向数多，测站的观测时间会相应加长，气象等观测条件变化较大，各项观测限差不容易满足要求。因此，需采用分组观测的方法进行。

分组观测应包括两个共同方向，其中一个应为共同零方向。两组观测角之差，不应大于同等级测角中误差的 2 倍。分组观测的最后结果，应按等权分组观测进行测站平差。

③ 为了减少和消除度盘的分划误差，各测回间宜按 180°除以测回数配置度盘。当采用伺服马达全站仪进行多测回自动观测时，可不配置度盘。测站成果取各测回水平角观测的平均值作为最后成果。

④ 对于三、四等导线的水平角观测，为了增加检核并提高精度，当测站只有两个方向时，

应在观测总测回中以奇数测回的度盘位置观测导线前进方向的左角，以偶数测回的度盘位置观测导线前进方向的右角。左右角的测回数应为总测回数的一半。但在观测右角时，应以左角起始方向为准变换度盘位置。左角平均值与右角平均值之和与 360°的差值，不应大于本标准表 7.1 中相应等级导线测角中误差的 2 倍。

（3）水平角方向观法的精度。

各等级导线水平角方向观测法的精度要求如表 7.6 所示。

表 7.6　水平角方向观测法的技术要求

等级	仪器精度等级	半测回归零差限差/（″）	一测回内 2C 互差限差/（″）	同一方向值各测回较差限差/（″）
四等及以上	0.5″级仪器	≤3	≤5	≤3
	1″级仪器	≤6	≤9	≤6
	2″级仪器	≤8	≤13	≤9
一级及以下	2″级仪器	≤12	≤18	≤12
	6″级仪器	≤18	—	≤24

注：当某观测方向的垂直角超过±3°的范围时，一测回内 2C 互差可按相邻测回同方向进行比较，比较值应满足表中一测回内 2C 互差的限值。

（4）水平角观测误差超限，重新观测的相关规定。

① 一测回内 2C 互差或同一方向值各测回较差超限时，应重测超限方向，并应联测零方向。

② 下半测回归零差或零方向的 2C 互差超限时，应重测本测回。

③ 若一测回中重测方向数超过总方向数的 1/3 时，应重测本测回。

④ 当重测的测回数超过总测回数的 1/3 时，应重测本测站。

（4）图根导线水平角观测。

图根导线宜采用 6″级仪器一测回测定水平角，测角精度要求见表 7.3。

【例 7.1】　水平角观测

以图 7.11 观测 B 点 β_B 为例（一级导线、2″全站）：

已知导线为一级，使用 2″全站仪，根据表 7.1 得知水平角的测回数为 2 测回。

① 安置全站仪于 B 点，对中整平，开机检查全站仪是处于正常工作状态，设置好参数。测角与测距是同步进行，见全站仪导线测量记录手簿（见表 7.9）。

② 盘左瞄准 A 读数并记录；转动望远镜瞄准 C 读数并记录，上半测回完成。

③ 倒转望远镜成盘右，瞄准 C 读数并记录；转动望远镜，瞄准 A 读数并记录，下半测回完成，到此完成了第一测回的观测。若计算上下半测回限差在容许范围内，则取平均值作为第一测回角值。

④ 按 180°/2 = 90°配置度盘，重复上述步骤，完成第二测回观测。为便于理解方向观测法各限差要求，观测手簿及计算如表 7.7 所示，是类似于方向观法的记录形式。

表 7.7　测回法观测手簿

测回数	测点	盘左 / (°　′　″)	盘右 / (°　′　″)	2C / (″)	平均值 / (°　′　″)	归零值 / (°　′　″)	各测回平均值 / (°　′　″)
（1）	（2）	（3）	（4）	（5）	（6）	（7）	（8）
1	A	00 00 29	180 00 32	−3	00 00 30	00 00 00	00 00 00
	C	66 55 45	246 55 46	−1	66 55 46	66 55 16	66 55 13
2	A	90 00 28	270 00 28	0	90 00 28	00 00 00	
	C	156 55 37	336 55 39	−2	156 55 38	66 55 10	

对限差的理解如下：

半测回归零差限差：

第一测回，盘左归零差：$B - A = 66°55′45″ - 0°00′29″ = 66°55′16″$

盘右归零差：$B - A = 246°55′46″ - 180°00′32″ = 66°55′14″$

限差 2″

第一测回内 2C 互差：$-1 - (-3) = 2″$；第二测回内 2C 互差：$-2″ - 0 = -2″$

同一方向值第一、第二两测回较差：

第一、二测回 B 方向较差：$66°55′10″ - 66°55′16″ = -6″$

3. 测量边长

（1）评估全站仪测距精度等级。

导线边长是指相邻两导线点间的水平距离，导线边长测量一般都采用全站仪完成。全站仪的标称精度等级按下式计算：

$$m_D = a + b \cdot D \tag{7.1}$$

式中，m_D 为测距中误差（mm）；a 为全站仪标称的测距固定误差（mm）；b 为全站仪标称的测距比例误差系数（mm/km）；D 为测距长度（km）。

（2）各等级控制网边长测距的主要技术要求。

各等级控制网边长测距的主要技术要求如表 7.8 所示。

在测距中请注意一测回测距的含义。由于现在全站仪测距的稳定性已非常高，所以已将原来的"一测回是指照准目标 1 次，读数 2~4 次的过程"修改为一测回是全站仪盘左、盘右各测量 1 次的过程。表 7.8 附注中的困难情况主要指作业环境因素对往返观测造成的不便，如地形条件限制造成测站间人员、设备来往不便等。

图根导线的边长可采用全站仪单向施测。

表 7.8　各等级控制网边长测距的主要技术要求

平面控制网等级	仪器精度等级	每边测回数		一测回读数较差/mm	单程各测回较差/mm	往返测距较差/mm
		往	返			
三等	5 mm 级仪器	3	3	≤5	≤7	$\leqslant 2(a+b \cdot D)$
	10 mm 级仪器	4	4	≤10	≤15	
四等	5 mm 级仪器	2	2	≤5	≤7	
	10 mm 级仪器	3	3	≤10	≤15	
一级	10 mm 级仪器	2	—	≤10	≤15	—
二、三级	10 mm 级仪器	1		≤10	≤15	

注：1. 一测回是全站仪盘左、盘右各测量 1 次的过程；
　　2. 困难情况下，测边可采取不同时间段测量代替往返观测。

【例 7.2】　测站水平距离观测

以图 7.11 观测 BC 边长为例（一级导线、10 mm 全站）：

已知导线为一级，使用 10 mm 全站仪，根据表 7.8 得知每边的测回数为往返各 2 测回。

① 安置全站仪于 B 点，对中整平，开机检查全站仪是处于正常工作状态，设置好参数并于 C 点处按要求安置对中棱镜。若对中棱镜也作为角度观测目标，则需用三脚架安置棱镜并严格对中、整平，因为目标偏心对角度的影响比距离影响要大得多。实际工作中测距与测角工作在一个测站是同步进行的，是先观测角度还是先测距，则根据观测和记录是否方便而定。

② 第一测回，往测：

盘左位，瞄准 C 点处棱镜中心读取水平距离，记录，往测上半测回完成；

倒转望远镜成盘右，瞄准 C 点处棱镜中心读取水平距离，记录，往测下半测回完成，

计算第一测回读数较差，看是否符合要求（≤5 mm）。

③ 倒转望远镜换回盘左位，按②步骤完成往测第二测回观测，同时校核上下半测回校差是否满足要求。

④ 在该测站完成角度观测后，迁站到 C 点，安置全站仪，在 B 点安置对中棱镜，盘左照准 B 点棱镜，按照上述步骤完成第二测回，即返测测回。观测手簿如表 7.9 所示。

同学可以根据表 7.8 检查表 7.9 测距记录的限差是否满足要求。

表 7.9 全站仪导线测量记录手簿

承包单位：
监理单位：
工程名称：

合同号
第 页 共 页 年 月 日
日期：

测站(仪器名称)	度盘	距离/m 后视	平均距离	前视	平均距离	水平角/(° ′ ″) 后视	前视	半测回	一测回	测回平均	至何点	2C 后	互差 前	备注
A	盘左													
	盘右													
	盘左													
	盘右													
B	盘左	1 589.357	1 589.355			00 00 29	66 55 45	66 55 16	66 55 15		B-A B-C	-3	-1	
	盘右	1 589.352				180 00 32	246 55 46	66 55 14		66 55 11	B-C B-A			
	盘左	1 589.352	1 589.350			90 00 28	156 55 37	66 55 09	66 55 06		B-A B-C	0	-2	
	盘右	1 589.348				270 00 28	336 55 39	66 55 02			B-C B-A			
C	盘左			1 589.353	1 589.351									
	盘右			1 589.349										
	盘左			1 589.349	1 589.347									
	盘右			1 589.345										
	盘左													
	盘右													
	盘左													
	盘右													

观测： 复核： 计算：

测量专业监理工程师：

146

4. 直线定向

为了计算出导线点的坐标，必须还要知道导线边的方向，即导线边的方位角。如果导线与已知的高级控制边联测，则可从高级控边的两个高级控制点的已知坐标反算出获得导线的起始方位角和起始点坐标，并能使导线精度得到可靠的校核。如图7.12所示。但需要观测连接角β_A、β_C，连接边D_{A1}。观测方法与精度要求与所布设导线要求相同。若为独立测区且无高级控制点联测时，可假定起始点的坐标，或用罗盘仪测定起始边的磁方位角。

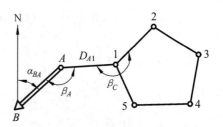

图 7.12　导线的联测

四、导线测量的内业工作

导线测量的内业工作主要是求解导线点的坐标。计算之前，应复核导线测量的外业记录，检查数据是否齐全，起算点的坐标、起始边的方位角是否准确，然后绘制导线示意图，并把点号、边长、转折角、起始边方位角及已知点坐标等已知数据标注在图上。

（一）坐标正算与坐标反算

1. 坐标正算

如图7.13所示，根据已知点A的坐标为(x_A, y_A)，和A、B两点之间的水平距离D_{AB}及坐标方位角α_{AB}，计算待定点B的坐标(x_B, y_B)，称为坐标正算。

根据图7.13中得到B点的坐标计算式如下：

$$\left.\begin{array}{l} x_B = x_A + \Delta x_{AB} \\ y_B = y_A + \Delta y_{AB} \end{array}\right\} \tag{7.2}$$

式中，Δx_{AB}和Δy_{AB}称为坐标增量，是相邻两导线点A、B的坐标之差，也就是边长分别在纵、横坐标轴上的投影长度。坐标增量是向量，与坐标轴同向为正，反之为负。由图7.13中的直角三角函数关系，得到坐标增量计算式如下：

$$\left.\begin{array}{l} \Delta x_{AB} = D_{AB} \cdot \cos \alpha_{AB} \\ \Delta y_{AB} = D_{AB} \cdot \sin \alpha_{AB} \end{array}\right\} \tag{7.3}$$

说明：上述公式虽是在坐标第一象限推得的，但却适用于任意的象限。

2. 坐标反算

与上述计算过程相反，根据A、B两点的坐标，反算A、B两点的水平距离与直线AB的坐标方位角，称为坐标反算。

如图7.14所示，坐标反算按下列步骤进行。

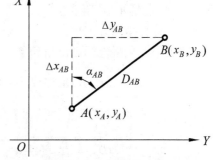

图 7.13　坐标的正、反算

（1）计算坐标增量。

$$\left.\begin{array}{l} \Delta x_{AB} = x_B - x_A \\ \Delta y_{AB} = y_B - y_A \end{array}\right\} \qquad\qquad (7.4)$$

根据 Δx_{AB}、Δy_{AB} 的正负号可以判断直线 AB 所在的象限，参见图 7.14。

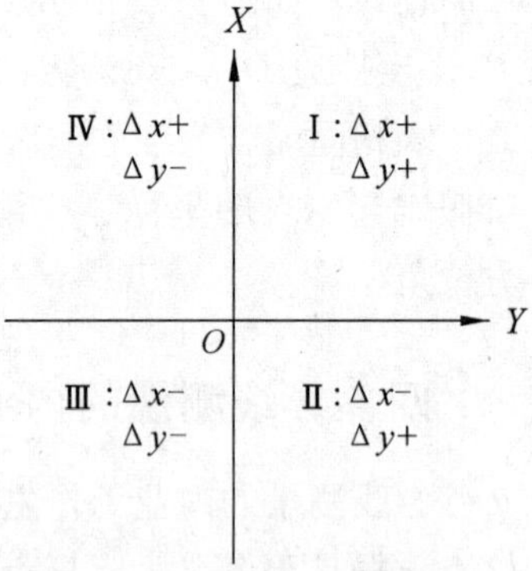

（2）计算象限角 R_{AB}。

因为 $$\tan R_{AB} = \left|\frac{\Delta y_{AB}}{\Delta x_{AB}}\right|$$

所以 $$R_{AB} = \arctan\left|\frac{\Delta y_{AB}}{\Delta x_{AB}}\right| \qquad (7.5)$$

（3）计算坐标方位角 α_{AB}。
由图 7.11 可根据象限角 R_{AB} 推算方位角 α_{AB}。

图 7.14 四个象限坐标
增量的正、负

4. 计算水平距离 AB

$$D_{AB} = \sqrt{\Delta x_{AB}^2 + \Delta y_{AB}^2} \qquad\qquad (7.6)$$

【例 7.3】 坐标反算
已知 A 点坐标，A（2 532 814.230，501 706.035），B 点坐标，B（2 532 507.693，501 915.632），试计算水平距离 AB 及坐标方位角。

（1）计算坐标增量。

$$\Delta x_{AB} = x_B - x_A = 2\,532\,507.693 - 2\,532\,814.230 = -306.537$$

$$\Delta y_{AB} = y_B - y_A = 501\,915.632 - 501\,706.035 = 209.597$$

（2）计算坐标象限角。

$$\tan R_{AB} = \left|\frac{\Delta y_{AB}}{\Delta x_{AB}}\right| = \left|\frac{209.597}{306.537}\right| = 0.683\,76$$

象限角 $R_{AB} = 34°21'46''$，由于 $\Delta x_{AB} =$ "$-$"，$\Delta y_{AB} =$ "$+$"，所以为第 Ⅱ 象限，象限名为 "南东"，说明直线 AB 在第 Ⅱ 象限。

（3）计算坐标方位角。
根据第 Ⅱ 象限坐标方位角和象限角的关系，则直线 AB 的坐标方位角为

$$\alpha_{AB} = 180° - R_{AB} = 180° - 34°21'46'' = 145°38'14''$$

（4）计算 A、B 两点间的水平距离。

$$D_{AB} = \sqrt{\Delta x_{AB}^2 + \Delta y_{AB}^2} = \sqrt{306.537^2 + 209.597^2} = 371.343（\text{m}）$$

148

（二）闭合导线坐标计算

图 7.15 是一实测图根闭合导线，图中各项数据是从外业观测手簿中获得的。已知起始边坐标方位角为 $\alpha_{12} = 46°43'18''$，1 点坐标为（500.00，500.00），现结合本例说明闭合导线的计算步骤如下：

1. 在表格中填入已知数据和观测数据

将起始边的坐标方位角填入表 7.10 的第 4 栏，已知点 1 的坐标填入表 7.10 的第 10、11 栏，并在已知数据下方用单线或双线标明；将角度和边长的观测值分别填入表 7.10 的第 2、5 栏。

2. 角度闭合差的计算及调整

（1）角度闭合差的计算。

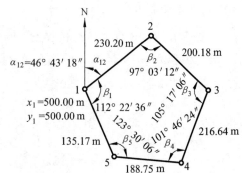

图 7.15　闭合导线示意图

多边形内角和的理论值为：

$$\sum \beta_{理} = (n-2) \times 180° \qquad (7.7)$$

由于观测角度不可避免存在误差，多边形内角和的实测值与理论值可能不相符，其差值称为角度闭合差，以 f_β 表示，即：

$$f_\beta = \sum \beta_{测} - \sum \beta_{理} \qquad (7.8)$$

角度闭合差 f_β 的大小说明了所测角度的质量，f_β 值越大，角度观测精度越低。所以，各级导线技术要求规定了水平角观测时的角度闭合差不能超过一定的限值，见表 7.1、7.3。如图根导线的角度允许闭合差 F_β 按下式计算：

$$F_\beta = \pm 40'' \sqrt{n} \qquad (7.9)$$

式中，n 为多边形的内角个数。

若 $f_\beta \leqslant F_\beta$，测角精度合格，应进行角度闭合差调整。$f_\beta$ 超过 F_β，则说明测角精度不合格，应重新检查甚至重测。

（2）角度闭合差的调整。

由于角度观测通常都是等精度观测，故角度闭合差调整采用平均分配的原则，即将 f_β 反符号平均分配于各个观测角中，使 $\sum v_i = -f_\beta$，即改正后的角度总和应等于理论值。各角改正数为：

$$v_i = \frac{-f_\beta}{n} \qquad (7.10)$$

式中，v_i 为各角观测值的改正数；n 为角度的个数。

计算时，改正数应取位至秒，如果不能整除，闭合差的余数应分配到含短边的角中，这是因为仪器对中和目标偏心，含有短边的角可能会产生较大的误差。

f_β 的计算填在表 7.10 下方的辅助计算栏里，实际角度闭合差没有超过限值，应进行角度闭合差调整。将角度改正数写在表中相应角度的右上方，再将角度观测值加改正数求得改正后角值，填入表 7.10 的第 3 栏。

3. 推算导线各边的坐标方位角

根据已知边的坐标方位角和改正后的转折角，推算各边的坐标方位角。如图 7.16（a）所示，α_{12} 为起始方位角，β_2 为所测右角，则由几何关系：

$$\alpha_{23} = \alpha_{12} + 180° - \beta_{2右}$$

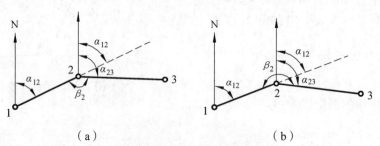

图 7.16　坐标方位角的推算

同理，如图 7.16（b）所示，β_2 为所测左角，则：

$$\alpha_{23} = \alpha_{12} - 180° + \beta_{2左}$$

23 边是 12 边的前进方向，因此可以得出坐标方位角推算的一般公式：

$$\alpha_{前} = \alpha_{后} + 180° - \beta_{右} \tag{7.11a}$$

或 $$\alpha_{前} = \alpha_{后} - 180° + \beta_{左} \tag{7.11b}$$

式中，$\alpha_{前}$、$\alpha_{后}$ 分别表示导线前进方向的前一条边的坐标方位角和与之相连的后一条边的坐标方位角。

闭合导线点顺时针编号时，内角是右角，推算方位角按式（7.11a）进行；闭合导线点逆时针编号时，内角是左角，推算方位角按式（7.11b）进行。

在运用公式（7.11）时，应注意下面两点：

（1）由于直线的坐标方位角只能在 0° ~ 360°，因此：当计算出的 $\alpha_{前}$ 大于 360° 时，应减去 360°；当出现负值时，应加上 360°。

（2）依次计算 α_{23}、α_{34}、α_{45}、α_{51}，直到回到起始边 α_{12}。最后推算出已知边的坐标方位角 α'_{12} 应等于已知方位角值 α_{12}（校核）。坐标方位角填入表 7.10 的第 4 栏。

根据坐标增量计算公式计算导线各边坐标增量，填在表 7.10 的第 6、7 栏。

4. 坐标增量闭合差计算及其调整

如图 7.17 所示，由于闭合导线的起点和终点为同一点，所以坐标增量总和理论上应为零，即 $\sum \Delta x_{理} = 0$，$\sum \Delta y_{理} = 0$。

如果用 $\sum \Delta x_{测}$ 和 $\sum \Delta y_{测}$ 分别表示计算的坐标增量总和，角度虽经调整，由于所测量距离误差的存在，计算出的坐标增量总和与理论值不可能相符，二者之差称为坐标增量闭合差，分别用 f_x、f_y 表示，即：

$$\left.\begin{aligned} f_x &= \sum \Delta x_{测} - \sum \Delta x_{理} \\ f_y &= \sum \Delta y_{测} - \sum \Delta y_{理} \end{aligned}\right\}$$

（7.12）

由于坐标增量闭合差的存在，导线最终未能闭合到已知点 1 上，而落在 1' 处，如图 7.18 所示。f_x 称为纵坐标增量闭合差，f_y 称为横坐标增量闭合差，11' 的长度即 f 称为导线全长闭合差。由图可见：

$$f = \sqrt{f_x^2 + f_y^2}$$

（7.13）

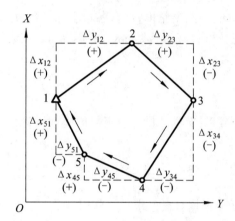

图 7.17　闭合导线坐标增量总和的理论值

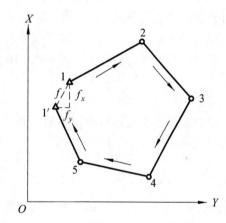

图 7.18　闭合导线全长闭合差

导线愈长，全长闭合差 f 值将愈大，因此，导线全长闭合差 f 并不能作为衡量导线精度的标准。通常，用导线全长相对闭合差 K 来衡量导线的精度，K 用分子为 1 的数值表示，计算公式为：

$$K = \frac{f}{\sum d}$$

（7.14）

式中，$\sum d$ 为导线边长的总和。

导线等级不同，K 值有不同的规定。图根导线允许值为 $K \leqslant 1/2\ 000$。当 $K > 1/2\ 000$ 时，应对记录和计算进行复查，若记录、计算无误，则应到现场返工。如果 $K \leqslant 1/2\ 000$，说明导线的测量成果合格但是还有误差，应对计算的坐标增量予以调整。由于计算坐标增量采用的是调整后的角度，因此坐标增量闭合差认为主要是由于测量边长引起的。调整原则是将坐标增量闭合差以相反的符号按照边长的比例分配到各边的坐标增量中。

设 δ_x、δ_y 分别为纵、横坐标增量改正数，则第 i 边的纵、横坐标增量改正数分别为：

151

$$\left.\begin{aligned} \delta_{xi} &= \frac{-f_x}{\sum d} \times d_i \\ \delta_{yi} &= \frac{-f_y}{\sum d} \times d_i \end{aligned}\right\} \qquad (7.15)$$

改正数图根导线精确至厘米。由于计算时四舍五入，最后结果可能相差小数最末一位的一个单位，应进行补偿，使得

$$\left.\begin{aligned} \sum \delta_{xi} &= -f_x \\ \sum \delta_{yi} &= -f_y \end{aligned}\right\} \qquad (7.16)$$

即经过改正后的坐标增量总和应与理论值相等，对于闭合导线来说，改正后的坐标增量总和为零（校核）。

综上所述，本例在表 7.10 下方的辅助计算栏内依次计算表中所列各项。

计算导线全长闭合差 f 和导线全长相对闭合差 K，并判断精度；计算各边坐标增量改正数，写在相应的增量右上方，按增量的取位要求，改正数凑整至 cm 或 mm，凑整后的改正数总和必须与反号的增量闭合差相等，并按（7.16）式校核。

5. 改正后的坐标增量计算

将坐标增量加坐标增量改正数填入表 7.10 的第 8、9 栏，作为改正后的坐标增量，此时表 7.10 中第 8、9 栏的总和应为零。

6. 导线点坐标计算

在图 7.17 中，1 点的坐标已知，各边改正后的坐标增量已经求得。所以有：

$$\left.\begin{aligned} x_2 &= x_1 + \Delta x_{12} \\ y_2 &= y_1 + \Delta y_{12} \end{aligned}\right\}$$

$$\left.\begin{aligned} x_3 &= x_2 + \Delta x_{23} \\ y_3 &= y_2 + \Delta y_{23} \end{aligned}\right\} \qquad (7.17)$$
$$\vdots$$

以此公式即可分别求出 3、4、5 点的坐标。最后要注意，由 5 点再推算出 1 点的坐标并应与 1 点的已知坐标相等（校核）。此项计算填入表 7.10 的第 10、11 栏。至此闭合导线的内业计算全部结束。

严格地说，由于坐标增量经过调整，其相应的导线边长与方位角都会随之发生变化，故算出坐标后，应按坐标反算公式反算出平差后的各导线边长及方位角，以备用。但在一般图根控制测量中，调整数不大，一般不进行反算。

算例中 1 点的坐标均取 500.00，是考虑到独立布设的控制网而假设的起始点的坐标。为了使所有导线点的坐标不出现负值，起始点的坐标取值较大；当导线与高级控制点联测时，起始点的坐标可取自高级控制点的坐标。

表 7.10 闭合导线坐标计算表

点号	右角观测值 /(° ′ ″)	改正后右角值 /(° ′ ″)	方位角 /(° ′ ″)	边长/m	坐标增量/m Δx	坐标增量/m Δy	改正后坐标增量/m Δx	改正后坐标增量/m Δy	坐标/m x	坐标/m y	点号
1	2	3	4	5	6	7	8	9	10	11	
1									<u>500.00</u>	<u>500.00</u>	1
			46 43 18	230.20	−0.04 / +157.81	+0.04 / +167.59	+157.77	+167.63			
2	+7 / 97 03 12	97 03 19							657.77	667.63	2
			129 39 59	200.18	−0.04 / −127.78	+0.03 / +154.09	−127.82	+154.12			
3	+7 / 105 17 06	105 17 13							529.95	821.75	3
			204 22 46	216.64	−0.04 / −197.32	+0.04 / −89.42	−197.36	−89.38			
4	+7 / 101 46 24	101 46 31							332.59	732.37	4
			282 36 15	188.75	−0.03 / +41.19	+0.03 / −184.20	+41.16	−184.17			
5	+8 / 123 30 06	123 30 14							373.75	548.20	5
			339 06 01	135.17	−0.03 / +126.28	+0.02 / −48.22	+126.25	−48.20			
1	+7 / 112 22 36	112 22 43	46 43 18						<u>500.00</u>	<u>500.00</u>	1
2											
Σ	539 59 24	540 00 00		$\sum d$=970.94	f_x=+0.18	f_y=−0.16	0	0			

$\sum \beta_{测} = 539°59'24"$, $\quad \sum \beta_{理} = 540°00'00"$, $\quad f_\beta = \sum \beta_{测} - \sum \beta_{理} = -36"$, $\quad F_\beta = \pm40"\sqrt{5} = \pm89"$, $\quad f_\beta < F_\beta$ ，测角精度合格

$f_x = +0.18\ \text{m}$, $\quad f_y = -0.16\ \text{m}$, $\quad f = \sqrt{f_x^2 + f_y^2} = 0.24\ \text{m}$, $\quad K = \dfrac{f}{\sum d} = \dfrac{0.24}{970.94} = \dfrac{1}{4\ 045} \approx \dfrac{1}{4\ 000} < \dfrac{1}{2\ 000}$ ，导线精度合格 （按图根导线计）

153

（三）附合导线坐标计算

附合导线与闭合导线的坐标计算步骤基本相同，仅在角度闭合差和坐标增量闭合差计算的公式上有所不同。

1. 角度闭合差的计算与调整

（1）求联测边坐标方位角。

如图 7.19 所示为附合导线，AB 和 CD 为高级控制网的两条边，坐标均为已知，[7.19（b）]图为观测右角，[7.19（a）]图为观测左角，进行坐标反算，获得起始边 AB 与终边 CD 的坐标方位角 α_{AB} 和 α_{CD}，作为高级边的已知数据。

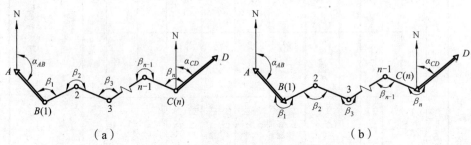

图 7.19   附合导线角度闭合差的计算

（2）角度闭合差的计算与调整。

终边 CD 坐标方位角的理论值是坐标反算的结果，记为 α_{CD}，按照方位角的推算方法，CD 边的坐标方位角还可由 AB 边沿导线推算出来，记为 α'_{CD}，即：

$$\alpha_{12} = \alpha_{AB} + 180° - \beta_{1右}$$

$$\alpha_{23} = \alpha_{12} + 180° - \beta_{2右}$$

$$\alpha_{34} = \alpha_{23} + 180° - \beta_{3右}$$

$$\vdots$$

$$\alpha_{n-1,n} = \alpha_{n-2,n-1} + 180° - \beta_{n-1右}$$

$$\alpha'_{CD} = \alpha_{n-1,n} + 180° - \beta_{n右}$$

等式两边相加可得：

$$\alpha'_{CD} = \alpha_{AB} + n \cdot 180° - \sum \beta_{右测}$$

把 CD 看作终边，终边的坐标方位角为：

$$\alpha'_{终} = \alpha_{始} + n \cdot 180° - \sum \beta_{右测} \tag{7.18}$$

式中，n 为包括连接角在内的导线右角的个数。

推算到终边的坐标方位角 α'_{CD}，理论上应与已知的 α_{CD} 相等，由于测角误差的存在，测量推算出来的 α'_{CD} 与 α_{CD} 不相等，其差值即为附合导线的角度闭合差，即：

$$f_\beta = \alpha'_{CD} - \alpha_{CD}$$

或
$$f_\beta = \alpha'_终 - \alpha_终 \tag{7.19}$$

在附合导线角度闭合差的调整中：若观测为左角，将角度闭合差反号平均分配到各个左角；观测为右角，则将方位角闭合差同号平均分配到各观测角上。

（3）坐标增量闭合差的计算与调整。

由于附合导线起终点 B、C 都是高一级精度的点，这两点坐标值之差，就是附合导线理论上的坐标增量，即

$$\left.\begin{array}{l} \sum \Delta x_理 = x_C - x_B = x_终 - x_始 \\ \sum \Delta y_理 = y_C - y_B = y_终 - y_始 \end{array}\right\} \tag{7.20}$$

如图 7.20 所示，由于在测量过程中，测角量边都不可避免地存在误差，使得导线最终未能附合到已知点 C 上，而落在 C' 处。由 B 点到 C 点的坐标增量总和 $\sum \Delta x_测$、$\sum \Delta y_测$ 与理论值之差即为坐标增量闭合差，即：

$$\left.\begin{array}{l} f_x = \sum \Delta x_测 - \sum \Delta x_理 \\ f_y = \sum \Delta y_测 - \sum \Delta y_理 \end{array}\right\} \tag{7.21}$$

与闭合导线相同，可求出导线全长相对闭合差 K。当 $K \leqslant 1/2\,000$，导线精度合格。坐标增量闭合差调整与闭合导线相同，再按调整后的增量推算各导线点的坐标。附合导线坐标计算的过程如表 7.11 所示。

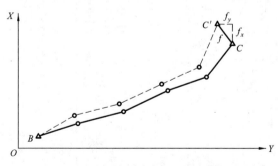

图 7.20　附合导线全长闭合差

以上比较复杂的坐标计算，可以通过电子表格编程、第三方软件计算，也可以通过南方工程之星的道路设计模块中的平曲线设计功能，按元素法，先输入起点坐标和第一条边方位角，然后依次输入导线边长度和对应方位角，则自动计算出各点坐标。

155

表 7.11　附合导线坐标计算表

点号	右角观测值 /(° ′ ″)	改正后右角值 /(° ′ ″)	方位角 /(° ′ ″)	边长/m	计算坐标增量/m		改正后坐标增量/m		坐标/m		点号
					Δx	Δy	Δx	Δy	x	y	
1	2	3	4	5	6	7	8	9	10		
A			<u>137 52 00</u>						<u>2 365.16</u>	<u>1 181.77</u>	A
B	+10 267 29 50	267 30 00	50 22 00	133.84	+0.03 +85.37	+0.06 +103.08	+85.40	+103.14	1 771.03	1 719.24	B
2	+10 203 29 20	203 29 30	26 52 30	154.71	+0.03 +138.00	+0.07 +69.94	+138.03	+70.01	1 856.43	1 822.38	2
3	+10 184 29 20	184 29 30	22 23 00	80.74	+0.02 +74.66	+0.03 +30.75	+74.68	+30.78	1 944.46	1 892.39	3
4	+10 179 15 50	179 16 00	23 07 00	148.93	+0.03 +136.97	+0.06 +58.47	+137.00	+58.53	2 069.14	1 923.17	4
5	+10 81 16 20	81 16 30	121 50 30	147.16	+0.03 −77.64	+0.06 +125.01	−77.61	+125.07	2 206.14	1 981.70	5
C	+10 167 07 20	167 07 30	<u>134 43 00</u>						<u>2 128.53</u>	2 106.77	C
D									<u>1 465.71</u>	2 776.18	D
$\sum$	1083 08 00			$\sum d = 665.38$	+357.36	+387.25					

$\alpha'_{CD} = \alpha_{AB} + n \cdot 180° - \sum \beta_{右} = 137°52'00'' + 6 \times 180° - 1083°08'00'' = 134°44'00''$

$f_\beta = \alpha'_{CD} - \alpha_{CD} = 134°44'00'' - 134°43'00'' = +60''$

$F_\beta = \pm 40''\sqrt{6} = \pm 97''$ （按图根导线计）

$f_\beta < F_\beta$　测角精度合格

$\sum \Delta x_{测} = x_C - x_B = 2\,128.53 - 1\,771.03 = 357.50$

$\sum \Delta y_{测} = y_C - y_B = 2\,106.77 - 1\,719.24 = 387.53$

$f_x = \sum \Delta x_{测} - \sum \Delta x_{理} = 357.36 - 357.50 = -0.14$

$f_y = \sum \Delta y_{测} - \sum \Delta y_{理} = 387.25 - 387.53 = -0.28$

$f = \sqrt{f_x^2 + f_y^2} = 0.31$

$K = \dfrac{f}{\sum d} = \dfrac{0.31}{665.38} = \dfrac{0.31}{665.38} = \dfrac{1}{2\,146} \approx \dfrac{1}{2\,100} < \dfrac{1}{2\,000}$　导线测量精度合格

（四）支导线坐标计算

支导线中没有多余观测值，因此没有任何闭合差产生，因而导线转折角和坐标增量不需要进行改正。支导线的计算步骤为：

（1）根据观测的转折角推算出各边的方位角。

（2）根据各边方位角和边长计算坐标增量。

（3）根据各边的坐标增量推算出各点的坐标。

支导线没有检核条件，无法检验外业测量成果，因此测量和计算应仔细。以上各计算步骤的计算方法同闭合导线或附合导线。

第三节　交会定点

在进行平面控制测量时，当已有控制点的数量不能满足测图或施工放样需要时，需要增设少数图根控制点。控制点的加密经常采用交会法进行单点（或双点）加密。

交会定点方法有前方交会、后方交会和距离交会等。

一、前方交会

前方交会是指在两个已知控制点上通过观测水平角，再经计算即可求得待定点的坐标。如图 7.21 所示，已知控制点 A、B 的坐标为 $A(x_A, y_A)$，$B(x_B, y_B)$，P 为待求点。在 A、B 两点设站，测量水平角 α、β，则未知点 P 的坐标 (x_P, y_P) 可按以下方法计算。

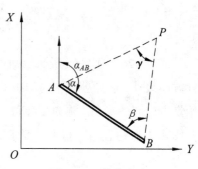

图 7.21　前方交会

1. 按导线推算 P 点的坐标

（1）用坐标反算公式计算 AB 边的坐标方位角 α_{AB} 的边长 D_{AB}：

$$\left.\begin{array}{l} \alpha_{AB} = \arctan \dfrac{y_B - y_A}{x_B - x_A} \\[3mm] D_{AB} = \sqrt{(x_B - x_A)^2 + (y_B - y_A)^2} \end{array}\right\} \tag{7.22}$$

（2）计算 AP、BP 边的坐标方位角 α_{AP}、α_{BP} 及边长 D_{AP}、D_{BP}：

$$\left.\begin{array}{l} \alpha_{AP} = \alpha_{AB} - \alpha \\[1mm] \alpha_{BP} = \alpha_{AB} \pm 180° + \beta \\[1mm] D_{AP} = \dfrac{D_{AB}}{\sin \gamma} \sin \beta, \quad D_{BP} = \dfrac{D_{AB}}{\sin \gamma} \sin \alpha \end{array}\right\} \tag{7.23}$$

其中，$\gamma = 180° - \alpha - \beta$，且应有 $\alpha_{AP} - \alpha_{BP} = \gamma$（可用做检核）。

（3）按坐标正算公式计算 P 点的坐标：

$$\left.\begin{array}{l} x_P = x_A + D_{AP} \cdot \cos\alpha_{AP} \\ y_P = y_A + D_{AP} \cdot \sin\alpha_{AP} \end{array}\right\} \qquad (7.24)$$

或

$$\left.\begin{array}{l} x_P = x_B + D_{BP} \cdot \cos\alpha_{BP} \\ y_P = y_B + D_{BP} \cdot \sin\alpha_{BP} \end{array}\right\} \qquad (7.25)$$

由式（7.24）和式（7.25）计算的 P 点坐标理应相等，可用做校核。由于计算中存在小数位的取舍，可能有微小差异，可取其平均值。

2. 按余切公式计算 P 点的坐标

略去推导过程，P 点的坐标计算公式为：

$$\left.\begin{array}{l} x_P = \dfrac{x_A \cot\beta + x_B \cot\alpha + (y_B - y_A)}{\cot\alpha + \cot\beta} \\[2ex] y_P = \dfrac{y_A \cot\beta + y_B \cot\alpha - (x_B - x_A)}{\cot\alpha + \cot\beta} \end{array}\right\} \qquad (7.26)$$

式（7.26）称为余切公式。注意：在运用该式计算时，三角形的点号 A、B、P 应按逆时针方向编号，否则公式中的加减号将有改变。前方交会中（见图7.21），由未知点至相邻两起始点方向间的夹角 γ 称为交会角。交会角过大或过小，都会影响 P 点位置测定精度，要求交会角一般应大于30°并小于150°。

为了检核外业测量成果，并提高待定点 P 的精度，一般都布设3个已知点进行交会，如图7.22所示，观测两组角值，这时可分两组计算 P 点坐标，设两组计算 P 点坐标分别为（x_{P1}，y_{P1}）、B（x_{P2}，y_{P2}）。当两组计算 P 点的坐标较差 $\varDelta$ 在容许限差内，则取它们的平均值作为 P 点的最后坐标。计算实例见表7.12。

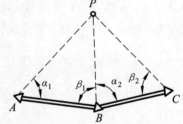

图7.22　三个已知点交会

对于图根控制测量，其较差应不大于比例尺精度的2倍，即：

$$\varDelta = \sqrt{\delta_x^2 + \delta_y^2} = \sqrt{(x_{P1} - x_{P2})^2 + (y_{P1} - y_{P2})^2} \leqslant 2 \times 0.1M \ \text{mm} \qquad (7.27)$$

式中，δ_x、δ_y 为 P 点的两组坐标之差；M 为测图比例尺分母。

【例7.4】　前方交会计算

如图7.22中，A、B、C 为已知控制点，P 为待定点。并测得 α_1、β_1 和 α_2、β_2 角，用前方交会法计算待定点 P 的坐标，其过程如表7.12所示。

表 7.12 前方交会计算

已知数据	x_A	35 522.01 m	y_A	41 527.29 m	x_B	35 189.35 m	y_B	41 116.90 m
	x_B	35 189.35 m	y_B	41 116.90 m	x_C	34 671.79 m	y_C	41 236.06 m
观测值	α_1	59°20′59″	β_1	54°09′52″	α_2	61°54′29″	β_2	55°44′54″
	x_{P1}	35 059.931 m	y_{P1}	41 595.341 m	x_{P2}	35 060.018 m	y_{P2}	41 595.347 m
计算校核	计算较差：测图比例尺 $1:1\,000$，$F_允 = 2 \times 0.1M = 2 \times 0.1 \times 1\,000 = 200$ mm $\delta_x = x_{P1} - x_{P2} = -0.087$ m $\delta_y = y_{P1} - y_{P2} = -0.006$ m $\Delta = \sqrt{\delta_x^2 + \delta_y^2} = 0.087$ m $= 87$ mm $\leqslant 2 \times 0.1M$（合格） 取平均值：$x_P = \dfrac{1}{2}(x_{P1} + x_{P2}) = 35\,059.97$ $y_P = \dfrac{1}{2}(y_{P1} + y_{P2}) = 41\,595.34$ P 点坐标为 P（35 059.97，41 595.34）							

二、后方交会

如图 7.23 所示，A、B、C 为 3 个已知控制点，P 点为待求点。在 P 点上安置经纬仪，观测 α、β 角，根据 A、B、C 3 个点坐标和 α、β 角，即可解算出 P 点的坐标，这种方法称为后方交会。后方交会法的计算公式如下：

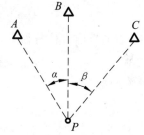

图 7.23 后方交会

1. 引入辅助量 a、b、c、d 和 K

$$\left.\begin{aligned}
a &= (x_B - x_A) + (y_B - y_A)\cot\alpha \\
b &= (y_B - y_A) - (x_B - x_A)\cot\alpha \\
c &= (x_B - x_C) - (y_B - y_C)\cot\beta \\
d &= (y_B - y_C) + (x_B - x_C)\cot\beta
\end{aligned}\right\} \tag{7.28}$$

令 $K = \dfrac{a-c}{b-d}$

2. P 点坐标计算公式

$$\left.\begin{aligned}
x_P &= x_B + \frac{Kb - a}{K^2 + 1} \\
y_P &= y_B - K \cdot \frac{Kb - a}{K^2 + 1}
\end{aligned}\right\} \tag{7.29}$$

3. 危险圆的判别

当 P 点正好落在通过 A、B、C 3 个点的圆周上时，后方交会点将无法解算，此圆称为危险圆。此时在这一圆周上的任意点与 A、B、C 组成的 α 角和 β 角的值都相等，P 点位置不定，即当 $a=c$，$b=d$ 时：

$$K = \frac{a-c}{b-d} = \frac{0}{0} \tag{7.30}$$

应用此公式时，注意点号的安排应与图 7.23 一致，即 A、B、C、P 按顺时针方向排列，A、B 夹角为 α 角，B、C 夹角为 β 角。为了检核，实际工作中常要观测 4 个已知点，每次用 3 个点，共组成两组后方交会。对于图根控制测量而言，两组点位较差也不得超过 $2 \times 0.1M$（mm）。

后方交会法的计算方法很多，用后方交会法求 P 点时，要特别注意危险圆。在测量中，一般将待求点 P 选在 3 个已知点构成的三角形内或选在三角形两边延长线的夹角内。

三、距离交会

如图 7.24 所示，A、B 为已知控制点，P 为待求点。测量距离 D_{AP}、D_{BP} 后，即可解算 $\triangle ABP$，可求出 P 点的坐标。距离交会又称边长交会。

由于 A、B 两点坐标已知，可通过坐标反算求得 AB 边的坐标方位角 α_{AB} 和距离 D_{AB}。按余弦定理可得：

$$\left. \begin{aligned} &\angle A = \arccos\left(\frac{D_{AB}^2 + D_{AP}^2 - D_{BP}^2}{2D_{AB}D_{AP}} \right) \\ &D_{AB} = \sqrt{(x_B - x_A)^2 + (y_B - y_A)^2} \end{aligned} \right\} \tag{7.31}$$

AP 边的坐标方位角为：

$$\alpha_{AP} = \alpha_{AB} - \angle A$$

P 点坐标为：

$$\left. \begin{aligned} x_P &= x_A + D_{AP} \cdot \cos\alpha_{AP} \\ y_P &= y_A + D_{AP} \cdot \sin\alpha_{AP} \end{aligned} \right\} \tag{7.32}$$

应用公式时注意点号的排列与图 7.24 一致，即 A、B、P 按逆时针排列，以上是两边交会法。为了检核和提高 P 点坐标精度，需测定三条边，如图 7.25 所示，组成两个距离交会图形，分两组计算 P 点坐标，较差满足（7.27）式，取平均值作为最后成果。

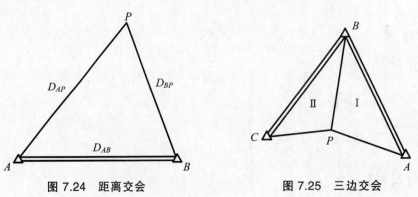

图 7.24　距离交会　　　　　图 7.25　三边交会

由于全站仪和光电测距仪在工程中的普遍采用，这种方法在工程中已被广泛地应用。

第四节　GNSS 平面控制测量

一、控制网的主要技术要求

各等级卫星定位测量控制网的主要技术指标应符合表 7.13 的规定。

表 7.13　各等级卫星定位测量控制网的主要技术指标

等级	基线平均长度/km	固定误差 A /mm	比例误差系数 B /（mm/km）	约束点间的边长相对中误差	约束平差后最弱边相对中误差
二等	9	≤10	≤2	≤1/250 000	≤1/120 000
三等	4.5	≤10	≤5	≤1/150 000	≤1/70 000
四等	2	≤10	≤10	≤1/100 000	≤1/40 000
一级	1	≤10	≤20	≤1/40 000	≤1/20 000
二级	0.5	≤10	≤40	≤1/20 000	≤1/10 000

各等级控制网的基线精度应按下式计算：

$$\sigma = \sqrt{A^2 + (B \cdot d)^2} \tag{7.33}$$

式中，σ 为基线长度中误差（mm）；A 为固定误差（mm）；B 为比例误差系数（mm/km）；d 为基线平均长度（km）。

二、控制网的设计、选点与埋石

1. 卫星定位测量控制网的布设

（1）应根据工程项目的实际情况、精度要求、卫星状况、接收机的类型和数量以及测区已有的测量资料进行设计，有特殊精度要求的工程项目应进行控制网专项设计，概算的精度尚无法满足要求时，应进行控制网优化设计。

（2）首级网布设时，宜联测 2 个以上国家高等级控制点、国家连续运行基准站点或地方坐标系的高等级控制点。

（3）对控制网内的长边，宜构成大地四边形或中点多边形。

（4）各等级控制网应由独立观测边构成 1 个或若干个闭合环或附合路线，构成闭合环或附合路线的边数不宜多于 6 条。

（5）各等级控制网中独立基线的观测总数，不宜少于必要观测基线数的 1.5 倍。

（6）加密网应根据工程需要，在满足规范要求精度要求的前提下，采用灵活的布网方式。

2. 卫星定位测量控制点位的选定

（1）点位应选在稳固地段，同时应方便观测、加密和扩展，每个控制点宜有 1 个通视方向。

（2）点位应对空开阔，高度角在 15°以上的范围内应无障碍物；点位周围不应有强烈干扰接收卫星信号的干扰源或强烈反射卫星信号的物体，距大功率无线电发射源宜大于 200 m，距高压输电线路或微波信号传输通道宜大于 50 m。

（3）宜利用符合要求的原有控制点。

（4）控制点埋石应符合规范标准规定，并应绘制点之记。

三、控制网观测

1. 各等级卫星定位测量控制网观测技术要求

各等级卫星定位测量控制网的观测宜采用静态作业模式观测，并符合表 7.14 的技术要求。一、二级控制网的观测也可采用动态作业模式观测，并符合相应观测要求。

表 7.14　各等级卫星定位测量控制网观测的技术要求

等级		二等	三等	四等	一级	二级
接收机类型		多频	多频或双频	多频或双频	多频或单频	多频或单频
仪器标称精度/mm		$3+1\times10^{-6}$	$5+2\times10^{-6}$	$5+2\times10^{-6}$	$10+5\times10^{-6}$	$10+5\times10^{-6}$
观测量		载波相位	载波相位	载波相位	载波相位	载波相位
卫星高度角/(°)	静态	≥15	≥15	≥15	≥15	≥15
有效观测卫星数		≥5	≥5	≥4	≥4	≥4
有效观测时段长度/min		≥30	≥20	≥15	≥10	≥10
数据采样间隔/s		10～30	10～30	10～30	5～15	5～15
PDOP		≤6	≤6	≤6	≤8	≤8

2. 卫星定位控制测量的测站作业要求

（1）观测前，应对接收机进行预热和静置，同时应检查电池的容量、接收机的内存和可储存空间是否充足。

（2）天线安置的对中偏差不应大于 2 mm，天线高的量取应精确至 1 mm。

（3）观测中，不应在接收机近旁使用无线电通信工具。并应禁止人员和其他物体触碰天线或阻挡卫星信号。

（4）遇雷雨等恶劣天气时，应停止作业。

（5）作业过程中不应进行接收机关闭又重新启动、改变卫星截止高度角、改变数据采样间隔和改变天线位置等操作。

（6）应做好测站记录。

四、一、二级控制网卫星定位动态控制测量

（一）主要技术要求

（1）一、二级卫星定位测量控制网动态测量的主要技术要求应符合表 7.15 的规定。

表 7.15　一、二级卫星定位测量控制网动态测量的主要技术要求

等级	相邻点间距离/m	平面点位中误差/mm	边长相对中误差	测回数
一级	≥500	≤50	≤1/30 000	≥4
二级	≥250		≤1/14 000	≥3

注：1. 网络 RTK 测量应在连续运行基准站系统的有效服务范围内；
2. 对天通视困难地区，相邻点间距离可缩短至表中的 2/3，但边长中误差不应大于 20 mm。

（2）对测量控制点的选择除满足静态观测控制点选择的要求外，还应兼顾固定角、固定边复核测量点位在测区的分布，数量均不少于 2 组。点位选定后，应进行现场标识并绘制点位分布略图，点位埋石应符合规范规定。

（3）卫星定位实时动态控制测量，宜采用动态水平方向固定误差不超过 10 mm、比例误差系数不超过 2×10^{-6} mm 和垂直方向固定误差不超过 20 mm、比例误差系数不超过 4×10^{-6} mm 的双频或多频接收机。

（4）动态控制测量作业时，截止高度角 15°以上的卫星个数不应少于 5 颗，PDOP 不应大于 6。

（二）作业要求

1. 点位校核

（1）作业前应在同等级或高等级点位上进行校核，并不应少于 2 点。

（2）作业中若出现卫星失锁或数据通信中断，应在同等级或高等级点位上进行校核，并不应少于 1 点。

（3）平面位置校核偏差不应大于 50 mm，高程校核偏差不宜大于 70 mm，不满足时，应重新设置流动站。

2. 单基站 RTK 测量基准站设置

（1）基准站可设置在已知点位上，也可任意点设站；当在已知点位设站时，应整平对中，天线高量取应精确至 1 mm。

（2）检查电台和接收机的链接，并应核对电台频率，在手簿中应输入基准站坐标、高程并设置仪器高类型及量取位置、天线类型、仪器类型、电台播发格式、作业模式、数据端口、蓝牙端口等设备参数。

（3）对测区已有的转换参数进行现场检查，精度满足要求后，直接利用。

（4）对无转换参数的测区，在周边及中部选取不少于 4 个已知点进行点校正获取转换参数，转换参数的平面精度不应大于 20 mm，高程精度不应大于 30 mm。

（5）单基站 RTK 测量的作业半径不宜超过 5 km。作业过程中不应对基准站的设置、基准站天线的位置和高度进行更改。

（6）单基站 RTK 测量中，对不同基准站定位的差分解算结果的平面位置互差不应大于 50 mm，符合要求后，应取各基准站的定位结果的平均值作为最终结果。

（7）进行后处理动态控制测量时，基准站应架设在已知点上对中整平，天线高度量取应精确至 1 mm，并应设置为后差分模式。

流动站应预先在静止状态下观测，初始化观测时间不宜少于 5 min，在卫星不失锁的情况下，可连续进行动态模式测量。外业观测结束后，宜统一进行动态测量后处理解算。

3. 网络 RTK 控制测量

使用网络 RTK 技术进行控制测量作业，应在连续运行基准站系统服务中心进行登记、注册，获取系统服务授权，并应设置通信参数、IP 地址、APN、端口、差分数据格式等各项网络参数。

（1）网络 RTK 控制测量的测站设置。

① 使用三脚架对中整平，天线高度量取应精确至 1 mm，并应记录天线高类型和量取位置。

② 应分别进行流动站与连续运行基准站系统的数据通信检查和数据采集器（电子手簿）与接收机（天线）的数据通信检查。

③ 应分别进行流动站接收机天线与主机及电源等的连接可靠性检查和电子手簿及主机的电源电量、内存或储存卡容量检查。

④ 接收机的平面精度限值宜设置为 20 mm，高程精度限值宜设置为 30 mm。

（2）RTK 控制测量观测作业。

每个测站应采用多测回法观测，并应符合下列规定：

① 作业前和测回间应进行接收机初始化；当初始化时间超过 5 min 仍无法获得固定解时，宜重新启动接收机进行初始化；重启后仍不能获得固定解时，应选择其他位置进行测量。

② 应在得到 RTK 固定解且收敛稳定后开始记录观测值，观测值不应少于 10 个，应取平均值作为本测回的观测结果；经纬度记录应精确至 0.00001″，坐标与高程记录应精确至 0.001 m。

③ 测回数应符合表 7.15 规定，测回间的时间中断间隔应大于 60 s。

④ 测回间的平面坐标分量较差的绝对值不应大于 25 mm，高程较差的绝对值不应大于 50 mm；应取各测回结果的平均值作为最终观测成果。

（3）测量成果。

动态控制测量成果应包括控制点号、三维坐标、三维坐标精度、天线高及与观测值相应解的类型、卫星数、PDOP、观测时间等信息。

（4）成果检核。

卫星定位实时动态控制测量成果检核应符合下列规定：

① 检核点应均匀分布于测区的中部及周边，检核点数堡不应低于控制点总数的 5%，并不应少于 3 点。

② 当采用全站仪固定边、固定角及导线法联测检核时，主要技术要求应符合表 7.16 的规定。

表 7.16　全站仪固定边、固定角及导线法联测检核的主要技术要求

等级	边长检核		角度检核		导线联测检核	
	测距中误差/mm	边长相对中误差	测角中误差/(″)	角度较差/(″)	角度闭合差/(″)	边长相对闭合差
一级	15	1/14 000	5	14	$16\sqrt{n}$	1/10 000
二级	15	1/7 000	8	20	$24\sqrt{n}$	1/5 000

　　注：n 为导线测站数。

当采用 RTK 法复测检核时，可用同一基准站两次独立测量或不同基准站各一次独立测量方法进行，并应按下式统计检核点的精度。检核点的点位中误差不应超过 50 mm。

$$M_{\Delta}=\sqrt{\frac{[\Delta S_i \Delta S_i]}{2n}} \qquad (7.34)$$

式中，M_{Δ} 为检核点的点位中误差（mm）；ΔS_i 为检核点与原点位的平面位置偏差（mm）；n 为检核点个数。

第五节　高程控制测量

高程控制点间的距离，一般地区应为 1~3 km，工业厂区、城镇建筑区宜小于 1 km。一个测区至少应有 3 个高程控制点。

一、水准测量

（一）水准测量主要技术要求

水准测量的主要技术要求应符合表 7.17 的规定。

表 7.17　水准测量的主要技术要求

等级	每千米高差全中误差/mm	路线长度/km	水准仪级别	水准尺	观测次数		往返较差、附合或环线闭合差	
					与已知点联测	附合或环线	平地/mm	山地/mm
二等	2		DS$_1$、DSZ$_1$	条码式因瓦、线条式因瓦	往返各 1 次	往返各 1 次	$4\sqrt{L}$	
三等	6	≤50	DS$_1$、DSZ$_1$	条码式因瓦、线条式因瓦	往返各 1 次	往 1 次	$12\sqrt{L}$	$4\sqrt{n}$
			DS$_3$、DSZ$_3$	条码式玻璃钢、双面		往返各 1 次		

165

等级	每千米高差全中误差/mm	路线长度/km	水准仪级别	水准尺	观测次数		往返较差、附合或环线闭合差	
					与已知点联测	附合或环线	平地/mm	山地/mm
四等	10	≤16	DS₃、DSZ₃	条码式玻璃钢、双面	往返各1次	往1次	$20\sqrt{L}$	$6\sqrt{n}$
五等	15		DS₃、DSZ₃	条码式玻璃钢、单面	往返各1次	往1次	$30\sqrt{L}$	

注：1. 结点之间或结点与高级点之间的路线长度不应大于表中规定的70%；

2. L 为往返测段、附合或环线的水准路线长度（km），n 为测站数；

3. 数字水准测量和同等级的光学水准测量精度要求相同，作业方法在没有特指的情况下均称为水准测量；

4. DSZ₁级数字水准仪若与条码式玻璃钢水准尺配套，精度降低为DSZ₃级；条码式因瓦水准尺和线条式因瓦水准尺在没有特指的情况下均称为因瓦水准尺。

（二）水准测量观测

1. 测量设备

水准测量所使用的仪器及水准尺应符合下列规定：

（1）水准仪视准轴与水准管轴的夹角 i，DS₁、DSZ₁型不应超过15″，DS₃、DSZ₃型不应超过20″。

（2）补偿式自动安平水准仪的补偿误差 $\Delta\alpha$，二等水准不应超过0.2″，三等水准不应超过0.5″。

（3）水准尺上的米间隔平均长与名义长之差，线条式因瓦水准尺不应超过0.15 mm，条形码尺不应超过0.10 mm，木质双（单）面水准尺不应超过0.50 mm。

2. 水准点布设

（1）点位应选在稳固地段或稳定的建筑物上，并应方便寻找、保存和引测；采用数字水准仪作业时，水准路线还应避开电磁场的干扰。

（2）宜采用水准标石，也可采用墙水准点；标志及标石的埋设应符合规范的规定。

（3）埋设完成后，二、三等点应绘制点之记，四等及以下控制点可根据工程需要确定，必要时还应设置指示桩。

3. 不跨河水准观测

水准观测应在标石埋设稳定后进行。水准观测宜采用数字水准仪和条形码水准尺作业，也可采用光学水准仪和线条式因瓦尺或黑红面水准尺作业。

（1）数字水准仪观测。

数字水准仪观测的主要技术要求应符合表7.18的规定。

表 7.18 数字水准仪观测的主要技术要求

等级	水准仪级别	水准尺类别	视线长度/m	前后视的距离较差/m	前后视的距离较差累积/m	视线离地面最低高度/m	测站两次观测的高差较差/mm	数字水准仪重复测量次数
二等	DSZ$_1$	条码式因瓦尺	50	1.5	3.0	0.55	0.7	2
三等	DSZ$_1$	条码式因瓦尺	100	2.0	5.0	0.45	1.5	2
四等	DSZ$_1$	条码式因瓦尺	100	3.0	10.0	0.35	3.0	2
四等	DSZ$_1$	条码式玻璃钢尺	100	3.0	10.0	0.35	5.0	2
五等	DSZ$_3$	条码式玻璃钢尺	100	近似相等	—	—	—	—

注：1. 二等数字水准测量观测顺序。奇数站应为后—前—前—后，偶数站应为前—后—后—前。
　　2. 三等数字水准测量观测顺序应为后—前—前—后。
　　3. 四等数字水准测量观测顺序应为后—后—前—前。
　　4. 水准观测时。若受地面振动影响时，应停止测量。

（2）光学水准仪观测。

光学水准仪观测的主要技术要求应符合表 7.19 的规定。

表 7.19 光学水准仪观测的主要技术要求

等级	水准仪级别	视线长度/m	前后视距差/m	任一测站上前后视距差累积/m	视线离地面最低高度/m	基、辅分划或黑、红面读数较差/mm	基、辅分划或黑、红面所测高差较差/mm
二等	DS$_1$、DSZ$_1$	50	1.0	3.0	0.5	0.5	0.7
三等	DS$_1$、DSZ$_1$	100	3.0	6.0	0.3	1.0	1.5
三等	DS$_3$、DSZ$_3$	75	3.0	6.0	0.3	2.0	3.0
四等	DS$_3$、DSZ$_3$	100	5.0	10.0	0.2	3.0	5.0
五等	DS$_3$、DSZ$_3$	100	近似相等	—	—	—	—

注：1. 二等光学水准测量观测顺序，往测时，奇数站应为后—前—前—后，偶数站应前—后—后—前；返测时，奇数站应为前—后—后—前，偶数站应为后—前—前—后；
　　2. 三等光学水准测量观测顺序应为后—前—前—后；
　　3. 四等光学水准测量观测顺序应为后—后—前—前；
　　4. 二等水准视线长度小于 20 m 时，视线高度不应低于 0.3 m；
　　5. 三、四等水准测量采用变动仪器高度观测单面水准尺时，所测两次高差较差应与黑面、红面所测高差之差的要求相同。

（3）观测结果的处理。

两次观测高差较差超限时应重测。重测后，二等水准应选取两次异向观测的合格结果，其他等级应将重测结果与原测结果分别比较，较差不超过限值时，应取两次测量结果的平均数。

167

4. 跨河水准观测

当水准路线需跨越江河、湖塘、宽沟、洼地、山谷等时，应符合下列规定：

（1）水准作业场地应选在跨越方便的地方，标尺点应设立木桩或选择符合要求的固定标志。

（2）两岸测站和立尺点应对称布设；跨越距离小于 200 m 时，可采用单线过河；大于 200 m 时，应采用双线过河并组成四边形闭合环；跨河水准观测的主要技术要求应符合表7.20 的规定。

表 7.20　跨河水准观测的主要技术要求

跨越距离/m	观测次数	单程测回数	半测回远尺读数次数	测回差/mm		
				三等	四等	五等
<200	往返各 1 次	1	2	—	—	—
200～400	往返各 1 次	2	3	8	12	25

注：1. 一测回的观测顺序应为先读近尺，再读远尺；仪器搬至对岸后，不动焦距先读远尺，再读近尺；
　　2. 当采用双向观测时，两条跨河视线长度宜相等，两岸岸上长度宜相等，并应大于 10 m；当采用单向观测时，可分别在上午、下午各完成半数工作量。

（3）当跨越距离小于 200 m 时，也可采用在测站上变换仪器高度的方法进行，两次观测高差较差不应超过 7 mm，应取平均值作为观测高差。

（三）水准测量数据处理

（1）每条水准路线分测段施测时，应按下式计算每千米水准测量的高差偶然中误差，绝对值不应超过表 7.17 中相应等级每千米高差全中误差的 1/2。

$$M_\Delta = \sqrt{\frac{1}{4n}\left[\frac{\Delta\Delta}{L}\right]} \qquad (7.35)$$

式中，M_Δ 为高差偶然中误差（mm）；Δ 为测段往返高差不符值（mm）；L 为测段长度（km）；N 为测段数。

（2）水准测量结束后，应按下式计算每千米水准测量高差全中误差，绝对值不应超过本标准表 7.17 中相应等级的规定。

$$M_W = \sqrt{\frac{1}{N}\left[\frac{WW}{L}\right]} \qquad (7.36)$$

式中，M_W 为高差全中误差（mm）；W 为高差全中误差（mm）；L 为计算各 W 时，相应的路线长度（km）；N 为附合路线和闭合环的总个数。

（3）当二、三等水准测量与国家水准点附合时，高山地区应进行正常位水准面不平行改正和重力异常归算改正。

（4）各等级水准网，应按最小二乘法进行平差并计算每千米高差全中误差。

（5）高程成果的取值，二等水准应精确至 0.1 mm，三、四、五等水准应精确至 1 mm。

（四）三等与四等水准测量

三、四等水准测量除用于国家高程控制网的加密外，还用于小地区建立首级高程控制网，即直接提供地形测图和各种工程建设所必需的高程控制点。三、四等水准点的高程一般是从国家一、二等水准点引测的，若测区内或附近没有国家一、二等水准点，也可以建立独立的首级高程控制网，这样起算点的高程采用假设高程，并且首级高程控制网应布设成闭合水准路线形式。三、四等水准点应选在土质坚硬、便于长期保存和使用的地方，并埋设水准标石。四等水准点也可以用埋石的平面控制点作为水准点，即平面控制点和高程控制点共用；为了便于日后寻找，各水准点应绘制"点之记"。

1. 观测方法

以光学水准仪观测为例，三、四等水准测量通常用 DS_3 级水准仪和双面水准尺，双面水准尺两根标尺黑面的尺底数均为 0，红面的底数一根为 4.687，另一根为 4.787（有的红面底数为 4.487 和 4.587），两根尺红面相差 0.1 m，且两根标尺应成对使用。下面介绍双面尺法的观测步骤。

（1）四等水准测量。

视线长度不超过 100 m，每一测站上，按照下列顺序观测：

① 后视水准尺的黑面，读下丝、上丝和中丝读数填入表 7.21 中（1）、（2）、（3）。

② 后视水准尺的红面，读中丝读数填入表中（4）。

③ 前视水准尺的黑面，读下丝、上丝和中丝读数填入表中（5）、（6）、（7）。

④ 前视水准尺的红面，读中丝读数填入表中（8）。

共计 8 个读数，这样的观测顺序称为后—后—前—前，在后视和前视读数时，均先读黑面再读红面，读黑面时读三丝读数，读红面时只读中丝读数。

表 7.21 四等水准测量记录（双面尺法）

日期：　　　　天气：　　　　仪器型号：　　　　观测：　　　　记录：

测站编号	测点编号	后尺 下丝/上丝 / 后视距 / 视距差 d	前尺 下丝/上丝 / 前视距 / $\sum d$	方向及尺号	水准尺读数 /m 黑面	水准尺读数 /m 红面	K+黑-红 /mm	平均高差 /m	备注
		（1）	（5）	后	（3）	（4）	（13）	（18）	K_1 K_2
		（2）	（6）	前	（7）	（8）	（14）		
		（9）	（10）	后－前	（15）	（16）	（17）		
		（11）	（12）						
1	BM₁｜Z₁	1.891 1.525 36.6 -0.2	0.758 0.390 36.8 -0.2	后 前 后－前	1.708 0.574 +1.134	6.395 5.361 +1.034	0 0 0	+1.134 0	$K_1=4.687$ $K_2=4.787$
2	Z₁｜Z₂	2.746 2.313 43.3 -0.9	0.867 0.425 44.2 -1.1	后 前 后－前	2.530 0.646 +1.884	7.319 5.333 +1.986	-2 0 -2	+1.885 0	$K_1=4.787$ $K_2=4.687$

测站编号	测点编号	后尺 下丝 上丝 / 后视距 / 视距差 d	前尺 下丝 上丝 / 前视距 / ∑d	方向及尺号	水准尺读数 /m 黑面	水准尺读数 /m 红面	K+黑-红 /mm	平均高差 /m	备注
3	Z_2 | Z_3	2.043 1.502 54.1 +1.0	0.849 0.318 53.1 −0.1	后 前 后−前	1.773 0.584 +1.189	6.459 5.372 +1.087	+1 −1 +2	+1.188 0	$K_1=4.687$ $K_2=4.787$
4	Z_3 | BM_2	1.167 0.655 51.2 −1.0	1.677 1.155 52.2 −1.1	后 前 后−前	0.911 1.416 −0.505	5.696 6.102 −0.406	+2 +1 +1	−0.505 5	$K_1=4.787$ $K_2=4.687$

计算与检核

$\sum(9)=185.2$

$-\underline{\sum(10)=186.3}$

-1.1

末站（12）= −1.1（核）

总视距 = $\sum(9)+\sum(10)=371.5$

总高差 = $\sum(18)=+3.701\,5$

总高差 = $\frac{1}{2}\left[\sum(15)+\sum(16)\right]=+3.701\,5$

总高差 = $\frac{1}{2}\left\{\sum[(3)+(4)]-\sum[(7)+(8)]\right\}$

$=\frac{1}{2}(32.791-25.388)=+3.701\,5$

（2）三等水准测量

视线长度不超过 75 m。观测顺序为：

① 后视水准尺的黑面，读下丝、上丝和中丝读数。

② 前视水准尺的黑面，读下丝、上丝和中丝读数。

③ 前视水准尺的红面，读中丝读数。

④ 后视水准尺的红面，读中丝读数。

此观测顺序简称为后—前—前—后。

2. 计算与检核

（1）测站计算与检核。

① 视距计算。

后视距离：$(9)=|(1)-(2)|\times100$

前视距离：$(10)=|(5)-(6)|\times100$

后视距离和前视距离为绝对值的计算。

前后视距差：$(11)=(9)-(10)$，对于四等水准测量，前后视距差不得超过 ±5 m；对于三等水准测量，不得超过 ±3 m。

前后视距累积差：$(12)=$ 上站的（12）+ 本站的（11），对于四等水准测量，前后视距累积差不得超过 ±10 m；对于三等水准测量，不得超过 ±6 m。

170

② 同一水准尺黑、红面中丝读数的检核。

同一水准尺黑面中丝读数加红面常数 K（4.687 或 4.787），减去红面中丝读数，理论上应为零。但由于误差的影响，一般不为零。同一水准尺红、黑面中丝读数之差为：

$$（13）=（3）+K_1-（4）$$
$$（14）=（7）+K_2-（8）$$

（13）、（14）的大小：对于四等水准测量，不得超过 ±3 mm；对于三等水准测量，不得超过 ±2 mm。

③ 高差的计算和检核。

$$黑面所测高差：（15）=（3）-（7）$$
$$红面所测高差：（16）=（4）-（8）$$

黑红面所测高差之差为：

$$（17）=（15）-[（16）±0.100]=（13）-（14）（检核用）$$

（17）值的大小：在四等水准测量中不得超过 ±5 mm；对于三等水准测量，不得超过 ±3 mm。±0.100 为两根水准尺红面常数之差。

（4）计算平均高差。

当检核符合要求后，取黑、红面高差的平均值作为该站的高差，即：

$$(18)=\frac{1}{2}\{（15）+[（16）±0.100]\}$$

（2）每页计算与检核。

在记录簿每页末或每一测段完成后，应作下列检核：

① 视距计算与检核。

后视距离总和减去前视距离总和应等于末站视距累积差，即：

$$末站的(12)=\sum(9)-\sum(10)（检核）$$

检核无误后，算出总视距：

$$D=\sum(9)+\sum(10)$$

② 高差计算与检核。

红、黑面后视总和减红、黑面前视总和应等于红、黑面高差总和，还应等于平均高差总和的 2 倍。即高差：

$$h=\frac{1}{2}\{\sum[(3)+\sum(4)]-\sum[(7)+(8)]\}=\frac{1}{2}\{\sum(15)+\sum(16)\}=\sum(18)$$

上式适用于测站数为偶数。若测站数为奇数，采用下式：

$$h=\frac{1}{2}\{\sum(15)+\sum[(16)±0.100]\}=\sum(18)$$

用双面尺法进行三、四等水准测量的记录、计算与检核实例见表 7.21。

（3）水准点高程计算。

测量成果经检核无误后，可按照第一章水准测量成果计算方法来计算水准点的高程。

对于四等水准测量，若没有双面水准尺，也可采用单面水准尺，用改变仪器高法进行。在每一测站上需变动仪器高度 0.1 m 以上。变更仪器高前，读下、上、中丝读数，变更仪器高后，只读中丝读数，观测顺序为后—前，变动仪器高后为前—后。并且将上述记录表中黑、红面中丝读数改为第一次读数和变动仪器高后第二次读数，（13）、（14）两项不必计算，变动仪器高所测得的两次高差之差不得超过 5 mm。

应注意的是，《工程测量标准》规定，各等级水准网应按最小二乘法平差进行成果计算。而第一章介绍的水准测量成果计算方法，是一种近似平差方法，适用于等外水准测量的成果计算。所以要进行等内水准测量成果计算，要按最小二乘法进行平差并计算中误差，建议使用平差软件进行成果计算。

二、三角高程测量

由上看出，用水准测量方法测量控制点高程，虽然精度高，但在地形起伏大的地区或山区施测比较困难，另外受视线长度限制，测量速度较慢，可采用三角高程测量的方法。

三角高程测量是根据两点间的水平距离或斜距和竖直角通过三角公式计算来获得两点间的高差，再求出待定点高程，可用经纬仪或测距仪、全站仪，测量出两点间的水平距离或斜距、竖直角。

（一）三角高程测量的计算公式

如图 7.26 所示，已知 A 点高程为 H_A，求 B 点高程 H_B，可通过测量 A、B 两点高差 h_{AB}，计算 H_B。在 A 点安置经纬仪，在 B 点竖立觇标，用望远镜中丝瞄准觇标的顶点，测出竖直角 α_A，并分别量取仪器横轴到桩顶的高度 i_A（仪器高）和觇高程 v_B，观测平距 D_{AB}（或斜距 S_{AB}）即可测定地面点 A、B 之间的高差 h_{AB}。

由图 7.26 可知：

$$h_{AB} = D_{AB} \tan \alpha_A + i_A - v_B \tag{7.37}$$

故 B 点的高程为：

$$H_B = H_A + h_{AB} = H_A + D_{AB} \tan \alpha_A + i_A - v_B \tag{7.38}$$

式（7.37）基于两个假定：一是假定视线在空间是一条严格的直线，二是假定 A、B 点之间的水准面可以用水平面代替。这两个假定在精度要求不高、距离较短时是成立的，因而式（7.38）仅适用于短距离三角高程测量。当 A、B 点之间的距离较长时，进行三角高程测量必须考虑地球曲率和大气折光的影响。

地球曲率和大气折光对三角高程测量的影响，如图 7.27 所示。C 为仪器横轴中心，过 A 点的水准面、过 C 点的水准面、过 C 点的水平面分别交觇标垂直延长线于 G、N、N' 点，显然 NN' 即为地球曲率引起的高差误差 p（简称球差）；图中 CM' 为视线未受大气折光影响时的方向线，CM 为经过大气折光影响的方向线，显然 MM' 即为大气折光引起的误差 r（简称气差）。

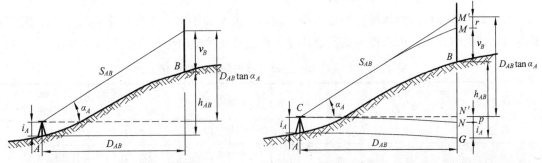

图 7.26　三角高程测量原理　　　　图 7.27　地球曲率和大气折光对三角高程的影响

根据（1.19）和（1.20）式可知，$p = \dfrac{D_{AB}^2}{2R}$，$r = K \dfrac{D_{AB}^2}{2R} = \dfrac{D_{AB}^2}{14R}$。

大气折光系数的大小与测点的地理位置、视线高度、地面植被情况、季节、大气温度和湿度等有关，很难精确确定，通常是根据所在地区的观测条件取一平均折光系数值。一般把折光曲线近似看成半径为 R'（$R' = 7R$）的圆弧，则 $r = \dfrac{D_{AB}^2}{2R'} = 0.07 \dfrac{D_{AB}^2}{R}$。

由图 7.27 可见，在考虑地球曲率和大气折光的影响后，A、B 两点的高差为：

$$h_{AB} = D_{AB} \tan \alpha_A + p + i_A - r - v_B$$

或
$$h_{AB} = D_{AB} \tan \alpha_A + i_A - v_B + f \tag{7.39}$$

式中，$f = 0.43 \dfrac{D_{AB}^2}{R}$，$f$ 简称球气差改正。

若观测斜距为 S_{AB}，则高差 h_{AB} 为：

$$h_{AB} = S_{AB} \cdot \sin \alpha_A + i_A - v_B + f \tag{7.40}$$

三角高程测量一般进行往返观测，即由已知点 A 向 B 观测（称为直觇），再由待求点 B 向已知点 A 观测（称为反觇），这样的观测称为双向观测或对向观测。

如果进行对向观测，则由 B 向 A 观测时可得：

$$h_{BA} = D_{AB} \tan \alpha_B + i_B - v_A + f \tag{7.41}$$

取双向观测的平均值得：

$$h_{AB} = \frac{1}{2}(h_{AB} - h_{BA}) \tag{7.42}$$

从理论上可知采用短时段对向观测可以抵消球气差的影响，但折光系数的大小与测点的地理位置、视线高度、地面植被情况、季节、大气温度和湿度等有关，很难精确确定，即使在同一条边上往返观测，因时间地点不同，K 值不可能完全相同，事实上不能完全抵消球气差。

（二）三角高程测量的观测与计算

1. 三角高程测量技术要求

小地区三角高程控制测量，一般可分为四等、五等和图根三角高程测量。一般在平面控制点的基础上布设成三角高程网或高程导线。其主要技术要求应符合表 7.22 的规定。

表 7.22 电磁波测距三角高程测量的主要技术要求

等级	每千米高差全中误差/mm	边长/km	观测方式	对向观测高差较差/mm	附合或环形闭合差/mm
四等	10	≤1	对向观测	$40\sqrt{D}$	$20\sqrt{\sum D}$
五等	15	≤1	对向观测	$60\sqrt{D}$	$30\sqrt{\sum D}$

注：1. D 为测距边的长度（km）；
    2. 起讫点的精度等级，四等应起讫于不低于三等水准的高程点上，五等应起讫于不低于四等的高程点上；
    3. 路线长度不应超过相应等级水准路线的总长度。

电磁波测距三角高程测量的数据处理应符合下列规定：

直返觇的高差应进行地球曲率和大气折光差的改正；平差前应按公式 7.35 计算每千米高差全中误差；各等级高程网应按最小二乘法进行平差并计算每千米高差全中误差；4 高程成果的取值应精确至 1 mm。

2. 三角高程测量的观测

电磁波测距三角高程观测的技术要求应符合表 7.23 的规定。

表 7.23 电磁波测距三角高程观测的主要技术要求

等级	垂直角观测				边长测量	
	仪器精度等级	测回数	指标差较差/（"）	测回较差/（"）	仪器精度等级	观测次数
四等	2"级仪器	3	≤7"	≤7"	10 mm 级仪器	往返各 1 次
五等	2"级仪器	2	≤10"	≤10"	10 mm 级仪器	往 1 次

（1）在测站上安置仪器，在目标点上安置觇标，量取仪器高和觇标高，读数至 mm。

（2）垂直角采用对向观测，当直觇完成后应即刻迁站进行返觇测量。

（3）仪器、反光镜或规牌的高度，应在观测前后各量测 1 次，并应精确至 1 mm，取平均值作为最终高度。

3. 三角高程测量的计算

根据（7.39）式或（7.41）、（7.42）式进行三角高程测量计算，一般在表格中进行。

三、卫星定位高程测量

1. 卫星定位高程测量的应用范围

卫星定位高程测量可适用于五等高程测量。若需采用卫星定位技术进行更高等级的高程测量，特别是较大区域范围的高程测量或跨河高程传递，则应进行专项设计与论证，并应符合相应等级高程控制精度的相关要求。

2. 卫星定位高程测量的基本要求

（1）卫星定位高程测量作业宜与平面控制测量一起进行。

（2）卫星定位高程测量的水准点联测应符合下列规定：

① 卫星定位高程网宜与四等或四等以上的水准点联测；联测的高程点宜分布在测区的四周和中央；若测区为带状地形，联测的高程点应分布于测区两端及中部两侧。

② 联测点数宜大于选用计算模型中未知参数个数的 1.5 倍。相邻联测点之间距离宜小于 10 km。

③ 地形高差变化大的地区应增加联测的点数，联测点数宜大于选用计算模型中未知参数个数的 2 倍。

3. 卫星定位高程测量数据处理

（1）应利用区域似大地水准面精化成果或当地的重力大地水准面模型、资料。

（2）对联测的已知高程点应进行可靠性检验，应剔除不合格点。

（3）对于地形平坦的小测区，可采用平面拟合模型；对于地形有起伏的大面积测区，宜采用曲面拟合模型或采用分区拟合的方法进行。

（4）拟合高程计算，不应超出拟合高程模型所覆盖的范围。

对卫星定位高程测量成果，应进行检验，检测点数不应少于全部高程点的 5%，并不应少于 3 个点；高差检验可采用相应等级的水准测量方法或电磁波测距三角高程测量方法进行。高差较差的限值应按下式计算：

$$\Delta_h = 30\sqrt{D} \tag{7.43}$$

式中，Δ_h 为高差较差的限值（mm）；D 为检查路线的长度（km）。

思考题与习题

1. 控制测量是怎样分类的？

2. 工程平面控制网和高程控制网是如何分等（级）的？

3. 卫星定位高程测量有什么要求？

4. 导线计算的目的是什么？说明导线内业计算的步骤和内容。

5. 闭合导线和附合导线的计算有哪些不同？

6. 三、四等水准测量的观测程序如何？四等水准测量的主要技术要求有哪些？

7. 说明导线外业测量的步骤。

8. 怎样衡量导线测量的精度？导线闭合差是如何规定的？

9. 已知 A 点坐标为（1 645.49，1 073.79），B 点坐标为（2 003.45，1 339.18），计算 AB 的坐标方位角及边长。

10. 如图所示，已知 AB 边的坐标方位角为 $\alpha_{AB} = 149°40'00''$，又测得 $\angle 1 = 168°03'14''$、$\angle 2 = 145°20'38''$，BC 边长为 236.02 m，CD 边长为 189.11 m，且已知 B 点的坐标为 $x_B = 5\,806.00$ m、$y_B = 9\,785.00$ m，求 C、D 两点的坐标。

11. 如图所示的闭合导线，已知 12 边的坐标方位角 $\alpha_{12} = 46°57'02''$，1 点的坐标为 $x_1 = 540.38$ m、$y_1 = 1\,236.70$ m，外业观测边长和角度资料如图示，计算闭合导线各点的坐标。

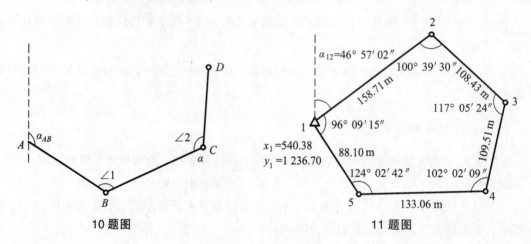

10 题图   11 题图

12. 已知闭合导线的数据如表 7.24 所示，计算各导线点的坐标（按图根导线要求）并画出示意图。

表 7.24　闭合导线的已知数据

点号	右角观测值	方位角	边长/m	坐标值/m		点号
				x	y	
1	2	3	4	5	6	7
1				1 000.00	1 000.00	1
		87°19′30″	199.36			
2	128°39′34″					2
			150.23			
3	85°12′33″					3
			183.45			
4	124°18′54″					4
			105.42			
5	125°15′46″					5
			185.26			
1	76°34′13″					1
2						

13. 如图所示的附合导线，已知起、终边的坐标方位角 $\alpha_{AB} = 45°00'00''$、$\alpha_{CD} = 283°51'33''$，B、C 两点的坐标分别为 $x_B = 864.22$ m，$y_B = 413.35$ m，$x_C = 970.21$ m，$y_C = 986.42$ m。外业观测的边长和角度资料如图示，计算附合导线 1、2、3 点的坐标。

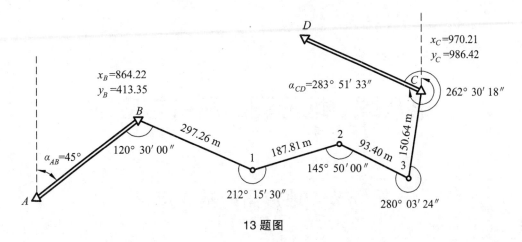

13 题图

14. 附合导线的已知数据及观测数据如表 7.25 所示，试计算导线点 1、2 的坐标（按图根导线要求）并画出示意图。

表 7.25　附合导线的已知数据

点号	观测右角 / (°　′　″)	边长/m	坐标/m	
			x	y
B			619.60	4 347.01
A	102　29　00		278.45	1 281.45
1	190　12　00	607.31		
2	180　48　00	381.46		
C	79　13　00	485.26	1 607.99	658.68
D			2 302.37	2 670.87

177

第八章　地形图的测绘与应用

第一节　地形图的基本知识

一、地形图的概念

地球表面上的物体概括起来可以分为地物和地貌两大类。

地物是指自然形成或人工建成的有明显轮廓的物体，如道路、桥梁、隧道、房屋、耕地、河流、湖泊、树木、电线杆等。地貌是指地面高低起伏变化的地势，如平原、丘陵、山脉等。

从狭义上讲，地形是指地貌；从广义上讲，地形是地物和地貌的总称。测量学中用地形图表示地物、地貌的状况及地面点之间的相互位置关系。

地形图是把地面上地物和地貌的形状、大小和位置，采用正射投影的方法，运用特定的符号，按一定的比例尺缩绘于平面的图形（见图 8.1）。地形图既表示地物的平面位置，也表示地貌的形态。如果图纸上只反映地物的平面位置，而不反映地貌的形态，则称为平面图。

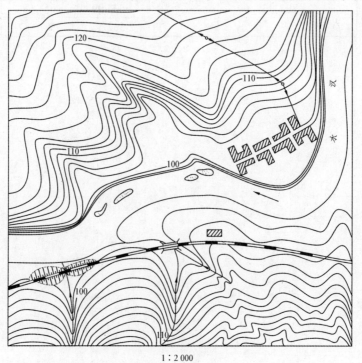

1 : 2 000

图 8.1　地形图

如果考虑地球曲率的影响，采用地图投影的方法绘制的全球、全国、全省的大区域的图称为地形图。地形图是规划、设计工作的重要依据，在进行铁路、公路、桥梁、地下管道和房屋建筑等各种工程的规划和设计时，都必须对拟建地区的情况做周密的调查研究，以便使规划、设计从实际情况出发，使工程得以顺利进行。

地形图是用许多专用符号和注记表示出来的，如果符号不统一，就会给地形图的使用者造成混乱。地形图的图式和要素分类代码的使用应符合现行国家标准。

地形测量图形成果包括纸质地形图成果及数字地形成果。

随着测绘科技的快速发展，数字地形测量图形成果出现了多样性。《工程测量标准》把数字地形测量图形成果分为数字线划图（DLG）、数字高程模型（DEM）、数字正射影像图（DOM）、数字三维模型，并按数据来源、技术特性、表达方法、数学精度、提交成果的表现形式和工程应用 6 种特征对数字地形测量图形成果进行了区分。地形测量图形成果的主要特征如表 8.1 所示。

表 8.1　地形测量图形成果的主要特征

产品特征	图形成果类型				
	纸质地形图原图	数字地形测量图形成果			
		数字线划图	数字高程模型	数字正射影像图	数字三维模型
数据来源	平板测图、人工手绘、模拟航测成图等	全站仪测图、卫星定位实时动态测图、数字航空摄影测量、扫描数字化等	数字航空摄影、机载激光雷达、3D激光扫描等	数字航空摄影、低空无人机摄影、遥感影像等	数字航空（地面）摄影、倾斜摄影测量、3D激光扫描等
技术特性	纸质图可量测、透明底图可晒图复制等	可量测、编辑计算、矢量格式、自由缩放、叠加、漫游、查询等	立体直观、自由旋转、可量测切割等	精度高、信息丰富、直观逼真、现势性强等	真实性强、性价比高、立体直观、自由旋转、单张影像可量测等
表达方法	线划、颜色、符号、注记、等高线、分幅、图廓整饰等	用计算机可识别的代码系统表达线划、颜色、符号、注记、等高线、分幅、图廓整饰和属性特征等	矩形格网或三角网（TLN）构建模型等	同时具有地图几何精度和影像特征的图像	真实反映地物外观、位置、高度等属性的三维数据模型等
数学精度	测量及图解精度	测量精度	格网精度、分辨率	空间分辨率	空间分辨率、纹理质量
提交成果	纸图、必要时附细部点成果表等	各类文件：如原始文件、成果文件、图形信息数据文件、元数据等	DEM数据、元数据和文档资料等	DOM数据、元数据和文档资料等	DSM数据、纹理数据和文档资料等
工程应用	几何作图等	生产地理空间数据库和数字线划图供规划设计使用等	数字沙盘、土石方量计算、线路工程选线等	城市规划管理、农村土地调查、区（流）域生态监测等	应急指挥、国土资源管理、数字城市、灾害评估、房产税收等

二、地形图的比例尺及比例尺精度

1. 比例尺

地形图都是按一定的比例缩绘而成。地形图上的比例尺是图上任一线段 d 与地上相应线段水平距离 D 之比，称为图的比例尺。常见的比例尺有两种：数字比例尺和直线比例尺。

用分子为 1 的分数式来表示的比例尺，称为数字比例尺，即：

$$\frac{d}{D} = \frac{1}{M}$$

式中，M 为比例尺分母，表示缩小的倍数。

M 愈小，比例尺愈大，图上表示的地物地貌愈详尽。通常把 1∶500，1∶1 000，1∶2 000，1∶5 000 的比例尺称为大比例尺；1∶1 万，1∶2.5 万，1∶5 万，1∶10 万的称为中比例尺，小于 1∶10 万的称为小比例尺。我国规定，1∶1 万，1∶2.5 万，1∶5 万，1∶10 万，1∶25 万，1∶50 万，1∶100 万 7 种比例尺地形图为国家基本比例尺地形图。不同比例尺的地形图有不同的用途，大比例尺地形图多用于各种工程建设的规划和设计，国防和经济建设等多种用途的多属中小比例尺地图。

为了用图方便，以及避免由于图纸伸缩而引起的误差，通常在图上绘制图示比例尺，也称直线比例尺。图 8.2 为 1∶1 000 的图示比例尺，在两条平行线上分成若干 2 cm 长的线段，称为比例尺的基本单位，左端一段基本单位细分成 10 等分，每等分相当于实地 2 m，每一基本单位相当于实地 20 m。

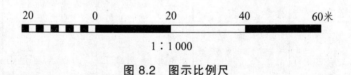

1∶1 000

图 8.2　图示比例尺

2. 比例尺精度

人眼正常的分辨能力，在图上辨认的长度通常认为 0.1 mm，它在地上表示的水平距离 0.1 mm × M，称为比例尺精度。利用比例尺精度，根据比例尺可以推算出测图时量距应准确到什么程度。例如，1∶1 000 地形图的比例尺精度为 0.1 m，测图时量距的精度只需 0.1 m，小于 10.1 m 的距离在图上表示不出来。反之，根据图上表示实地的最短长度，可以推算测图比例尺。例如，欲表示实地最短线段长度为 0.5 m，则测图比例尺不得小于 1∶5 000。

比例尺愈大，采集的数据信息愈详细，精度要求就愈高，测图工作量和投资往往成倍增加，因此使用何种比例尺测图，应从实际需要出发，不应盲目追求更大比例尺的地形图。比例尺精度如表 8.2 所示。

表 8.2　比例尺精度

比例尺	1：500	1：1 000	1：2 000	1：5 000
比例尺精度/m	0.05	0.1	0.2	0.5

三、地物的表示方法

地形图上的主要内容是地物和地貌，在地形图上地物都用规定的符号表示，表示地物的符号称为地物符号。我国由国家测绘局制定、技术监督局发布的《地形图图示》，对地形图上的符号做了统一的规定，按不同的比例尺分为若干册。测绘地形图时，应按照比例尺的不同选用相应的地形图图示所规定的符号来绘制；同时，应以最新版本为依据。表 8.3 是《地形图图示》的一部分。

地物符号可分为以下 4 种：

1. 比例符号

把地物的轮廓按测图比例尺缩绘于图上的相似图形，称为比例符号，如房屋、湖泊、水库、田地等。比例符号准确地表示出地物的形状、大小和所在位置。

2. 非比例符号

当地物轮廓很小，或因比例尺较小，按比例尺无法在地形图上表示出来的，则用统一规定的符号将其表示出来，这种符号称为非比例符号，如测量控制点、电杆、水井、树木、烟囱等。非比例符号不能准确表示出物体的形状和大小，只能表示地物的位置和属性。非比例符号的定位点基本遵循以下几点要求：

（1）规则的几何图形。其图形几何中心为定位点，如导线点、三角点等。
（2）底部为直角的符号。以符号的直角顶点为定位点，如独立树、路标等。
（3）底宽符号。以底线的中点为定位点，如烟囱、岗亭等。
（4）几种图形组合符号。以符号下方图形的几何中心为定位点，如路灯、消火栓等。
（5）下方无底线的符号。以符号下方两端点连线的中心为定位点，如窑洞、山洞等。

3. 半比例符号

对于一些带状延伸性地物，其长度可按比例尺缩绘，而宽度却不能按比例尺缩绘，这种符号称为半比例符号，如铁路、通讯线、小路、管道、围墙、境界等。半比例符号的线型宽度并不代表实地地物的实宽，只能说明地物的性质和相应的等级，但长度是按比例的，其符号中心线即为实地地物中心线的图上位置。

表8.3 部分地形图图示

编号	符号名称	图 例	编号	符号名称	图 例
1	三角点 凤凰山—点名 394.468—高程	凤凰山 3.0 / 394.468	14	游泳池	泳
2	导线点 I.16—等级,点号 84.46—高程	2.0 ⊡ I.16 / 84.46	15	路 灯	2.0 1.6 ○—○ 4.0 1.0
3	水准点 II京石S—等级, 点名 32.804—高程	2.0 ⊗ II京石5 / 32.804	16	喷水池	1.0 ⊙ 3.6
4	GPS控制点 B14—级别,点号 495.267—高程	B14 / 495.267 3.0	17	假石山	4.0 2.0 1.0
5	一般房屋 混—房屋结构 3—房屋层数	混3 1.6 / ▨ 2	18	塑 像 a.依比例尺的 b.不依比例尺的	a b 1.0 —○ 4.0 2.0
6	台 阶	0.6 1.0 1.0	19	旗 杆	1.6 1.0 4.0 1.0
7	室外楼梯 a.上楼方向	混B 不表示 a	20	一般铁路	0.2 10.0 10.0 0.2 0.8 0.4 0.6
8	院 门 a.围墙门 b.有门房的	a ⌐ 0.6 b 45° ▨ ▨	21	建筑中的铁路	10.0 10.0 0.8 0.4 2.0 0.6 2.0
9	门 顶	1.0	22	高速公路 a.收费站 0—技术等级代码	○—○—○ 0.4 0 a ○—○—○
10	围 墙 a.依比例尺的 b.不依比例尺的	a 10.0 b 10.0 0.3 0.6	23	大车路、机耕路	8.0 2.0 0.2
11	水塔	2.0 1.0 ⊕ 3.6 1.0	24	小 路	4.0 1.0 0.3
12	温室、菜窖、花房	温室	25	内部道路	1.0 1.0
13	宣传橱窗、广告牌	1.0 ⊏ 2.0	26	电 杆	1.0 1.0

编号	符号名称	图 例	编号	符号名称	图 例
27	电线架		36	滑 坡	
28	低压线	4.0	37	陡 崖 a.土质的 b.石质的	a b
29	高压线	4.0			
30	变电室(所) a.依比例尺的 b.不依比例尺的	a. 2.6 /60 b. 1.0 ■ 3.6 1.6	38	冲 沟 3.5—深度注记	3.5
31	一般沟渠	0.3	39	陡 坎 a.未加固的 b.已加固的	a. 2.0 4.0 b.
32	村 界	0.2 1.0 4.0 2.0	40	盐碱地	3.0 2.0
33	等高线 a.首曲线 b.计曲线 c.间曲线	a. 0.15 b. 0.3 1.0 c. 6.0 0.15	41	稻 田	0.2 3.0 1.0 10.0 10.0
34	示坡线	0.8	42	旱 地	1.0 2.0 10.0 10.0
			43	水生经济作物地	10.0 3.0 10.0 2.0
35	一般高程点及注记 a.一般高程点 b.独立地物的高程	a b 0.5 •163.5 75.4	44	果 园	1.6 3.0 10.0 10.0

注：1. 图例符号旁标注的尺寸均以 mm 为单位；

    2. 在一般情况下，符号的线粗为 0.15 mm，点的大小为 0.3 mm；

    3. 有的符号为左右两个，凡未注明的，其左边的为 1：500 和 1：1 000，右边的为 1：2 000。

4. 注记符号

地形图上用文字、数字或特定符号对地物的性质、名称、高程等加以说明，称为注记符号。注记是对图式和地形的补充说明，如图上注明的地名、控制点名称、高程、房屋的层数、机关名称、河流的深度、流向等。需要指出的是，比例符号、非比例符号、半比例符号的运用也不是固定不变的，有时同一地物在不同比例尺的地形图上运用的符号就不相同。例如，某道路宽度为 6 m，在小于 1∶10 000 的地形图上用半比例符号表示，但是，在 1∶10 000 及其以上大比例尺地形图上则采用比例符号表示。总之，测图比例尺越大，用比例符号描绘的地物就越多；测图比例尺越小，用非比例符号和半比例符号描绘的地物就越多。

四、地貌符号

地貌形态多种多样，应根据地面倾角（α）大小，确定地形类别：地面倾斜角 $\alpha < 3°$，称为平坦地；$3° \leqslant \alpha < 10°$ 称为丘陵地；倾斜角在 $10° \leqslant \alpha < 25°$，称为山地；$\alpha \geqslant 25°$ 以上，称为高山地。

表示地貌的方法有多种，对于大、中比例尺地形图主要采用等高线法。对于特殊地貌采用特殊符号表示。

（一）等高线的概念

等高线是地面相邻等高点相连接的闭合曲线。一簇等高线，在图上不仅能表达地面起伏变化的形态，而且还具有一定立体感。如图 8.3 所示，设有一座小山头的山顶被水恰好淹没时的水面高程为 50 m，水位每退 5 m，则坡面与水面的交线即为一条闭合的等高线，其相应高程为 45 m、40 m、35 m。将地面各交线垂直投影在水平面上，按一定比例尺缩小，从而得到一簇表现山头形状、大小、位置以及它起伏变化的等高线。

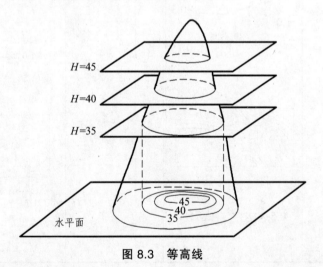

图 8.3　等高线

（二）等高距和等高线平距

相邻等高线之间的高差 h，称为等高距或等高线间隔，在同一幅地形图上，等高距是相同的。相邻等高线间的水平距离 d，称为等高线平距。d 愈大，表示地面坡度愈缓，反之愈陡。坡度与平距成反比。

用等高线表示地貌，等高距选择过大，就不能精确显示地貌；反之，选择过小，等高线密集，失去图面的清晰度。因此，应根据地形和比例尺参照表 8.4 选用等高距。

表 8.4　地形图的基本等高距 单位：m

地形类别	比　例　尺				备　注
	1：500	1：1 000	1：2 000	1：5 000	
平坦地	0.5	0.5	1	2	地形图上高程点的注记，当基本等高距为 0.5 m 时，应精确至 0.01 m；当基本等高距大于 0.5 m 时，应精确至 0.1 m
丘陵地	0.5	1	2	5	
山　地	1	1	2	5	
高山地	1	2	2	5	

（三）等高线分类

按表 8.4 选定的等高距称为基本等高距，同一幅图只能采用一种基本等高距。等高线的高程应为基本等高距的整倍数。按基本等高距描绘的等高线称为首曲线，用细实线描绘；为了读图方便，高程为 5 倍基本等高距的等高线用粗实线描绘并注记高程，称为计曲线；在基本等高线不能反映出地面局部地貌的变化时，可用 1/2 基本等高距用长虚线加密的等高线，称为间曲线；更加细小的变化还可用 1/4 基本等高距用短虚线加密的等高线，称为助曲线，如图 8.4 所示。

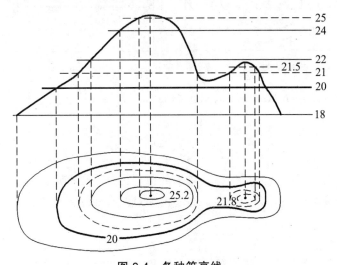

图 8.4　各种等高线

（四）典型地貌的等高线

地貌形态繁多，但主要由一些典型地貌的不同组合而成。要用等高线表示地貌，关键在于掌握等高线表达典型地貌的特征。典型地貌有：

1. 山头和洼地（盆地）

图 8.5 表示山头和洼地的等高线，其特征等高线表现为一组闭合曲线。

185

在地形图上区分山头或洼地可采用高程注记或示坡线的方法。高程注记可在最高点或最低点上注记高程，或通过等高线的高程注记字头朝向确定山头（或高处）；示坡线是从等高线起向下坡方向垂直于等高线的短线，示坡线从内圈指向外圈，说明中间高，四周低。由内向外为下坡，故为山头或山丘；示坡线从外圈指向内圈，说明中间低，四周高，由外向内为下坡，故为洼地或盆地。

2. 山脊和山谷

山脊是沿着一定方向延伸的高地，其最高棱线称为山脊线，又称分水线，如图 8.6 所示山脊的等高线是一组向低处凸出为特征的曲线。山谷是沿着一方向延伸的两个山脊之间的凹地，贯穿山谷最低点的连线称为山谷线，又称集水线，如图 8.6 中 T 所示，山谷的等高线是一组向高处凸出为特征的曲线。

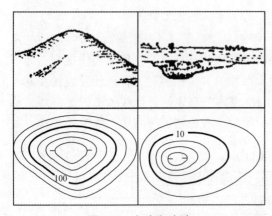

图 8.5　山头和洼地

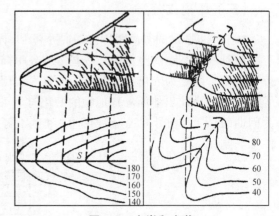

图 8.6　山脊和山谷

山脊线和山谷线是显示地貌基本轮廓的线，统称为地性线，它在测图和用图中都有重要作用。

3. 鞍　部

鞍部是相邻两山头之间低凹部位呈马鞍形的地貌，如图 8.7 所示。鞍部（K 点处）俗称垭口，是两个山脊与两个山谷的会合处，等高线由一对山脊和一对山谷的等高线组成。

4. 陡崖和悬崖

陡崖是坡度在 70° 以上的陡峭崖壁，有石质和土质之分，图 8.8 是石质陡崖的表示符号。悬崖是上部突出中间凹进的地貌，这种地貌等高线如图 8.9 所示。

5. 冲　沟

冲沟又称雨裂，如图 8.10 所示，它是具有陡峭边坡的深沟，由于边坡陡峭而不规则，所以用锯齿形符号来表示。

熟悉了典型地貌等高线特征，就容易识别各种地貌，图 8.11 是某地区综合地貌示意图及其对应的等高线图，读者可自行对照阅读。

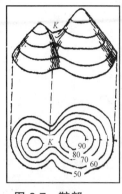
图 8.7　鞍部

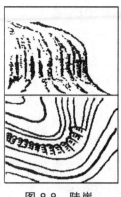
图 8.8　陡崖

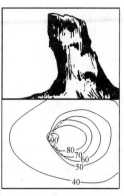
图 8.9　悬崖

图 8.10　冲沟

（五）等高线的特性

根据等高线的原理和典型地貌的等高线，可得出等高线的特性：

（1）同一条等高线上的点，其高程必相等。

（2）等高线均是闭合曲线，如不在本图幅内闭合，则必在图外闭合，故等高线必须延伸到图幅边缘。

（3）除在悬崖或绝壁处外，等高线在图上不能相交或重合。

（4）等高线的平距小，表示坡度陡，平距大则坡度缓，平距相等则坡度相等，平距与坡度成反比。

（5）等高线和山脊线、山谷线成正交（见图 8.11）。

（6）等高线不能在图内中断，但遇道路、房屋、河流等地物符号和注记处可以局部中断。

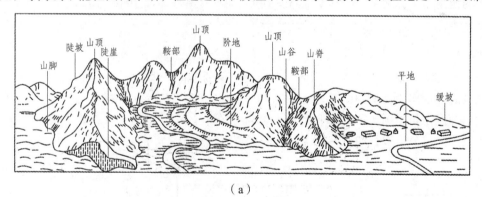

（a）

（b）

图 8.11　地貌与等高线

187

五、大比例尺地形图的分幅、编号和图外注记

（一）分幅和编号

广大区域的地形图必须分幅绘制。为便于管理和使用，地形图需要有统一的分幅和编号。图幅指图的幅面大小，即一幅图所测绘地貌、地物的范围。地形图的分幅可分为两大类：一种是梯形分幅法；另一种为矩形分幅法。前者主要用于中小比例尺地形图，而大比例尺地形图通常采用后者。为了适应各种工程设计和施工的需要，对于大比例尺地形图，大多按纵、横坐标格网线进行等间距分幅，即采用正方形分幅与编号方法。图幅大小如表 8.5 所示。

表 8.5　矩形分幅及面积

比例尺	图幅大小/（cm×cm）	实地面积/km^2	一幅 1：5 000 图幅包含相应比例尺图幅数目
1：5 000	40×40	4	1
1：2 000	50×50	1	4
1：1 000	50×50	0.25	16
1：500	50×50	0.625	64

1. 坐标编号法

图幅的编号一般采用坐标编号法。由图幅西南角纵坐标 x 和横坐标 y 组成编号，1：5 000 坐标值取至 km，1：2 000、1：1 000 取至 0.1 km，1：500 取至 0.01 km。例如，某幅 1：1 000 地形图的西南角坐标为 $x = 6\ 230$ km、$y = 10$ km，则其编号为 6230.0—10.0。

2. 连续编号法

当面积较大地区，且有几种不同比例尺的地形图时，常采用这种办法。

（1）1：5 000 地形图的编号，是以图廓西南角的坐标公里数，并在前加注所在投影带中央子午线的经度作为该图的图号。例如 117°—3914—84，表示该图在中央子午线 117° 的投影带内，图廓西南角坐标 $x = 3\ 914$ km，$y = 84$ km。但在较小范围内，常省略中央子午线经度，坐标也只取两位公里数，如图 8.12 用 20—60 表示。

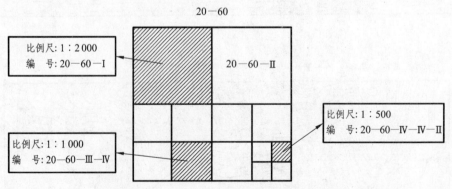

图 8.12　1：5 000 基本图号法的分幅编号

（2）1：2 000 地形图的编号，是以 1：5 000 的图为基础，将一幅 1：5 000 图分成 4 幅

1 : 2 000 的地形图，分别用罗马字Ⅰ、Ⅱ、Ⅲ、Ⅳ按图 8.12 中的顺序表示。其编号是在 1 : 5 000 的图号后加相应的代号，如 20—60—Ⅰ。

（3）1 : 1 000 地形图的编号，是将一幅 1 : 2 000 图分成 4 幅，在 1 : 2 000 的图号后分别加Ⅰ、Ⅱ、Ⅲ、Ⅳ，例如 20—60—Ⅲ—Ⅳ。

（4）1 : 500 地形图的编号，是将一幅 1 : 1 000 图分成 4 幅，在 1 : 1 000 的图号后分别加Ⅰ、Ⅱ、Ⅲ、Ⅳ，例如 20—60—Ⅳ—Ⅳ—Ⅱ。

3. 流水编号和行列编号法

在工程建设和小区规划中，还经常采用自由分幅编号。如可按自然序数从左到右，从上到下进行流水编号（见图 8.13）；或以代号（A、B、C、D…）为横行，由上到下，以数字 1、2、3…为代号的纵列，从左到右排列，先行后列进行编号（见图 8.14）。在铁路、公路等线型工程中应用的带状地形图，图的分幅编号可采用沿线路方向进行编号。

图 8.13　流水编号

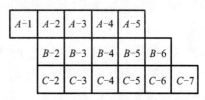

图 8.14　行列编号

（二）图外注记

为了图纸管理和使用的方便，在地形图的图框外有许多注记，如图名、图号、接图表、图廓等，如图 8.15 所示。

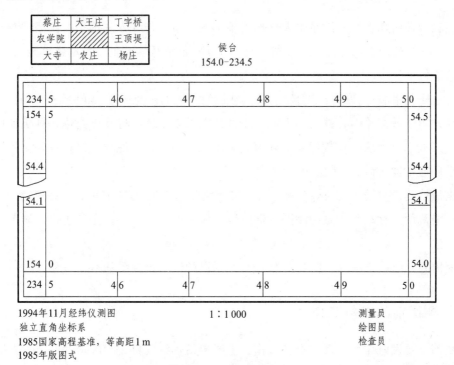

图 8.15　图外注记

189

1. 图名和图号

图名就是本幅图的名称，常用本幅图内最著名的城镇、村庄、厂矿企业、名胜古迹或凸出的地物、地貌的名字来表示。图号即图的编号。图名和图号标在图幅上方中央。

2. 接图表

接图表是本幅图与相邻图幅之间位置关系的示意图，供查找相邻图幅之用。接图表位于图幅左上方，绘出本幅图与相邻 8 幅图的图名或图号。

3. 图廓和坐标格网

图廓是图幅四周的范围线，它有内外图廓之分。内图廓线是地形图分幅时的坐标格网，是测量边界线。外图廓线是距内图廓以外一定距离绘制的加粗平行线，仅起装饰作用。在内图廓外四角处注有坐标值，并在内图廓线内绘有 10 cm 间隔互相垂直交叉的 5 mm 短线，表示坐标格网线的位置。在内、外图廓线间还注记坐标格网线的坐标值。

在外图廓线外，除了有接图表、图名、图号，尚应注明测量所使用的平面坐标系、高程系、比例尺、成图方法、成图日期及测绘单位等，供日后用图时参考。

第二节　大比例尺地形图测绘

相当长一段时期，工程测量中大比例尺地形图测绘的传统方法是平板仪测图和经纬仪测图，也就是通称的白纸测图。传统测图过程几乎都是在野外实现的，劳动强度较大，效率低，精度也难于保证。

随着电子技术和计算机技术的发展及其在测绘领域的广泛应用，20 世纪 80 年代产生了电子速测仪、电子数据终端，并逐步形成了野外数据采集系统，将其与内业计算机辅助制图系统结合，形成了一套从野外数据采集到内业制图全过程的、实现数字化和自动化的测量制图系统，人们通常称之为数字化测图。

根据地形测绘数据源的获取来源区分，数字化测图包括 RTK 测图、全站仪测图、地面三维激光扫描测图、移动测量系统测图、低空数字摄影测图、机载激光雷达扫描测图及扫描数字化等方法。

下面简要介绍以全站仪、RTK 为数据采集手段的数字化测图基本知识和方法。

一、测图前的准备工作

测图前，要做好详细周密的准备工作。主要包括收集资料、测区踏勘、技术方案制订、仪器准备等。

1. 搜集资料与现场踏勘

测图前应将测区已有地形图及各种测量成果资料，如已有地形图的测绘日期，使用的坐标系统，相邻图幅图名与相邻图幅控制点资料等收集在一起。对本图幅控制点资料的收集内容包括：点数、等级、坐标、相邻控制点位置和坐标、测绘日期、坐标系统及控制点的点之记。

现场踏勘则是在测区现场了解测区位置、地物地貌情况、通视、通行及人文、气象、居民地分布等情况，并根据收集到的点之记找到测量控制点的实地位置，确定控制点的可靠性和可使用性。

收集资料与现场踏勘后，制订图根点控制测量方案的初步意见。

2. 制订测图技术方案

根据测区地形特点及测量规范针对图根点数量和技术的要求，确定图根点位置和图根控制形式及其观测方法，如确定测区内水准点数目、位置、联测方法等。测图精度估算、测图中特殊地段的处理方法及作业方式、人员、仪器准备、工序、时间等也均应列入技术方案之中。地表复杂区可适当增加图根点数目。

3. 仪器准备

测图前，应准备好测绘仪器及配套工具。仪器设备必须达到规范规定的技术指标要求并经过测绘计量鉴定合格后方可投入使用。除了主要测量设备（如 RTK 设备、全站仪及辅助设备等）外，还应准备图板、皮尺、小钢卷尺、记录手簿、木桩、钢钉、油漆、手锤、斧子等必要的工具。

二、测图的外业工作

外业工作是测图工作中尤为重要的一个组成部分。外业工作质量的好坏直接决定最终成果的优劣。和传统的白纸测图一样，数字化测图的外业工作包括控制测量和碎部测量。

（一）图根控制测量

图根控制测量主要是在测区高级控制点密度满足不了大比例尺数字测图需求时，适当加密布设控制点。当前，数字化测图工作主要是大比例尺数字地形图和各种专题图的测绘，因此控制测量部分主要是进行图根控制测量。图根控制测量主要包括平面控制测量和高程控制测量。平面控制测量确定图根点的平面坐标，高程控制测量确定图根点的高程。

图根平面控制和高程控制测量，既可同时进行，也可分别施测。图根点相对于邻近等级控制点的点位中误差不应大于图上 0.1 mm，高程中误差不应大于基本等高距的 1/10。对于较小测区，图根控制可作为首级控制。

图根平面控制测量可采用 RTK 图根测量、图根导线、极坐标法和边角交会法等。

一般地区图根点的数量不宜少于表 8.6 的规定。

表 8.6 一般地区图根点的数量

测图比例尺	图幅尺寸/mm	图根点数量/个	
		全站仪测图	RTK 测图
1∶500	500×500	2	1
1∶1 000	500×500	3	1~2
1∶2 000	500×500	4	2
1∶5 000	400×400	6	3

注：表中所列数量指施测该幅图可利用的全部控制点数量。

1. RTK 图根控制测量

RTK 图根控制测量的主要技术要求如下：

（1）RTK 图根控制测量可采用单基站 RTK 测量模式，也可采用网络 RTK 测量模式；作业时，有效卫星数不宜少于 6 个，多星座系统有效卫星数不宜少于 7 个，PDOP 值应小于 6，并应采用固定解成果。

（2）RTK 图根控制点应进行两次独立测量，坐标较差不应大于图上 0.1 mm，符合要求后应取两次独立测量的平均值作为最终成果。

（3）RTK 图根控制测量的主要技术要求应符合表 8.7 的规定。

表 8.7 RTK 图根控制测量的主要技术要求

等级	相邻点间距离/m	边长相对中误差	起算点等级	流动站到单基准站间距离/km	测回数
图根	≥100	≤1/4 000	三级及以上	≤5	≥2

注：对天通视困难地区相邻点间距离可缩短至表中数值的 2/3，边长较差不应大于 20 mm。

（4）RTK 图根控制测量成果的检查。

① 检核点应均匀分布于测区的中部及周边。

② 检核方法可采用边长检核、角度检核或导线联测检核等，RTK 图根控制点检核限差应符合表 8.8 的规定。

表 8.8 RTK 图根控制点检核限差

等级	边长检核		边长检核		导线联测检核	
	测距中误差/mm	边长较差的相对中误差	测角中误差/（″）	角度较差限差/（″）	角度闭合差/（″）	全长相对闭合差
图根	20	1/2 500	20	60	$60\sqrt{n}$	1/2 000

注：n 为导线测量测站数。

③ 外业检核也可采用已知点比较法、复测比较法等，并应按公式（7.34）统计检核点的精度，检核点的点位中误差 M_Δ 不应大于图上 0.1 mm，高程中误差不应大于基本等高距的 1/10。

2. 全站仪图根平面控制测量

利用全站仪进行图根控制测量，对于图根点的布设，可采用图根导线、图根三角和交会定点等方法。由于导线的形式灵活，受地形等环境条件的影响较小，一般采用导线测量法，也可以采用一步测量法。导线测量法的详细步骤见第七章导线测量的内容。

如图 8.16 所示，一步测量法是指在图根导线选点、埋桩以后，将图根导线测量与碎部测量同时作业.在测定导线后。提取各条导线测量数据进行导线平差计算，而后可按新坐标对碎部点进行坐标重算。目前，许多测图软件都支持这种作业方法。

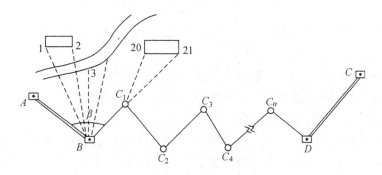

图 8.16　一步测量法示意图

3. 图根高程控制测量

图根高程控制可采用图根水准、电磁波测距三角高程和 RTK 图根高程测量方法。起算点的精度不应低于四等水准高程点。

（1）图根水准测量。图根水准测量的主要技术要求应符合表 8.9 的规定。

表 8.9　图根水准测量的主要技术要求

每千米高差全中误差/mm	附合路线长度/km	水准仪级别	视线长度/m	观测次数		往返较差、附合或环线闭合差/mm	
				附合或闭合路线	支水准路线	平地	山地
20	≤5	DS10	≤100	往一次	往返各一次	$40\sqrt{n}$	$12\sqrt{n}$

注：1. L 为往返测段，附合或环线的水准路线的长度（km）；n 为测站数；
　　2. 水准路线布设成支线时，路线长度不应大于 2.5 km。

图根水准测量根据测区情况，可布设闭合水准路线或附合水准路线。具体施测方法见第一章水准测量。

（2）图根电磁测距三角高程测量。图根电磁波测距三角高程测量的主要技术要求应符合表 8.10 的规定，仪器高和规标高应精确量至 1 mm。

表 8.10　图根电磁波测距三角高程测量的主要技术要求

每千米高差全中误差/mm	附合路线长度/km	仪器精度等级	中丝法测回数	指标差较差/（″）	垂直角较差/（″）	对向观测高差较差/mm	附合或环形闭合差/mm
20	≤5	6″级仪器	2	25	25	$80\sqrt{D}$	$40\sqrt{\sum D}$

注：D 为电磁波测距边的长度（km）。

（3）RTK 图根高程控制测量。RTK 图根高程控制测量作业方法，应独立进行 2 次高程测

193

量，2 次独立测量的较差不应大于基本等高距的 1/10。符合要求后应取 2 次独立测量的平均值作为最终成果。

（二）碎部点数据采集

1. 数字测图外业作业模式

目前的全野外数字测图实际作业，按照数据记录方式的不同可以分为以下 3 种主要的作业模式：

（1）绘制观测草图作业模式。该方法是在全站仪采集数据的同时，绘制观测草图，记录所测地物的形状并注记测点顺序号，内业将观测数据传输至计算机，在测图软件的支持下，对照观测草图进行测点连线及图形编辑。

（2）碎部点编码作业模式。该方法是按照一定的规则给每一个所测碎部点一个编码，每观测一个碎部点需要通过仪器（或手簿）键盘输入一个编号，每一个编号对应一组坐标（X，Y，H），内业处理时将数据传输到计算机，在数字成图软件的支持下，由计算机进行编码识别，并自动完成测点连线形成图形。

（3）电子平板（或 PDA）作业模式。该模式是将电子平板（笔记本电脑）或 PDA 手簿通过专用电缆与全站仪的数据输出端口连接，观测数据直接进入电子平板或 PDA 手簿，在成图软件的支持下，现场连线成图。

上述 3 种数字测图的作业模式当中，都需要采集地形碎部点的坐标高程位置的数据，要用到的仪器和方法主要有：

① 全站仪采集碎部点。
② GNSS-RTK 采集碎部点。
③ GNSS-RTK 与全站仪相结合采集碎部点。

上述 3 种方式是目前大比例尺数字地形图测绘中所用到的主要方法，其实质是采集地形碎部点位置的坐标高程数据。事实上，数字化测图不仅要采集地形特征点的三维坐标，同时也要采集点位的属性信息和点之间连接关系。

2. 全站仪数据采集

全站仪数据采集是根据极坐标测量的方法，通过测定出已知点与地面上任意一待定点之间的相对关系（角度、距离、高差），利用全站仪内部自带的计算程序计算出待定点的三维坐标（X，Y，H）。

目前，全站仪生产厂家、品牌众多，功能和操作系统菜单也不尽相同，但其坐标数据采集的步骤大同小异，主要步骤如下：

（1）准备工作。

在测站点（等级控制点、图根控制点或支站点）安置全站仪，完成对中和整平工作，并量取仪器高。仪器的对中偏差不应大于 5 mm，仪器高和棱镜高应量至 1 mm。

测出测量时测站周围的温度、气压，并输入全站仪；根据实际情况选择测量模式（如反射片、棱镜、无合作目标），当选择棱镜测量模式时，应在全站仪中设置棱镜常数；检查全站仪中角度、距离的单位设置是否正确。

（2）测站设置、定向与检查。

① 测站设置。建立文件（项目、任务），为便于查找，文件名称根据习惯（如：测图时间）或个性化（如：作业员姓名）等方式命名。建好文件后，将需要用到的控制点坐标数据录入并保存至该文件中。

打开文件，进入全站仪野外数据采集功能菜单，进行测站点设置。键入或调入测站点点名及坐标、仪器高、测站点编码（可选）。

② 定向。选择较远的后视点（等级控制点、图根控制点或支站点）作为测站定向点，输入或调入后视点点号及坐标和棱镜高。精确瞄准后视定向点，设置后视坐标方位角（全站仪水平读数与坐标方位角一致）。

③ 检核。定向完毕后，施测前视点（等级控制点、图根控制点或支站点）的坐标和高程，作为测站检核。检核点的平面坐标较差不应大于图上的 0.2 mm，高程较差不应大于 1/5 倍基本等高距。

如果大于上述限差，必须分析产生差值的原因，解决差值产生的问题。该检核点的坐标必须存储，以备以后进行数据检查及图形与数据纠正。

每站数据采集结束时应重新检测标定方向，检测结果若超出上述两项规定的限差，其检测前所测的碎部点成果须重新计算，并应检测不少于两个碎部点。

（3）数据采集。

测站定向与检核结束后，进行碎部点进行坐标测量。输入碎部点的点名、编码（可选）、棱镜高后，开始测量。存储碎部点坐标数据，然后按照相同的方法测量并存储周围碎部点坐标。

注意，当棱镜有变化时，在测量该点前必须重新输入棱镜高，再测量该碎部点坐标。

在使用全站仪采集碎部点点位信息时，因受外界条件影响，不可能直接采集到全部碎部点点位信息，且对所有碎部点直接采集的工作量大、效率低，因此必须采用"测、算结合"的方法（在野外进行数据采集时，利用全站仪通过极坐标方法采集部分"基本碎部点"，结合勘丈的方法测出一部分碎部点，再运用共线、对称、平行、垂直等几何关系最终测定出所需要的所有碎部点）测定碎部点的点位信息，以便提高作业效率。

3. RTK 数据采集

因 GNSS-RTK 测量具有快捷、方便、精度高等优点，已被广泛用于碎部点数据采集工作中。在大比例尺数字测图工作中，采用 GNSS-RTK 技术进行碎部点数据采集，可无须布设各级控制点，仅依据一定数量的基准控制点，不要求点间通视（但在影响 GNSS 卫星信号接收的遮蔽地带，还应采用常规的测绘方法进行细部测量），在待测的碎部点上停留几秒钟，能实时测定点的位置，并能达到厘米级精度。

RTK 测图应使用双频或多频接收机，仪器标称精度不宜低于（$10+5 \times 10^{-6}$）mm；测图作业可采用单基站 RTK 测量方法，在已建立连续运行基准站系统的区域宜采用网络 RTK 测量方法。

（1）作业前的准备工作。

① 搜集测区的控制点成果、卫星定位测量资料及连续运行基准站系统的覆盖情况。

② 搜集测区的平面基准和高程基准的参数，应包括参考椭球参数、中央子午线经度、纵横坐标的加常数、投影面高程、平均高程异常等。

③ 搜集卫星导航系统的地心坐标框架与测区地方坐标系的转换参数及相应参考椭球的大地高基准与测区的地方高程基准的转换参数。

④ 网络 RTK 使用前，应在服务中心进行登记、注册，并应获得系统服务的授权。

（2）单基站点的选择要求。

① 应根据测区面积、地形和数据链的通信覆盖范围，均匀布设基准站。

② 单基站站点的地势应宽阔，周围不得有高度角超过 15°的障碍物和干扰接收卫星信号或反射卫星信号的物体。

③ 单基站的有效作业半径不应超过 10 km。

（3）单基站设置要求。

① 当基准站架设在已知点位时，接收机天线应对中、整平；对中偏差不应大于 2 mm；天线高的量取应精确至 1 mm。

② 应连接天线电缆、电源电缆和通信电缆等，电台天线宜设置在高处。

③ 电台频率的选择，不应与作业区其他无线电通信频率冲突。

（4）流动站作业要求。

① 流动站接收机天线高设置宜与测区环境相适应，变换天线高时应对手簿作相应更改。

② 流动站作业的有效卫星数不宜少于 6 个，多星座系统有效卫星数不宜少于 7 个，PDOP值应小于 6，并应采用固定解成果。

③ 应设置项目参数、天线高、天线类型、PDOP 和高度角等。

④ 每点观测时间不应少于 5 个历元。

⑤ 流动站的初始化，应在相对开阔的地点进行。

⑥ 作业前，应检测 9 个以上不低于图根精度的已知点；检测结果与已知成果的平面较差不应大于图上 0.2 mm，高程较差不应大于基本等高距的 1/5。

⑦ 若作业中，出现卫星信号失锁，应重新初始化，并应经重合点测量检查合格后，继续作业。

⑧ 结束前，应进行已知点检查。

⑨ 每日观测完成后，应转存测量数据至计算机，并应做好数据备份。

（5）GNSS-RTK 数据采集的主要步骤。

同全站仪一样，GNSS 接收机不同品牌、定位的产品，由于内置软件不同，其具体功能菜单也不相同，但主要操作步骤是基本一致的。

① 架设基准站。将基准站 GNSS 接收机安置在视野开阔、地势较高的地方，第一次启动基准站时，需通过手簿对启动参数进行设置，如差分格式等，并设置数据链，以后作业如不改变配置可直接打开基准站主机。

② 架设移动站。确认基准站发射成果后，即可开始移动站的架设。移动站架设好后，需通过手簿对移动站进行设置才能达到固定解的状态。

③ 配置手簿。对新建工程，须进行工程参数设置，如坐标系、中央子午线等。

④ 求转换参数。由于 GNSS 接收机直接输出的数据是经纬度坐标。因此为了满足不同用户的测量需求，需要把经纬度坐标转换为施工测量坐标，这就需要进行参数转换。

⑤ 坐标测量。开始对待测点进行坐标测量。

4. 全站仪草图法野外数据采集

（1）作业人员安排。

一般可设观测员 1 名、领镜员 1 名、立镜员 1~3 名，如图 8.17 所示。为便于每人都得到全面锻炼，内、外业各岗位间可定期轮换。

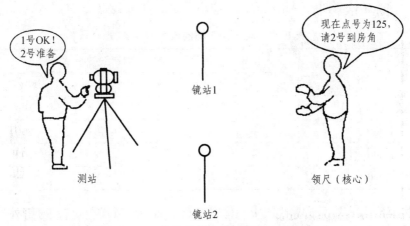

图 8.17　一小组作业人员配备情况示意图

（2）草图法野外数据采集的准备工作。

草图法野外数据采集之前，应做好充分的准备工作。主要包括两个方面：一是仪器工具的准备，二是图根点控制成果和技术资料的准备。

① 仪器工具的准备。

仪器工具方面的准备主要包括全站仪、对讲机、充电器、电子手簿或便携机、备用电池、通信电缆、花杆、反光棱镜、皮尺或钢尺（丈量地物长度用）、小钢卷尺（量仪器高用）、记录本、工作底图等。全站仪、对讲机应提前充电。在数字测图中，由于测站到镜站距离比较远，配备对讲机是必要的。同时对全站仪的内存进行检查，确认有足够的内存空间，如果内存不够则需要删除一些无用的文件。如全部文件无用，可将内存初始化。

② 图根点控制成果和技术资料的准备。

图根点控制成果和技术资料的准备主要是备齐所要测绘的范围内的图根点的坐标和高程成果表，在数据采集之前，最好提前将测区的全部已知成果输入电子手簿或便携机，以方便调用。目前多数数字测图系统在野外进行数据采集时，要求绘制较详细的草图。绘制草图一般在专门准备的工作底图上进行。这一工作底图最好用旧地形图、平面图的晒蓝图或复印件制作，也可用航片放大影像图制作。

（3）野外数据采集。

① 确定立镜方案。碎部点数据采集前，小组成员要一起弄清施测范围和实地情况，选定立镜点，商定立镜跑点路线。

② 安置仪器及定向。仪器观测员在测站安置全站仪，量取仪器高；启动全站仪，选择测量状态，输入测站点号和定向点号、定向点起始方向值（一般把起始方向值置零）和仪器高；瞄准定向棱镜，定好方向后，锁定全站仪度盘，通知跑尺员开始跑点。

③ 碎部点数据采集。立镜员在碎部点立棱镜后，观测员及时瞄准棱镜，用对讲机联系确定镜高（一般设一个固定高度，如 2.0 m）及所立点的性质，输入镜高（镜高不变时直接按回车键），在要求输入地物代码时，对于无码作业直接按回车键。在确认准确照准棱镜后，输入第一个立镜点的点号（如 0001），再按测量键进行测量，以采集碎部点的坐标和高程；第一点数据测量保存后，全站仪屏幕自动显示下一立镜点的点号（点号顺序增加，如 0002）；依次测量其他碎部点。全站仪测图的测距长度，不应超过表 8.11 的规定。

表 8.11　全站仪测图的最大测距长度

比例尺	最大测距长度/m	
	地物点	地形点
1∶500	160	300
1∶1 000	300	500
1∶2 000	450	700
1∶5 000	700	1 000

由于地物有明显的外部轮廓线或中心位置，故在测绘时较简单。在进行地貌采点时，可以用一站多镜的方法进行。一般在地性线上要有足够密度的点，特征点也要尽量测到。例如在山沟底测一排点，也应该在山坡边再测一排点，这样生成的等高线才真实。测量陡坎时，最好坎上坎下同时测点或准确记录坎高，这样生成的等高线才没有问题。在其他地形变化不大的地方，可以适当放宽采点密度。

④ 绘制草图。领镜员绘制草图，直到本测站全部碎部点测量完毕。

⑤ 全站仪搬到下一站，再重复上述过程。

⑥ 在一个测站上所有的碎部点测完后，要找一个已知点重测以进行检核，以检查施测过程中是否存在因误操作、仪器碰动或出故障等原因造成的错误。检查完，确定无误后，关掉仪器电源，中断电子手簿，关机，搬站。到下一测站，重新按上述采集方法、步骤进行施测。

（4）测量碎部点时跑点的方法。

在地形测量中，地形点就是立镜点，因此跑点是一项重要的工作。立镜点和立镜线路的选择对地形图的质量和测图效率都有直接的影响，所以测量前确定跑点方案非常重要。在地性线明显的地区，可沿地性线在坡度变换点上依次立镜，也可沿等高线跑点，一般常采用"环行线路法"和"迂回线路法"。

在进行外业测绘工作的时候碎部点测量应首先测定地物和地貌的特征点，还可以选一些"地物和地貌"的共同点进行立镜并观测，这样可以提高测图工作的效率。

地物、地貌的特征点，统称为地形特征点，正确选择地形特征点是碎部测量中十分重要的工作，它是地形测绘的基础。地物特征点，一般选在地物轮廓的方向线变化处，如房屋角点、道路转折点或交叉点、河岸水涯线或水渠的转弯点等［图 8.18（a）］。连接这些特征点，就能得到地物的相似形状。对于形状不规则的地物，通常要进行取舍。一般的规定是主要地物凸凹部分在地形图上大于 0.4 mm 均应测定出来；小于 0.4 mm 时可用直线连接。一些非比例表示的地物，如独立树、纪念碑和电线杆等独立地物，则应选在中心点位置。地貌特征点，通常选在最能反映地貌特征的山脊线，山谷线等地性线上。如山顶、鞍部、山脊、山谷、山坡、山脚等坡度或方向的变化点，如图 8.18（b）所示的立镜点。利用这些特征点勾绘等高线，才能在地形图上真实地反映出地貌来。

碎部点的密度应该适当，过稀不能详细反映地形的细小变化，过密则增加野外工作量，造成浪费。碎部点在地形图上的间距约为 2 ~ 3 cm，各种比例尺的碎部点间距可参考表 8.12。在地面平坦或坡度无显著变化地区，地貌特征点的间距可以采用最大值。铁路、公路初测阶段测图要符合现行的《新建铁路工程测量规范》或《公路勘测规范》的要求。

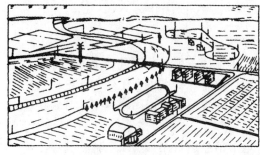

（a）地物特征点 　　　　　　　　　　　（b）地貌特征点

图 8.18　地形特征点

表 8.12　地形点的最大点位间距　　　　　　　　　　单位：m

比　例　尺		1：500	1：1 000	1：2 000	1：5 000
一般地区		15	30	50	100
水域	断面间	10	20	40	100
	断面上测点间	5	10	20	50

注：水域测图的断面间距和断面的测点间距，根据地形变化和用图要求，可适当加密或放宽。

（5）草图绘制。

目前在大多数数字测图系统的野外进行数据采集时，都要求绘制较详细的草图。如果测区有相近比例尺的地图，则可利用旧图或影像图并适当放大复制，裁成合适的大小（如 A4 幅面）作为工作草图。

在这种情况下，作业员可先进行测区调查，对照实地将变化的地物反映在草图上，同时标出控制点的位置，这种工作草图也起到工作计划图的作用。在没有合适的地图可作为工作草图的情况下，应在数据采集时绘制工作草图。工作草图应绘制地物的相关位置、地貌的地性线、点号、丈量距离记录、地理名称和说明注记等。草图可按地物的相互关系分块绘制，也可按测站绘制，地物密集处可绘制局部放大图。草图上点号标注应清楚正确，并与全站仪内存中记录的点号建立起一一对应的关系。

草图法是一种"无码作业"的方式，在测量一个碎部点时，不用在电子手簿或全站仪里输入地物编码，其属性信息和位置信息主要是在草图上用直观的方式表示出来。所以在跑尺员跑尺时，绘制草图的人员要标注出所测的是什么地物（属性信息）及记下所测的点号（位置信息）。在测量过程中，绘制草图的人员要和全站仪操作人员随时联系，使草图上标注的点号和全站仪里记录的点号一致。草图的绘制要遵循清晰、易读、相对位置准确、比例一致的原则。

值得注意的是进行野外数据采集时，由于测站离碎部点较远，观测员与立镜员之间的联系离不开对讲机。仪器观测员要及时将测点点号告知领镜员或记录员，使草图标注的点号和记录手簿上的点号与仪器观测点号一致。若两者不一致，应在实地及时查找原因，并及时改正。

当然，数字测图过程的草图绘制也不是一成不变的，可以根据自己的习惯和理解绘图。不必拘泥于某种形式，只要能够保证正确地完成内业成图即可。

三、测图的内业工作

数字测图内业是相对于数字测图外业而言的，简单地说，就是将野外采集的碎部点数据信息在室内传输到计算机上并进行处理和编辑的过程。数字化测图内业工作与传统白纸测图的模拟法成图相比具有显著的特点，如成图周期短、成图规范化、成图精度高、分幅接边方便、易于修改和更新等。

由于数字化测图的内业处理是根据外业测量的地形信息进行图形编辑、地物属性注记，如果外业采集的地形信息不全面，内业处理中就较困难，因此数字测图内业工作对外业记录依赖性较强，并且数字化测图内业完成后，一般要输出到图纸上，到野外检查、核对。数字化测图内业包括数据传输、数据格式转换、图形编辑与整饰等。

目前我国开发的数字测图软件主要有武汉瑞得、南方 CASS、清华山维、威远图 SV300、GTC2000 等。目前在工程领域应用比较广泛的是南方 CASS 软件，因此本书以南方 CASS 软件为例介绍数字化测图内业处理流程，如图 8.19 所示。

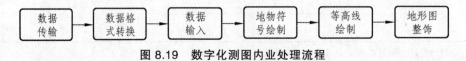

图 8.19　数字化测图内业处理流程

（一）数据传输

数据传输主要是指将采集到的数据按一定的格式传输到内业处理的计算机中。全站仪的数据通信主要是利用全站仪的输出接口或内存卡，将全站仪内存中的数据文件传送到计算机中；GNSS-RTK 的数据通信是电子手簿与计算机之间进行的数据交换。

（二）数据格式转换

数据格式转换是将数据按一定的格式形成一个文件供内业处理时使用。该文件用来存放从仪器传输过来的坐标数据，也称为坐标数据文件。用户可按需要对坐标数据文件自行命名。坐标数据文件是 CASS 最基础的数据文件，其扩展名是 ".dat"。该文件数据格式为：

1 点点名，1 点编码，1 点 Y（东）坐标，1 点 X（北）坐标，1 点高程

N 点点名，N 点编码，N 点 Y（东）坐标，N 点 X（北）坐标，N 点高程

该数据文件可以通过记事本的格式打开查看，如图 8.20 所示。其中文件中每一行表示一个点。点名、编码和坐标之间用逗号隔开，当编码为空时，其后的逗号也不能省略，逗号不能在全角方式下输入，否则在读取数据文件时，系统会提示数据文件格式不对。

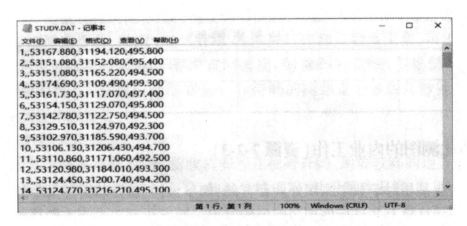

图 8.20　CASS 数据文件

（三）图形编辑

1. 定显示区

定显示区的作用是根据输入坐标数据文件的数据大小定义屏幕显示区域的大小，以保证所有碎部点都能显示在屏幕上。在"绘图处理"菜单下单击"定显示区"，弹出"输入坐标数据文件名"对话框，如图 8.21 所示，指定打开文件的路径，并单击"打开"，完成"定显示区"操作。命令区显示坐标范围信息。

图 8.21　输入坐标数据文件名

2. 展野外测点点号

展点是将坐标数据文件中的各个碎部点点位及点号显示在计算机的屏幕上。在"绘图处理"菜单下单击"展野外测点点号"，命令提示行显示"绘图比例尺<1：500>"，如果需要绘制其他比例尺的地形图，输入比例尺分母数值后回车。默认绘图比例尺为 1：500，直接回车即默认当前绘图比例尺为 1：500。弹出"输入坐标数据文件名"对话框，如图 8.21 所示，选择一个 DAT 文件，并单击"打开"，完成"展野外测点点号"的操作，此时在绘图区上展出野外测点的点号，如图 8.22 所示。

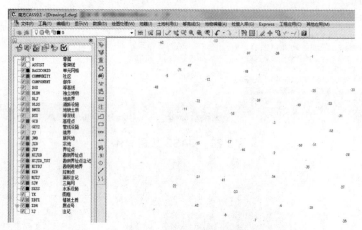

图 8.22 展野外测点点号

3. 选择点号定位模式

点号定位法成图时，点位的获取是通过点号，而不是利用"捕捉"功能直接在屏幕上捕捉所展的点。选择点号定位模式，是为了后期绘图更加方便、快捷，也可以变换为坐标定位模式。

软件默认是坐标定位。要转换成点号定位，先点击绘图区右侧的地物绘制工具栏列表中"坐标定位"，在弹出的下拉菜单中选择"点号定位"后，弹出如图 8.23 所示的"选择点号对应的坐标点数据文件名"对话框，指定打开文件的路径，并单击"打开"，完成"点号定位"模式的选择。

图 8.23 "选择点号对应的坐标点数据文件名"对话框

4. 地物绘制

CASS 软件将所有地物要素分为控制点、水系设施、居民地、交通设施等，所有的地形图图式符号都是按照图层来管理的，每一个菜单对应一个图层。绘图时，根据野外作业时绘制的工作草图，首先选择右侧菜单中对应的选项，然后从该选项弹出的界面中选择相应的地形图图式符号，点击后根据提示进行绘制。下面结合 CASS 安装目录内实例"YMSJ.dat"文件进行举例说明。

（1）点号定位绘制四点砖房屋。单击坐标定位、在下拉菜单点击点号定位，单击绘图处理、单击定显示区，选择"YMSJ"并打开，确定比例尺，如选默认 1：500 回车，选择"YMSJ"打开则展现出野外测点点号。单击地物绘制工具栏"居民地"中"一般房屋"，弹出如图 8.24 所示的一般房屋图式列表，选中"四点砖房屋"，点击"确定"后，按表 8.13 所示步骤进行绘制。

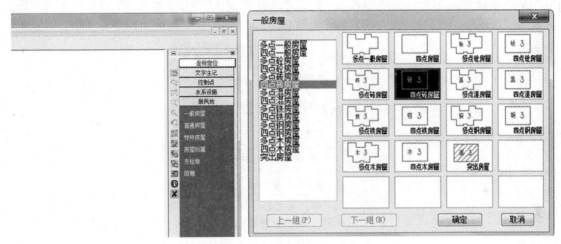

图 8.24 一般房屋图式列表

表 8.13 点号定位绘制四点砖房屋步骤

步骤	命令行提示信息	输入命令选择字符或点号	操作	说明
1	1. 已知三点/ 2. 已知两点及宽度/ 3. 已知四点〈1〉	1	回车	1. 已知三点绘制房屋 2. 已知两点及宽度绘制房屋 3. 已知四点绘制房屋
2	第一点 鼠标定点 P/〈点号〉	34	回车	输入 34 号点
3	第二点 鼠标定点 P/〈点号〉	6	回车	输入 6 号点
4	第三点 鼠标定点 P/〈点号〉	5	回车	输入 5 号点
5	输入层数〈1〉	2	回车	输入砖房层数

按上述步骤绘制的房屋如图 8.25 所示。

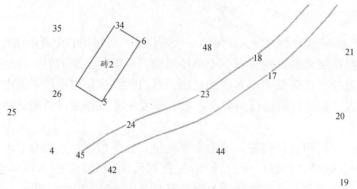

图 8.25　按点号定位绘制房屋

（2）绘制平行县道、乡道。单击软件右侧的地物绘制工具栏"交通设施"中"城际公路"，弹出如图 8.26 所示的城际公路图式选择框，从列表中选中"平行县道乡道"，点击"确定"后，如未设定比例尺，则需选设定比例尺，默认是 1：500，回车即可。按表 8.14 所示步骤进行绘制。

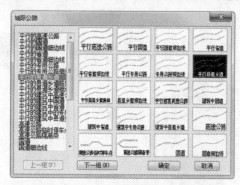

图 8.26　城际公路图式列表

表 8.14　绘制平行县道乡道步骤

步骤	命令行提示信息	输入命令选择字符或点号	操作	说明
1	第一点：请输入点号〈点号〉	45	回车	输入道路一侧起点点号 45
2	曲线 Q/边长交会 B/跟踪 T/区间跟踪 N/垂直距离 Z/平行线 X/两边距离 L/圆 Y/内部点 O 点 P/〈点号〉	24	回车	输入 24 号点
3	曲线 Q/边长交会 B/跟踪 T/区间跟踪 N/垂直距离 Z/平行线 X/两边距离 L/隔点延伸 D/微导线 A/延伸 E/插点 I/回退 U/换向 H/反向 F 点 P/〈点号〉	23	回车	输入 23 号点
4		18	回车	输入 18 号点
5		16	回车	输入 16 号点
6			回车	结束道路一侧的测点连接
7	拟合线〈N〉？	Y	回车	Y—拟合为光滑曲线 N—不拟合为光滑曲线
8	1.边点式/2.边宽式/（按 ESC 键退出）	1	回车	1—要求输入道路另一侧侧点 2—要求输入道路宽度
9	鼠标定点 P/〈点号〉	17	回车	输入道路另一侧测点，确定道路宽，完成道路绘制

5. 等高线绘制与添加图框

在地形图中，等高线是表示地貌起伏的一种重要手段。在数字化自动成图系统中。等高线由计算机自动勾绘，首先由离散点和一套对地表提供连续的算法构建数字地面模型（DTM），即规则的矩形格网和不规则的三角形格网（TIN），然后在矩形格网或不规则的三角形格网上跟踪等高线通过点，最后利用适当的光滑函数对等高线通过点进行光滑处理，从而形成光滑的等高线。

（1）展高程点。在菜单"绘图处理"中单击"展高程点"，弹出"输入坐标数据文件名"对话框，如图 8.27（a）所示。指定打开文件的路径，选择"Dgx"点击"打开"。命令区提示：注记高程点的距离（米），直接按回车键（表示不对高程点注记进行取舍，全部展出来），如图 8.27（b）所示。

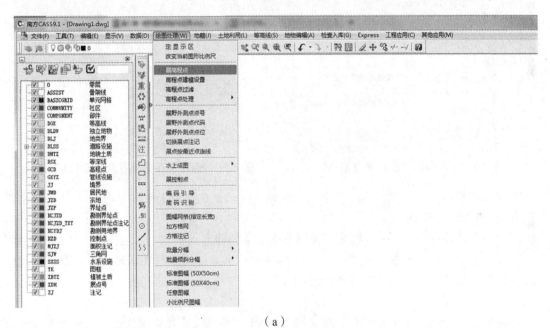

（a）

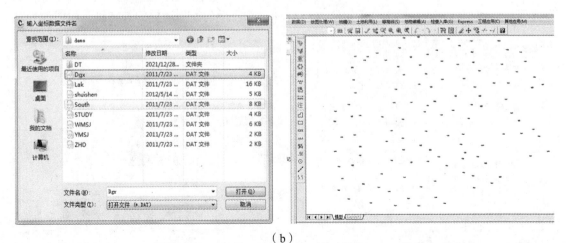

（b）

图 8.27 展高程点

205

（2）建立数字地面模型（DTM）。数字地面模型（DTM）是以数字形式按一定的结构组织在一起，表示实际地形特征的空间分布，是地形属性特征的数字描述。如图 8.27（a），图面已展出高程点，在菜单"等高线"中单击"建立 DTM"，弹出"建立 DTM"对话框，如图 8.28 所示，然后选择"生成 DTM 的方式""由图面生成 DTM""结果显示"及"是否考虑陡坎地性线"等项目。单击"确定"，命令行显示"请选择：（1）选取高程点范围（2）直接选取高程点或控制点<1>"，默认为（1），输入 2 回车，选取所有高程点，回车则生成 DTM 三角网，如图 8.29 所示。

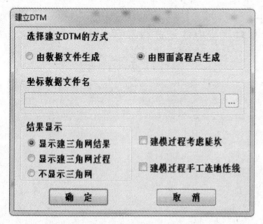

图 8.28　由图面高程点建立 DTM

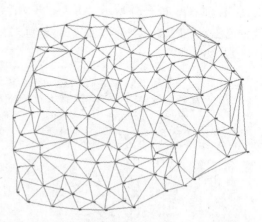

图 8.29　选择图面高程点生成 DTM 三角网

若默认由数据文件生成，则需根据坐标数据文件名，选择数据文件，如图 8.30，单击确定则直接生 DTM 三角网。

由于地形条件的限制，一般情况下利用外业采集的碎部点很难一次性生成理想的等高线，另外还因现实地貌的多样性和复杂性，自动构成的数字地面模型与实际地貌不一致，这时可以通过修改三角网来修改这些局部不合理的地方。

（3）绘制等高线。

在菜单"等高线"中单击"绘制等高线"，弹出"绘制等高线"对话框，如图 8.31 所示，设置等高距和拟合方式。单击"确定"，由 DTM 模型自动勾绘出对应的等高线，如图 8.32。

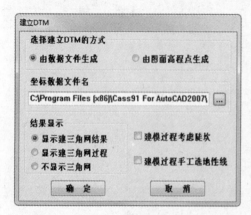

图 8.30　由坐标数据文件建立 DTM

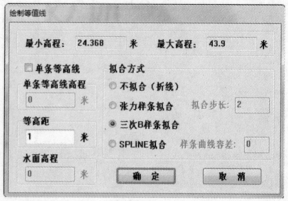

图 8.31　"绘制等高线"对话框

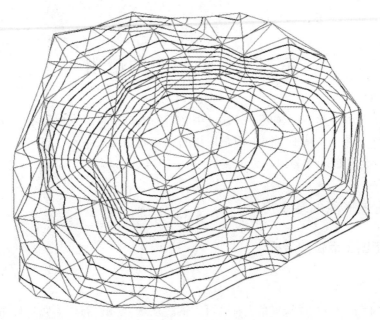

图 8.32　带三角网的等高线图

（4）等高线的修饰。

① 注记等高线：有 4 种注记等高线的方法，其命令位于下拉菜单"等高线/等高线注记"下，如图 8.33（a）所示。批量注记等高线时，一般选择"沿直线高程注记"命令，它要求用户先执行 AutoCAD 的"line"命令绘制一条基本垂直于等高线的辅助直线，所绘直线的起讫方向应为注记高程字符字头的朝向。执行"沿直线高程注记"命令后，CASS 自动删除该辅助直线，注记字符自动放置在"DGX"（等高线）图层。

② 等高线修剪：有多种修剪等高线的方法，其命令位于下拉菜单"等高线/等高线修剪"下，如图 8.33（b）所示。

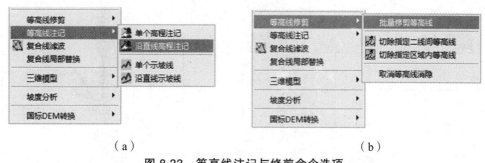

（a）　　　　　　　　　　　　　　　　　　　　（b）

图 8.33　等高线注记与修剪命令选项

6. 地形图整饰

地形图整饰包括文字注记、绘制图框等内容。数字图测绘时，地物、地貌除用一定的符号表示外，还需要加以文字注记，如用文字注明地名、河流、道路材料等。在绘制图框时，应先设置图框参数，如坐标系、高程系等，图框的大小不仅有标准的，还有任意大小的，而且还有斜图框，只要输入所需的参数，指定插入点，即告完成。

第三节　地形图的应用

地形图是国家各个部门、各项工程建设中必需的基础资料，在地形图上可以获取多种、大量的所需信息。并且，从地形图上确定地物的位置和相互关系及地貌的起伏形态等情况，比实地更准确、更全面、更方便、更迅速。

一、纸质地形图的基本应用

（一）确定图上点位的坐标

1. 求点的直角坐标

欲求图 8.34（a）中 P 点的直角坐标，可以通过从 P 点作平行于直角坐标格网的直线，交格网线于 e、f、g、h 点。用比例尺（或直尺）量出 ae 和 ag 两段距离，则 P 点的坐标为：

$$x_P = x_a + ae = 21\,100 + 27 = 21\,127 \text{（m）}$$

$$y_P = y_a + ag = 32\,100 + 29 = 32\,129 \text{（m）}$$

为了防止图纸伸缩变形带来的误差，可以采用下列计算公式消除：

$$x_P = x_a + \frac{ae}{ab} \cdot l = 21\,100 + \frac{27}{99.9} \times 100 = 21\,127.03 \text{（m）}$$

$$y_P = y_a + \frac{ag}{ad} \cdot l = 32\,100 + \frac{29}{99.9} \times 100 = 32\,129.03 \text{（m）}$$

式中，l 为相邻格网线间距。

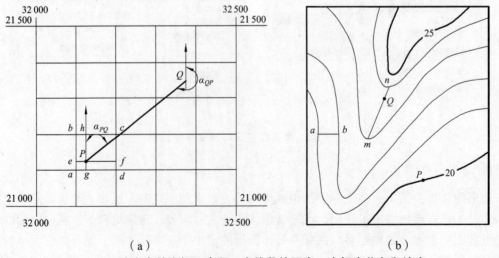

（a）　　　　　　　　　（b）

图 8.34　确定点的坐标、高程、直线段的距离、坐标方位角和坡度

2. 求点的大地坐标

在求某点的大地坐标时，首先根据地形图内外图廓中的分度带，绘出大地坐标格网。接着，作平行于大地坐标格网的纵、横直线，交于大地坐标格网。然后，按照上面求点直角坐标的方法计算出点的大地坐标。

（二）确定图上直线段的距离

若求 PQ 两点间的水平距离，如图 8.34（a）所示，最简单的办法是用比例尺或直尺直接从地形图上量取。为了消除图纸的伸缩变形给量取距离带来的误差，可以用两脚规量取 PQ 间的长度，然后与图上的直线比例尺进行比较，得出两点间的距离。更精确的方法是利用前述方法求得 P、Q 两点的直角坐标，再用坐标反算出两点间距离。

（三）图上确定直线的坐标方位角

如图 8.34（a）所示，若求直线 PQ 的坐标方位角 α_{PQ}，可以先过 P 点作一条平行于坐标纵线的直线，然后用量角器直接量取坐标方位角 α_{PQ}。要求精度较高时，可以利用前述方法先求得 P、Q 两点的直角坐标，再利用坐标反算公式计算出 α_{PQ}。

（四）确定图上点的高程

根据地形图上的等高线，可确定任一地面点的高程。如果地面点恰好位于某一等高线上，则根据等高线的高程注记或基本等高距，便可直接确定该点高程。如图 8.34（b）所示，P 点的高程为 20 m。当确定位于相邻两等高线之间的地面点 Q 的高程时，可以采用目估的方法确定。更精确的方法是，先过 Q 点作垂直于相邻两等高线的线段 mn，再依高差和平距成比例的关系求解。例如，图中等高线的基本等高距为 1 m，则 Q 点高程为：

$$H_Q = H_n + \frac{mQ}{mn} \cdot h = 23 + \frac{14}{20} \times 1 = 23.7 \ （\text{m}）$$

如果要确定两点间的高差，则可采用上述方法确定两点的高程后，相减即得两点间高差。

（五）确定图上地面坡度

由等高线的特性可知，地形图上某处等高线之间的平距越小，则地面坡度越大。反之，等高线间平距越大，坡度越小。当等高线为一组等间距平行直线时，则该地区地貌为斜平面。

如图 8.34（b）所示，欲求 P、Q 两点之间的地面坡度，可先求出两点高程 H_P、H_Q，然后求出高差 $h_{PQ} = H_Q - H_P$，以及两点水平距离 d_{PQ}，再按下式计算：

P、Q 两点之间的地面坡度

$$i = \frac{h_{PQ}}{d_{PQ}}$$

P、Q 两点之间的地面倾角

$$\alpha_{PQ} = \arctan \frac{h_{PQ}}{d_{PQ}}$$

当地面两点间穿过的等高线平距不等时，计算的坡度则为地面两点平均坡度。

两条相邻等高线间的坡度，是指垂直于两条等高线两个交点间的坡度。如图 8.34（b）所示，垂直于等高线方向的直线 ab 具有最大的倾斜角，该直线称为最大倾斜线（或坡度线），通常以最大倾斜线的方向代表该地面的倾斜方向。最大倾斜线的倾斜角，也代表该地面的倾斜角。此外，也可以利用地形图上的坡度尺求取坡度。

（六）在图上设计规定坡度的线路

对管线、渠道、交通线路等工程进行初步设计时，通常先在地形图上选线。按照技术要求，选定的线路坡度不能超过规定的限制坡度，并且线路最短。如图 8.35 所示，地形图的比例尺为 1:2 000，等高距为 2 m。设需在该地形图上选出一条由车站 A 至某工地 B 的最短线路，并且在该线路任何一处的坡度都不超过 4%。常见的做法是将两脚规在坡度尺上截取坡度为 4% 时相邻两等高线间的平距；也可以按下式计算相邻等高线间的最小平距（地形图上距离）：

$$d = \frac{h}{M \cdot i} = \frac{2}{2\ 000 \cdot 4\%} = 25 \text{（mm）}$$

然后，将两脚规的脚尖设置为 25 mm，把一脚尖立在点 A，并以 A 点为圆心画弧，交另一等高线（120 m）1′ 点，再以 1′ 点为圆心，另一脚尖交相邻等高线 2′ 点。如此继续直到 B 点。这样，由 A、1′、2′、3′ 至 B 连接的 AB 线路，就是所选定的坡度不超过 4% 的最短线路。从图 8.35 中看出，如果平距 d 小于图上等高线间的平距，则说明该处地面最大坡度小于设计坡度，这时可以在两等高线间用垂线连接。此外，从 A 到 B 的线路可采用上述方法选择多条，例如，由 A、1″、2″、3″ 至 B 所确定的线路。最后选用哪条，则主要根据占用耕地、拆迁民房、施工难度及工程费用等因素决定。

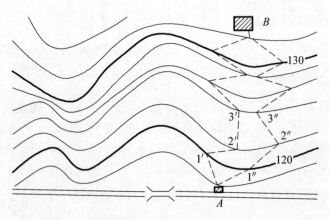

图 8.35　按设计坡度定线

（七）沿图上已知方向绘制断面图

地形断面图是指沿某一方向描绘地面起伏状态的竖直面图。在交通、渠道以及各种管线工程中，可根据断面图地面起伏状态，量取有关数据进行线路设计。断面图可以在实地直接测定，也可根据地形图绘制。

绘制断面图时，首先要确定断面图的水平方向和垂直方向的比例尺。通常，在水平方向采用与所用地形图相同的比例尺，而垂直方向的比例尺通常要比水平方向大 10 倍，以突出地形起伏状况。

如图 8.36（a）所示，要求在等高距为 5 m、比例尺为 1∶5 000 的地形图上，沿 AB 方向绘制地形断面图，方法如下：

在地形图上绘出断面线 AB，依次交于等高线 1、2、3…点。

（1）如图 8.36（b）所示，在另一张白纸（或毫米方格纸）上绘出水平线 AB，并作若干平行于 AB 等间隔的平行线，间隔大小依竖向比例尺而定，再注记出相应的高程值。

（2）把 1、2、3…交点转绘到水平线 AB 上，并通过各点作 AB 垂直线，各垂线与相应高程的水平线交点即断面点。

（3）用平滑曲线连各断面点，则得到沿 AB 方向的断面图，如图 8.36（b）所示。

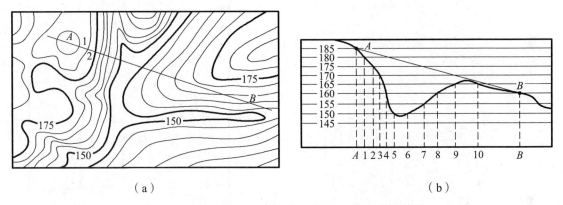

（a）　　　　　　　　　　　　　　　　（b）

图 8.36　绘制地形断面图和确定地面两点间通视情况

（八）确定两地面点间是否通视

要确定地面上两点之间是否通视，可以根据地形图来判断。如果地面两点间的地形比较平坦时，通过在地形图上观看两点之间是否有阻挡视线的建筑物就可以进行判断。但在两点之间地形起伏变化较复杂的情况下，则可以采用绘制简略断面图来确定其是否通视，如图 8.36 所示，则可以判断 AB 两点是否通视。

（九）在地形图上绘出填挖边界线

在平整场地的土石方工程中，可以在地形图上确定填方区和挖方区的边界线。如图 8.37 所示，要将山谷地形平整为一块平地，并且其设计高程为 45 m，则填挖边界线就是 45 m 的等高线，可以直接在地形图上确定。

如果在场地边界 aa' 处的设计边坡为 1∶1.5（即每 1.5 m 平距下降深度 1 m），欲求填方坡脚边界线，则需在图上绘出等高距为 1 m、平距为 1.5 m、一组平行 aa' 表示斜坡面的等高线。根据地形图同一比例尺绘出间距为 1.5 m 的平行等高线与地形图同高程等高线的交点，即为坡脚交点。依次连接这些交点，即绘出填方边界线。同理，根据设计边坡，也可绘出挖方边界线。

（十）确定汇水面积

在修建交通线路的涵洞、桥梁或水库的堤坝等工程建设中，需要确定有多大面积的雨水量汇集到桥涵或水库，即需要确定汇水面积，以便进行桥涵和堤坝的设计工作。通常是在地形图上确定汇水面积。

汇水面积是由山脊线所构成的区域。如图 8.38 所示，某公路经过山谷地区，欲在 *m* 处建造涵洞，*cn* 和 *en* 为山谷线，注入该山谷的雨水是由山脊线（即分水线）*a*、*b*、*c*、*d*、*e*、*f*、*g* 及公路所围成的区域。区域汇水面积可通过面积量测方法得出。另外，根据等高线的特性可知，山脊线处处与等高线相垂直，且经过一系列的山头和鞍部，可以在地形图上直接确定。

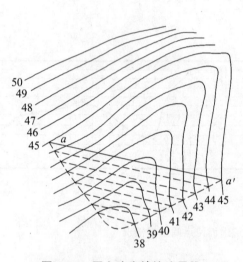

图 8.37　图上确定填挖边界线

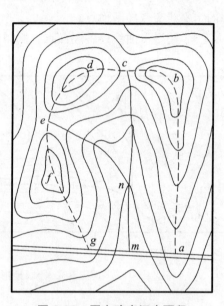

图 8.38　图上确定汇水面积

二、数字地形图在工程中的应用

上述介绍了纸质地形图在工程建设中的基本应用，下面以南方 CASS2008 数字化成图软件中工程应用部分为例，从基本几何要素的查询、土方量计算、断面图绘制和面积应用等方面介绍数字地形图在工程建设中的应用，以方便读者了解数字地形图在工程建设中的应用功能。

所有的地形图应用功能都在 CASS 界面下拉菜单"工程应用"下。

（一）基本几何要素的量测

地形图的基本几何要素主要包括点的坐标、两点间距离和方向、任一线段长度、实体面积和表面积等。

打开安装 CASS9.1 文件路径下的文件夹的图例"CASS9.1\DEMO\study.dwg"下面的查询操作都在该图形文件中进行，图例如图 8.39 所示。

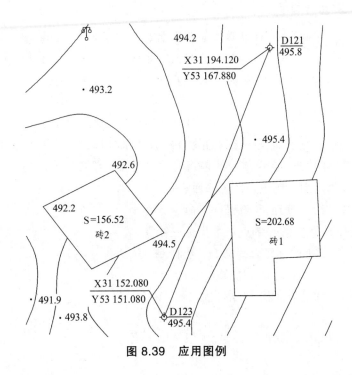

图 8.39　应用图例

1. 查询指定点的坐标

执行下拉菜单"工程应用\查询指定点坐标"命令，在屏幕菜单设置图层区，点"对象捕捉"，选择合适的物体捕捉方式，用鼠标点取所要查询的点即可。具体示例如下：

指定查询点：（圆心捕捉图 8.39 中的图根点 D121）

测量坐标：X = 31 194.120 米 Y = 53 167.880 米 H = 495.800 米

如要在图上注记点的坐标，应执行屏幕菜单的"文字注记"命令，在弹出的"文字注记"对话框中单击"特殊注记"、选择"注记坐标"，单击确定，鼠标点取指定注记点和注记位置后，CASS 自动标注该点的 X，Y 坐标。图 8.38 注记了图根点 D121 和 D123 点的坐标。

2. 查询两点的距离和方位角

执行下拉菜单"工程应用\查询两点距离及方位"命令，提示如下：

第一点：（圆心捕捉图 8.39 中的 D121 点）

第二点：（圆心捕捉图 8.39 中的 D123 点）

两点间距离 = 45.273 米，方位角 = 201 度 46 分 57.39 秒。

3. 查询线长

在图 8.39 中，用直线将 D121 ~ D123 两点连接起来。点执行下拉菜单"工程应用\查询线长"命令，则出现如图 8.40 所示的对话框，同时命令区显示"共有一条线状实体，实体总长度为 45.274 米"。

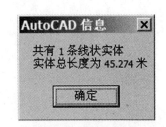

图 8.40　线长提示

213

4. 查询封闭对象的面积

执行下拉菜单"工程应用\查询实体面积"命令，提示如下：（1）选取实体边线（2）点取实体内部点<1>，直接回车，选（1），点边线；输入 2，回车选（2），点内部任一点。

则显示出图 8.39 中混凝土房屋轮廓实体面积为：202.68 平方米

5. 计算表面积

对于不规则地貌，其表面积很难通过常规的方法来计算，在这里可以通过建模的方法来计算，系统通过 DTM 建模，在三维空间内将高程点连接为带坡度的三角形，再通过每个三角形面积累加得到整个范围内不规则地貌的面积。

执行下拉菜单"绘图处理\展高程点"命令，将坐标数据文件"dgx.dat"中的碎部点三维坐标展绘在当前图形中。执行工具菜单的画复合线命令，绘制一条闭合多段线作为表面积计算的边界，如图 8.41 所示。

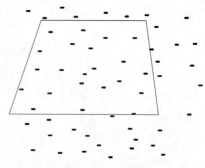

点击"工程应用\计算表面积\根据坐标文件"命令，命令区提示：

请选择：（1）根据坐标数据文件（2）根据图上高程点：回车选 1；

选择土方边界线用拾取框选择图上的复合线边界；

请输入边界插值间隔（米）：<20> 5，输入在边界上插点的密度；

图 8.41 选定计算区域

表面积 = 10 175.025 平方米，详见"surface.log"文件显示计算结果，"surface.log"文件保存在"\CASS2008\SYSTEM"目录下面。

图 8.42 为建模计算表面积的结果。

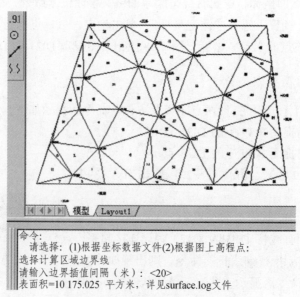

命令：
　请选择：(1)根据坐标数据文件(2)根据图上高程点：
选择计算区域边界线
请输入边界插值间隔（米）：<20>
表面积=10 175.025 平方米，详见surface.log文件

图 8.42 建模计算表面积的结果

214

另外计算表面积还可以根据图上高程点，操作的步骤相同，但计算的结果会略有差异，因为由坐标文件计算时，边界上内插点的高程由全部的高程点参与计算得到，而由图上高程点来计算时，边界上内插点只与被选中的点有关，故边界上点的高程会影响到表面积的结果。到底由哪种方法计算合理与边界线周边的地形变化条件有关，变化越大的，越趋向于由图面上来选择。

（二）土方量的计算

CASS 设置有 DTM 法、断面法、方格网法、等高线法和区域土方量平衡法 5 种计算土方量的方法，命令如图 8.43 所示。本节只介绍方格网法和区域土方量平衡法，使用的案例坐标数据文件为 CASS 自带的"dgx.dat"。

图 8.43　CASS 土方量计算命令

1. 方格网法土方计算

执行下拉菜单"绘图处理\展高程点"命令，将坐标数据文件"dgx.dat"中的碎部点三维坐标展绘在当前图形中。执行工具中的画复合线命令，可绘制一条闭合多段线作为土方计算的边界，如图 8.33 所示。

执行下拉菜单"工程应用\方格网法土方计算"命令，点选土方计算闭合多段线，在弹出的"方格网土方计算"对话框（见图 8.44）中选择"dgx.dat"文件，在"设计面"区选择"平面"，方格宽度输入 10，结果如图 8.43 所示，单击"确定"按钮，CASS 按对话框的设置自动绘制方格网，计算每个方格网的挖填土方量，并将计算结果绘成图 8.45，屏幕给出下列计算结果提示：

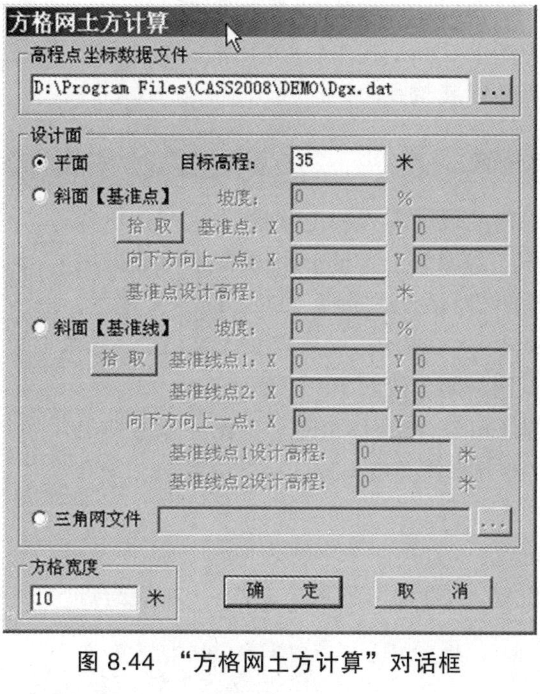

图 8.44　"方格网土方计算"对话框

215

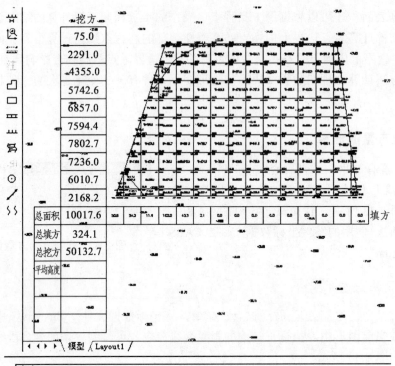

命令: fgwtf
选择计算区域边界线
最小高程=24.368米,最大高程=43.900米
请确定方格起始位置<缺省位置>
总填方=324.1立方米,总挖方=50 132.7立方米

图 8.45　方格网法土方计算表格

最小高程 = 24.368 米,最大高程 = 43.900 米

总填方 = 324.1 立方米,总挖方 = 50 132.7 立方米

方格宽度一般要求为图上 2 cm,在 1 : 500 比例尺的地形图上,2 cm 的实地距离为 10 m。方格宽度越小,土方计算精度就越高。

2. 区域土方量平衡计算

计算指定区域挖填平衡的设计高程和土方量。

执行下拉菜单"工程应用\区域土方量平衡\根据坐标数据文件"命令,在弹出的标准文件对话框中选择"Dgx.dat"文件后,命令行提示及输入如下:

选择土方边界线(点选封闭多段线)

请输入边界插值间隔(m):<20>10(回车,在屏幕上弹出图 8.46 所示的信息框),土方平衡高度 = 34.134 米,挖方量 = 0 立方米,填方量 = 0 立方米

请指定表格左下角位置:<直接回车不绘表格>

请指定表格左下角位置:<直接回车不绘表格>(在展绘点区域外拾取一点)

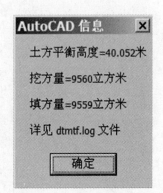

图 8.46　土方计算结果

完成响应后，CASS 在指定点处绘制一个土方计算表格和挖填平衡分界线，如图 8.47 所示。

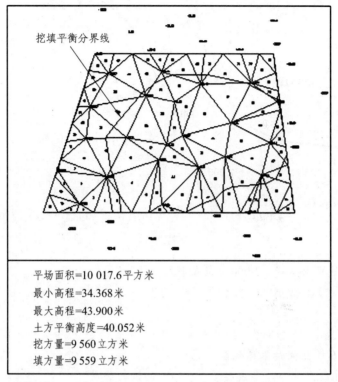

平场面积=10 017.6平方米
最小高程=34.368米
最大高程=43.900米
土方平衡高度=40.052米
挖方量=9 560立方米
填方量=9 559立方米

计算日期: 2009年3月28日　　　　　　　　　　计算人:

图 8.47　区域土方量平衡计算表格

思考题与习题

1. 什么是比例尺?

2. 地形图比例尺的表示方法有哪些? 国家基本比例尺地形图有哪些? 何为大、中、小比例尺?

3. 何为比例尺的精度, 比例尺的精度与碎部测量的距离精度有何关系?

4. 地物符号分为哪些类型? 各有何意义?

5. 地形图上表示地貌的主要方法是等高线, 等高线、等高距、等高线平距是如何定义的? 等高线可以分为哪些类型? 如何定义与绘制?

6. 典型地貌有哪些类型? 它们的等高线各有何特点?

7. 绘制典型地貌的等高线示意图。

8. 用经纬仪视距法测绘地形, 其一个测站上的工作有哪些? 数字测图有哪些方法? 各有什么特点?

9. 按图所示的碎部点高程, 勾绘出等高距为 1 m 的等高线。

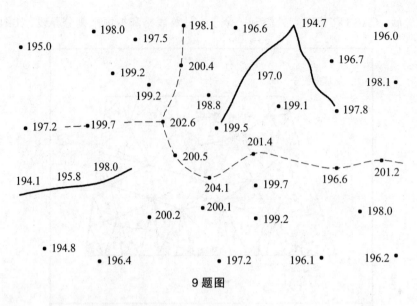

9题图

10. 在图中（比例尺为 1 : 2 000）完成下列工作：

（1）在地形图上用圆括号内符号绘出山顶（△），鞍部的最低点（×），山脊线（—·—·—），山谷线（……）。

（2）B 点高程是多少？AB 水平距离是多少？

（3）判断 A、B 两点间是否通视？

（4）从 C 点到 D 点作出一条坡度不大于 3% 的最短线路。

（5）绘出 A、B 之间的断面图，平距比例尺为 1 : 2 000，高程比例尺为 1 : 200。

（6）绘出过 C 点的汇水面积。

12. 利用 CASS 自带的坐标数据文件 "Dgx.dat"，根据 A（53 400，31 500）、B（53 550，31 510）、C（53 500，31 350）和第 11 点（53 380，31 340）4 个点围成的四边形为边界，试用 CASS 完成下列计算：

（1）计算 A、C 之间的距离和四边形对角线交点的坐标。

（2）计算四边形边界长。

（3）计算四边形面积。

（4）计算四边形所围的地表面积。

（5）按填挖平衡的原则平整为水平面，试计算挖填平衡高程及土方量。

（6）将其平整为高程为 37.15 m 的水平面，用方格法计算挖方量与填方量，方格宽度取 5 m。

第三篇

专业测量

第九章　曲线测量

第一节　路线平面组成和曲线测量工作概述

一、路线平面组成

　　铁路与公路线路的平面通常由直线和曲线构成，这是因为在线路的定线中，由于受地形、地物或其他因素限制，需要改变方向。在改变方向处，相邻两直线间要求用曲线连接起来，以保证行车顺畅安全。这种曲线称平面曲线。

　　铁路与公路线路上采用的平面曲线主要有圆曲线和缓和曲线。如图 9.1 所示，圆曲线是具有一定曲率半径的圆弧；缓和曲线是连接直线与圆曲线的过渡曲线，其曲率半径由无穷大（直线的半径）逐渐变化为圆曲线半径。在铁路干线线路中都要加设缓和曲线；但在地方专用线、厂内线路及站场内线路中，由于列车速度不高，有时可不设缓和曲线，只设圆曲线。高速公路，一、二、三级公路的直线与表 9.4 中所列不设超高圆曲线最小半径相衔接处应设置缓和曲线进行连接。

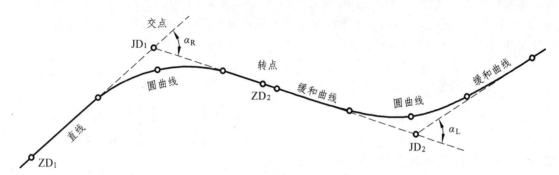

图 9.1　线路平面的组成

二、线路平面位置标志

线路测量的主要工作之一，就是用各种桩橛把线路中心线标定在地面上。铁路工程测量中把桩橛分为方桩、标志桩和板桩。方桩边长宜为 4~5 cm（若用圆桩，顶面直径 4~5 cm），桩长宜为 30~35 cm；标志桩宜为宽 5~8 cm，厚 2 cm，长 35~40 cm；板桩尺寸宜为宽 4~5 cm，厚 1~1.5 cm，长 30~35 cm。

公路工程测量中把线路桩分为线路控制桩和标志桩两种。线路控制桩一般采用木质桩，断面不应小于 5 cm×5 cm，长度不应小于 30 cm；标志桩应采用木质或竹质桩，断面不应小于 5 cm×1.5 cm，长度不应小于 30 cm。

方桩或线路控制桩都应打入地下，使桩顶与地面齐平，在桩顶钉小钉表示点位。

线路起点、终点、各个交点、直线上的转点、曲线主要点都要钉设方桩或线路控制桩。

为了便于寻找控制桩，在线路前进方向的左侧（曲线地段在外侧），距控制桩约 30 cm 处打一标志桩（指示桩）。标志桩上写明编号、里程及有关资料，如图 9.2 所示。

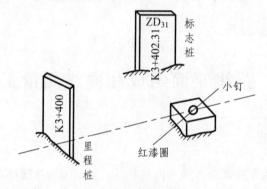

图 9.2　平面位置标志

在线路方向上，每隔一百米打一个木桩，该桩叫作百米桩，在百米桩之间地形变化处以及明显的重要地物点，铁路公路管线等交叉处，应设置加桩。百米桩、加桩都是中线桩，也叫里程桩。它是为了标志线路的位置和长度，同时也作为线路纵断面和横断面测量的依据。里程桩的注写方法是以公里和米为单位进行编号注记。如线路的起点处写为 DK0 + 000，以后各百米桩依次为 DK0 + 100，DK0 + 200…，" + "号前为公里数，" + "号后为米数（DK 为定测里程的意思），如为初测阶段，则写为 CK×× + ×××。再如"ZD₁₀—DK4 + 103.45，表示第 10 个转点距离起点是 4 km 零 103.45 m。里程桩都用板桩或标志桩。里程桩在注记时，其字迹面向线路起点方向。控制桩的标志，也要按上述方法写明里程。

三、曲线测量

如图 9.1 所示，线路曲线测量工作就是根据地面已测设的直线转点桩（ZD$_1$、ZD$_2$、…）、交点桩（JD$_1$、JD$_2$、…）用测量仪器和工具按一定的方法将曲线（圆曲线和缓和曲线）用木桩按规范详细地标定到地面上。具体步骤如下：

（1）根据施工图或实地踏勘，搜集曲线测量资料，如圆曲线半径、缓和曲线长、转点桩、交点桩（交点桩有时需要根据转点桩另行测设）等。

（2）根据曲线半径、缓和曲线长、曲线转向角（有时需实地测定）计算曲线要素，如曲线长、切线长、外矢距等。

（3）根据转点或交点里程及曲线要素计算曲线主要控制点（主点）里程（桩号）。

（4）选择测量仪器及曲线测量方法，计算曲线详细测设数据，如支距、偏角、坐标等。

（5）以交点或转点桩为依据，测设曲线主点桩。

（6）以主点为依据详细测设曲线（加桩）。

选择的测量仪器不同，测量方法会有很大差别。如采用全站仪可以任意点设站甚至实现一站测设曲线。

第二节　圆曲线及其测设

一、圆曲线主点测设

1. 圆曲线半径

铁路圆曲线半径一般取 50 m、100 m 的整倍数，即 10 000 m、8 000 m、6 000 m、5 000 m、4 000 m、3 000 m、2 500 m、2 000 m、1 800 m、1 500 m、1 200 m、1 000 m、800 m、700 m、600 m、550 m、500 m、450 m、400 m 和 350 m。客货共线Ⅰ、Ⅱ级铁路线路区间最小曲线半径如表 9.1 所示，客运专线铁路区间线路最小半径和最大半径如表 9.2 所示，车站平面最小曲线半径如表 9.3 所示。

表 9.1　客货共线Ⅰ、Ⅱ级铁路线路区间线路最小曲线半径

铁路等级	Ⅰ			Ⅱ	
路段设计行车速度/（km/h）	200	160	120	120	80
一般/m	3 500	2 000	1 200	1 200	600
特殊困难/m	2 800	1 600	800	800	500

表 9.2　客运专线铁路区间线路最小曲线半径和最大曲线半径

设计速度/（km/h）	最小曲线半径/m		最大曲线半径/m	
	一般	困难	一般	困难
200	2 200	2 000	10 000	12 000
250	4 000	3 500	10 000	12 000
300	4 500		12 000	14 000
350	7 000		12 000	14 000

表 9.3　车站平面最小曲线半径

路段设计行车速度/（km/h）	最小曲线半径/m		
	区段站、编组站	中间站	
		一般	困难
80	800	600	600
120		1 200	800
160	1 600	2 000	1 600
200	2 000	3 500	2 800

我国《公路工程技术标准》（JTG B01—2014）中规定各级公路的最小曲线半径应符合表 9.4 的规定。

表 9.4　各级公路最小曲线半径

设计速度/（km/h）		120	100	80	60	40	30	20
一般值/m		1 000	700	400	200	100	65	30
极限值/m		650	400	250	125	60	30	15
不设超高 最小半径/m	路拱≤2.0%	5 500	4 000	2 500	1 500	600	350	150
	路拱>2.0%	7 500	5 250	3 350	1 900	800	450	200

2. 圆曲线主点

圆曲线的主点如图 9.3 所示，图中：

ZY——直圆点，即直线与圆曲线的分界点；

QZ——曲中点，即圆曲线的中点；

YZ——圆直点，即圆曲线与直线的分界点；

JD——两直线的交点，也是一个重要的点，但不在线路上。

ZY、QZ、YZ 总称为圆曲线的主点。

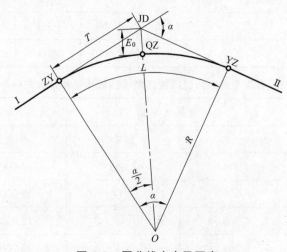

图 9.3　圆曲线主点及要素

3. 圆曲线要素及其计算

T——切线长，即交点至直圆点或圆直点的直线长度；

L——曲线长，即圆曲线的长度（ZY-QZ-YZ 圆弧的长度）；

E_0——外矢距，即交点至曲中点的距离（JD—QZ 的距离）；

α——转向角，即直线转向角；

R——圆曲线半径。

T、L、E_0、α、R 总称为圆曲线要素，其几何关系为：

$$\left.\begin{array}{l} \text{切线长} \quad T = R \cdot \tan\dfrac{\alpha}{2} \\[2mm] \text{曲线长} \quad L = R \cdot \alpha \cdot \dfrac{\pi}{180°} \\[2mm] \text{外矢距} \quad E_0 = R \cdot \sec\dfrac{\alpha}{2} - R = R\left(\sec\dfrac{\alpha}{2} - 1\right) \\[2mm] \text{切曲差} \quad q = 2T - L \end{array}\right\} \tag{9.1}$$

在《公路勘测细则》（JTG/T C10—2007）公路测量符号和图式表中，切曲差用 J（中文）或 D（英文）表示。

式中，α 和 R 可分别根据实际测定或在线路设计时选定，然后按式（9.1）即可计算圆曲线要素 T、L、E_0。实际工作中，也可以根据 α、R，由专门编制的铁路或公路曲线测设用表（以下简称"曲线表"）查得相应的圆曲线要素。

4. 圆曲线主点桩里程（桩号）计算

在主要点测设之前，应先算出各主要点的桩号，并在标志桩上写明。由图 9.3 可知，直圆点（ZY）的桩号等于交点的里程减去切线长，曲中（QZ）点的里程等于直圆点的里程加曲线长的一半，圆直（YZ）点的里程等于曲中点的里程加曲线长的一半，也等于直圆点（ZY）的里程加曲线长。

应该注意，曲线终点里程必须沿着曲线计算，不能沿切线计算。只有把终点里程算出后，才能接着算下一直线上的里程。

里程计算公式如下：

$$\left.\begin{array}{l} ZY = JD - T \\[2mm] QZ = ZY + \dfrac{L}{2} \\[2mm] YZ = QZ + \dfrac{L}{2} \\[2mm] YZ = JD + T - q \end{array}\right\} \tag{9.2}$$

在式（9.2）中，第四个算式利用切曲差校核 YZ 点里程的计算结果。

【例 9.1】 已知：$\alpha_Y = 18°22'00''$，$R = 1\,000\ \text{m}$，JD 里程为 DK48 + 028.05。求曲线要素 T、L、E_0、q 的值及各主要点里程。

解 （1）计算曲线要素。曲线要素可用计算器方便计算出来。测量工作中普遍使用可编

223

程计算器，使用方法参考说明书或相关资料。另外，还可使用曲线表很方便地查得相关要素。具体要素值如下：

$$T = 161.67 \text{ m}; \quad L = 320.56 \text{ m}; \quad E_0 = 12.98 \text{ m}; \quad q = 2.78 \text{ m}$$

（2）计算主点里程。根据式（9.2）各主点里程为：

JD		DK48+028.05
−)	T	161.67
ZY		47+866.38
+)	$\dfrac{L}{2}$	160.28
QZ		48+026.66
+)	$\dfrac{L}{2}$	160.28
YZ		48+186.94

为了保证计算无误，需进行校核。校核方法为：$YZ = JD + T - q$，

JD		DK48+028.05
+)	T	161.67
		DK48+189.72
−)	q	2.78
YZ		DK48+186.94 （校核结果计算无误）

二、圆曲线的测设

用经纬仪配合钢尺量距测设圆曲线，一般先需要测设出主要桩点 ZY、QZ、YZ 的位置，然后再测设细部点位置。

铁路曲线的中桩间距一般为 20 m，当地形平坦，且曲线半径大于 800 m 时，可为 40 m。且圆曲线的中桩里程宜设为 20 m 的倍数。

公路曲线详细测设时，其桩距 d_0 与曲线半径有关，一般有如下规定：

不设超高的曲线，$d_0 = 25$ m

$R > 60$ m 时，$d_0 = 20$ m

$30 \text{ m} < R \leqslant 60 \text{ m}$ 时，$d_0 = 10$ m

$R > 30$ m 时，$d_0 = 5$ m

按桩距 d_0 在曲线上设桩，通常有两种方法：

（1）整桩号法。将曲线上靠近起点 ZY 的第一个桩的桩号凑成为 d_0，倍数的整桩号，然后按桩距 I_0 连续向曲线终点 YZ 设桩。这样设置的桩均为整桩号。

（2）整桩距法。从曲线起点 ZY 和终点 YZ 开始，分别以桩距 d_0 连续向曲线中点 QZ 设桩。由于这样设置的桩均为零桩号，因此应注意加设百米桩和公里桩。

中线测量中一般均采用整桩号法。圆曲线的测设方法主要有切线支距法、偏角法等。

（一）切线支距法

这种方法是以切线作为 X 轴，垂直于切线的方向作为 Y 轴，原点设在曲线起点或终点，利用直角坐标设置曲线上的各点，所以也叫直角坐标法。

1. 计算公式

如图 9.4 所示，各点坐标 x、y 按下列公式计算：

$$\left.\begin{array}{l} x = R \times \sin\varphi \\ y = R(1 - \cos\varphi) \end{array}\right\} \tag{9.3}$$

其中
$$\varphi = \frac{180° \times l}{\pi R} \tag{9.4}$$

式中，l 为某一测点到起点或终点的曲线长；φ 为弧长 l 所对的圆心角。

以每 10 m 设一点为例，根据每段曲线弧长 $L = 10$、20、$\cdots$ 代入（9.4）式，先计算出圆心角 φ，然后再根据（9.3）式计算出各点的坐标。

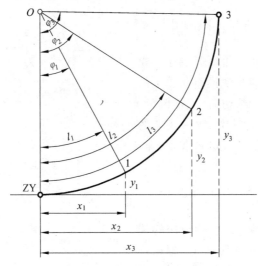

图 9.4　圆曲线各点坐标

2. 测设方法

圆曲线各点测设方法如下：

（1）首先由曲线起点（ZY）起，沿切线方向用钢尺量出 10 m、20 m、30 m、$\cdots$ 点，从这些点再退回相应的 $L - x$ 的值，这样便得到曲线上相隔 10 m 的各点在切线上的投影（垂足）点，如图 9.5 所示。这样做是为了施测方便。

（2）从垂足点用方向架或量角器定出切线的垂线方向，沿垂线方向用钢尺量出相应的 y 值，即得曲线上的各点，直到曲中点（QZ）。

（3）最后用钢尺检查曲线上各点间的距离，并量取曲中点与其相邻点的距离，作为校核进行检查。切线支距法的优点是积累误差小，但当支距 y 值太长时不容易准确。为了克服这个缺点，可把整个曲线分成若干段，作出各段曲线的切线，根据各段的曲线长与转向角再算

225

出新的较小支距。当支距较长时，也可以用经纬仪测各点的垂线方向。

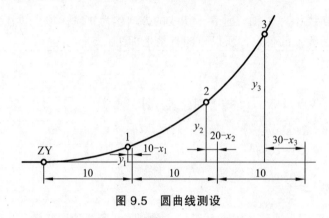

图 9.5 圆曲线测设

用全站仪坐标法测设：按切线支距法计算出各测点坐标，将全站仪置于 ZY 点，以切线方向定向，逐点放样即可。

RTK 测设：将切线支距法计算出的坐标转换成施工坐标，按第六章第五节进行逐点放样。

（二）偏角法

偏角法测设圆曲线是以曲线起点 ZY 或曲线终点 YZ 为测站，计算出测站至曲线上任一点弦线与切线的夹角 δ（弦切角，也称偏角）和弦长 c，据此确定点位。其中 ZY — QZ 之间的各点在 ZY 点设站测设，QZ — YZ 之间的各点在 YZ 点设站测设。

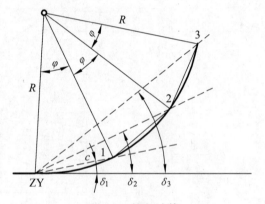

图 9.6 偏角计算

1. 偏角计算公式

设 l 为某点至起点的弧长，c 为对应的弦长，如图 9.6 所示。偏角 δ 是弦切角，根据几何原理弦切角等于同弧所对圆心角的一半。因为

$$\varphi = \frac{180° \times l}{\pi R}$$

所以

$$\delta = \frac{\varphi}{2} = \frac{180° \times l}{2\pi R} = \frac{90° \times l}{\pi R}$$

由此得到计算曲线上任一点的偏角和弦长的公式为：

$$\left. \begin{array}{l} \delta = \dfrac{90° \times l}{\pi R} \\ c = 2R\sin\delta \end{array} \right\} \tag{9.5}$$

【**例 9.2**】 $\alpha = 18°22'00''$，$R = 1\,000$ m，整弦 $c = 20$ m，ZY—DK47 + 866.38。求曲线上各点的偏角。

226

解 从例 9.1 知道曲中点里程为 QZ48＋026.66，按整桩号设置圆曲线，则各测点里程如表 9.5 所示。

表 9.5　测点偏角

测站（置镜点）	桩号（或点号）	偏角		备　注
		正　拨	反　拨	
ZY	JD	0°00′00″	360°00′00″	$\alpha = 18°22′00″$
	47＋880	0°23′25″	359°36′35″	$R = 1\,000$ m
	＋900	0°57′48″	359°02′12″	$T = 161.67$ m
	＋920	1°32′10″	358°27′50″	$L = 320.56$ m
	＋940	2°06′33″	357°53′27″	$E_0 = 12.98$ m
	＋960	2°40′56″	357°19′04″	$q = 2.78$ m
	＋980	3°15′18″	356°44′32″	JD—DK48＋028.05
	48＋000	3°49′41″	356°10′19″	ZY—DK47＋866.38
	＋020	4°24′04″	355°35′56″	QZ—DK48＋026.66
	QZ＋026.66	4°35′30″	355°24′30″	YZ—DK48＋186.94

按式（9.5）计算的偏角都是正拨偏角（曲线右偏），当曲线为左偏时，则偏角为反拨偏角。由于经纬仪水平度盘均为顺时针注记，所以反拨时的偏角应为 $360° - \delta$ 角。

当曲线半径较大时，弧弦差值很小，例如半径为 1 000 m 时，弧长 20 m、30 m、40 m 的弧弦差不足 1 mm、2 mm、3 mm。因此在实际测量时，大半径曲线可把弧长近似当作弦长（如本例）。但对小半径曲线则要根据式（9.5）计算弦长（此弦长不是每一测点至曲线起点或终点的弦长，是两相邻测点之间的弦长）。

2. 测设方法

（1）用经纬仪、钢尺测设。

① 将经纬仪安置在曲线起点，瞄准交点（JD），使水平度盘读数为 0°00′00″。

② 松开照准部制动螺旋，转动照准部，使水平度盘上的读数为 δ_1 角（如上例 $\delta_1 = 0°23′25″$），旋紧照准部制动螺旋。在视线方向上量弦长 c_1（$c_1 = 13.62$ m），打桩得第一点。

③ 松开照准部制动螺旋，继续转动照准部，使水平度盘读数为 δ_2（如上例 $\delta_2 = 0°57′48″$），从点 1 向视线方向量 20 m 的弦长 c，使该线段的终点落在望远镜的视线上，并打木桩定点位，这样就得第二点。

④ 用上述方法继续设置 3、4 及以后各点，直到曲中点为止（在较短的曲线上可一直设置到曲线终点）。

⑤ 为了校核曲线是否闭合，应该丈量曲线中点至其最近邻点的距离，此时看两点的实际水平距离是否与理论上算出的一样，以便检查纵向误差，例如曲中点邻点的里程为 48＋020，曲中点的里程为 48＋026.66，显然该两点的距离应该 是 6.66 m，这是理论中的数值。我们可以用钢尺直接丈量该段距离，结果实际数值与理论数值之差即纵向误差。另外在曲中点的相邻点，从原有偏角数值基础上（如上例为 $\delta_2 = 4°24′04″$），使读数增加到曲中点的偏角数（上

227

例为 $\delta_2 = 4°35'30''$），看望远镜视线是否通过已设置好的曲中点上，如不通过曲中点从曲中点量至望远镜视线与分角线交点的距离，这个距离就是曲线的横向误差值。

⑥ 将仪器搬至曲线终点，用上法设置另一半曲线，也是到曲中点进行校核，检查测量的精度是否合乎规范要求。如果精度不符合要求，应返工重测。

按照铁路测量规定要求，在铁路曲线测量中，其精度要求为：

横向误差（顺半径方向）为 ±0.1 m。

纵向误差（顺切线方向）为 $\dfrac{1}{2\,000}l$（l 为实测曲线长度）。

公路曲线测量的纵、横向误差规定如表 9.6 所示。

表 9.6　曲线测量闭合差

公路等级	纵向闭合差/m		横向闭合差/cm		曲线偏角闭合差/（″）
	平原微丘区	山岭重丘区	平原微丘区	山岭重丘区	
高速公路、一级公路	1/2 000	1/1 000	10	10	60
二级及以下公路	1/1 000	1/500	10	15	120

曲线测量不闭合的原因很多，如算错曲线资料，测错主点的位置及看错读数等。因此，当测量结果不闭合时，应进行全面的分析和认真细致的检查，以免盲目返工。

用经纬仪偏角法设置曲线的优点是迅速方便；可自行复核。缺点是距离积累误差较大，因此应分段进行。

用偏角法设置曲线时，也可以把零弦偏角在度盘上与施测的曲线方向相反拨出一个 δ_1 值，并瞄准交点，即望远镜瞄准交点时，水平度盘上有零弦偏角值，然后转动照准部，当水平度盘读数对到 0°00'00″ 时，望远镜视线方向与零弦方向一致，此时量零弦长度（如 13.62 m）打桩定第一点点位。以后就可以直接用曲线表所列整弦偏角设置以后各点。此法不用计算，可以直接用曲线表测设曲线，非常方便，所以在现场也广为使用。

（2）用全站仪测设。

由于全站仪可以非常精确地同时测出角度和水平距离，所以采用全站仪以偏角法测设曲线时要比用经纬仪和钢尺更快速、方便，且每一点弦长都是从测站量取，也不存在积累误差，这种测设方法也称为长弦偏角法。

首先要按式（9.5）计算出每一测点的偏角和该测点至曲线起点或终点的弦长，填入表 9.5（在表中增加弦长一栏），然后在曲线起点或终点安置全站仪，照准交点 JD，配置水平角读数为 0°00'00″，即可根据每一测点偏角和弦长定出所有测点。

第三节　缓和曲线

一、缓和曲线的概念

公路车辆或铁路列车以高速由直线进入圆曲线时，会产生离心力影响行车的舒适与安全。

为减小离心力的影响，公路路面在弯道上必须在曲线外侧加高，铁路曲线地段外轨轨面也要比内轨轨面适当抬高（统称为曲线超高），使列车产生一个内倾力 F_1'，以抵消离心力的影响，如图 9.7 所示。曲线超高由圆曲线上的某一数值过渡到直线上的零值，需要在直线和圆曲线之间插入一段半径由无穷大逐渐变化到圆曲线半径的过渡曲线，以减小离心力及铁路轮轨冲击力对行车平稳性的影响，这段曲线称为缓和曲线。缓和曲线主要控制点（主点）包括：曲线起点（直缓点 ZH）、缓圆点 HY、曲中点 QZ、圆缓点 YH、曲线终点（缓直点 HZ）。

缓和曲线与直线分界处的半径为 ∞，与圆曲线相连处的半径与圆曲线半径 R 相等。缓和曲线上任一点的曲率半径 ρ 与该点到曲线起点的长度成反比，如图 9.8 所示。

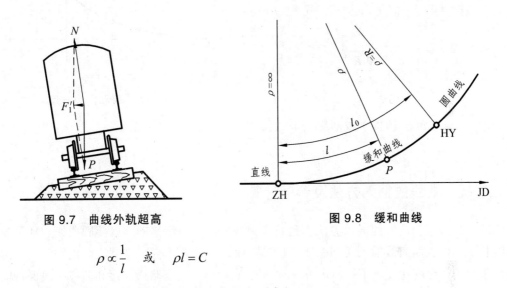

图 9.7　曲线外轨超高　　　　　图 9.8　缓和曲线

$$\rho \propto \frac{1}{l} \quad 或 \quad \rho l = C$$

式中，C 为一个常数，称为缓和曲线的半径变更率。

当 $l = l_0$ 时，$\rho = R$，所以

$$Rl_0 = C \tag{9.6}$$

其中，l_0 为缓和曲线总长。

$\rho l = C$ 是缓和曲线的必要条件，实际使用中能满足这一条件的曲线可作为缓和曲线，如回旋线（辐射螺旋线）、三次抛物线等。我国铁路、公路的缓和曲线一般采用辐射螺旋线。

二、缓和曲线的方程式

按 $C = \rho l$ 为必要条件导出的缓和曲线（螺旋线）方程为：

$$\begin{cases} x = l - \dfrac{l^5}{40C^2} + \dfrac{l^9}{3\,456C^4} + \cdots \\ y = \dfrac{l^3}{6C} - \dfrac{l^7}{336C^3} + \dfrac{l^{11}}{4\,224C^5} + \cdots \end{cases}$$

根据测设精度的需要，实际使用时常舍去高次项，并顾及 $C = Rl_0$，于是上式变为：

$$\left. \begin{array}{l} x = l - \dfrac{l^5}{40R^2 l_0^2} \\[4mm] y = \dfrac{l^3}{6R l_0} \end{array} \right\}$$ （9.7）

式中，x、y 为缓和曲线上任一点的直角坐标，坐标原点为直缓点（ZH）或缓直点（HZ），过 ZH 或 HZ 的切线为 X 轴，x、y 都是正值，如图 9.9 所示。

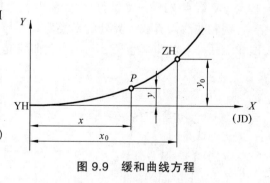

图 9.9 缓和曲线方程

当 $l = l_0$ 时，则 $x = x_0$，$y = y_0$，代入式（9.7）得：

$$\left. \begin{array}{l} x_0 = l_0 - \dfrac{l_0^3}{40R^2} \\[4mm] y_0 = \dfrac{l_0^2}{6R} \end{array} \right\}$$ （9.8）

式中，x_0、y_0 为缓圆点（HY）或圆缓点（YH）的坐标。

三、缓和曲线的插入方法及参数计算

铁路和公路缓和曲线的插入方法都是将圆曲线向曲线内侧移动，以使圆曲线与加设的缓和曲线相切。但铁路曲线插入缓和曲线是保持圆曲线半径 R 不变，将圆心向内侧移动，圆曲线弧由于半径发生变化，做不平行内移，如图 9.10 所示；而公路插入缓和曲线一般保持圆心不变，将圆曲线弧向内侧平行移动一个距离 p，圆曲线半径由 $R + p$ 减小到 R，如图 9.11 所示。两者虽然原理不同，但最后得到的曲线参数和要素计算公式却完全相同，只是铁路和公路两个行业所使用的符号有些不同。《公路勘测细则》（JTG/T C10—2007）对公路测量符号有统一要求，如表 9.7 所示。铁路测量符号大部分与之相同，只有少部分不一样，在使用时要注意加以区分。以铁路缓和曲线为例，缓和曲线各参数计算如下。

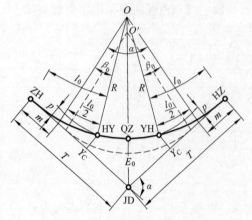

图 9.10 铁路插入缓和曲线

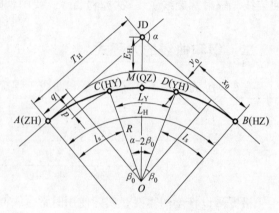

图 9.11 公路插入缓和曲线

230

x_0、y_0的计算见（9.8）式，其他各参数的计算公式如下：

$$\left.\begin{aligned}
\beta_0 &= \frac{l_0}{2R}\frac{180°}{\pi}\\
\delta_0 &= \frac{1}{3}\beta_0 = \frac{l_0}{6R}\frac{180°}{\pi}\\
p &= \frac{l_0^2}{24R} - \frac{l_0^4}{2\,688R^3}\\
m &= \frac{l_0}{2} - \frac{l_0^3}{240R^2}
\end{aligned}\right\} \tag{9.9}$$

式中，β_0为缓和曲线的切线角，即 HY 或 YH 点的切线与主切线的夹角；m 为切垂距，即自圆心 O 向主切线作垂线的垂足到 ZH 或 HZ 的距离；p 为圆曲线移动量（内移距），它是过圆心的主切线的垂线与圆曲线半径 R 之差；δ_0为缓和曲线的总偏角。

β_0、δ_0、m、p、x_0、y_0称为缓和曲线的常数。

图 9.12 中，缓和曲线长度 l 所对应的转角 β（即距 ZH 点距离为 l 的缓和曲线上任意点的切线角）的计算公式如下：

$$\beta = \int_0^l \mathrm{d}\beta = \int_0^l \frac{\mathrm{d}l}{\rho} = \int_0^l \frac{l\mathrm{d}l}{Rl_0} = \frac{l^2}{2Rl_0} \tag{9.10}$$

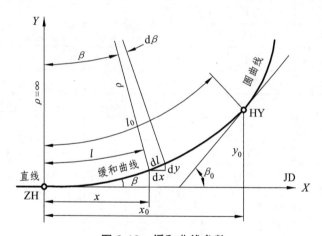

图 9.12　缓和曲线参数

表 9.7　公路测量常用符号

名　称	汉语拼音或我国习惯符号	英文符号	图式	备　注
三角点	SJ	TAP	△	
GPS 点	G	GPS	▲	
导线点	D	TP	■	
水准点	BM	BM	□	
图根点	T	RP	□	

231

名　称	汉语拼音或 我国习惯符号	英文符号	图式	备　注
横坐标	X	X		
纵坐标	Y	Y		
高程	H	EL		
方位角	α	α		在 α 后以下标形式表示其方向
交点	JD	IP		交点
转点	ZD	TMP		转点
圆曲线起点	ZY	BC		直圆点
圆曲线中点	QZ	MC		曲中点
圆曲线终点	YZ	EC		圆直点
线路起点	SP	SP		
线路终点	EP	EP		
复曲线公切点	GQ	PCC		公切点
反向曲线起点	FGQ	PRC		反拐点
第一缓和曲线起点	ZH	TS		直缓点
第一缓和曲线终点	HY	SC		缓圆点
第二缓和曲线起点	YH	CS		圆缓点
第二缓和曲线终点	HZ	ST		缓直点
变坡点	SJD	PVI		变坡点
竖曲线起点	SZY	BVC		竖直圆点
竖曲线终点	SYZ	EVC		竖圆直点
竖曲线公切点	FSCQ	PRVC		竖公切点
比较线标记、匝道标记	A、B、C、…	A、B、C、…		冠于比较线、匝道里程桩号和控制点编号前
公里标记	K	K		
左偏角	$\alpha_{左}$	α_L		
右偏角	$\alpha_{右}$	α_R		
曲线长	L	L		包括圆曲线长、缓和曲线长
圆曲线长	L_Y	L_C		
缓和曲线长	L_S	L_H		
平、竖曲线半径	R	R		
平、竖曲线切线长	T	T		包括设置缓和曲线所增加的切线长
平、竖曲线外距	E	E		平曲线外距包含设置缓和曲线所增外距

232

名　称	汉语拼音或我国习惯符号	英文符号	图式	备　注
缓和曲线角	β	β		
缓和曲线参数	A	A		
校正值（两切线长与曲线长度的差值）	J	D		含设置缓和曲线所引起的变化
改线、改移、差改正	G	R		冠于里程桩前
超高值	h_c	h_s（或 e）		
超高缓和长度	l_c	l_r		
加宽缓和长度	l_j	l_w		
路基宽度	B	B		
路基加宽度	B_j	B_w		
路面加宽度	b_j	b_w		

第四节　加缓和曲线后的圆曲线综合要素计算和主要点设置

一、曲线要素计算

为了测设曲线的各主点，并计算它们的里程，需要计算出切线长 T，曲线长 L，外矢距 E_0 和切曲差 q 等综合要素。由图 9.10 知，它们的计算公式为：

$$\left.\begin{array}{l} T = m + (R+p) \cdot \tan\dfrac{\alpha}{2} \\[2mm] L = 2l_0 + \dfrac{R(\alpha - 2\beta_0)\pi}{180°} = l_0 + \dfrac{\pi R\alpha}{180°} \\[2mm] E_0 = (R+p)\sec\dfrac{\alpha}{2} - R \\[2mm] q = 2T - L \end{array}\right\} \qquad (9.11)$$

各要素可查"曲线表"或用计算器直接计算。

【例 9.3】　已知 $\alpha = 18°22'00''$，$R = 1\,000$ m，$l_0 = 70$ m。求：（1）缓和曲线常数 β_0、m、p；（2）各要素 T、L、E_0、q。

解：

（1）计算缓和曲线常数：

缓和曲线角　　　$\beta_0 = 2°00'19''$

切垂距　　　　　$m = 34.999$ m

内移距　　　　　$p = 0.204$ m

233

（2）计算曲线各要素：

$$T = 211.73 - 15.03 = 196.70 \text{（m）}$$
$$L = 420.56 - 30.00 = 390.56 \text{（m）}$$
$$E_0 = 13.41 - 0.22 = 13.19 \text{（m）}$$
$$q = 2.90 - 0.06 = 2.84 \text{（m）}$$

二、主要点里程（桩号）计算

主要点的里程计算与无缓和曲线时圆曲线的主要里程计算方法基本相同，只是多出两个主要点（HY 及 YH）。现用例 9.3 数据，若 ZH 的里程为 DK47 + 831.35，则各主要点的里程计算的形式如下：

$$
\begin{array}{rll}
 & \text{ZH} & \text{DK47}+831.35 \\
+) & l_0 & 70 \\
\hline
 & \text{HY} & \text{DK47}+901.35 \\
+) & \left(\dfrac{L}{2}-l_0\right) & 125.28 \\
\hline
 & \text{QZ} & \text{DK48}+026.63 \\
+) & \left(\dfrac{L}{2}-l_0\right) & 125.28 \\
\hline
 & \text{YH} & \text{DK48}+151.91 \\
+) & l_0 & 70 \\
\hline
 & \text{HZ} & \text{DK48}+221.91 \\
 & \text{ZH} - & \text{DK47}+831.35 \\
+) & 2T & 393.40 \\
\hline
\text{校核} & & \text{DK48}+224.75 \\
-) & q & 2.84 \\
\hline
 & \text{HZ} & \text{DK48}+221.91 \\
\end{array}
$$

（HZ 的两个计算结果相同，说明计算无误）

三、主要点的测设

加缓和曲线后曲线主要点的设置，与无缓和曲线时圆曲线主要点的设置方法基本相同，只是多出两个点，即缓圆点及圆缓点，该两点的设置，是用直角坐标法进行。这两点的直角坐标为 x_0，y_0，（见图 9.9）；x_0，y_0 由式（9.8）计算，也可以查"曲线表"。

主要点的测设步骤如下：

（1）将经纬仪安置在交点上，沿两切线方向量出 $T - x_0$，分别打木桩得 x_c 点，如图 9.13 所示。

（2）从 x_c 点向曲线起点或终点方向量取 x_0 值，打木桩即得直缓点和缓直点。切线长要丈量 2 次，精度应达到 $\dfrac{1}{2\,000}$。

（3）把经纬仪水平度盘读数对到0°00′00″，使望远镜瞄准切线方向，再将水平度盘读数转到 $\frac{180°-\alpha}{2}$ 角，此时沿望远镜视线方向，量取外矢距长度，打木桩即得曲中点（QZ）。但应注意，曲中点的设备，取两个盘位分中进行比较准确。

（4）将经纬仪移至 x_c 桩上，使水平度盘读数对到0°00′00″，瞄准切线方向，转动照准部，使读数对到90°，从 x_c 沿望远镜视线方向量 y_0 值，打木桩即得缓圆点和圆缓点，如图9.13所示。

上述步骤使用全站仪配合小钢尺可免去切线较长时用钢尺丈量距离的麻烦。

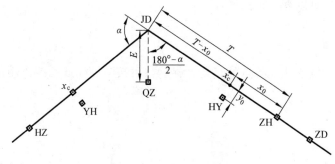

图9.13　曲线主点测设

第五节　加缓和曲线后的圆曲线详细测设

同单圆曲线的详细测设一样，加缓和曲线后的圆曲线详细测设一般也是在测设完主要点后进行。主要方法有切线支距法、偏角法和全站仪坐标放样法。

一、切线支距法

（一）加缓和曲线后的坐标公式

如图 9.14 所示，带缓和曲线的圆曲线的切线坐标原点是 ZH 或 HZ 点，以过 ZH（HZ）点的主切线为 X 轴。X 轴的正向是 ZH（HZ）→JD。曲线上各点的 y 值均为正值。

1. 缓和曲线部分

由（9.7）式知：

$$\left. \begin{array}{l} x = l - \dfrac{l^5}{40R^2l_0^2} \\[2mm] y = \dfrac{l^3}{6R_0l_0} \end{array} \right\}$$ （9.12）

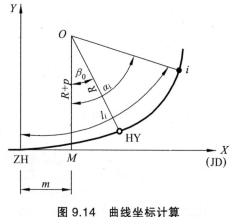

图9.14　曲线坐标计算

235

2. 圆曲线部分

$$x_i = m + R \cdot \sin \alpha_i$$
$$y_i = R + p - R\cos \alpha_i \Bigg\}$$
$$\alpha_i = \beta_0 + \frac{l_i - l_0}{R}\frac{180°}{\pi}$$

（9.13）

式中，l_i 为 ZH（HZ）到测设点的曲线长。

实际应用时，也可以查"曲线表"。

（二）测设方法

算出缓和曲线和圆曲线上各点的直角坐标后，可按与圆曲线切线支距法相同的方法进行曲线详细测设。

二、偏角法

用偏角法测设时，缓和曲线与圆曲线的偏角一般分别计算。

（一）缓和曲线部分偏角的计算

在图 9.15 中，设距起点距离为 L 的 t 点的偏角为 i_t，因为 i_t 角甚小（一般不超过 3°），所以可按下式计算：

$$i_t \approx \sin i_t = \frac{y}{L}$$

因为

$$y = \frac{l^3}{6Rl_0}$$

所以

$$i_t = \frac{L^2}{6Rl_0}(\text{rad}) = \frac{L^2}{6Rl_0} \cdot \frac{180°}{\pi}(°)$$

（9.14）

式中，L 为缓和曲线上任一点至切点的距离。

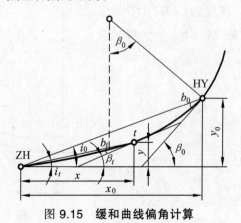

图 9.15　缓和曲线偏角计算

236

当 $L = l_0$ 时， $i_0 = \dfrac{l_0^2}{6Rl_0} = \dfrac{l_0}{6R}(\text{rad}) = \dfrac{l_0}{6R} \cdot \dfrac{180°}{\pi}(°)$ （9.15）

又因为 $\qquad\qquad \beta_0 = \dfrac{l_0}{2R}(\text{rad})$

所以 $\qquad\qquad i_0 = \dfrac{1}{3}\beta_0$ （9.16）

将（9.14）与（9.15）两式相比，得：

$$\frac{i_t}{i_0} = \frac{\dfrac{L_0^2}{6Rl_0}}{\dfrac{l_0}{6R}} = \frac{L^2}{l_0^2}$$

所以 $\qquad\qquad i_t = i_0 \left(\dfrac{L}{l_0}\right)^2$ （9.17）

在详细设置时，把缓和曲线全长 l_0 分成 n 等分，每段之长为 l_0 / n，则每段终点的偏角为：

第一点的偏角 $\quad i_1 = i_0 \left(\dfrac{\dfrac{l_0}{n}}{l_0}\right)^2 = \dfrac{i_0}{n^2}$ （9.18）

第二点的偏角 $\quad i_2 = i_0 \left(\dfrac{2\dfrac{l_0}{n}}{l_0}\right)^2 = 2^2 i_1$

第三点的偏角 $\quad i_3 = i_0 \left(\dfrac{3\dfrac{l_0}{n}}{l_0}\right)^2 = 3^2 i_1$

$\qquad\vdots\qquad\qquad\qquad\vdots$

第 n 点的偏角 $\quad i_n = i_0 \left(\dfrac{n\dfrac{l_0}{n}}{l_0}\right)^2 = n^2 i_1$

缓和曲线上由任意点 t 观测 ZH 或 HZ 的反偏角为：

$$b_t = \beta_t - i_t = \frac{L_t^2}{2Rl_0} - \frac{L_t^2}{6Rl_0} = \frac{L_t^2}{3Rl_0} = 2i_t$$ （9.19a）

因此，当在缓和曲线终点 HY 或 YH 时，缓和曲线的总偏角 i_0、切线角 β_0 及反偏角 b_0 也有以下关系：

$$b_0 = \beta_0 - i_0 = \frac{l_0}{3R} = 2i_0$$ （9.19b）

根据上面公式的推演过程可知，欲求缓和曲线各点的偏角，必须先求缓和曲线上第一点的偏角，然后乘上各点点号的平方即得。

缓和曲线上第一点的偏角，称为缓和曲线基本角。

铁路缓和曲线一般都设为 10 m 的整倍数，公路缓和曲线则为 5 m 或 10 m 的整倍数。铁路缓和曲线桩距一般按 10 m 设置，公路缓和曲线则根据圆曲线半径大小按 5 m、10 m、20 m 等设置。但一般都按等间距测设。

（二）圆曲线部分偏角的计算

设置圆曲线部分时，仪器应从直缓点搬到缓圆点，为了用偏角设置以后的圆曲线，首先应找出缓圆点的切线方向，如图 9.16 所示。

缓圆点的切线方向，可用 HY 点的反偏角 b_0（$\beta_0 - i_0$）来设置。从缓圆点的切线方向到圆曲线上各点的偏角的计算方法，与无缓和曲线时圆曲线的偏角计算方法相同。

应该注意仪器在 HY 或 YH 对于 QZ 点的偏角 δ_{QZ} 等于 $\dfrac{\alpha - 2\beta_0}{4}$，而不能按 $\dfrac{\alpha}{4}$ 计算。

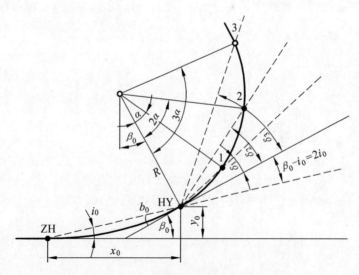

图 9.16　圆曲线部分偏角计算

【**例 9.4**】　已知 $\alpha_{右} = 18°22'00''$，$R = 1\,000$ m，$l_0 = 70$ m，ZH—DK47 + 831.35，HY—DK47 + 901.35，QZ—DK48 + 026.63。求：各点的偏角（缓和曲线上每 10 m 一点，圆曲线上每 20 m 一点，圆曲线上第一点为零弦）。

解　$70 \div 10 = 7$。由式（9.15）得：

$$i_0 = \frac{l_0}{6R} \cdot \frac{180°}{\pi} = \frac{70}{6 \times 1\,000} \times \frac{180°}{\pi} \times 3\,600'' = 2\,406''$$

所以

$$i_1 = \frac{i_0}{n^2} = \frac{2\,406}{7^2} = 49.11''\ （取\ 49''）$$

因为

$$i_n = n^2 i_1$$

所以 　　　　$i_2 = 4 \times 49.11 = 196.44''$，取 $3'16''$

　　　　　　$i_3 = 49.11 \times 9 = 441.99''$，取 $7'22''$

　　　　　　$i_4 = 49.11 \times 16 = 785.76''$，取 $13'04''$

　　　　　　$i_5 = 49.11 \times 25 = 1\,227.75''$，取 $20'28''$

　　　　　　$i_6 = 49.11 \times 36 = 1\,767.96''$，取 $29'28''$

　　　　　　$i_7 = 49.11 \times 49 = 2\,406.39''$，取 $40'06''$

因为 　　　　$i_7 = i_0$

所以 　　　　$2i_0 = 2 \times 40'06'' = 1°20'12''$

即 　　　　　$b_0 = 1°20'12''$

整条曲线偏角计算如表 9.8 所示。

表 9.8　曲线偏角计算

置镜点	观测点	水平度盘读数		备　注
		加零弦偏角	不加零弦偏角	
ZH （DK47 + 831.35）	JD	0°00′00″		$\alpha_y = 18°22'00''$
	47 + 841.35	0°00′49″		$R = 1\,000$ m
	+ 851.35	0°03′16″		$l_0 = 70$ m
	+ 861.35	0°07′22″		$T = 196.70$ m
	+ 871.35	0°13′06″		$L = 390.56$ m
	+ 881.35	0°20′28″		$E_0 = 13.19$ m
	+ 891.35	0°29′28″		$q = 2.84$ m
	+ 901.35	0°40′06″		$x_0 = 69.99$ m
HY （DK47 + 901.35）	ZH	358°39′48″（盘左）	358°07′45″（盘左）	$y_0 = 0.82$ m
	47 + 920	0°32′03″（盘右）	0°00′00″（盘右）	
	+ 940	1°06′26″（盘右）	0°34′23″（盘右）	
	+ 960	1°46′48″（盘右）	1°08′45″（盘右）	$\dfrac{2}{3}\beta_0 = 1°20'12''$（即 $2i_0$）
	+ 980	2°15′11″（盘右）	1°43′08″（盘右）	
	48 + 000	2°49′34″（盘右）	2°17′31″（盘右）	$\dfrac{180° - \alpha}{2} = 80°49'00''$
	+ 020	3°23′56″（盘右）	2°51′53″（盘右）	$\dfrac{\alpha - 2\beta_0}{4} = 3°35'20''$
	QZ（48 + 026.63）	3°35′30″（盘右）	3°03′17″（盘右）	
YH （DK48 + 151.91）	QZ（48 + 026.63）	356°24′40″（盘右）	356°45′08″（盘右）	ZH—DK47 + 831.35 HY—DK47 + 901.35
	+ 040	356°47′39″（盘右）	357°08′07″（盘右）	QZ—DK48 + 026.63
	+ 060	357°22′01″（盘右）	357°42′29″（盘右）	YH—DK48 + 151.91
	+ 080	357°56′24″（盘右）	358°16′52″（盘右）	HZ—DK48 + 221.91
	+ 100	358°30′47″（盘右）	358°51′15″（盘右）	
	+ 120	359°05′09″（盘右）	359°25′37″（盘右）	

置镜点	观测点	水平度盘读数		备　注
	48＋140	359°39′32″（盘右）	0°00′00″（盘右）	
	HZ	1°20′12″（盘左）	1°40′40″（盘左）	
	＋151.91	359°19′54″		
	＋161.91	359°30′32″		
	＋171.91	359°39′32″		
	＋181.91	359°46′54″		
	＋191.91	359°52′38″		
	＋201.91	359°56′44″		
HZ	48＋211.91	359°59′11″		
（DK48＋221.91）	JD	0°00′00″		

（三）测设方法

1. 仪器安置在曲线起点或终点设置缓和曲线

（1）在 ZH（或 HZ）点安置经纬仪，瞄准交点（JD），使水平度盘读数对到 00°00′00″。

（2）转动照准部，使水平度盘的读数分别对到各点的偏角数，按照偏角法在无缓和曲线时设置圆曲线的方法，设置出缓和曲线上各点，并与已设置出的 HY（或 YH）点校核。

2. 仪器在 HY（或 YH）点设置圆曲线

仪器在 HY 点设置圆曲线的工作，关键问题是要正确找出切线方向。为了找出该点的切线方向，应先把水平度盘的读数对到 b_0（$180°±2i_0$）（曲线从切线向左转时取"＋"，向右转时取"－"），然后用望远镜瞄准 ZH 或 HZ 点。当视线转到切线方向时，水平度盘读数正好为 0°00′00″，这时继续转动照准部，根据圆曲线上各点的偏角，设置圆曲线上的各点，到曲中点时进行校核（当圆曲线较短时，可由 HY 点测到 YH 点）。

当仪器视准轴的误差很微小时（正倒镜偏差在 100 m 的距离范围，最大不超过 5 mm），仪器在 HY（或 YH）点设置圆曲线，可先把水平度盘读数安置在与施测曲线方向相反的 b_0（或 $2i_0$）处，瞄准 ZH 或（HZ），倒转望远镜转动照准部，使水平度盘读数为 0°00′00″时，视线方向即为切线方向，如图 9.17 所示。

为了直接使用曲线表设置曲线，一般可采用水平度盘的读数为 0°00′00″时，视线与零弦方向（HY→1′）一致的方法，以消除零弦偏角，以后不再累加。因此，操作时应以（$180°+b_0+δ_分$）后视 ZH，照准部转到水平度盘数为 0°00′00″时，即为 HY→1′，如图 9.17 所示。也可以（$b_0+δ_分$）后视

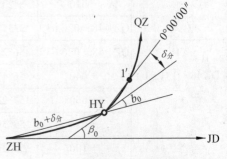

图 9.17　消除圆曲线零弦偏角

ZH，倒转望远镜后照准部转到 $0°00'00''$ 时，方向即为视线方向——HY →1'。

三、全站仪坐标法

用全站仪可在任意点设站利用坐标法测设曲线。

（1）建立坐标。如图 9.18 所示。一般以切线方向为 X 轴，垂直于切线方向为 Y 轴，坐标原点 O 选在 ZH 或 HZ 点（也可根据具体情况，选在其他方便坐标计算的点上）。

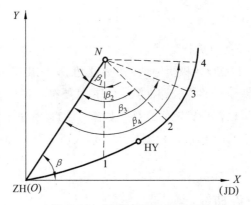

图 9.18　任意点设站测曲线

（2）计算曲线上各分段点 1、2、3、4、…各点坐标，若坐标原点选在 ZH 或 HZ 点，则坐标计算与切线支距法计算各分段点坐标方法相同。

（3）在 ZH 或 HZ 点安置全站仪以 JD 为后视，在放样模式下，即可完成各分段点放样工作。

（4）根据周围地形，选定一点 N，在 N 点能通视曲线上各分段点 1、2、3、4、…在 ZH 点安置仪器，测出 N 点坐标 x_N、y_N。在 N 点安置全站仪，输入测站 N 坐标，以 ZH 为后视点，输入 ZH 坐标，瞄准 ZH 点棱镜，将后视方向的水平度盘读数设置为后视方位角，然后依次输入各分段点坐标测设出各分段点直至曲中点。要注意熟悉各型全站仪的坐标放样菜单的操作步骤可能有所不同。

用相同方法测设另一半曲线。注意此时坐标系已改变为以 HZ 点为原点，要重测 N 点坐标（或另选点）。

若想在 N 点一次将曲线测完，则必须用坐标变换公式统一坐标系后，才能进行。

ZH 和 HZ 点两坐标系的转换，可按下式计算：

$$\left.\begin{array}{l} x = T(1+\cos\alpha) - x'\cos\alpha - y'\sin\alpha \\ y = T\sin\alpha - x'\sin\alpha + y'\cos\alpha \end{array}\right\} \qquad (9.20)$$

式中，x、y 为测站在 ZH（HZ）点坐标系的坐标；x'、y' 为测站在 HZ（ZH）点坐标系的坐标；T 为曲线的切线长；α 为曲线的转向角。

用全站仪测设曲线是由测站独立地测出曲线上的各点，在相邻两点测设后，可量取两点间的距离进行检查。若地面上已钉设出曲线主点 HY、QZ 和 YH，则可用曲线主点进行校核。

若用光电测距仪配合经纬仪在 N 点设站测设曲线则需要采用极坐标法，分别计算出曲线各分段点以 N 为原点，以 N→ZH 为极轴的极坐标放样数据。

具体步骤如下：

如图 9.18 所示，先将仪器安置于 ZH 或 HZ 点，以 JD 为后视零方向，以 ZH 或 HZ 为坐标原点，量出水平角 β 及到坐标 N 点的平距 ON，则 $\alpha_{ON} = \beta$。计算 N 点的坐标（x_N, y_N）。由式（9.12）根据 1 点里程计算出 1 的坐标（x_1, y_1），则 1 点放样数据为：

$$\left.\begin{array}{ll}
\text{平距} & D_{N1} = \sqrt{(x_1 - x_N)^2 + (y_1 - y_N)^2} \\[2mm]
\text{方位角} & \alpha_{N1} = \arctan\dfrac{y_1 - y_N}{x_1 - x_N} \\[2mm]
\text{水平角} & \beta = \alpha_{N1} - \alpha_{NO}
\end{array}\right\} \qquad (9.21)$$

同法可计算出 2、3、…各点放样数据。

测设时，以 N 为测站，以 NO 为极坐标轴，转水平角 β，测出平距 D，即可得到各分段点。用坐标法或极坐标法测设铁路或公路曲线，其精度要符合各自规范的要求。

另外，曲线坐标计算可以借助第三方软件。如南方 RTK 测量系统中的工程之星、华测的测地通等测量软件都有道路设计模块，根据导引，输入所需要的曲线要素，可以自动生成测点的坐标。

四、GNSSRTK 测设曲线

用经纬仪或全站仪测设曲线，当遇到视线障碍时，就要采取一些特殊的计算处理，例如设置副交点、测设过程中改变测站等。而应用 RTK 进行曲线放样，只要能接收到良好的卫星信号，就能顺利完成工作，且不会造成误差积累。且应用系统自带的道路设计模块，只需计算出路线的基本参数，并按软件功能模块界面对话框提示正确输入后，就可以自动计算出各种线形路线的放样桩点的坐标，省去了复杂的计算过程。

（一）曲线要素计算和曲线主要点里程

1. 曲线要素计算

以两端缓和曲线不等长曲线为例，如图 9.19 所示。为易于直观易懂，以 ZH 点切线指向线路终点方向为坐标东，建立局部坐标系如图（按公路图示符号）。

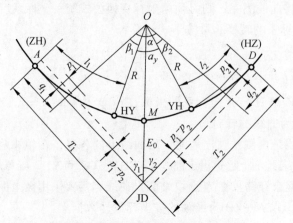

图 9.19　圆曲线两端的缓和曲线不等长

242

设圆曲线始端缓和曲线长为 l_1，终端缓和曲线长为 l_2，圆曲线半径为 R，所测转角为 α，则：

切线角
$$\left.\begin{aligned} \beta_1 &= \frac{l_1}{2R} \cdot \frac{180°}{\pi} \\ \beta_2 &= \frac{l_2}{2R} \cdot \frac{180°}{\pi} \end{aligned}\right\} \tag{9.22}$$

内移值
$$\left.\begin{aligned} p_1 &= \frac{l_1^2}{24R} \\ p_2 &= \frac{l_2^2}{24R} \end{aligned}\right\} \tag{9.23}$$

切垂距
$$\left.\begin{aligned} q_1 &= \frac{l_1}{2} - \frac{l_1^3}{240R^2} \\ q_2 &= \frac{l_2}{2} - \frac{l_2^3}{240R^2} \end{aligned}\right\} \tag{9.24}$$

切线长
$$\left.\begin{aligned} T_1 &= (R + p_1)\tan\frac{\alpha}{2} + q_1 - \frac{p_1 - p_2}{\sin\alpha} \\ T_2 &= (R + p_2)\tan\frac{\alpha}{2} + q_2 - \frac{p_1 - p_2}{\sin\alpha} \end{aligned}\right\} \tag{9.25}$$

曲线长
$$L = (\alpha - \beta_1 - \beta_2)R\frac{\pi}{180°} + l_1 + l_2 \tag{9.26}$$

或者
$$L = \alpha \cdot R\frac{\pi}{180°} + \frac{l_1 + l_2}{2} \tag{9.27}$$

由于圆曲线两端的缓和曲线不等长，故曲线中点与圆曲线的中点并不一致。为了便于测设，一般就取曲线交点和圆心的连线与圆曲线相交之点 M 作为曲线中点，其测设元素为：

$$\left.\begin{aligned} r_1 &= \arctan\frac{R + p_1}{T_1 - q_1} \\ r_2 &= \arctan\frac{R + p_2}{T_2 - q_2} \end{aligned}\right\} \tag{9.28}$$

$$E_0 = \frac{R + p_1}{\sin r_1} - R \tag{9.29}$$

或
$$E_0 = \frac{R + p_2}{\sin r_2} - R \tag{9.30}$$

2. 计算各段曲线起点切线方位角

若曲线为顺时针转向，则下式中取"+"号，反之取"–"号。

（1）第一缓和曲线起点 ZH 点切线的方位角 α_{ZH}，在本例坐标系中，即横坐轴的方位角，为 90°。

$$\alpha_{ZH} = 90°$$

（2）圆曲线起点 HY 点切线的方位角 α_{HY}

$$\alpha_{HY} = \alpha_{ZH} \pm \beta_1 \tag{9.31}$$

（3）第二缓和曲线起点 YH 点切线的方位角 α_{YH}

$$\alpha_{YH} = \alpha_{HY} \pm \alpha_y \tag{9.32}$$

式中，α_y 为加设缓和曲线后，圆曲线部分所对应的转向角。

（4）计算曲线终点 HZ 点方向位角并校核

$$\alpha_{HZ} = \alpha_{YH} \pm \beta_2 = \alpha_{ZH} \pm \alpha \tag{9.33}$$

以上 3 式，在任意平面直角坐标系中都成立。

3. 计算曲线主要点里程

缓圆点 HY 里程：$HY = ZH + l_1$

圆曲线 M 点里程：$M = HY + \dfrac{90° - \beta_1 - \gamma_1}{180°} R$

圆缓点 YH 里程：$YH = HY + L_Y = M + \dfrac{90° - \beta_2 - \gamma_2}{180°} R$

缓直点 HZ 里程：$HZ = YH + l_2$

4. 计算 HY、HZ 点坐标

用于检核软件坐标计算结果。

HY 点坐标，按式 9.12 计算；HZ 点，由 JD 坐标和第二切线方位角和长度推算。

JD 坐标：$x_{JD} = 0$，$y_{JD} = T_1$，由此推出：

$$x_{HZ} = T_2 \cos\alpha_{HZ} \tag{9.34}$$

$$y_{HZ} = T_1 + T_2 \sin\alpha_{HZ}$$

（二）曲线放样桩点坐标的计算

根据工程之星软件道路设计模块，按元素法输入线路各元素，计算曲线放样桩点坐标。

"道路设计"功能是工程之星 5.0 道路图形设计的简单工具，即根据线路设计所需要的设计要素按照软件菜单提示录入后，软件按要求计算出线路点坐标并绘制线路走向图形。道路设计菜单包括：断链，平曲线设计，纵曲线设计，标准横断面，边坡，超高，加宽等模式及元素。用平曲线设计模块手动输入曲线要素的操作步骤如下：

"元素法"是道路设计里面习惯用的一种方法，它是将道路线路拆分为各种道路基本元素（点、直线、缓和曲线、圆曲线等），并按照一定规则把这些基本元素逐一添加组合成线路，从而达到设计整段道路的目的。

打开工程之星，→输入→道路设计→新建文件→输入文件名称→平曲线设计→元素法，出现元素法操作界面，如图 9.20 所示。点击右上角齿轮图标，出现曲线放样点起始里程和点间隔设置对话框，如图 9.21 所示。设置好起始点里程和里程间隔，点击确定，回到元素法界面，此项设置可以根据需要在后期调整。

图 9.20　元素法界面

图 9.21　放样点设置对话框

在图 9.20 界面，点击添加，出现添加点选择对话框（见图 9.22），选择手动输入，出现增加元素对话框，如图 9.23 所示。

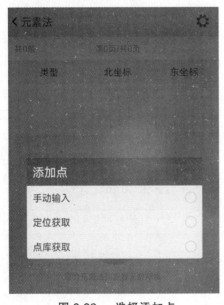

图 9.22　选择添加点

图 9.23　输入曲线元素

起点需输入北坐标、东坐标及起始方位角。添加完起点以后，继续点击添加，此时可以根据设计需要选择添加"线段""缓曲"或者"圆曲"。

线段：只需输入线段的长度，如果直线长为 0，则输入 0.000 001，不能直接输入 0。

缓曲：需要输入"线元长度""起点半径""终点半径"勾选"左偏"或者"右偏"。

圆曲：需要输入"线元长度""起点半径"勾选"左偏"或者"右偏"。

下面以具体示例，说明后续的输入步骤。

（三）设计示例

【例 9.5】 如图 9.19 所示，曲线转角 $\alpha = 50°40'20''$，圆曲线半径 $R = 600\ \text{m}$，两缓和曲线不等长，$l_1 = 140\ \text{m}$，$l_2 = 60\ \text{m}$。计算曲线每 10 m 桩点坐标。

1. 计算曲线要素

解 按式（9.22）计算两缓和曲线切线角：

$$\beta_1 = \frac{140}{2 \times 600} \times \frac{180°}{\pi} = 6°41'04''$$

$$\beta_2 = \frac{60}{2 \times 600} \times \frac{180°}{\pi} = 2°51'53''$$

按式（9.23）和式（9.24）计算两缓和曲线内移值和切垂距：

$$p_1 = \frac{140^2}{24 \times 600} = 1.361\,(\text{m})$$

$$p_2 = \frac{60^2}{24 \times 600} = 0.250\,(\text{m})$$

$$q_1 = \frac{140}{2} - \frac{140^3}{240 \times 600^2} = 69.968\,(\text{m})$$

$$q_2 = \frac{60}{2} - \frac{60^3}{240 \times 600^2} = 29.998\,(\text{m})$$

按式（9.25）计算切线长：

$$T_1 = (600 + 1.361) \times \tan\frac{54°40'20''}{2} + 69.968 - \frac{1.361 - 0.250}{\sin 50°40'20''} = 353.258\,(\text{m})$$

$$T_2 = (600 + 0.250) \times \tan\frac{50°40'20''}{2} + 29.998 - \frac{1.361 - 0.250}{\sin 50°40'20''} = 315.634\,(\text{m})$$

按式（9.26）计算曲线长：

$$L = (50°40'20'' - 6°41'04'' - 2°51'53'') \times 600 \times \frac{\pi}{180°} + 140 + 60 = 630.640\,(\text{m})$$

按式（9.27）校核：

$$L = 50°40'20'' \times 600 \times \frac{\pi}{180°} + \frac{140 + 60}{2} = 630.638\,(\text{m})$$

按式（9.28）及式（9.29）计算曲中 M 的测设数据：

$$r_1 = \arctan \frac{600 + 1.361}{353.258 - 69.968} = 64°46'33''$$

$$r_2 = \arctan \frac{600 + 0.250}{315.634 - 29.998} = 64°33'07''$$

校核：$\qquad \alpha = 180° - r_1 - r_2 = 180° - 64°46'33'' - 64°33'07'' = 50°40'20''$

按式（9.30）校核：

$$E_0 = \frac{600 + 1.361}{\sin 64°46'33''} - 600 = 64.746 \text{ (m)}$$

$$E_0 = \frac{600 + 0.250}{\sin 64°46'07''} - 600 = 64.747 \text{ (m)}$$

最后需要提及的是，曲中 M 点既不是整个曲线的中点，也不是圆曲线的中点。因为 M 点至 HY 点圆曲线所对应的圆心角为：

$$90° - r_1 - \beta_1 = 90° - 64°46'33'' - 6°41'04'' = 18°32'23''$$

该段圆曲线长：

$$600 \times 18°32'23'' \times \frac{\pi}{180°} = 194.148 \text{ (m)}$$

M 点至 YH 点圆曲线所对的圆心角为：

$$90° - r_2 - \beta_2 = 90° - 64°33'07'' - 2°51'53'' = 22°35'00''$$

其圆曲线为：

$$600 \times 22°35'00'' \times \frac{\pi}{180°} = 236.492 \text{ (m)}$$

所以 M 点并非圆曲线的中点。

又以 M 为界的两段曲线长：

$$140 + 194.148 = 334.148 \text{ (m)}$$

$$60 + 236.492 = 296.492 \text{ (m)}$$

显然 M 点也不是整个曲线的中点，这里选取 M 点只是便于测设而已。

以上应用电子表格编程计算，会大幅提高计算效率。

2. 计算主要点切线方位角

因为曲线为左转（逆时针），所以计算时取"－"号。

（1）第一缓和曲线起点 ZH 点切线的方位角 α_{ZH}，在本例坐标系中，即横坐轴的方位角，为 90°。

$$\alpha_{\text{ZH}} = 90°$$

247

（2）圆曲线起点 HY 点切线的方位角 α_{HY}。

$$\alpha_{HY} = \alpha_{ZH} - \beta_1 = 90° - 6°41'04'' = 83°18'56''$$

（3）第二缓和曲线起点 YH 点切线的方位角 α_{YH}。

$$\alpha_y = \alpha - \beta_1 - \beta_2 = 50°40'20'' - 6°41'04'' - 2°51'53'' = 41°07'23''$$

$$\alpha_{YH} = \alpha_{HY} \pm \alpha_y = 83°18'56'' - 41°07'23'' = 42°11'33''$$

（4）计算曲线终点 HZ 点方向位角并校核。

$$\alpha_{HZ} = \alpha_{YH} \pm \beta_2 = 42°11'33'' - 2°51'53'' = 39°19'40''$$

$$\alpha_{HZ} = \alpha_{ZH} - \alpha = 90° - 50°40'20'' = 39°19'40'' （计算无误）$$

3. 计算主要点里程

设曲线起点 ZH 点里程为 0，则

缓圆点 HY 里程：HY = ZH + l_1 = 140 m

圆曲线 M 点里程：$M = HY + \dfrac{90° - \beta_1 - \gamma_1}{180°} R = 140 + 194.148 = 334.148$（m）

圆缓点 YH 里程：$YH = HY + L_Y = M + \dfrac{90° - \beta_2 - \gamma_2}{180°} R = 334.148 + 236.492 = 570.64$（m）

缓直点 HZ 里程：HZ = YH + l_2 = 570.64 + 60 = 630.64（m）

另：HZ = ZH + L = 630.638（计算无误）

4. 应用元素法输入曲线元素

（1）输入曲线起点坐标。在图 9.23，输入 ZH 点坐标和切线（横坐标轴）方位角，如图 9.24 所示。

方位角按 dd.mmssssss 格式输入，例如输入 39°19'40.1234''，格式形式为 39.19401234。

点击"确定"，返回元素法界面，并显示刚输入的线元"起点"加参数，横向滑动数据，可看到北坐标、东坐标、起点方位角、长度、起点半径、终点半径里程、向各等数据，如图 9.25 所示。

（2）输入第一缓和曲线参数。继续点击增加，进入增加元素界面，输入类型有线段、圆曲、缓曲。因我们要输入第一缓和曲线，所以选择缓曲。输入线元长度（第一缓和曲线长度值）140；起点半径是缓和曲线起点半径，勾选 ∞；终点半径是圆曲线半径，输入 600；偏向是左偏，如图 9.26 所示。点击确定，返回到元素法界面，并显输入的缓曲参数。

图 9.24　输入起点参数

248

图 9.25　已输入的起点参数

图 9.26　输入第一缓和曲线参数

（3）输入圆曲线参数。点击增加，选择圆曲，输入线元长度（圆曲线长度）430.638、起点方位角（HY 点切线方位角）83°18′56″、起点半径（圆曲线半径）600，选择偏向左，如图 9.27 所示。点击确定，返回元素法界面，并显示输入圆曲线各参数。

（4）输入第二缓和曲线参数。点击增加，选择缓曲，分别输入线元长度（第二缓和曲线长度）60、起点方位角（YH 点切线方向角）42°11′33″、起点半径（YH 点圆曲线半径）600、终点半径（HZ 点缓和曲线半径）勾选 ∞、偏向左，如图 9.28 所示。

图 9.27　输入圆曲线参数

图 9.28　输入第二缓和曲线参数

点击确定，返回到元素法界面，如图 9.29 所示。

在图 9.29 界面点击查看，进入道路设计-结果界面，点击图像显示，可以看到设计曲线的线型（若图像位置不合适，点击右下角箭头所示图标），如图 9.30 所示，从线形的走向和平滑度上可以判断曲线参数和输入正确与否；点击逐桩坐标，可以查看逐桩坐标（见图 9.31），并导出格式为.csv 的坐标文件（见图 9.32）。

图 9.29　输入 4 条曲线元素

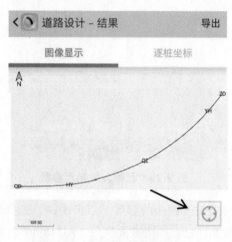

图 9.30　设计的曲线线型

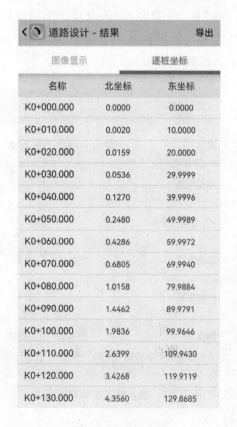

图 9.31　逐桩坐标

图 9.32　导出坐标文件

为看到第二切线方位角，我们再输入一段直线段，例如 40 m，则软件已自动计算出切线方位角，如图箭头所示（见图 9.33），也可以由此校核前面数据输入正确与否。直接点击确定，回到元素法界面，并显示插入线段起点，即 HZ 点各项参数（见图 9.34）。

类型		北坐标	东坐标
起点		0.0000	0.0000
缓曲		0.0000	0.0000
圆曲	HY	5.4392	139.8096
缓曲		198.3852	514.5033
线段	HZ	244.1519	553.2925

图 9.33 输入线段元素　　　　图 9.34 输入 5 条曲线元素

（5）计算 HY、HZ 点坐标，对软件计算出的曲线坐标进行检核。

HY 点坐标：　$x_{HY} = l_1 - \dfrac{l_1^3}{40R^2} = 140 - \dfrac{140^3}{40 \times 600^2} = 139.81$（m）

$y_{HY} = \dfrac{l_1^2}{6R} = \dfrac{140^2}{6 \div 600} = 5.44$（m）

HZ 点坐标：　$x_{HZ} = T_2 \cos\alpha_{HZ} = 315.634\cos 39°19'40'' = 244.15$（m）

$y_{HZ} = T_1 + T_2 \sin\alpha_{HZ} = 353.258 + 315.634\sin 39°19'40'' = 553.29$（m）

上述两点坐标均示在图 9.34 中，说明软件计算坐标无误。

如果发现问题，检查是否是输入数据有误。点击图 9.34 中某一线段数据，进入编辑、增加对话框，点击编辑，进入编辑界面，可以重新输入、修改数据，无误后点确定，返回到元素法界面。

（6）保存设计文件。

点击确定，返回到道路设计界面，点击保存（若没命名，则提示命名，命名为例 9.5），则文件存入 SOUTHGNSS-EGStar/Road 文件夹。

（四）线路（曲线）放样

（1）将曲线坐标转换为施工统一坐标。若是放样练习，可在合适的场地，考虑曲线转向，在地面布设两个点，作为曲线切线，其中一个点作为坐标原点（0，0）。在适当位置架设基准站，新建工程。输入坐标系统名称，其他参数默认。

（2）要求架设基准站和移动站。基准站架设在合适位置，起动坐标外部获取（通过获取定位得到）。

（3）用移动站立于曲线起点（坐标原点），测得起点坐标。

（4）返回工程之星主界面，输入→道路设计→打开保存的道路（曲线）设计文件→平曲线设计，进入设计文件的各元素参数界面，如图 9.34。点击起点行，点编辑，出现编辑元素界面，将起点坐标修改成上述用移动站测得的实时坐标。点确定回到元素法界面，看到起点坐标已修改成实时测得的坐标。点查看，看逐桩坐标，转换成与 RTK 测量一致的坐标。回到元素法界面，点确定，点保存，回到道路设计界面。退回到主界面，则可以按转换后的坐标开始放样。

（5）细部点放样。在工程之星主界面，点击测量，选道路放样。因为前述曲线坐标是按道路设计求出的，保存的是道路设计文件，所以放样时，也要打开道路放样选项。点击道路放样，点击目标，点击打开，选择要放样的道路文件，单击打开，如图 9.35 所示，可以选择点放样，按每一个放样点放样。也可以选择中线放样，如图 9.36 所示。默认放样元素是目标、偏距（当前移动站位置与设计线路位置之间的距离）、里程、高程，根据方便与否，点暗色三角形图标，可以选择放样元素，如目标、DX、DY、北坐标、东坐标、点名等。

因为选择线路中线放样，所以放样从第一点开始，里程为"0"，将移动站按指示，移动到偏距、里程为"0"时，所在点即为曲线第一点，就是 ZH 点。然后，挪动移动站，沿线路走向移动到里程为 10 m、20 m、…，直至放样完所有点为止。

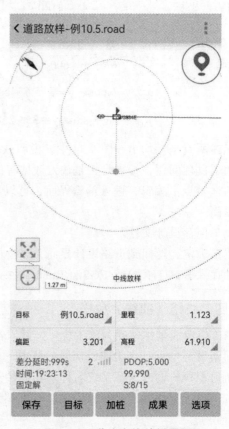

名称	里程	北坐标
K0+000.000	0.000	4557190.0000
K0+010.000	10.000	4557190.0020
K0+020.000	20.000	4557190.0159
K0+030.000	30.000	4557190.0536
K0+040.000	40.000	4557190.1270
K0+050.000	50.000	4557190.2480
K0+060.000	60.000	4557190.4286
K0+070.000	70.000	4557190.6805
K0+080.000	80.000	4557191.0158
K0+090.000	90.000	4557191.4462
K0+100.000	100.000	4557191.9836

图 9.35　道路放样界面　　　　图 9.36　道路中线放样界面

由于缓和曲线支距（纵坐标）越靠近 ZH 点变化越小，所以实际操作起来，使用 RTK 或全站仪坐标法放样并不容易，特别是卫星信号不是特别理想的时候。这种情况，反而用传统的偏角法测设更能保证精度和便捷。所以在实际测量工作中，灵活运用各种测量方法和手段，发挥各自优势，取长补短，才是更实际和高效的选择。

思考题与习题

1. 在铁路、公路曲线上为什么要加缓和曲线？它的特性是什么？

2. 铁路、公路曲线上有哪些主要控制点（绘图说明）？

3. 测设曲线的主要方法有哪些？各适用于什么情况？

4. 试分析用偏角法测设曲线时产生闭合差的因素有哪些？

5. 已知某线路曲线的转向角为 $\alpha_{右} = 30°06'15''$，$R = 300$ m，ZY 点里程为 DK3 + 319.45 m，里程从 ZY 到 YZ 为增加，试求圆曲线要素及主点里程。

6. 某曲线 $R = 400$ m，$\alpha_{左} = 27°03'08''$，$l_0 = 80$ m，交点的里程为 DK189 + 472.16，试计算曲线的综合要素、主点里程及 HY、YH、HZ 点切线方位角。

7. 根据第 6 题条件，用工程之星计算出每 10 m 桩点的坐标，并将坐标文件导出。

第十章　铁路线路测量

第一节　铁路线路测量工作概述

铁路线路测量是指铁路线路在勘测、设计和施工等阶段中所进行的各种测量工作。它主要包括：为选择和设计线路中心线的位置所进行的各种测绘工作；为把所设计的线路中心线标定在地面上所进行的测设工作；为进行路基、轨道、站场的设计和施工所进行的测绘和测设工作。

修建一条铁路，国家要花费大量的人力、物力、财力，为保证新建铁路在国民经济建设和国防建设中能充分发挥其效益，故修建一条新线一般要经过下列程序。

一、方案研究

在地形图上找出线路可行的方案和初步选定一些重要技术标准，如线路等级、限制坡度、牵引种类、运输能力等，并提出初步方案。

二、初测和初步设计

初测阶段的主要任务是沿选定的线路方向进行控制测量（包括平面控制和高程控制测量），在控制点的基础上测量路线方向的带状地形图并收集水文、地质等有关资料。为线路方案比选和编制设计文件等工作提供依据。

铁路线路工程平面控制测量应按分级布设的原则建网。第一级为基础平面控制网（CPⅠ），第二级为线路平面控制网（CPⅡ），第三级为轨道控制网（CPⅢ）。CPⅠ控制网宜起闭于国家既有 GNSS 控制点。

初测阶段的主要任务之一是建立基础平面控制网 CPⅠ和高程控制网。当国家既有 GNSS 控制点的位置和精度不能满足 CPⅠ控制网约束条件时，应施测框架控制网（CP 0），在此基础上再建立 CPⅠ控制网。

三、定测和施工设计

定测阶段的主要任务是解决线路平、纵、横三方面的位置问题，将选定的线路标定到实地上去，即在选定的线路上进行中线测量、纵断面测量和横断面测量，为施工图技术设计提供重要资料，施工技术设计是根据定测所取得的资料，对线路全线和所有个体工程做出详细设计，并提供工程数量和工程预算。该阶段的主要工作是线路纵断面设计和路基设计，并对桥涵、隧道、车站、挡土墙等做出单独设计。

铁路工程测量在定测阶段要首先建立线路平面控制网 CPⅡ，CPⅡ控制点起闭于 CPⅠ控制点，测量等级符合《铁路工程测量规范》(TB l0101—2018)、《高速铁路工程测量规范》(TB l0601—2009)规定要求。

四、施工测量

线路施工时，测量工作的主要任务是测设出作为施工依据的桩点的平面位置和高程。这些桩点是指标志线路中心位置的中线桩和标志路基施工界线的边桩、建(构)筑物各轴线的交点桩、中线桩、桥墩、隧道等点位标桩。主要有施工控制网复测，施工控制加密，路基、桥梁、隧道等施工放样，变形测量等。

铁路工程还包括轨道安装定位，精调测量等。其中施工控制网是为铁路工程施工提供控制基准的各级平面、高程控制网。它除了包括 CPⅠ、CPⅡ、线路水位基点控制网外，还包括在此基础上加密的施工平面、高程控制点和为轨道铺设而建立的轨道控制网 CPⅢ。

工程结束后还要进行竣工测量，检查施工成果是否符合设计要求，并为铁路运营和维护提供资料，这些测量工作称为竣工测量。

下面介绍各阶段铁路线路测量工作的主要内容。

第二节　线路初测

初测工作包括：插大旗、基础平面控制网(CPⅠ)测量、高程控制测量、地形测量。初测在一条线路的全部勘测工作中占有重要地位，它决定着线路的基本方向。

一、插大旗

根据方案研究中在小比例尺地形图上所选线路位置，在野外用"红白旗"标出其走向和大概位置，并在拟定的线路转向点和长直线的转点处插上大旗，为导线测量及各专业调查指出进行的方向。大旗点的选定，一方面要考虑线路的基本走向，故要尽量插在线路位置附近；另一方面要考虑到导线测量、地形测量的要求，因为一般情况下大旗点即为导线点，故要便于测角、量距及测绘地形。插大旗是一项十分重要的工作，应考虑到设计、测量各方面的要求，通常由技术负责人来做此项工作。

现在，由于测量手段的进步，插大旗一般在室内影像图或地形图上完成。

二、基础平面控制网 CPⅠ测量

CPⅠ控制网主要为勘测设计、施工、运营维护提供坐标基准。

在测量工作开展前，根据测区地形、地貌及线路工程情况进行平面控制网设计。测量等级符合《铁路工程测量规范》（TB 10101—2018）、《高速铁路工程测量规范》（TB 10601—2009）规定要求，全线一次布网，整体平差。

（1）CPⅠ控制网宜在初测阶段建立，困难时可在定测前完成，按 GNSS 测量方法施测。普速铁路 CPⅠ控制网测量等级应符合表 10.1 的规定。

高速铁路 CPⅠ控制网测量等级符合二等测量精度要求。

（2）CPⅠ控制点应沿线路走向布设，2 km 布设一个点或 4 km 布设一对点（点对间距不宜小于 800 m）。

控制点宜设在距离线路中心 50~1 000 m 范围内，埋设在稳定可靠、便于测量、不易被施工破坏的地方，并按照规定埋石、作点之记。采用边联式方式构网。形成三角形或大地四边形组成的带状网。当测区内高等级平面控制点精度和密度不能满足基础平面控制网 CPⅠ起闭要求时，首先施测框架平面控制网 CP 0。

表 10.1　基础平面控制网（CPⅠ）测量等级

铁路类型	轨道结构	列车设计速度 v/（km/h）	测量等级
客货共线铁路、重载铁路	无砟	$120 < v \leqslant 200$	二等
		$v \leqslant 120$	三等
	有砟	$120 < v \leqslant 200$	三等
		$v \leqslant 120$	四等
城际铁路	无砟	$v = 160$，$v = 200$	二等
		$v = 120$	三等
	有砟	$v = 160$，$v = 200$	三等
		$v = 120$	四等

（3）CPⅠ控制网应起闭于国家高等级平面控制点或 CP 0 控制点，每 50 km 宜联测一个高等级平面控制点，全线联测高等级平面控制点的总数不宜少于 3 个。在与其他铁路交叉或连接处，CPⅠ控制网应与其平面控制点联测，联测控制点的个数不应少于 2 个。CPⅠ控制网宜与附近的已知水准点联测。

三、导线测量

线路勘测时首先建立基础平面控制网 CPⅠ，当初测阶段比较方案多，布设 CPⅠ控制网困难时，可先沿线路每 8 km 左右布设一对或每 4 km 左右布设一个 GNSS 控制点作为初测首级控制，在此基础上根据专业需要加密初测控制点，以便于进行勘测，如实测纵横断面、补测地形等。工程可行性研究设计完成后，布设 CPⅠ控制网。定测方案确定后，再布设 CPⅡ控制网，以满足定测需要、节省费用。

初测控制点平面可采用 GNSS 测量或全站仪导线测量，起闭于初测 GNSS 点。采用 GNSS 测量时，按五等 GNSS 网技术要求施测；采用全站仪导线测量时，按二级导线测量要求施测。

初测导线是测绘线路带状地形图和定测放线的基础。导线测量的外业及内业工作前已述及，此处仅介绍线路测量中导线的检核计算方法。

1. 各等级导线测量的主要技术要求

导线可布设成附合导线、闭合导线或导线网。导线相邻边长不宜相差过大，相邻边长之比不宜超过 1:3。导线测量使用的仪器应在有效检定期内，并符合规范要求。

各等级导线测量的主要技术要求应符合表 10.2 的规定。

表 10.2　导线测量的主要技术要求

等级	测角中误差/（"）	测距相对中误差	方位角闭合差/（"）	导线全长相对闭合差	测回数			
					0.5"级仪器	1"级仪器	2"级仪器	6"级仪器
二等	1	1/250 000	$\pm2\sqrt{n}$	1/100 000	6	9	—	—
隧道二等	1.3	1/200 000	$\pm2.6\sqrt{n}$	1/100 000	6	9	—	—
三等	1.8	1/150 000	$\pm3.6\sqrt{n}$	1/55 000	4	6	10	—
四等	2.5	1/100 000	$\pm5\sqrt{n}$	1/40 000	3	4	6	—
一级	4	1/50 000	$\pm8\sqrt{n}$	1/20 000	—	2	4	—
二级	7.5	1/25 000	$\pm15\sqrt{n}$	1/10 000	—	—	1	2

注：1. n 为测站测角个数。
　　2. 当边长短于 500 m 时，二等和隧道二等边长中误差应小于 2.5 mm，三等边长中误差应小于 3 mm，四等、一级边长中误差应小于 5 mm，二级边长中误差应小于 7.5 mm。

2. 水平角观测

（1）水平角观测的方法及限差。

水平角观测采用方向观测法。当观测方向数为 3 个及以上时，应归零。

水平角方向观测法采用的仪器等级、半测回归零差、一测回内各方向 2C 互差、同一方向值各测回较差允许值见表 10.3。

表 10.3　水平角方向观测法的主要技术要求

等级	仪器等级	半测回归零差/（"）	测回内各方向 2C 互差/（"）	同一方向值各测回较差/（"）
四等及以上	0.5"级仪器	4	8	4
	1"级仪器	6	9	6
	2"级仪器	8	13	9
一级及以下	1"级仪器	8	13	9
	2"级仪器	12	18	12
	6"级仪器	18	—	24

注：当观测方向的垂直角超过 ±3° 的范围时，该方向 2C 互差可按各测回同方向进行比较，其值应满足表中一测回内各方向 2C 互差的限值。

（2）水平角方向观测法的主要作业要求。

① 各测回间应均匀配置度盘，采用全站仪时不受此限制。

② 观测应在通视良好、成像清晰稳定时进行。

③ 观测过程中，气泡中心位置偏离值不得超过1格；四等及以上等级的水平角观测，当观测方向的垂直角超过±3°的范围时，宜在测回间重新整平。有垂直轴补偿器的仪器不受此限制。

④ 水平角观测误差超限时，应进行重测，并应符合下列规定：

a. 一测回内2C互差或同一方向值各测回较差超限时，应重测超限方向，并联测零方向。

b. 下半测回归零差或零方向的2C互差超限时，应重测该测回。

c. 若一测回中重测方向数超过总方向数的1/3时，应重测该测回。当重测的测回数超过总测回数的1/3时，应重测该测站。

3. 边长测量

边长测量采用全站仪观测。

（1）测距仪器精度等级。测距仪器精度等级按表10.4划分。

表10.4　测距仪器精度分级

精度等级	测距标准偏差
Ⅰ	$m_d \leq 1\ \text{mm} + 1 \times 10^{-6}D$
Ⅱ	$1\ \text{mm} + 1 \times 10^{-6}D < m_d \leq 3\ \text{mm} + 2 \times 10^{-6}D$
Ⅲ	$3\ \text{mm} + 2 \times 10^{-6}D < m_d \leq 5\ \text{mm} + 5 \times 10^{-6}D$
Ⅳ	$5\ \text{mm} + 5 \times 10^{-6}D < m_d \leq 10\ \text{mm} + 10 \times 10^{-6}D$

（2）边长测量的技术要求。

① 边长测量采用的仪器精度、每边测回数、一测回较差、测回间较差应符合表10.5的要求。

表10.5　边长测量技术要求

等级	测距仪器精度等级	每边测回数		一测回读数较差/mm	测回间较差/mm
		往测	返测		
二等、隧道二等	Ⅰ	4	4	2	3
	Ⅱ			5	7
三等	Ⅰ	2	2	2	3
	Ⅱ	4	4	5	7
四等	Ⅰ	2	2	2	3
	Ⅱ			5	7
	Ⅲ	4	4	10	15

258

等级	测距仪器精度等级	每边测回数		一测回读数较差/mm	测回间较差/mm
一级及以下	I	1	1	2	—
	II			5	—
	III	2	2	10	15
	IV			20	30

注：一测回是指全站仪盘左、盘右各测量 1 次。

② 边长往返观测平距较差应小于表 10.2 中相应等级导线测距中误差的 2 倍。

③ 测距边的斜距应进行气象改正和仪器常数改正。三等及以上等级测量应在测站和反射镜站分别测记。

四等及以下等级可在测站进行测记，当测边两端气象条件差异较大时，应在测站和反射镜站分别测记，取两端平均值进行气象改正。

当测区平坦、气象条件差异不大时，四等及以下等级可记录上午和下午的平均气压、气温。

（3）水平距离的计算。

① 测量的斜距须经气象改正和仪器的加、乘常数改正后才能进行水平距离计算。

② 水平距离计算。

水平距离按下式计算：

$$D_p = S \cdot \cos(a + f) \tag{10.1}$$

其中

$$f = (1 - k) \frac{S \cdot \cos a}{2R_m} \rho$$

式中，D_p 为测距边的水平距离（m）；S 为经气象及加、乘常数等改正后的斜距（m）；a 为垂直角观测值；f 为地球曲率与大气折光对垂直角影响的改正值；k 为当地的大气折光系数；ρ 为常数，为 206 265″；R_m 为地球评价曲率半径（m）。

（4）测距边长的归化投影计算。

归算到工程独立坐标系投影高程面上的测距边长度，应按下式计算：

$$D_1 = D_0 \left(1 + \frac{H_0 - H_m}{R_A} \right) \tag{10.2}$$

式中，D_1 为归算到投影高程面上的测距边长度（m）；D_0 为测距边两端平均高程面上的平距（m）；H_0 为工程独立坐标系投影面高程（m）；H_m 为测距边两端点的平均高程（m）；R_A 为参考椭球体在测距边方向的法截弧曲率半径（m）。

测距边在高斯投影面上的长度，应按下式计算：

$$D_2 = D_1 \left(1 + \frac{Y_m^2}{2R_m^2} + \frac{\Delta y^2}{24R_m^2} \right) \tag{10.3}$$

式中，D_2 为测距边在高斯投影面上的长度（m）；Y_m 为测距边中点至中央子午线的距离（m）；Δy

为测距边两端点横坐标增量（m）；R_m 为测距边中点处在参考椭球面上的平均曲率半径（m）。

（5）导线平差计算。

导线网计算应在方位角闭合差及导线全长相对闭合差满足要求后，采用严密平差法平差。边角定权可采用常规方法或方差分量估计方法定权，并应提供单位权中误差、测角中误差、点位中误差、边长相对中误差、点位误差椭圆参数和相对点位误差椭圆参数等精度信息。

四、高程测量

初测高程测量的任务有两个：一是沿线路设置水准点，作为线路的高程控制网；二是测定导线点和加桩的高程，为地形测绘和专业调查使用。

高程控制测量等级划分为一等、二等、精密水准、三等、四等、五等。铁路工程高程控制测量应按分级布设的原则建网。第一级为线路水准基点控制网，是铁路工程勘测设计、施工和运营维护的高程基准；第二级为 CPⅢ 高程网，是轨道施工和维护的高程基准。

当同一铁路需建立不同等级高程控制网时，可分段分等级建立高程控制网。

不同等级线路水准基点控制网的分段搭接宜以国家高等级水准点为搭接分界点。低等级线路水准基点控制网宜以搭接处的高等级线路水准基点作为约束点参与平差。当搭接分界处附近无国家高等级水准点时，可采用加大高等级测段高差值权的方法进行水准网整体平差。

初测控制点高程可采用水准测量、光电测距三角高程测量或 GNSS 高程测量。

由于初测阶段比较方案多，不具备二、三、四等水准测量的条件，先按五等水准测量精度要求布设初测水准点，满足初测高程测量需要。定测前，再沿线路进行二、三、四等水准测量，作为线路水准基点，以满足定测和施工需要，从而提高勘测效率，降低勘测成本。

（一）水准点高程测量

线路水准点一般每隔 2 km 设置一个，重点工程地段应根据实际情况增设水准点，点位宜距线路中线 50~300 m。方案比较阶段，水准点高程按五等水准测量要求的精度施测；其他阶段线路水准点测量等级要求见表 10.6。

表 10.6　线路水准基点测量等级要求

铁路类型	轨道结构	列车设计速度 $v/$（km/h）	测量等级
客货共线铁路、重载铁路	无砟	$120<v\leqslant200$	二等
		$v\leqslant120$	三等
	有砟	$120<v\leqslant200$	三等
		$v\leqslant120$	四等
城际铁路	无砟	$v=160,\ v=200$	二等
		$v=120$	精密
	有砟	$v=160,\ v=200$	精密
		$v=120$	三等

1. 水准测量

水准测量宜采用相应等级的数字水准仪及其自动记录功能采集数据。水准测量所使用的水准仪及水准尺，应在每个项目作业前按规范规定进行检验。

（1）水准测量限差。水准测量限差包括测段、路线往返测高差不符值，测段、路线的左右路线高差不符值、附合路线或环线闭合差、检测已测测段高差之差，各等级水准测量其允许值应符合表 10.7 的规定。

表 10.7　水准测量限差要求

水准测量等级	测段、路线往返测高差不符值/mm		测段、路线的左右路线高差不符值/mm	附合路线或环线闭合差/mm		检测已测测段高差之差/mm
	平原	山区		平原	山区	
一等	$\pm 1.8\sqrt{K}$		—	$\pm 2\sqrt{L}$		$\pm 3\sqrt{R_i}$
二等	$\pm 4\sqrt{K}$	$\pm 0.8\sqrt{n}$	—	$\pm 4\sqrt{L}$		$\pm 6\sqrt{R_i}$
精密水准	$\pm 8\sqrt{K}$	$\pm 1.6\sqrt{n}$	$\pm 6\sqrt{K}$	$\pm 8\sqrt{L}$		$\pm 12\sqrt{R_i}$
三等	$\pm 12\sqrt{K}$	$\pm 2.4\sqrt{n}$	$\pm 8\sqrt{K}$	$\pm 12\sqrt{L}$	$\pm 15\sqrt{L}$	$\pm 20\sqrt{R_i}$
四等	$\pm 20\sqrt{K}$	$\pm 4\sqrt{n}$	$\pm 14\sqrt{K}$	$\pm 20\sqrt{L}$	$\pm 25\sqrt{L}$	$\pm 30\sqrt{R_i}$
五等	$\pm 30\sqrt{K}$	$\pm 6\sqrt{n}$	$\pm 20\sqrt{K}$	$\pm 30\sqrt{L}$		$\pm 40\sqrt{R_i}$

注：1. K 为测段或路线长度，单位为 km；L 为水准路线长度，单位为 km；R_i 为检测测段长度，以 km 计；n 为测段水准测量站数。
　　2. 当山区水准测量每千米测站数 $n \geqslant 25$ 站时，采用测站数计算高差测量限差。

（2）水准观测的主要技术要求。水准观测的主要技术要求应符合表 10.8 的规定。

表 10.8　水准观测的主要技术要求

等级	水准仪最低等级	水准尺类型	视距/m		前后视距差/m		测段的前后视距累积差/m		视线高度/m		数字水准仪重复测量次数
			光学	数字	光学	数字	光学	数字	光学（下丝读数）	数字	
一等	DS$_{05}$	因瓦	$\leqslant 30$	$\geqslant 4$ 且 $\leqslant 30$	$\leqslant 0.5$	$\leqslant 1.0$	$\leqslant 1.5$	$\leqslant 3.0$	$\geqslant 0.5$	$\leqslant 2.8$ 且 $\geqslant 0.65$	$\geqslant 3$ 次
二等	DS$_1$	因瓦	$\leqslant 50$	$\geqslant 3$ 且 $\leqslant 50$	$\leqslant 1.0$	$\leqslant 1.5$	$\leqslant 3.0$	$\leqslant 6.0$	$\geqslant 0.3$	$\leqslant 2.8$ 且 $\geqslant 0.55$	$\geqslant 2$ 次
精密水准	DS$_1$	因瓦	$\leqslant 60$	$\geqslant 3$ 且 $\leqslant 60$	$\leqslant 1.5$	$\leqslant 2.0$	$\leqslant 3.0$	$\leqslant 6.0$	$\geqslant 0.3$	$\leqslant 2.8$ 且 $\geqslant 0.48$	$\geqslant 2$ 次
三等	DS$_1$	因瓦	$\leqslant 100$	$\leqslant 100$	$\leqslant 2.0$	$\leqslant 3.0$	$\leqslant 5.0$	$\leqslant 6.0$	三丝能读数	$\geqslant 0.35$	$\geqslant 1$ 次
三等	DS$_3$	双面木尺单面条码	$\leqslant 75$	$\leqslant 75$	$\leqslant 2.0$	$\leqslant 3.0$	$\leqslant 5.0$	$\leqslant 6.0$	三丝能读数	$\geqslant 0.35$	$\geqslant 1$ 次

等级	水准仪最低等级	水准尺类型	视距/m		前后视距差/m		测段的前后视距累积差/m		视线高度/m		数字水准仪重复测量次数
			光学	数字	光学	数字	光学	数字	光学（下丝读数）	数字	
四等	DS$_1$	双面木尺单面条码	≤150	≤100	≤3.0	≤5.0	≤10.0	≤10.0	三丝能读数	≥0.35	≥1次
	DS$_3$	双面木尺单面条码	≤100	≤100							
五等	DS$_3$	双面木尺单面条码	≤100	≤100	大致相等	—			三丝能读数	≥0.35	≥1次

（3）水准测量的观测方法。各等级水准测量的观测方式、观测顺序应按表10.9的规定执行。

表10.9　水准测量的观测方法

等级	观测方式		观测顺序
	与已知点联测	附合或环线	
一等	往返	往返	奇数站：后—前—前—后
			偶数站：前—后—后—前
二等	往返	往返	奇数站：后—前—前—后
			偶数站：前—后—后—前
精密水准	往返	往返/单程闭合环	奇数站：后—前—前—后
			偶数站：前—后—后—前
三等	往返/左右路线	往返/左右路线	后—前—前—后
四等	往返/左右路线	往返/左右路线	后—后—前—前 或后—前—前—后
五等	单程	单程	后—前

（4）水准观测的测站限差。水准观测测站限差包括同一标尺两次读数之差、同一测站前后标尺两次读数高差之差、检测间歇点高差之差。其允许值应符合表10.10的规定。

水准观测中，测站观测限差超限，在本站观测时发现，应立即重测；迁站后发现，则应从水准点或间歇点开始重测。

262

表 10.10　水准观测的测站限差

等级	项目		
	同一标尺两次读数之差 /mm	同一测站前后标尺两次读数 高差之差/mm	检测间歇点高差之差 /mm
一等	0.3	0.4	0.7
二等	0.5	0.7	1
精密水准	0.5	0.7	1
三等	1.5	2.0	3
四等	3	5	5
五等	4	7	—

2. 光电测距三角高程测量

光电测距三角高程测量宜布设成三角高程网或高程导线，视线高度和离开障碍物的距离不得小于 1.2 m。高程导线的闭合长度不应超过相应等级水准线路的最大长度。

（1）光电测距三角高程测量限差。

光电测距三角高程测量的限差包括对向观测高差较差、附合或环线高差较差、测段高差较差，其值应符合表 10.11 的规定。

表 10.11　光电测距三角高程测量限差要求

测量等级	对向观测高差较差 /mm	附合或环线高差闭合差 /mm	检测已测测段的高差 之差/mm
三等	$\pm25\sqrt{D}$	$\pm12\sqrt{\sum D}$	$\pm20\sqrt{L_i}$
四等	$\pm40\sqrt{D}$	$\pm20\sqrt{\sum D}$	$\pm30\sqrt{L_i}$
五等	$\pm60\sqrt{D}$	$\pm30\sqrt{\sum D}$	$\pm40\sqrt{L_i}$

注：D 为测距边长；L_i 为测段间累计测距边长，以 km 计。

（2）光电测距三角高程测量观测的主要技术要求。

三等光电测距三角高程测量应按双程对向方法进行两组对向观测；四等光电测距三角高程测量可按双程对向方法或单程双对向方法进行两组对向观测。所使用的仪器在作业前应按规范规定进行检校，仪器作业的各项要求应符合规范规定。

光电测距三角高程测量观测的仪器标称精度、边长、两组对向观测高差的平均值较差、测回间测距较差、竖盘指标差较差、测回间垂直角较差的主要技术要求应符合表 10.12 的规定。

（3）光电测距三角高程测量其他要求。

① 光电测距三角高程测量可结合平面导线测量同时进行。

② 仪器高和反射镜高量测，应在测前、测后各测 1 次，两次互差不得超过 2 mm。三、四等测量时，宜采用专用测尺或测杆量测。

③ 垂直角采用中丝法测量，对向观测，测回间垂直角较差应符合表 10.8 的规定。

④ 距离观测时，应测定气温和气压。气温读至 0.5 ℃，气压读至 1.0 hPa，并加入气象改正。

263

⑤ 光电测距三角高程测量应选择成像稳定清晰时观测。在日出、日落时，大气垂直折光系数变化较大，不宜进行长边观测。

表 10.12 光电测距三角高程测量观测的主要技术要求

等级	仪器标称精度	边长/m	观测方式	两组对向观测高差的平均值之较差/mm	测回数	测回间测距较差/mm	指标差较差/(″)	测回间垂直角较差/(″)
三等	≤1″、2 mm+ 2×10⁻⁶D	≤600	对向观测	$\pm12\sqrt{D}$	4	4	5	5
四等	≤2″、3 mm+ 2×10⁻⁶D	≤800	对向观测	$\pm20\sqrt{D}$	3	6	7	7
五等	≤2″、5 mm+ 5×10⁻⁶D	≤1000	对向观测	—	2	10	10	10

（4）三角高程测量高差计算。

三角高程测量高差应按下列公式计算：

单向观测

$$\Delta h_{1,2} = S_{1,2}\sin V_{1,2} + \frac{(1-k)S_{1,2}^2\cos^2 V_{1,2}}{2R} + i_1 - l_2 \qquad (10.4)$$

对向观测

$$\Delta h_{1,2} = \frac{S_{1,2}\sin V_{1,2} - S_{2,1}\sin V_{2,1}}{2} + \frac{1}{2}(i_1 + l_1) + \frac{1}{2}(i_2 + l_2) \qquad (10.5)$$

式中，$\Delta h_{1,2}$ 为点 1 至点 2 间的高差；$S_{i,j}$ 为点 i 至点 j 间的斜距；$V_{i,j}$ 为点 i 至点 j 间的垂直角；i_1，i_2 为点 1、点 2 的仪器高；l_1，l_2 为点 1、点 2 的反射镜高；k 为当地大气折光系数；R 为地球平均曲率半径。

（5）测量高差超限时的处理。

三、四等光电测距三角高程测量中，当一组对向观测高差较差超限，但对向观测高差平均值与另一组对向观测高差平均值较差满足表 10.12 要求时，取 2 组对向观测高差平均值的均值。对于五等光电测距三角高程测量，当对向观测高差较差超限时，应重新对向观测；当重测的对向观测高差较差仍然超限，但高差平均值与原测高差平均值之差不大于 $30\sqrt{D}$ 时，其结果取 2 次对向观测高差平均值的均值。

（二）加桩（中桩）高程测量

加桩是指导线点之间所钉设的板桩，用于里程计算和专业调查，一般每 100 m 钉设 1 桩；在地形变化处及地质不良地段，也应加桩。

1. 加桩水准测量

加桩水准测量使用精度不低于原 精度等级的水准仪；采用单程观测，水准路线应起闭于水准点，导线点应作为转点，转点高程取至 mm；加桩高程取至 cm。

2. 加桩光电测距三角高程测量

加桩高程测量可与水准点光电测距三角高程测量同时进行；若单独进行加桩光电测距三角高程测量时，其高程路线必须起闭于水准点。

高程转点间的竖直角用中丝法往返观测各 1 测回；加桩高程测量的距离和竖直角，可单向观测 1 测回，半测回间高差之差在限差以内时取平均值。

五、地形测量

地形测量宜采用航空摄影测量方法，也可采用全站仪数字化测图法、GNSS-RTK 数字化测图法、激光扫描法等方法测图。

六、横断面测量

新线初测阶段一般不进行横断面测量，但地形、地质条件复杂地段，根据选线需要，需进行控制横断面测量，作为纸上定线的依据。横断面测量的数量、宽度根据地形、地质变化情况和设计需要确定，以满足横断面选线的要求。

横断面比例尺宜采用 1∶200，横断面测量应准确反映地物、地貌及地形变化特征，相邻两测点的距离不得大于 15 m。测记时测点的距离取位至分米，高程取位至厘米。

横断面测量可采用全站仪测量或 RTK 测量方法，有条件时也可采用航空摄影测量或近景摄影测量等方法进行测绘。

第三节　线路定测

线路定测阶段的测量工作主要有：线路平面控制网（CPⅡ）测量、中线测量、线路高程测量和线路纵、横断面测量。

一、线路平面控制网 CPⅡ测量

线路控制网 CPⅡ是线路定测放线和线下工程施工测量的基础，一般在线路方案稳定后的定测阶段施测，并利用其进行定测放线，使定测放线和线下工程施工测量都能以 CPⅡ控制网作为基准，因此要求 CPⅡ控制网宜在定测阶段完成。CPⅡ控制网采用 GNSS 测量或导线测量方法施测。

（一）CPⅡ控制网的测量等级

由于不同铁路类型、不同轨道结构和不同速度目标值的轨道平顺度标准不同，因此对应其 CPⅡ控制网的测量等级也不同，应符合表 10.13 的规定。

表 10.13 线路平面控制网（CPⅡ）测量等级

铁路类型	轨道结构	列车设计速度 v/（km/h）	测量方法	测量等级
客货共线铁路、重载铁路	无砟	$120 < v \leqslant 200$	GNSS/导线	三等
		$v \leqslant 120$	GNSS/导线	四等
	有砟	$120 < v \leqslant 200$	GNSS/导线	四等
		$v \leqslant 120$	GNSS	五等
			导线	一等
城际铁路	无砟	$v = 160，v = 200$	GNSS/导线	三等
		$v = 120$	GNSS/导线	四等
	有砟	$v = 160，v = 200$	GNSS/导线	四等
		$v = 120$	GNSS	五等
			导线	一等

（二）CPⅡ控制点的布设

（1）CPⅡ控制点应沿线路布设，每 400～800 m 布设一个点。控制点宜设在距线路中心 50～200 m 范围内不易被破坏、稳定可靠、便于测量的地方，并按规范要求埋石。标石埋设完成后，应按要求做好点之记。

（2）为了确定与其他铁路平面控制网的衔接关系，在与其他铁路交叉或连接处，要求联测 2 个以上平面控制点。这样和 CPⅠ测量时联测的 2 个以上点组合，求出两套坐标系统的转换参数，便于接头处的坐标转换。

（三）CPⅡ控制网的测量

1. CPⅡ控制网采用 GNSS 测量时的要求

（1）CPⅡ控制点附近不应有强烈干扰接收卫星信号的干扰源或强烈反射卫星信号的物体。

（2）为了便于勘测施工时采用常规测量方法进行勘测和施工放线，要求相邻 CPⅡ控制点之间应通视，困难地区至少也有一个通视点，以满足施工测量的需要。

（3）为了保证平面测量基准的统一，实现"三网合一"，CPⅡ控制网必须附合到 CPⅠ控制网中，与 CPⅠ控制点联测构成附合网。

（4）CPⅡ控制网外业观测和基线向量解算应符合现行《铁路工程卫星定位测量规范》（TB 10054—2010）的规定。

（5）CPⅡ控制网应以联测的 CPⅠ控制点作为约束点进行平差。

2. CPⅡ控制网采用导线测量时的要求

（1）导线测量应起闭于 CPI 控制点，附合长度不应大于 5 km，当附合导线长度超过规定时，应布设成结点网形。结点与结点、结点与高级控制点之间的导线长度不应大于规定长度的 0.7 倍。

（2）CPⅡ导线测量和数据处理的相关要求见初测导线。

266

二、中线测量

中线测量是新线定测阶段的主要工作，它的任务是把在带状地形图上设计好的线路中线测设到地面上，并用木桩标定出来。

中线测量包括放线测量和中桩测设两部分工作。放线是把纸（图）上定线各交点间的直线段测设于地面上；中桩测设是沿着直线和曲线详细测设中线桩。

线路中线测量前，应检查测区平面控制点和水准点分布情况。当控制点精度和密度不能满足中线测量需要时，平面应按五等 GNSS 或一级导线测量精度要求加密，高程按五等水准测量精度要求加密。

线路中线可采用全站仪坐标法和 GNSS-RTK 等方法测设，并钉设中桩。

（一）中桩钉设要求

（1）线路中线宜钉设公里桩和百米桩。直线上中桩间距不宜大于 50 m，曲线上中桩间距不宜大于 20 m。如地形平坦且曲线半径大于 800 m 时，圆曲线内的中桩间距可为 40 m。在地形变化处或设计需要时，应另设加桩。

（2）断链宜设在百米桩处，困难时可设在整 10 m 桩上。不应设在车站、桥梁、隧道和曲线范围内。

（3）隧道进、出口和隧道顶应按专业要求加桩。

（4）新建双线铁路在左右线并行时，应在左线钉设桩橛，并标注贯通里程。在绕行地段，两线应分别钉桩，并分别标注左右线里程。

（二）全站仪坐标法中线测量

1. 技术要求

（1）中线测量应采用标称精度不低于 $5''$、$5\ mm+10 \times 10^{-6}D$ 的全站仪施测。

（2）中桩一般应直接从平面控制点测设。特殊困难条件下，可从平面控制点上测设附合导线或支导线。支导线边数不应超过两条。

（3）中桩至测站之间的距离不宜大于 500 m。

（4）中桩桩位限差

纵向：$S/2000+0.1$（S 为转点至桩位的距离，以 m 计）；横向：0.1 m。

（5）中桩高程可采用光电测距三角高程测量、水准测量。中桩高程宜观测两次，两次测量成果的差值不应大于 0.1 m。

2. 测设方法

以控制点为基础，根据设计路线的地理位置和几何关系计算铁路中线上各桩点的坐标，编排逐桩坐标表，然后根据全站仪的放样程序实地放线，同时测定中桩的地面高程。

首先把测站点、后视点坐标以及仪器高输入全站仪，再输入放样点坐标和棱镜高。调用极坐标的放样程序，仪器自动计算放样，并将值存入存储器中。然后便可放样出设计点的坐标位置。具体方法如图 10.1 所示。

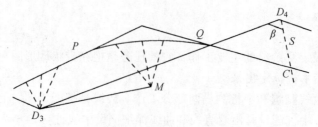

图 10.1　全站仪中线放样图

（1）在 D_4 点安置仪器，后视 D_3 点。

（2）输入仪器高和测站点 D_4 的坐标，再输入后视点 D_3 的坐标。

（3）输入棱镜高和要放样的点 C 的坐标，调用放样程序。这时，仪器自动计算出极角 β 和极距 S 值，并显示在显示屏上。

（4）松开水平制动，转动照准部，使极角 β 值变为 $0°00'00''$。

（5）在望远镜照准的方向上，置反射棱镜并测距 d（这时，仪器将测的距离 d 与 S 比较，显示屏上显示其差值 $\Delta D = d - S$），前后移动棱镜，直到 ΔD 为零时为止，这点即为要放样的点 C 的确切位置。

（6）在中桩位置定出后，随即测出该桩的地面高程（Z 坐标）。这样纵断面测量中的中平测量就无须单独进行，大大简化了测量工作。重复上述步骤（3）～（6），测设其他中桩位置。

（三）GNSS-RTK 中线测量

1. 主要技术要求

（1）参考站宜设于已知平面高程控制点上。流动站至参考站的距离不宜超过 5 km。

（2）求解基准转换参数时，公共点平面残差应控制在 1.5 cm 以内，高程残差应控制在 3 cm 以内。

（3）放线作业前，应将流动站置于已知点上进行检核，平面坐标较差应小于 2 cm，高程较差应小于 4 cm，并存储记录检核结果。

（4）重新设置参考站后，应对最后两个中桩进行复测并记录，平面坐标互差应小于 7 cm，高程互差应小于 10 cm。

（5）中桩放样坐标与设计坐标较差应控制在 7 cm 以内。

（6）中线测量完成后，应输出下列成果：

① 每个点的三维坐标。

② 每个点的平面高程精度。

③ 每个放样点的横向偏差和纵向偏差。

2. GNSS-RTK 中线测量的主要内容

（1）资料收集。

① 地形图：线路平面图或测区地形图、交通图。

② 控制点：线路 GNSS 控制点（平面坐标、高程、WGS-84 坐标）、水准点。

③ 线路中线资料、其他放样点、线、面资料。

④ 其他和测量相关的资料。

（2）作业测区的划分。

① 将整个线路测区划分为若干个作业测区，以连续 3～5 个已知的 GNSS 控制点之间的线路段落作为一个作业测区，每个作业测区的长度不宜超过 30 km。线路测区划分如图 10.2 所示。

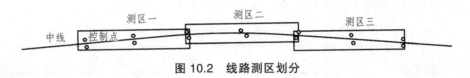

图 10.2　线路测区划分

② 求解转换参数：

a. 每个作业测区分别进行求解转换参数。

b. 平面坐标转换应用七参数或三参数、四参数法，高程转换应用拟合法。使用随机软件进行求解。

c. 转换参数可根据测区控制点的两套坐标求得。控制点精度平面在 D 级及以上，高程在四等水准及以上，两套坐标分别是 WGS-84 大地坐标（B，L，H）或（X，Y，Z），和平面坐标、正常高（x，y，z）。

d. 宜运用一个测区中的 4～8 个已知的 GNSS 点进行平面和高程点的求解计算，平面点不得少于 3 个，高程点不得少于 4 个，应包围作业测区并均匀分布（见图 10.3）。

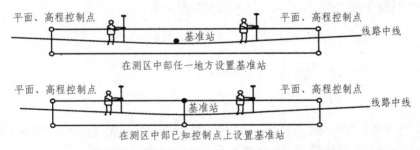

图 10.3　RTK 求解转换参数时已知平面、高程控制点与线路测区位置分布

e. 相邻测区求解转换参数所用控制点将相邻区域内的控制点作为共用点使用。

f. 转换参数求解可分内业求解和外业实测求解。在已知控制点两套坐标不全时，可在现场采集数据后计算转换参数。在采集地形点时可先测后求转换参数。放样平面或高程点时必须对先求解转换参数，残差合格后方可进行放样。

g. 转换参数残差：平面坐标小于 ±15 mm，高程小于 ±30 mm。

③ 数据检查：

a. 检查过程应留有原始记录，并进行资料整理。检查结果可作为质量检查以及验收是否合格的依据。

b. 每次作业前必须对已知 GNSS 点进行检核，其坐标、高程符合表 10.14 限差要求，确保系统正常。如检查结果超限，必须及时查找原因，直到校核无误方可开始作业。

表 10.14　检核点实测坐标、高程与已知值互差限差　　　　　单位：mm

检核点	X 坐标	Y 坐标	高程
已知 GNSS 点、水准点	20	20	40

c. 作业过程中，对测区线路附近的导线点、水准点进行坐标、高程采集测量，随时检查 RTK 系统，确保其工作状态正常。在改变作业测区、基准站迁站、基准站重新启动时，应对最后两个中线桩进行检核，检核限差符合表 10.15 的要求。

表 10.15　检核限差参考值　　　　　单位：cm

检核点	实测值与理论值互差	
	平面点位	高程
控制桩（方桩）	2.5	3.5
中桩（板桩）	7	5

d. 中线放样坐标与设计坐标较差不大于 5 cm。

（四）全站仪、RTK 中线测设坐标计算

【例 10.1】

1. 线路中线资料

已知某段线路中线交点 JD_2、JD_3、JD_4 的坐标分别为：

$$X_{JD_2} = 2\,588\,711.270 \qquad Y_{JD_2} = 20\,478\,702.880$$

$$X_{JD_3} = 2\,591\,069.056 \qquad Y_{JD_3} = 20\,478\,662.850$$

$$X_{JD_4} = 2\,594\,145.875 \qquad Y_{JD_4} = 20\,481\,070.750$$

JD_3 里程为 DK6+790.306，圆曲线半径 $R = 2\,000$ m，缓和曲线长 $l_s = 100$ m。试用工程之星道路设计模块计算整段线路每 100 m 桩坐标和曲线每 20 m 桩坐标。

2. 计算曲线要素及主要点里程

（1）计算线路转角。

$$\tan R_{32} = \frac{Y_{JD_2} - Y_{JD_3}}{X_{JD_2} - X_{JD_3}} = \frac{+40.030}{-2\,357.786} = -0.016\,977\,792$$

$$R_{32} = 0°58'21.6''$$

$$R'_{32} = 180° - 0°58'21.6'' = 179°01'38.4''$$

$$\tan R_{34} = \frac{Y_{JD_4} - Y_{JD_3}}{X_{JD_4} - X_{JD_3}} = \frac{+2\,407.900}{+3\,076.819} = 0.782\,593\,97$$

$$R_{34} = 38°02'47.5''$$

270

右角 $\beta = R'_{32} - R_{34} = 179°01''38.4'' - 38°02'47.5'' = 140°58'50.9''$

因为 $\beta < 180°$，故为右转角，则：

$$\alpha = 180° - \beta = 180° - 140°58'50.9'' = 39°01'09.1''$$

（2）计算曲线测设元素。

缓和曲线角 $\quad \beta_0 = \dfrac{l_s}{2R} \cdot \dfrac{180°}{\pi} = 1°25'56.6''$

内移距 $\quad p = \dfrac{l_s^2}{24R} = 0.208 \text{ m}$

切垂距 $\quad q = \dfrac{l_s}{2} - \dfrac{l_s^3}{240R^2} = 49.999 \text{ m}$

切线长 $\quad T = (R + P)\tan\dfrac{\alpha}{2} + q = 758.687 \text{ m}$

曲线长 $\quad L = R_\alpha \dfrac{\pi}{180°} + l_s = 1\,462.027 \text{ m}$

圆曲线长 $\quad L_Y = R(\alpha - 2\beta_0)\dfrac{\pi}{180°} = 1\,262.0.27 \text{ m}$

外矢距 $\quad E_0 = (R + p)\sec\dfrac{\alpha}{2} - R = 122.044 \text{ m}$

切曲差 $\quad q = 2T - L = 55.347 \text{ m}$

（3）计算各主要点里程。

JD_3	$K6+790.306$
$-T$	758.687
ZH	$K6+031.619$
$+l_s$	100
HY	$K6+131.619$
$+L_Y$	$1\,262.027$
YH	$K7+393.646$
$+l_s$	100
HZ	$K7+493.646$
$\dfrac{L}{2}$	731.014
QZ	$K6+762.632$
$+\dfrac{q}{2}$	27.674
JD_3	$K6+790.306$

JD_2 里程在步骤（6）中计算。

271

（4）确定中线走向图。

为便于直观理解，根据象限角 R_{32}、R_{34} 画出线路中线走向图。

（5）计算 ZH_3、HY_3、YH_3、HZ_3（JD_3 处曲线的直缓点、缓圆点、圆缓点、缓直点）的切线方位角。

① ZH_3 点切线即 $JD_2 \rightarrow JD_3$ 直线，其方位角如图 10.4 所示，

$$\alpha_{ZH} = 360° - R_{32} = 360° - 0°58'21.6'' = 359°01'38.4''$$

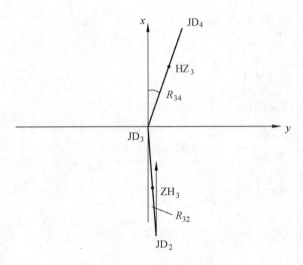

图 10.4　线路走向示意图

② HY_3 点切线方位角，由于曲线转向为顺时针右转，所以式中符号取 "+" 号，以下相同。
$\alpha_{HY} = \alpha_{23} + \beta_0 = 359°01'38.4'' + 1°25'56.6'' = 360°27'35''$，因大于 360°，所以要减去 360°，因此 $\alpha_{HY} = 0°27'35''$

③ YH_3 点切线方位角，其中 $\alpha_Y = \alpha - 2\beta_0$。

$$\alpha_{YH} = \alpha_{HY} + \alpha_Y = 0°27'35'' + (39°01'09.1'' - 2 \times 1°25'56.6'') = 36°36'50.9''$$

④ HZ_3 点切线方位角，即 $JD_3 \rightarrow JD_4$ 直线方位角。

$$\alpha_{HZ_3} = \alpha_{YH} + \beta_0 = 36°36'50.9'' + 1°25'56.6'' = 38°02'47.5''$$

$$\alpha_{HZ_3} = \alpha_{ZH} + \alpha = 359°01'38.4'' + 39°01'09.1'' - 360° = 38°02'47.5''（计算无误）$$

（6）计算曲线头（ZH_3）尾（HZ_3）点坐标及与 JD_2、JD_4 的距离、JD_2 的坐标。

设 ZH_3、HZ_3 为 JD_3 设计曲线的直缓点和缓直点。ZH_3 点坐标，是用工程之星道路设计元素法的必需元素之一，HZ_3 点作为校核曲线细部坐标计算结果之用。

① JD_2 里程、ZH_3 点坐标及 ZH_3 与 JD_2 距离计算。

设 JD_2 与 JD_3 点的水平距离为 S_{23}，则

272

$$S_{23} = \sqrt{(X_{JD_3} - X_{JD_2})^2 + (Y_{JD_3} - Y_{JD_2})^2} = 2\ 358.126\ \text{m}$$

$$JD_2 里程 = JD_3 里程 - S_{23} = DK6+790.306 - 2\ 358.126 = DK4+432.180$$

$$JD_2 与 ZH_3 之间的距离 S_{JD_2-ZH_3} = S_{23} - T = 2358.126 - 758.687 = 1\ 599.439$$

由此得到 ZH_3 点坐标：

$$X_{ZH_3} = X_{JD_2} + (S_{23} - T)\cos\alpha_{23} = 2\ 588\ 711.270 + (2\ 358.126 - 758.687)\cos359°01'38.4''$$

$$= 2\ 590\ 310.479$$

$$Y_{ZH_3} = Y_{JD_2} + (S_{23} - T)\sin\alpha_{23} = 20\ 478\ 702.880 + (2\ 358.126 - 758.687)\cos359°01'38.4''$$

$$= 20\ 478\ 675.729$$

② HZ_3 点坐及 HZ_3 点与 JD_4 距离计算。

HZ_3 点坐标由 JD_3 坐标和直线 $JD_3 \rightarrow JD_4$ 的坐标方位角推求：

$$X_{HZ_3} = X_{JD_3} + T\cos\alpha_{HZ_3} = 2\ 591\ 069.056 + 758.687\cos38°02'47.5''$$

$$= 2\ 591\ 666.530$$

$$Y_{HZ_3} = Y_{JD_3} + T\sin\alpha_{HZ_3} = 20\ 478\ 662.850 + 758.687\cos38°02'47.5''$$

$$= 20\ 479\ 130.430$$

$$S_{34} = \sqrt{(X_{JD_4} - X_{JD_4})^2 + (Y_{JD_4} - Y_{JD_3})^2} = 3\ 907.019$$

$$S_{ZH_3-JD_4} = S_{34} - T = 3\ 907.019 - 758.687 = 3\ 148.332\ （\text{m}）$$

（7）按例 9.5 用工程之星道路设计模块用元素法计算曲线逐桩坐标。

工程之星→输入→道路设计→新建文件→平曲线设计→元素法→添加→手动输入，分别输入起点（JD_2 坐标及 α_{23}）、线段（输入 JD_2 与 ZH_3 之间的距离 1 599.439）、第一缓曲（输入缓和曲线长 100，起点方位角 α_{23}，起点半径勾选，终点半径 2 000，偏向右）、圆曲线（输入圆曲线长 1262.027，方位角 $\alpha_{HY} = 0°27'35''$，起点半径 2 000）、第二缓曲（输入缓和曲线长 100，YH 点方位角 $\alpha_{YH} = 36°36'50.9''$，起点半径 2 000，终点半径勾选，偏向右）、线段（线元长度为 HZ_3 到 JD_4 的距离 3148.312，起点方位角为 $\alpha_{HZ_3} = 38°02'47.5''$，此时默认数值为软件推算出的 HZ_3 点切线也就是第二切线直线方位角为 38.02475202，与 $\alpha_{HZ_3} = 38°02'47.5''$ 相等，所以证明前面输入数据无误），在设置对话框，选择整桩号，起始里程为 JD_2 里程，里程间隔为 100 m，则设计路线图见图 10.4，每 100 m 坐标如表 10.16。

里程间隔可以根据需要设置，所以可以求得任意间隔的细部点坐标。表 10.17 是按 20 m 间隔计算的曲线坐标，其中圆曲线部分，只整理出了间隔 40 m 测点坐标。

表 10.16　××段线路中线百米及曲线控制桩平面坐标

里程	x	y	备注	里程	x	y	备注
K4+432.180	2588711.270	20478702.880	JD$_2$	K7+493.646	2591666.530	20479130.429	HZ
K4+500.000	2588779.080	20478701.729		K7+500.000	2591671.534	20479134.345	
K4+600.000	2588879.066	20478700.031		K7+600.000	2591750.285	20479195.976	
K4+700.000	2588979.051	20478698.334		K7+700.000	2591829.036	20479257.606	
K4+800.000	2589079.037	20478696.636		K7+800.000	2591907.787	20479319.236	
K4+900.000	2589179.023	20478694.939		K7+900.000	2591986.538	20479380.866	
K5+000.000	2589279.008	20478693.241		K8+000.000	2592065.289	20479442.496	
K5+100.000	2589378.994	20478691.543		K8+100.000	2592144.040	20479504.126	
K5+200.000	2589478.979	20478689.846		K8+200.000	2592222.791	20479565.756	
K5+300.000	2589578.965	20478688.148		K8+300.000	2592301.543	20479627.386	
K5+400.000	2589678.951	20478686.451		K8+400.000	2592380.294	20479689.017	
K5+500.000	2589778.936	20478684.753		K8+500.000	2592459.045	20479750.647	
K5+600.000	2589878.922	20478683.056		K8+600.000	2592537.796	20479812.277	
K5+700.000	2589978.907	20478681.358		K8+700.000	2592616.547	20479873.907	
K5+800.000	2590078.893	20478679.661		K8+800.000	2592695.298	20479935.537	
K5+900.000	2590178.878	20478677.963		K8+900.000	2592774.049	20479997.167	
K6+000.000	2590278.864	20478676.266		K9+000.000	2592852.800	20480058.797	
K6+031.619	2590310.479	20478675.729	ZH	K9+100.000	2592931.551	20480120.427	
K6+100.000	2590378.853	20478674.834		K9+200.000	2593010.302	20480182.058	
K6+131.619	2590410.472	20478674.865	HY	K9+300.000	2593089.053	20480243.688	
K6+200.000	2590478.828	20478676.582		K9+400.000	2593167.804	20480305.318	
K6+300.000	2590578.592	20478683.298		K9+500.000	2593246.555	20480366.948	
K6+400.000	2590677.895	20478694.991		K9+600.000	2593325.306	20480428.578	
K6+500.000	2590776.490	20478711.633		K9+700.000	2593404.057	20480490.208	
K6+600.000	2590874.130	20478733.182		K9+800.000	2593482.808	20480551.838	
K6+700.000	2590970.571	20478759.583		K9+900.000	2593561.559	20480613.468	
K6+762.633	2591030.256	20478778.562	QZ	K10+000.000	2593640.310	20480675.099	
K6+800.000	2591065.572	20478790.772		K10+100.000	2593719.061	20480736.729	
K6+900.000	2591158.896	20478826.670		K10+200.000	2593797.812	20480798.359	
K7+000.000	2591250.308	20478867.188		K10+300.000	2593876.563	20480859.989	
K7+100.000	2591339.582	20478912.223		K10+400.000	2593955.315	20480921.619	
K7+200.000	2591426.493	20478961.664		K10+500.000	2594034.066	20480983.249	
K7+300.000	2591510.824	20479015.387		K10+600.000	2594112.817	20481044.879	
K7+393.646	2591587.271	20479069.459	YH	K10+641.958	2594145.859	20481070.738	JD$_4$
K7+400.000	2591592.365	20479073.257					

表 10.17　××段线路中线 JD$_3$ 曲线桩平面坐标

里程	x	y	备注	里程	x	y	备注
K6+031.619	2590310.479	20478675.729	ZH	K6+780.000	2591046.699	20478784.155	
K6+040.000	2590318.859	20478675.587		K6+820.000	2591084.379	20478797.578	
K6+060.000	2590338.856	20478675.266		K6+860.000	2591121.783	20478811.752	
K6+080.000	2590358.854	20478675.002		K6+900.000	2591158.896	20478826.670	
K6+100.000	2590378.854	20478674.835		K6+940.000	2591195.703	20478842.328	
K6+120.000	2590398.854	20478674.804		K6+980.000	2591232.190	20478858.719	
K6+131.619	2590410.472	20478674.865	HY	K7+020.000	2591268.342	20478875.837	
K6+140.000	2590418.853	20478674.950		K7+060.000	2591304.144	20478893.674	
K6+180.000	2590458.843	20478675.838		K7+100.000	2591339.582	20478912.223	
K6+220.000	2590498.806	20478677.526		K7+140.000	2591374.642	20478931.477	
K6+260.000	2590538.728	20478680.013		K7+180.000	2591409.310	20478951.429	
K6+300.000	2590578.592	20478683.298		K7+220.000	2591443.572	20478972.070	
K6+340.000	2590618.383	20478687.379		K7+260.000	2591477.415	20478993.392	
K6+380.000	2590658.084	20478692.255		K7+300.000	2591510.824	20479015.387	
K6+420.000	2590697.679	20478697.925		K7+340.000	2591543.787	20479038.045	
K6+460.000	2590737.154	20478704.385		K7+380.000	2591576.290	20479061.358	
K6+500.000	2590776.491	20478711.633		K7+393.646	2591587.271	20479069.460	YH
K6+540.000	2590815.675	20478719.666		K7+400.000	2591592.365	20479073.257	
K6+580.000	2590854.691	20478728.482		K7+420.000	2591608.330	20479085.304	
K6+620.000	2590893.523	20478738.076		K7+440.000	2591624.205	20479097.469	
K6+660.000	2590932.155	20478748.444		K7+460.000	2591640.015	20479109.719	
K6+700.000	2590970.572	20478759.584		K7+480.000	2591655.783	20479122.021	
K6+740.000	2591008.758	20478771.489		K7+493.646	2591666.531	20479130.430	HZ
K6+762.632	2591030.257	20478778.562	QZ				

　　上述坐标计算，同样可以应用测地通道路放样模块之中的平面设计线功能来实现，具体操作见第十章"GNSS-RTK 测设曲线"相关内容。

三、线路高程测量与线路纵断面测量

（一）线路高程测量

　　过去线路初测和定测阶段都要进行高程测量，它包括水准点高程测量和中桩高程测量。
　　线路水准点高程测量现场称基平测量，过去它是定测阶段的主要测量任务之一，现在这项工作在初测阶段已经完成。

初测时中桩高程测量是测定导线点及加桩桩顶的高程，为地形测量建立图根高程控制。定测时，则是测定中线上各控制桩、百米桩、加桩处的地面高程，为绘制线路纵断面图提供资料。

现在应用全站仪和 GNSS-RTK 在线路中线测量时，同时已获得各中桩高程，所以可以省去以前单独进行的中桩水准测量工作。

（二）线路纵断面图

按照线路中线里程和中桩高程，按选定的比例尺，绘制出沿线路中线地面起伏变化的图，称纵断面图。

线路纵断面图中，采用直角坐标法绘制纵断面图，其横向表示里程，比例尺为 1∶10 000；纵向表示高程，比例尺为 1∶1 000，纵向比横向比例尺大 10 倍，以突出地面的起伏变化。纵断面图上还包括线路的平面位置、设计坡度、地质状况等资料，因此，它是施工设计的重要技术文件之一。

图 10.5 所示为一张公路纵断面图，在图的上半部从左至右绘有两条贯穿全图的线，一条是细的折线，表示中线方向的实际地面线，它是根据桩间距离和中桩高程按比例绘制的；另一条是粗线，表示路线纵向坡度的设计线。此外，图上还注有：水准点的位置、编号和高程；桥涵里程、长度、结构与孔径；同公路、铁路交叉的位置与说明；竖曲线示意图及曲线要素；施工时的填挖高度等。

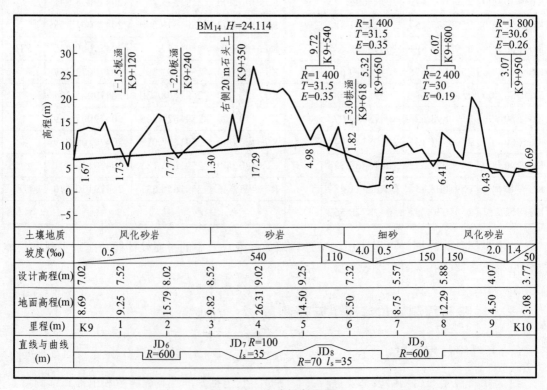

图 10.5　线路纵断面图

图的下半部绘有表格，填写有关测量和纵坡设计的数据，主要包括以下内容：

（1）直线与曲线：是中线平面线型示意图，按中线测量资料绘制。直线部分用居中直线表示，曲线部分用凸出的折线表示，上凸的表示路线右转，下凸的表示路线左转，并在凸出部分注明交点编号和曲线半径、缓和曲线长度，在不设曲线的交点位置，用锐角的折线表示。

（2）里程：按比例标注百米桩和公里桩。

（3）地面高程：为中桩高程。

（4）设计高程：按中线设计纵坡计算的里程桩处的设计高程。

（5）坡度：指中线设计线的坡度大小，从左至右向上倾斜的直线表示上坡（正坡），向下倾斜的表示下坡（负坡），水平的表示平坡；斜线上以百分数注记坡度的大小（铁路用‰表示坡度），斜线下注记坡长，水平路段坡度为零，不同的坡段用竖线分开。

（6）土壤地质情况说明：标明路段的土壤地质情况。

四、线路横断面测量

横断面是指沿垂直线路中线方向的地面断面线。横断面测量的任务，是测出各中线桩处的横向地面起伏情况，并按一定比例尺给出横断面图。横断面图主要用于路基断面设计、土石方数量计算、路基施工放样等。

（一）横断面测量的密度和宽度

横断面施测的密度和宽度，应根据地形、地质情况和设计需要而定。

一般应在百米桩和线路纵、横向地形明显变化处及曲线控制桩处测绘横断面。在大桥桥头、隧道洞口、挡土墙等重点工程地段及地质不良地段，横断面应适当加密。

横断面测绘宽度，根据地面坡度、路基中心填挖高度、设计边坡及工程上的需要来决定，应满足路基、取土坑、弃土堆及排水沟设计的需要和施工放样的要求，一般要求中线两侧各测 50 ~ 100 m；对于地面点距离和高差的测定，一般只需精确至 0.1 m。

（二）横断面测绘方法

横断面的测量方法很多，应根据地形条件、精度要求和仪器来选择。以前因为全站仪、GNSS-RTK 不普及，所以多采用经续仪和水准仪施测；现在普遍采用全站仪法、RTK 法或航测法。

1. 全站仪测量法

将全站仪设置在中线点上，后视大里程或小里程中线桩，定向为 0°，顺时针旋转 90°或270°，即为横断面测量方向，直接测量地物点至置镜点的距离和高差。

另外，利用全站仪的对边测量功能可一站测得多个横断面上各点相对中桩的水平距离和高差，从而获得横断面数据，但需要测前准确确定所测横断面的方向（经路中桩处的垂直方向）。

2. RTK 测量法

将中线资料输入至 RTK 手簿内，启动基站和流动站后，测量时通过手簿显示屏上显示的偏距和里程值确定点位是否在横断面线上，跑点人员根据断面方向的地形变化点进行测量并存储，内业整理成设计专业需求的数据格式。

3. 横断面检测限差

（1）在航测精度满足要求时，横断面测量优先采用航测法。

航测断面点高差限差允许值一般地区为 ±0.35 m，距离限差允许值一般地区为 ±0.3 m。因航测方法无法准确测量隐蔽地区地面点，所以必须对横断面进行现场核对，补测修正。

（2）当采用全站仪法、GNSS-RTK 法施测时，其检测限差按下式计算。

高差：

$$h_0 = 0.1\left(\frac{L}{100} + \frac{h}{10}\right) + 0.2 \text{ （m）} \tag{10.6}$$

距离：

$$l = \frac{L}{100} + 0.1 \text{ （m）} \tag{10.7}$$

式中，h 为检测点至线路中桩的高差（m）；L 为检测点至线路中桩的水平距离（m）。

（三）横断面图的绘制

横断面图一般绘在毫米方格纸上，为便于路基断面设计和面积计算，其水平距离和高程采用相同比例尺，一般为 1：200 或 1：100，如图 10.6 所示。

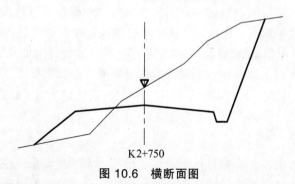

K2+750

图 10.6　横断面图

横断面图最好采取现场边测边绘的方法，这样既可省去记录，又可及时校核。若用全站仪测量、自动记录，则可在室内通过计算绘制横断面图，大大提高工效。

绘图时，以一条纵向粗线为中线，以纵横线相交点为中桩位置，向左右两侧绘制。先标注中桩的桩号。再根据水平距离和高差，将变坡点绘到图纸上，用直线连接相邻各点即得横断面地面线。一幅图上可绘多个断面图，一般规定：绘图顺序是从图纸左下方起，自下而上、由左向右，依次按桩号绘制。经横断面设计后，设计的横断面图也绘于该图上（俗称戴帽子）。如图 10.6 所示，细线为横断面地面线，粗线为路基横断面的设计线。

根据设计横断面和地面线组成的图形，可量出各横断面的填方和挖方面积。当每一个横断面的填、挖方面积求得后，再按断面法计算整条线路的土石方量。

目前，横断面绘图大多采用计算机并选用合适的软件进行绘制。

278

第四节　线路施工测量

施工建设阶段的测量工作即施工测量，其主要任务是把图纸上设计好的铁路工程建（构）筑物平面和高程位置在实地标定出来，按设计的要求将建（构）筑物各轴线的交点、中线、桥墩、隧道等点位标定在地面上。主要有施工控制网复测，施工控制加密。路基、桥梁、隧道等施工放样，变形测量，轨道安装定位，精调测量，竣工测量等。其中施工控制网是为铁路工程施工提供控制基准的各级平面、高程控制网。它除了包括 CP Ⅰ、CP Ⅱ、线路水准基点控制网，还包括在此基础上加密的施工平面、高程控制点和为轨道铺设而建立的轨道控制网 CP Ⅲ。

本节只介绍铁路线路线下施工测量，线上轨道工程施工测量见第六节。

一、施工交桩

铁路工程线下工程施工前，由建设单位组织，设计单位向施工单位提交控制测量成果资料，监理单位应参加交接工作。参加交接桩各方按照《铁路工程测量规范》（TB10101—2018）要求履行交接桩手续，签订交桩纪要，并在现场交接 CP 0、CP Ⅰ、CP Ⅱ 控制桩和线路水准基点桩。

控制网交桩成果资料应包括下列内容：

（1）CP 0、CP Ⅰ、CP Ⅱ 控制点成果及点之记。

（2）CP Ⅰ、CP Ⅱ 测量平差计算书。

（3）线路水准基点成果及点之记。

（4）水准测量平差计算书。

（5）测量技术报告（含平面、高程控制网联测示意图）。

二、控制网复测

铁路工程建设期间，应加强控制网复测维护工作。控制网复测维护分为定期复测维护和不定期复测维护，定期复测维护由建设单位组织实施，不定期复测维护由施工单位实施。铁路控制网在复测无误后方可开展控制网加密或施工测量工作。

1. 复测的原则

（1）编写复测工作技术方案或技术大纲。

（2）复测采用的方法应与原控制测量相同，测量精度等级不应低于原控制测量等级。

（3）复测前应检查标石的完好性，对丢失和破坏的控制点应按同精度内插方法恢复或增补。

（4）CP Ⅰ 控制网复测应采用 CP 0 控制点及每 15 ~ 20 km 选择一个稳定可靠的 CP Ⅰ 控制点作为已知点进行约束平差，约束平差前应对已知点的稳定性和兼容性进行检验。约束点间的相对精度应满足现行《铁路工程测量规范》（TB10101—2018）关于卫星定位测量控制网的等级划分及主要技术指标的要求。

（5）相邻标段控制网复测时，标段间搭接处应至少有 2 个平面控制点和 2 个线路水准基点作为共用桩。相邻标段施工单位均应对共用桩进行复测，复测完成后应签订共用桩协议，以确保各标段之间线下工程的正确衔接。

2. 定期复测

定期复测维护是对铁路平面高程控制网的全面复测，复测内容包括 CP Ⅰ、CP Ⅱ 及线路水准基点。复测频次应满足下列要求：

（1）施工单位接桩后，应对 CP Ⅰ、CP Ⅱ 和线路水准基点进行复测。

（2）CP Ⅲ 建网前，CP Ⅰ、CP Ⅱ 和线路水准基点应复测 1 次。

（3）长钢轨精调前，CP Ⅰ、洞内 CP Ⅱ、线上加密 CP Ⅱ、CP Ⅲ、线路水准基点及线上加密水准点应复测一次。

3. 不定期复测

施工单位应根据施工需要开展不定期复测维护，复测时间间隔不应大于 12 个月。

（1）不定期复测维护内容包括 CP Ⅰ、CP Ⅱ、线路水准基点及施工加密控制点复测，检查控制点间的相对位置是否发生位移，点位的相对精度是否满足要求。

（2）特殊地区、地面沉降地区或施工期间出现异常的地段，适当增加复测次数。

（3）当发生地震、泥石流、滑坡等自然灾害引起大面积位移变化时，应对 CP 0、CP Ⅰ、CP Ⅱ、CP Ⅲ 和线路水准基点进行复测。

4. 复测方法与精度要求

（1）采用 GNSS 法复测 CP Ⅰ、CP Ⅱ 控制点，在满足相应等级精度规定后，应进行复测与原测成果的分析比较。复测与原测成果较差应满足表 10.18、表 10.19 的规定。

表 10.18　GNSS 复测相邻点间坐标增量之差的相对精度限差

控 制 网 等 级	相邻点边长 S/m		
	$S \geqslant 800$	$500 < S < 800$	$S \leqslant 500$
一等	1/160 000	1/120 000	1/100 000
二等	1/130 000	1/100 000	1/80 000
三等	1/80 000	1/60 000	1/50 000
四等	1/50 000	1/40 000	1/30 000
五等	1/30 000	1/25 000	1/20 000

表中相邻点间坐标增量之差的相对精度按下式计算：

$$\frac{d_s}{S} = \frac{\sqrt{\Delta X_{ij}^2 + \Delta Y_{ij}^2 + \Delta Z_{ij}^2}}{S} \qquad (10.8)$$

其中
$$\Delta X_{ij} = (X_j - X_i)_{\text{复}} - (X_j - X_i)_{\text{原}}$$
$$\Delta Y_{ij} = (Y_j - Y_i)_{\text{复}} - (Y_j - Y_i)_{\text{原}}$$
$$\Delta Z_{ij} = (Z_j - Z_i)_{\text{复}} - (Z_j - Z_i)_{\text{原}}$$

式中，S 为相邻点间的二维平面距离或三维空间距离；ΔX_{ij}，ΔY_{ij} 为相邻点 i 与 j 间二维坐标增量之差（m）；ΔZ_{ij} 为相邻点 i 与 j 间 Z 方向坐标增量之差（m），当只统计二维坐标增量之差的相对精度时该值为零。

表 10.19　GNSS 控制点复测平面坐标较差限差要求

控制网	控制网等级	坐标较差限差/mm
CP Ⅰ	二等、三等	20
	四等	25
CP Ⅱ	三等、四等	15
	五等	20

注：坐标较差限差指 X、Y 平面坐标分量较差。

（2）采用导线法复测 CPⅡ 控制点，在满足相应等级精度规定后，应进行水平角、边长较差的分析比较，较差应符合表 10.20 的规定。

表 10.20　CPⅡ 导线复测较差的限差

控制网	等级	水平角较差/（"）	边长较差/mm
CP Ⅱ	隧道二等	3.6	$2m_D$
	三等	5	
	四等	7	
	一级	11	

注：m_D 为测距中误差。

（3）采用自由测站边角交会法复测 CPⅡ 控制点时，在满足相应等级精度规定后，应进行复测与原测成果的分析比较。复测与原测成果较差应满足表 10.21 的规定。

表 10.21　CPⅡ 自由测站边角交会法复测限差要求

铁路类型	轨道结构	列车设计速度 v/（km/h）	复测与原测坐标较差限差/mm	相邻点的复测与原测坐标增量较差限差/mm
客货共线铁路、重载铁路	无砟	$120<v\leqslant200$	$2\sqrt{m_{原}^2+m_{复}^2}$	5.0
		$v\leqslant120$		7.0
	有砟	$160<v\leqslant200$		7.0
		$120<v\leqslant160$		8.5
		$v\leqslant120$		10.0
城际铁路	无砟	$v=160$，$v=200$		5.0
		$v=120$		7.0
	有砟	$v=200$		7.0
		$v=160$		8.5
		$v=120$		10.0

注：1. $m_{原}$ 为原测平面点位中误差；$m_{复}$ 为复测平面点位中误差。
　　2. 坐标增量较差限差指 X、Y 坐标分量增量较差。

（4）线路水准基点复测的精度和要求应符合相应等级的规定。水准点间的复测高差与原测高差之较差应符合表 10.7 中的检测已测测段高差之差的规定。

（5）CPⅢ平面网复测见本章第六节的相关内容。

5. 复测成果处理

（1）施工单位接桩后的复测及施工期间不定期复测均为标段局部复测，当 CPⅠ、CPⅡ和线路水准基点复测成果与原测成果较差满足限差要求时，为保持勘测控制网、施工控制网的基准统一应采用原测成果。

（2）复测成果与原测成果较差超限时，为确保复测的正确性和可靠性，应进行二次复测，查明原因，并采用同精度内插方法更新成果。

（3）长钢轨精调前复测，为保持轨道控制网（CPⅢ）基准的统一，减小精调工作量，当 CPⅠ、洞内 CPⅡ、线上加密 CPⅡ、线路水准基点及线上加密水准点较差满足复测技术要求时，采用原测成果；当确认原测与复测较差超限时，采用同精度内插方法更新成果。CPⅢ控制点应全部采用复测成果。

6. 复测报告

复测完成后应编写复测报告。复测报告应包括下列内容：

（1）任务依据、技术标准。

（2）测量日期、作业方法、人员、设备情况。

（3）复测控制点的现状及数量，复测外业作业过程及内业数据处理方法。

（4）复测控制网测量精度统计分析：

① 独立环闭合差及重复基线较差统计。

② GNSS 自由网平差和约束平差后最弱边方位角中误差和边长相对中误差统计。

③ 导线方位角闭合差、全长相对闭合差、测角中误差统计。

④ 水准测量测段间往返测较差、附合水准路线高差闭合差、水准路线每千米水准测量偶然中误差统计。

（5）复测与原测成果的对比分析：

① 平面控制网复测与原测坐标成果较差。

② GNSS 网复测与原测相邻点间坐标差之差的相对精度的比较。

③ 导线复测与原测水平角、边长较差。

④ 相邻水准点复测与原测高差较差。

（6）需说明的问题及复测结论。

三、施工控制网加密

（一）加密与施测方法

（1）为满足施工放样需要，施工控制网加密测量可根据施工要求采用同精度内插的方法。施工控制网加密前，应根据现场情况制定施工控制网加密视测量技术方案。

（2）加密控制点应布设在坚固稳定、便于施工放线且不易破坏的范围内。加密控制点宜为平面和高程共用，并按规范规定埋石。

（3）施工平面控制网加密测量可采用导线或 GNSS 测量方法施测。无论是导线加密测量还是 GNSS 加密测量均应按相应等级测量的精度要求施测。

（4）施工高程控制网加密测量应起闭于线路水准基点，采用同精度内插的方法按相应测量等级要求施测。

（二）加密控制网复测

施工加密控制网复测应按上述施工复测的要求进行不定期复测。

（三）施工控制测量成果资料

（1）技术方案（测量技术任务书）。
（2）加密测量成果（含点之记）。
（3）外业测量观测数据资料。
（4）平差计算书。
（5）加密测量技术总结（报告）。

四、线路中线施工测量

（一）施工复测准备

1. 资料准备

施工复测前，施工单位首先应把设计单位移交的有关图表进行室内检核和现场核对，全面了解线路与附近建筑物之间的关系及地形情况，以便确定相应的测量方法。

2. 桩橛交接

施工单位会同设计单位在现场进行桩橛交接，主要桩橛有：直线上的转点、曲线交点、曲线主点、三角点、水准点、导线点及隧道洞口投点，大、中桥两端控制桩。

（二）中线复测

施工复测的精度要求与定测相同，复测与定测成果的不符值在规定范围时，采用定测的成果。

（三）桩橛保护

施工复测后，中线控制桩必须保持固定正确的位置，以便在施工中经常据以恢复中线。因此，在施工前应对线路各主要桩橛设置护桩。

设置护桩可采用图 10.7 中的任意一种进行布置。一般设两根交叉的方向线，交角不小于

60°，每一方向上的护桩应不少于 3 个，以便在有 1 个不能利用时，用另外 2 个护桩仍能恢复方向线。如地形困难，也可用 1 根方向线加测精确距离，也可用 3 个护桩作距离交会。

设护桩时将经纬仪置在中线控制桩上；选好方向后，以远点为准用正倒镜定出各护桩的点位；然后测出方向线与线路所构成的夹角，并量出各护桩间的距离。为便于寻找，需绘制"点之记"，如图 10.8 所示。护桩的位置应选在施工范围以外，并考虑施工中桩点不被破坏，视线也不至于被阻挡。

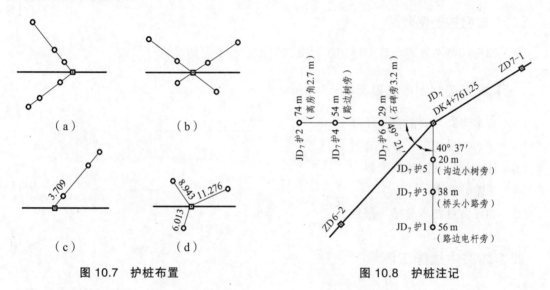

图 10.7　护桩布置　　　　　　　　　　图 10.8　护桩注记

五、站场股道中线施工测量

（一）股道中线施工测量

1. 股道在直线上

直线股道的设置，一般以正线为基准，根据各股道岔心在正线的相应里程（或坐标）及线间距，设置各到发线股道。如图 10.9 所示，有 4 股道的车站，先按照设计里程在正线的中线上测定控制点 1、A、3、B、C、D、4、2，置镜 A、B、C、D 各点，用直角坐标放出 JD_1、E、JD_3、F、JD_2、JD_4 各点。连接各股道相应点 JD_1 和 JD_4、E 和 F、JD_3 和 JD_2 即得各股道以 II 线为基准的平行线。5 和 6 可以从梯线丈量而得，也可用直角坐标放出。

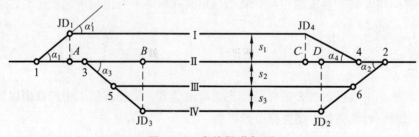

图 10.9　直线股道复测

各主要点放出以后，应进行复核。例如在三角形 $1JD_1A$ 中，可根据边角关系检查 1 至 JD_1 的长度，也可以置镜 JD_1、检查 α_1' 角，即 $\alpha_1' = \alpha_1 =$ 辙叉角。当所有控制点都确认无误后，即可根据这些点进行股道中线的详细测设。

2. 股道在曲线上

曲线股道的设置，正线中线测量同普通的曲线测设，到发线两端的切线也可比照直线的办法处理。在曲线上测定的控制点较直线股道尚需增加直缓、缓直两点，如图 10.10 所示。

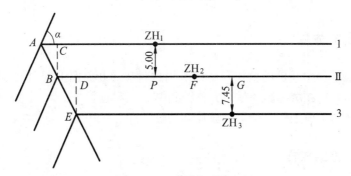

图 10.10　曲线股道复测

已知正线 $R_2 = 600$ m、$l_2 = 110$ m、$\alpha_2 = 33°43'08''$、$T_2 = 237.085$ m、$L_2 = 463.103$ m。到发线 1 股道 $R_1 = 605.14$ m、$l_1 = 100$ m、$\alpha_1 = 33°43'08''$、$T_1 = 233.596$ m、$L_1 = 456.128$ m，到发线 3 股道 $R_3 = 592.37$ m、$l_3 = 120$ m、$\alpha_3 = 33°43'08''$、$T_3 = 239.825$ m、$L_3 = 468.613$ m。

曲线股道测设时，首先应复测正线（Ⅱ股道）的曲线控制桩，符合精度要求后，再设置到发线（1、3 股道）的曲线控制桩。为此，需确定 1、3 股道直缓点、缓直点与Ⅱ股道直缓点、缓直点之间的关系。

$$AC = BC \times \tan\frac{\alpha}{2} = 5.000 \times \tan 16°51'34'' = 1.515 \text{（m）}$$

$$BD = ED \times \tan\frac{\alpha}{2} = 7.450 \times \tan 16°51'34'' = 2.258 \text{（m）}$$

$$PF = T_2 - T_1 + AC = 237.085 - 233.596 + 1.515 = 5.004 \text{（m）}$$

$$FG = T_3 - T_2 + BD = 239.825 - 237.085 + 2.258 = 4.998 \text{（m）}$$

据此，可根据Ⅱ股道 ZH_2 位置，测设出 1、3 股道 ZH_1、ZH_3 位置。同理，HZ_1、HZ_2 位置也可用类似的方法求得。即可进行到发线 1、3 股道曲线的详细测设。

（二）单开道岔放样

在铺轨前需进行道岔的定位测量，所谓定位测量，就是把道岔的主要点（基本轨前端、尖轨尖、岔心、辙叉理论中心和辙叉跟）用桩橛固定下来。

实地测设时，首先按设计里程在主线中线上定出岔心位置。在岔心置镜按 a、b、q、m 等值，测设出相应各点。股道和道岔之间的圆曲线（一般称为连接曲线或附带曲线），在铺轨前应根据设计资料，定出圆曲线的直圆点、曲中点、圆直点，如图 10.11 所示。

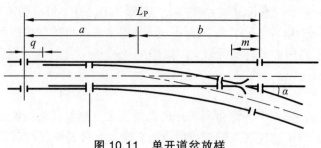

图 10.11 单开道岔放样

六、路基施工放样

路基横断面是根据中线桩的填挖高度和所用材料在横断面图上画出的。路基的填方称为路堤；挖方称为路堑；在填挖高为零时，称为路基施工零点。

路基施工放样的主要工作包括边桩放样和边坡放样。

（一）路基边桩的放样

路基边桩的放样就是根据设计断面图和各中桩的填挖高度，它是用木桩标出路堤坡脚线或路堑坡顶线到线路中线的距离，作为修筑路基填挖方开始的范围。常用的边桩放样方法有图解法和解析法。

1. 图解法

当路基填挖方不大时，采用此法较为简便。

（1）先在横断面图上量出路基的坡脚点或坡顶点与中桩的水平距离。

（2）然后用皮尺沿横断面方向在实地量出水平距离，并钉上木桩。

（3）同法放样出各断面的坡脚点和坡顶点，将这些边桩连起来便是路基施工开挖或填方线。

2. 解析法

根据路基设计的填挖高度、边坡率、路基宽度和横断面地形情况，先计算出路基中桩至边桩的距离，然后到实地沿横断面方向量出距离，定出边桩的位置。对于平坦地段和倾斜地段来说，其计算和测设方法不同。

（1）平坦地段的路基边桩放样。

如图 10.12 所示，路堤边桩至中桩的距离为：

$$D_1 = D_2 = \frac{B}{2} + m \cdot h \qquad (10.9)$$

如图 10.13 所示，路堑边桩至中桩的距离为：

$$D_1 = D_2 = \frac{B}{2} + s + m \cdot h \qquad (10.10)$$

式中，B 为路基设计宽度；m 为边坡率；$1:m$ 为路基边坡坡度；s 为路堑边沟顶宽。

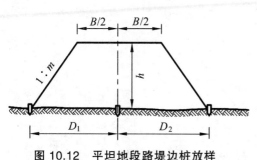

图 10.12　平坦地段路堤边桩放样

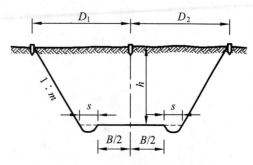

图 10.13　平坦地段路堑边桩放样

（2）倾斜地段的路基边桩放样。

在倾斜地段，路基边桩至中桩的距离随着地面坡度的变化而变化。如图 10.14 所示，路堤边桩至中桩的距离为：

$$\left.\begin{aligned} \text{斜坡下侧} \quad D_{下} &= \frac{B}{2} + m(h_{中} + h_{下}) \\ \text{斜坡上侧} \quad D_{上} &= \frac{B}{2} + m(h_{中} - h_{上}) \end{aligned}\right\} \qquad (10.11)$$

如图 10.15 所示，路堑边桩至中桩的距离为：

$$\left.\begin{aligned} \text{斜坡下侧} \quad D_{下} &= \frac{B}{2} + s + m(h_{中} - h_{下}) \\ \text{斜坡上侧} \quad D_{上} &= \frac{B}{2} + s + m(h_{中} + h_{上}) \end{aligned}\right\} \qquad (10.12)$$

式中，$D_{下}$、$D_{上}$为斜坡下、上侧边桩与中桩的距离；$h_{中}$为中桩处的地面填挖高度，亦为已知设计值；$h_{上}$、$h_{下}$为斜坡上、下侧边桩处与中桩处的地面高差（均以其绝对值代入）。

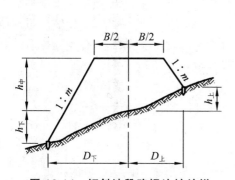

图 10.14　倾斜地段路堤边桩放样

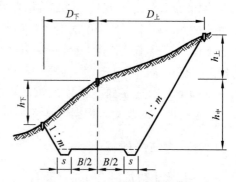

图 10.15　倾斜地段路堑边桩放样

B、s 和 m 意义同前，均为已知的设计值，故 $D_{下}$、$D_{上}$ 随 $h_{上}$、$h_{下}$ 而变。由于边桩位置待定，故 $h_{上}$、$h_{下}$ 在边桩未定出之前为未知数，因而在实际放样过程中可沿着横断面方向采用逐点趋近法测设边桩。以例 10.2 说明此法。

【例 10.2】　如图 10.16 所示，设路基左侧加沟顶宽度为 6.0 m，右侧为 6.0 m，中桩挖土深为 5.0 m，边坡坡度为 1∶1，用逐点接近法放样路堑的开挖边桩。

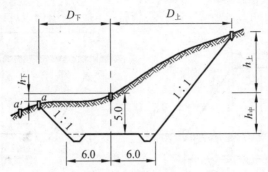

图 10.16 逐点趋近法放样边桩（单位：m）

解（1）估计边桩位置：根据横断面图，先确定下侧（左侧）路边桩 a' 点的概略距离 $D'_下 = 9.2$ m。

（2）实测高差：测出 a' 点与中桩地面高差为 2.14 m，则 a' 点距中桩距离为：

$$D_下 = 6.0 + (5.0 - 2.14) \times 1 = 8.86 \text{（m）}$$

因 $D_下 < D'_下$，此值比原估计值 9.2 m 小，说明假定的边桩位置较远，应该更近一些，因此正确的边桩位置应在 a' 点内侧。

（3）重估边桩位置：重估距中桩 9.0 m 处，在地面定出 a 点；

（4）重测高差：测出 a 点与中桩的高差为 2.0 m，则 a 点与中桩距离为：

$$D_下 = 6.0 + (5.0 - 2.0) \times 1 = 9.0 \text{（m）}$$

此值与估计值相符，故 a 点即为左侧边桩位置。

右侧边桩位置可同左侧方法定出。

由上述情况可知，逐点趋近放样边桩位置的步骤是：先根据地面实际情况，并参考路基横断面图，估计边桩的位置 D'，然后用水准仪测出该估计位置与中桩的高差 $h_上$、$h_下$，并以此带入式（10.11）或式（10.12）计算 $D_下$、$D_上$。根据 $\Delta D = D - D'$ 的数值，重新移动水准尺的位置再次试测，直至 $\Delta D < 0.1$ m 时，可认为立尺点为边桩位置。否则重新估计边桩位置，重复上述工作，直至相符为止。此法也称试探法，要在现场边测边算，有经验之后试测一两次即可确定边桩位置。在地形复杂地段采用此法较为准确、便捷。

若路基断面与上述断面不一致，如路基设有护坡道，边坡有变坡等，式（10.11）和式（10.12）也应做相应的改变。根据路基横断面图，即可得到相应的计算公式。

（二）路基边坡的放样

公路施工在放出边桩后，还应将设计边坡在实地标定出来，确定边坡的位置。

1. 挂线法放样边坡

如图 10.17 所示，O 为中桩，A、B 为两边桩，CD 为路基宽度。放样时，在 C、D 两点竖立标杆（标杆可为长木桩、木板或竹竿），并在标杆上等于中桩填土高度的位置 C、D 做标记，用细绳连接 A、C'、D'、B，即得到路堤外廓形，即为设计边坡线。当填土高度较小（填土小于 3 m）时，适用此法。

288

当路堤填土较高时,可采用分层填土、逐层挂线的方法进行边坡的放样,如图10.18所示。这种方法适用于填方路段的施工。

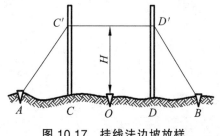

图10.17 挂线法边坡放样

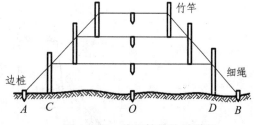

图10.18 分层挂线边坡放样

2. 用边坡样板放样边坡

事先根据设计边坡坡度将边坡样板（即坡度尺）制作好,施工时即可按照边坡样板进行放样。

坡度尺多为自制,是依据坡度比用木料临时做的,形如直角三角形,使用时将斜边靠在边坡上,观察垂球线即可,如图10.19所示。

边坡样板有活动边坡尺和固定边坡样板两种。如图10.20所示,采用活动边坡尺放样路堤边坡。当边坡尺上水准器气泡居中时,尺的斜边所指示的坡度即是设计边坡坡度,以此检核路堤的填铺。活动边坡尺同样也可检核路堑的开挖。

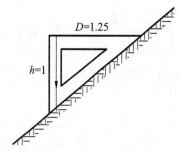

图10.19 自制坡度尺

固定边坡样板放样边坡如图10.21所示。在开挖路堑时,可在两边桩外侧按设计坡度钉设坡度样板,施工时可检核开挖是否合乎设计要求。

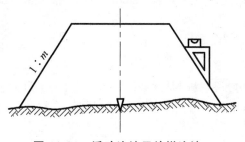

图10.20 活动边坡尺放样边坡

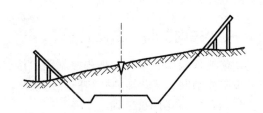

图10.21 固定边坡样板放样边坡

七、挡墙施工放样

挡墙的放样是根据施工设计图中挡墙与路线之间的相互关系进行实施的。如图10.22所示的下挡墙的放样,在设计图中,A、B两点之间的水平距离为a,B点的设计高程为H_B。A点的高程H_A为已知,挡墙的放样可按以下步骤进行:

（1）将仪器安置在A点上,在该横断面方向上适当位置定出一点D,测出A、D间水平距离b和D点高程H_D。

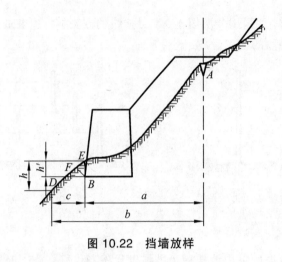

图 10.22 挡墙放样

（2）由 D 沿横断面方向量取水平距离 $c = b - a$，得地面点 E，E 位于 B 点的铅垂线上。测出 D、E 的高差 h。

（3）计算 E、B 间的高 $h' = H_D - H_B + h$。

（4）根据高差 h 和基坑开挖边坡坡度，定出基坑开挖的边桩 F。

若挡墙的长度较长，从路线中线放样困难时，可将路线中线平移至挡墙附近适当位置，如 D 点。

第五节　轨道施工测量

轨道施工测量主要包括 CPⅢ 控制网测量、轨道安装定位，精调测量等。其中 CPⅢ 控制网是轨道铺设、精调以及运营维护的基准。为了保证在轨道的铺设、精调以及运营维护阶段有一个安全、可靠、稳定的控制基准，因此对于无砟轨道及速度 200 km/h 有砟铁路，要求 CPⅢ 控制网应在通过沉降和变形评估后再施测。

一、"三网"与"三网合一"

铁路工程测量的平面、高程控制网，按施测阶段、施测目的及功能不同可分为勘测控制网、施工控制网、运营维护控制网。这就是铁路工程测量三个阶段的控制网，简称"三网"。"三网"的关系如图 10.23 所示。

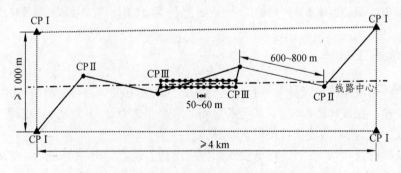

图 10.23　CPⅠ、CPⅡ、CPⅢ "三网"关系

为保证控制网的测量成果质量满足勘测、施工、运营维护 3 个阶段测量的要求，适应铁路工程建设和运营管理的需要，3 个阶段的平面、高程控制测量必须采用统一的基准，即勘测控制网、施工控制网、运营维护控制网均采用 CPⅠ为基础平面控制网，线路水准基点为基础高程控制网，简称为"三网合一"。

"三网合一"包括以下 4 方面的内容：

（1）勘测控制网、施工控制网、运营维护控制网坐标高程系统的统一。在铁路工程的勘测设计、线下施工、轨道施工及运营维护的各阶段均采用坐标定位控制，因此必须保证三网的坐标高程系统的统一，铁路工程的勘测设计、线下施工、轨道施工及运营维护工作才能顺利进行。

（2）勘测控制网、施工控制网、运营维护控制网起算基准的统一。铁路工程勘测控制网、施工控制网、运营维护控制网平面测量以基础平面控制网 CPⅠ为平面控制基准，高程测量以线路水准基点为高程控制测量基准。

（3）线下工程施工控制网与轨道施工控制网、运营维护控制网的坐标高程系统和起算基准的统一。

（4）勘测控制网、施工控制网、运营维护控制网测量精度的协调统一。

二、CPⅡ点加密

1. CPⅠ、CPⅡ控制网复测

由于 CPⅠ、CPⅡ控制网经过数年的施工，受外界环境的变化和施工的影响可能会发生位移变化。为了保证 CPⅠ、CPⅡ控制网的精度满足 CPⅢ网附合的要求，在 CPⅢ控制网测量前应对全线的 CPⅠ、CPⅡ控制网进行复测，并采用复测后合格的 CPⅠ、CPⅡ成果进行 CPⅢ控制网测设。

2. CPⅡ点加密

CPⅢ平面建网后，需要对 CPⅢ进行定期和不定期的复测，特别是线路开通后运营期 CPⅢ平面复测。考虑到每天复测作业时间（天窗）有限，为了便于 CPⅢ平面复测，提高 CPⅢ平面复测效率，需将 CPⅢ平面控制网所需联测的已知点按同密度、同精度加密到线路上去。

（1）路基段应尽可能利用线路拉线基础、涵洞帽石等稳定地方埋设线上 CPⅡ加密桩。

（2）桥梁段线上 CPⅡ加密桩应布设在桥梁固定支座端防护墙（挡砟墙）顶上。

（3）线上 CPⅡ加密桩位置选择应保证 CPⅢ网联测条件，不影响 GNSS 观测，不影响行车安全，并方便 CPⅢ网联测。

（4）加密点应采用强制对中标志，不允许与 CPⅢ共点，每 400～800 m 布设一个，沿线路左右间隔布设。

三、CPⅢ控制网测量

（一）CPⅢ控制网的测量方法

CPⅢ控制网测量按测量方法分为自由测站边角交会测量和导线测量两种。自由测站边点交会测量是一种先进的、可靠的测量方法，特别适合带状控制网测量。

与常规导线网测量比较，CPⅢ自由测站边角交会测量具有以下优点：

（1）点位分布均匀，有利于轨道施工精调和运营养护维修作业精度的控制。

（2）网形均匀对称，图形强度高，每个CPⅠ控制点至少有3个方向交会，多余观测量多，可靠性强，测量精度高。

（3）相邻点间相对精度高，兼容性好，能有效控制轨道的平顺性。

（4）控制点采用强制对中标志，自由测站没有对中误差，消除了点位对中误差对控制网精度的影响。

（5）有利于使用轨道几何状态测量仪进行轨道施工和精调。轨道精调测量时，相邻测站间有两对CPⅢ自由测站边角交会测量点共用，能有效减少相邻测站间的搭接误差，提高轨道测量的平顺性。

CPⅢ平面控制网图形由组网的CPⅢ点和测量方法共同构成，而不是单纯的几何图形，还包括置站方式、观测方向、联测方法等。

不同铁路类型、轨道类型、不同设计速度线路CPⅢ控制网采用的测量方法、控制点间距如表10.22所示。

由表10.22知道，除列车设计速度不大于120 km/h的线路CPⅢ控制网采用导线测量外，CPⅢ控制网均采用自由测站边角交会测量。所以本节只介绍CPⅢ控制网自由测站边角交会测量的相关内容。

表10.22　轨道控制网（CPⅢ）测量方法

铁路类型	轨道结构	列车设计速度 v/（km/h）	测量方法	点间距/m
客货共线铁路、重载铁路	无砟	$v \leqslant 200$	自由测站边角交会	50～70 一对点
	有砟	$160 < v \leqslant 200$	自由测站边角交会	50～70 一对点
		$120 < v \leqslant 160$	自由测站边角交会	≤120 一对点（双线）
				50～70 一个点（单线）
		$v \leqslant 120$	自由测站边角交会	≤120 一对点（双线）
				50～70 一个点（单线）
			导线测量	120～150 一个点
城际铁路	无砟	$v = 120$ $v = 160$ $v = 200$	自由测站边角交会	50～70 一对点
	有砟	$v = 200$ $v = 120$ $v = 160$	自由测站边角交会	50～70 一对点
			自由测站边角交会	≤120 一对点

（二）自由测站边角交汇构网图形

1. 沿线路两侧成对布设 CPⅢ 点

（1）间隔 2 对点设站，如图 10.24 所示，每个 CPⅢ 点有 3 个方向交汇。

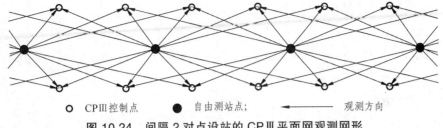

○ CPⅢ控制点　　● 自由测站点；　　◀——— 观测方向

图 10.24　间隔 2 对点设站的 CPⅢ平面网观测网形

（2）因遇施工干扰或观测条件稍差时，间隔 1 对点设站，如图 10.25 所示，每个 CPⅢ点有 4 个方向交会。

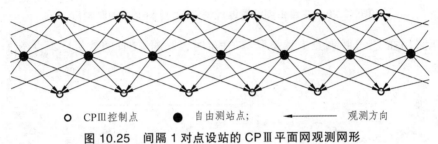

○ CPⅢ控制点　　● 自由测站点；　　◀——— 观测方向

图 10.25　间隔 1 对点设站的 CPⅢ平面网观测网形

2. 沿线路—侧单点布设 CPⅢ点

（1）平面观测测站间距为 120 m 左右，每个 CPⅢ控制点有 3 个方向交会，如图 10.26 所示。

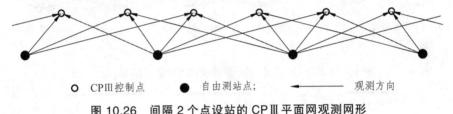

○ CPⅢ控制点　　● 自由测站点；　　◀——— 观测方向

图 10.26　间隔 2 个点设站的 CPⅢ平面网观测网形

（2）因遇施工干扰或观测条件稍差时，在两测点间设站，如图 10.27 所示，每个 CPⅢ点有 4 个方向交会。

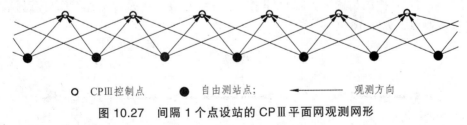

○ CPⅢ控制点　　● 自由测站点；　　◀——— 观测方向

图 10.27　间隔 1 个点设站的 CPⅢ平面网观测网形

3. 点对布设形式的 CPⅢ平面网与加密 CPⅡ控制点联测

点对布设形式的 CPⅢ平面网与加密 CPⅡ控制点联测可以通过自由测站置镜观测 CPⅢ控制点，或采用在 CPⅡ控制点置镜观测 CPⅢ点

（1）当采用在自由测站置镜观测 CPⅡ控制点时，应在 2 个及以上连续的自由测站上置镜观测 CPⅢ控制点，如图 10.28 所示。

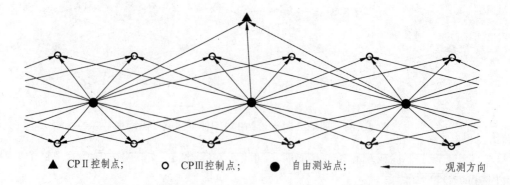

▲ CPⅡ控制点；　　○ CPⅢ控制点；　　● 自由测站点；　　◀——— 观测方向

图 10.28　在自由测站置镜观测 CPⅡ控制点的观测网形

（2）当采用在 CPⅡ控制点上置镜联测 CPⅢ时，联测 CPⅢ的数量应不少于 3 个，如图 10.29 所示。

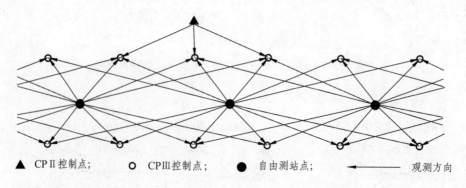

▲ CPⅡ控制点；　　○ CPⅢ控制点；　　● 自由测站点；　　◀——— 观测方向

图 10.29　在 CPⅡ控制点置镜联测 CPⅢ点的观测网形

4. 单点布设形式的 CPⅢ平面网与 CPⅡ控制点联测

单点布设形式的 CPⅢ平面网与 CPⅡ控制点联测可以通过自由测站置镜观测 CPⅡ控制点，或采用在 CPⅡ控制点置镜观测 CPⅡ点。

（1）当采用在自由测站置镜观测 CPⅡ控制点时，应在 2 个及以上连续的自由测站上置镜观测 CPⅡ控制点，如图 10.30 所示。

▲ CPⅡ控制点；　　○ CPⅢ控制点；　　● 自由测站点；　　◀——— 观测方向

图 10.30　在自由测站置镜观测 CPⅡ控制点的观测网形

（2）当采用在线上加密 CPⅡ控制点上置镜联测 CPⅢ时，联测 CPⅢ的数量应不少于 3 个，如图 10.31 所示。

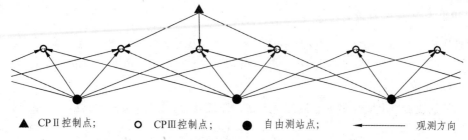

▲ CPⅡ控制点； 〇 CPⅢ控制点； ● 自由测站点； ← 观测方向

图 10.31 在 CPⅡ 控制点置镜联测 CPⅢ 点的观测网形

（三）CPⅢ 控制点标志

1. CPⅢ 控制点标志组件

CPⅢ 点应设置强制对中标志，包括预埋件、平面连接件和高程连接件和 CPⅢ 棱镜组件，如图 10.32。棱镜组件的安装精度应满足表 10.23 的要求。

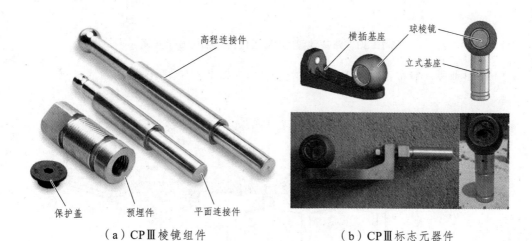

（a）CPⅢ 棱镜组件 （b）CPⅢ 标志元器件

图 10.32 CPⅢ 点标志和棱镜组

表 10.23 CPⅢ 标志棱镜组件安装精度要求

CPⅢ 标志	重复性安装误差/mm	互换性安装误差/mm
X	0.4	0.4
Y	0.4	0.4
H	0.2	0.2

对中标志元器件制作要求如下：

（1）CPⅢ 控制点元器件应采用不易生锈和腐蚀的不锈钢材料精密制作，由预埋件分别与平面、高程连接件组成。元器件制作时各圆的同轴度为 $\Phi0.05$ mm。

（2）预埋件与连接件间应采用 M15×1.5 螺纹连接，预埋件定位顶面至棱镜中心的长度应为 150 mm。

（3）同一连接件在不同预埋件及不同连接件在同一预埋件重复连接后，棱镜中心的空间位置偏差不应超过 ±0.5 mm。

2. CPⅢ控制点的布设与编号

CPⅢ标志一般埋设于接触网支柱基础、桥梁固定支座端的防护墙（挡砟墙）、隧道边墙或排水沟上，相邻 CPⅢ控制点应大致等高，其位置宜高于设计轨道面 0.3 m。同一条铁路应采用统一的 CPⅢ棱镜组件。

（1）路基地段 CPⅢ控制桩一般设于接触网支柱扩大基础上，CPⅢ预埋件埋设位置如图 10.33 所示。

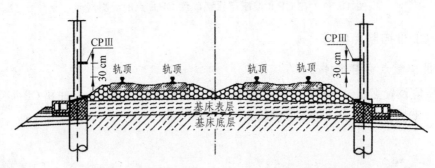

图 10.33　路基地段 CPⅢ预埋件埋设位置示意图

（2）桥梁地段一般布置在桥固定支座端上方防护墙上，如图 10.34 所示。

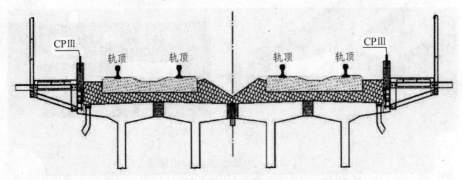

图 10.34　桥梁地段 CPⅢ预埋件埋设位置示意图

（3）隧道地段一般布置在电缆槽顶面上方 300～500 mm 的边墙内衬上，如图 10.35 所示。

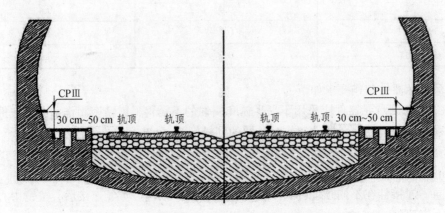

图 10.35　隧道地段 CPⅢ预埋件埋设位置示意图

（4）车站地段 CPⅢ 控制点的埋设位置应根据现场情况确定。一般选择在站台墙侧面、接触网支柱或雨棚柱旁（埋设方式参照路基地段），也可单独埋设在不影响行车安全及其他设施设备安装的位置。

（5）在 CPⅢ 控制点旁边应清晰、明显地设置点号标识（图 10.36）。点号标识宜采用统一字模，字高为 50 mm 的正楷字体；采用白色油漆抹底，黑色油漆喷写点号。点号标识规格为 300 mm×200 mm，应注明 CPⅢ 编号，如图 10.37 所示，图 10.37（a）为路基段设置的 CPⅢ 标志，图 10.37（b）为桥隧段设置的 CPⅢ 标志。

图 10.36　CPⅢ 点标识示意图

（a）路基段设置的 CPⅢ　　　　（b）桥隧段设置的 CPⅢ

图 10.37　CPⅢ 标志

CPⅢ 控制点号和自由测站的编号应唯一、便于查找 CPⅢ 控制点。编号方法如下：

CPⅢ 控制点按照公里数递增进行编号，其编号反映里程数。位于线路里程增大方向左侧的 CPⅢ 点编号为奇数，位于线路里程增大方向右侧的 CPⅢ 点编号为偶数，在有长短链地段应注意编号不能重复，如表 10.24 所示。

表 10.24　CPⅢ 点名编号原则

点编号	含义	在里程内点的位置
0356301	表示线路里程 DK356 范围内线路里程增大方向左侧的 CPⅢ 第 1 号点，"3" 代表 "CPⅢ"	（线路左侧）奇数 1、3、5、7、9、11 等
0356302	表示线路里程 DK356 范围内线路里程增大方向右侧的 CPⅢ 第 2 号点，"3" 代表 "CPⅢ"	（线路右侧）偶数 2、4、6、8、10、12 等

（四）CPⅢ 网平面测量

如果条件允许，CPⅢ 网平面测量应和 CPⅡ 加密同步进行。尤其对水准测量更要注意加密点测量与 CPⅢ 网平面测量的时间间隔；如果条件不允许，CPⅡ 加密测量与 CPⅢ 网平面测量的时间间隔不宜大于 1 个月，并且应视地质条件尽量缩短时间间隔。

1. 仪器设备准备

CPⅢ 平面网的测量仪器设备应满足下列要求：

（1）使用的全站仪应具有自动目标搜索、自动照准、自动观测功能，标称精度不低于 1″，1 mm+2×10⁻⁶D。对于速度 120 km/h 及以下有砟轨道铁路，可采用标称精度不低于 2″，2 mm+2×10⁻⁶D 的全站仪。

（2）观测前应对全站仪进行检校，作业期间仪器须在有效检定期内。边长观测应进行温度、气压等气象元素改正，温度读数精确至 0.2 ℃，气压读数精确至 0.5 hPa。

2. 数据采集

目前 CPⅢ的平面采集软件有机载和手持之分。常用的机载软件主要有铁四院研发的"高速铁路精密控制网测量程序"，常用的手持软件主要有西南交大的"CPⅢ数据采集软件 CPⅢ DMS"。两种软件虽载体不同，但功能类似，都能达到多测回测角的目的。

数据采集的作业步骤如下：

① 观测限差和控制参数的编辑、录入。

② 仪器任意自由设站后的坐标数据编辑录入，以及实时修改全站仪度盘，完成后视归零。

③ 进行自动观测前，各 CPⅢ控制点和 CPⅡ、CPⅠ等目标点位的学习。

④ 按观测参数进行多测回方向和距离的全圆观测，观测成果自动保存。

⑤ 在自动观测过程中，严格按设定限差检查观测成果是否合格，如果超限，则实时提示，并由操作人员决定是否重测。

（1）角度观测。

CPⅢ平面网水平方向应采用全圆方向观测法进行观测，水平方向观测采用的仪器等级、测回数、半测回归零差、一测回内各方向 2C 互差、同一方向值各测回较差如表 10.25 所示。

表 10.25　CPⅢ平面水平方向观测技术要求

仪器等级	测回数	半测回归零差 /（″）	一测回内各方向 2C 互差/（″）	同一方向值各测回较差/（″）	备注
0.5″、1″	2	6	9	6	
2″	2	9	15	9	仅适用于速度 120 km/h 及以下有砟轨道

（2）距离观测。

不同铁路类型和轨道结构、不同速度区段 CPⅢ平面网距离测量的测回数、半测回间距离较差、测回间距离较差如表 10.26 所示。

表 10.26　CPⅢ平面网距离观测技术要求

铁路类型	轨道结构	列车设计速度 v/（km/h）	测回数	半测回间距离较差 /mm	测回间距离较差 /mm
客货共线铁路、重载铁路	无砟	120<v≤200	2	≤1.0	≤1.0
		v≤120	2	≤2.0	≤2.0
	有砟	160<v≤200	2	≤2.0	≤2.0
		120<v≤160	2	≤3.0	≤3.0
		v≤120	2	≤4.0	≤4.0

298

铁路类型	轨道结构	列车设计速度 v/（km/h）	测回数	半测回间距离较差 /mm	测回间距离较差 /mm
城际铁路	无砟	$v=160$，$v=200$	2	≤1.0	≤1.0
		$v=120$	2	≤2.0	≤2.0
	有砟	$v=200$	2	≤2.0	≤2.0
		$v=160$	2	≤3.0	≤3.0
		$v=120$	2	≤4.0	≤4.0

注：距离测量—测回是全站仪盘左、盘右各测量一次的过程。

（3）与 CPⅡ 联测。

CPⅢ平面网应与CPⅡ控制点联测，联测的CPⅡ控制点间距不应大于800 m，并按点对布设形式或单点布设形式的网形构网观测。自由测站与联测的CPⅡ控制点间的距离不宜大于300 m。

（4）CPⅢ平面网分段与测段衔接。

CPⅢ平面网可根据施工需要分段测量，分段测量的区段长度不宜小于4 km，区段间重复观测不应少于4对（点对布设形式）或4个（单点布设形式）CPⅢ点。区段接头不应位于车站和连续梁范围内。

3. 数据处理

外业观测完成后，首先进行数据传输及预处理。将外业全站仪机载软件记录的数据传入计算机，进行数据整理、检查后，利用多测回测角测站平差计算软件，可对方向观测法和分组方向观测法的测站数据进行测站平差和观测数据检核；然后进行坐标概算及距离改化，闭合差检验，剔除粗差；最后根据对起算点兼容性检查结果，选取兼容性好的起算点进行平差计算。

（1）主要数据处理软件。

我国自主研究开发并通过相关部门评审的CPⅢ数据处理软件，主要有：

① 中铁二院工程集团有限公司与西南交通大学联合研究开发的《CPⅢ数据平差计算软件 CPⅢDAS，CPⅢ DataAdjustment Software》。

② 中国铁路设计集团有限公司与同济大学共同研发的《精密工程测量平差软件（TSDIHRS-ADJ）》。

③ 中铁一院工程集团有限公司开发研制的《中铁一院通用地面测量工程控制网数据处理自动化软件包（FSDI-GDPAS）》。

④ 中铁四院工程集团有限公司研制开发的《工程测量平差数据处理软件（SYADJ）》。

⑤ 中铁八局集团有限公司与西南交通大学联合研制开发的《无砟轨道施工测量控制网处理系统（WJ-TCS）》。

⑥ 中铁工程设计咨询集团有限公司研制开发的《高速铁路轨道控制网数据处理与平差软件（TC-NDSPA）》。

以上软件都已广泛应用于我国的高速铁路建设，同时许多科学研究院所及高等院校测量工作者还在积极探索，进一步完善CPⅢ控制测量，使其变得更便捷、更有效。

（2）CPⅢ DAS 软件简介。

CPⅢ DAS 软件（CPⅢ DAS，CPⅢ Data Adjustment Software）是中铁二院工程集团有限公司与西南交通大学针对我国无砟轨道客运专线 CPⅢ 控制网测量开发的内业数据处理软件。CPⅢ数据平差计算软件的主要功能有：平面数据处理部分包括建立工程项目、测站数据检查、生成平差文件、闭合环搜索、闭合差计算、输出观测手簿、解算概略坐标、自由网平差校正、约束网平差处理、自由网平差置平、CPⅢ点间相对精度分析、网图显绘和误差椭圆绘制等功能。高程数据处理部分包括建立项目、生成高差文件、生成平差文件、闭合差计算、网平差处理、输出观测手簿等功能。

平面数据处理部分主要输出内容：

① 可输出 CPⅢ平面控制网方向、距离观测值的平差值及改正数。

② 可输出 CPⅢ网点的平差坐标、点位精度及误差椭圆要素。

③ 可输出 CPⅢ网点间方位角、边长、相对精度及相对误差椭圆要素。

④ 可输出 CPⅢ平面控制网平差后的验后单位权中误差。

⑤ 可输出 CPⅢ平面控制网的网形图。

⑥ 可输出 CPⅢ平面控制网外业观测手簿等。

高程数据处理部分主要输出内容：

① 可输出 CPⅢ高程控制网测段实测高差数据。

② 可输出 CPⅢ网点高程平差值及其精度。

③ 可输出 CPⅢ网点高差改正数、平差值及其精度。

④ 可输出 CPⅢ高程控制网平差后的验后单位权中误差。

⑤ 可输出 CPⅢ高程控制网外业观测手簿等。

（3）CPⅢ平面控制网平差计算精度。

① 不同铁路类型、轨道结构、不同设计速度区段 CPⅢ平面自由网平差后，方向改正数、距离改正数允许值如表 10.27 所示。

表 10.27　CPⅢ平面自由网平差后的主要技术要求

铁路类型	轨道结构	列车设计速度 v/（km/h）	方向改正数/（"）	距离改正数/mm
客货共线铁路、重载铁路	无砟	$120<v\leqslant200$	$\leqslant3.0$	$\leqslant2.0$
		$v\leqslant120$	$\leqslant4.5$	$\leqslant3.0$
	有砟	$160<v\leqslant200$	$\leqslant4.5$	$\leqslant3.0$
		$120<v\leqslant160$	$\leqslant6.0$	$\leqslant4.5$
		$v\leqslant120$	$\leqslant6.0$	$\leqslant6.0$
城际铁路	无砟	$v=160$，$v=200$	$\leqslant3.0$	$\leqslant2.0$
		$v=120$	$\leqslant4.5$	$\leqslant3.0$
	有砟	$v=200$	$\leqslant4.5$	$\leqslant3.0$
		$v=160$	$\leqslant6.0$	$\leqslant4.5$
		$v=120$	$\leqslant6.0$	$\leqslant6.0$

② 不同铁路类型、轨道结构、不同设计速度区段 CPⅢ平面网约束平差后，与已知点联测、与 CPⅢ联测，方向、距离改正数，点位中误差、相邻点的相对点位中误差允许值如表10.28所示。

表 10.28　CPⅢ平面网平差后的主要技术要求

铁路类型	轨道结构	列车设计速度 v/（km/h）	与已知点联测		与 CPⅢ联测		点位中误差/mm	相邻点的相对点位中误差/mm
			方向改正数/（″）	距离改正数/mm	方向改正数/（″）	距离改正数/mm		
客货共线铁路、重载	无砟	120<v≤200	≤4.0	≤4.0	≤3.0	≤2.0	≤2.0	≤1.0
		v≤120	≤6.0	≤6.0	≤4.5	≤3.0	≤3.0	≤1.5
	有砟	160<v≤200	≤6.0	≤6.0	≤4.5	≤3.0	≤3.0	≤1.5
		120<v≤160	≤7.5	≤7.5	≤6.0	≤4.5	≤4.5	≤3.0
		v≤120	≤7.5	≤8.0	≤6.0	≤6.0	≤5.0	≤4.0
城际铁路	无砟	v=160 v=200	≤4.0	≤4.0	≤3.0	≤2.0	≤2.0	≤1.0
		v=120	≤6.0	≤6.0	≤4.5	≤3.0	≤3.0	≤1.5
	有砟	v=200	≤6.0	≤6.0	≤4.5	≤3.0	≤3.0	≤1.5
		v=160	≤7.5	≤7.5	≤6.0	≤4.5	≤4.5	≤3.0
		v=120	≤7.5	≤8.0	≤6.0	≤6.0	≤5.0	≤4.0

③ 区段之间衔接时，前后区段独立平差重叠点坐标差值应满足表10.29的规定。满足该条件后，后一区段 CPⅢ网平差时，应采用所联测的 CPⅢ控制点及前一区段连续 2 对及以上（点对布设形式）或连续 2 个及以上（单点布设形式）CPⅢ点作为约束点进行平差计算。

表 10.29　前后区段独立平差 CPⅢ重叠点坐标差值限差

铁路类型	轨道结构	列车设计速度 v/（km/h）	前后区段独立平差重叠点坐标差值/mm
客货共线铁路、重载铁路	无砟	120<v≤200	≤3.0
		v≤120	≤4.5
	有砟	160<v≤200	≤4.5
		120<v≤160	≤6.0
		v≤120	≤7.5
城际铁路	无砟	v=160，v=200	≤3.0
		v=120	≤4.5
	有砟	v=200	≤4.5
		v=160	≤6.0
		v=120	≤7.5

④ 坐标换带处 CPⅢ 平面网计算时，应分别采用相邻两个投影带的 CPⅡ 坐标进行约束平差，并分别提交相邻投影带两套 CPⅢ 平面网的坐标成果。提供两套坐标的 CPⅢ 区段长度不应小于 800 m。

4. 成果资料整理

（1）观测和计算成果应做到记录真实、注记明确、格式统一并装订成册归档管理。

（2）原始观测记录必须在现场记录清楚，不得涂改或补记。

（3）手簿应编列页码，注明观测日期、气象条件、使用的仪器类型和编号，详细记载作业过程的特殊情况，并由作业者签署。

（4）自由测站边角交会网测量数据取位应符合表 10.30 的规定。

表 10.30　自由测站边角交会网测量数据取位要求

水平方向观测值 / (")	水平距离观测值 /mm	方向改正数/ (")	距离改正数/mm	点位中误差/mm	点位坐标/mm
0.1	0.1	0.01	0.01	0.01	0.1

（5）平面控制测量完成后，应提交下列成果资料：

① 技术设计书。

② 平差计算书。

③ CP 0、CP Ⅰ、CP Ⅱ控制点点之记。

④ 控制点成果表。

⑤ 控制网联测示意图。

⑥ 技术总结。

（五）CPⅢ网高程测量

铁路工程高程控制测量的目的是为线下工程施工和轨道施工、营运维护提供高程控制基准。为了满足线下工程施工的要求，需建立全线统一的高程控制基准，即线路水准基点。在轨道施工和营运维护阶段，线路水准基点的密度不能满足轨道施工和营运维护的要求，因此在线路水准基点控制网基础上建立第二级永久性的轨道高程控制网 CPⅢ。

CPⅢ控制网是一个三维空间控制网，所以要求无砟轨道 CPⅢ 高程控制点应与平面控制点共桩，点编号相同，观测时高程控制标志一般应与平面控制标志相同，当平面与高程控制标志不同时，须明确平面与高程观测几何中心的相对关系。

1. 线上水准基点加密

由于 CPⅢ 高程建网后，需要对 CPⅢ 进行定期和不定期的复测，特别是线路开通后运营期 CPⅢ 高程复测，考虑到每天复测作业时间（天窗）有限，为了便于 CPⅢ 高程复测，提高 CPⅢ 高程复测效率，需将 CPⅢ 高程控制网所需联测的已知点加密到线上去。

结合线路水准点复测资料（及区域沉降资料），在加密水准基点及 CPⅢ 高程测量之前，需对线下精密水准网进行复测。尤其是在沉降漏斗区，需保证线下基准点复测的时效性，即在线下基准点复测完成后，应在较短的时间内完成线上水准基点加密和 CPⅢ 高程的测量。如果线下精密水准网复测的时间与 CPⅢ 测量的时间间隔过长，则需对沉降漏斗区线下水准网再进行加密周期复测。

线上加密水准控制点可埋设在接触网杆拉线基础、涵洞帽石及桥梁固定支座端防撞墙或挡砟墙顶上等稳定地点。加密水准点可与线上加密 CPⅡ 共桩。

隧道内加密水准基点间距为 1 km，其余段落加密水准基点间距为 2 km，测量等级应符合线路水准基点测量等级（表 10.6）的要求。

2. 桥面高程传递

（1）三角高程测量传递桥面高程测量方法。

① 桥梁地段因桥面与地面间高差较大，线路水准基点高程直接传递到桥面 CPⅢ 控制点上有困难时，可通过在两点中间设站不量仪器高和棱镜高（观测时，采用单一棱镜，保证棱镜高不变）的三角高程测量法传递高程，如图 10.38 所示。

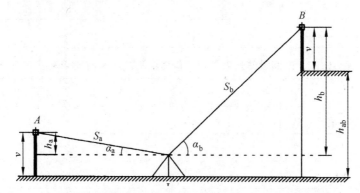

图 10.38　不量仪器高和棱镜高的中间设站三角高程测量原理示意图

② 如果由于梁下水准基点因距离或通视条件等原因而无三角高程观测条件时，需将水准基点同等级同精度引测至桥墩附近，引测时可直接使用桥墩监测标作为线下临时三角高程点，并采用同侧设点三角高程测量法传递高程，如图 10.39 所示。

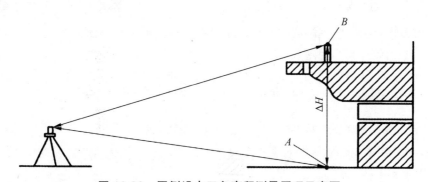

图 10.39　同侧设点三角高程测量原理示意图

（2）测量技术要求。

① 中间设站光电测距三角高程测测量外业观测不同等级、不同精度仪器测回数，垂直角测量指标差较差、测回间较差，距离测量测回内较差、测回间较差应符合表 10.31 的规定。为

了最大程度消减三角高程测量高差误差，特别是大气折光差对高差的影响，仪器与棱镜的距离一般不大于 100 m，最大不得超过 150 m，前、后视距差不应超过 5 m。

② 中间设站光电测距三角高程传递应进行两组独立观测，两组高差较差应符合表 10.32 的规定，并取两组高差平均值作为传递高差。

表 10.31　中间设站光电测距三角高程测量外业观测技术要求

等级	仪器标称精度	测回数	垂直角测量		距离测量	
			指标差较差/（"）	测回间较差/（"）	测回内较差/mm	测回间较差/mm
二等	≤0.5″、1 mm+1×10^{-6}D	4	5	5	2	2
精密	≤0.5″、1 mm+1×10^{-6}D	3	5	5	2	2
三等	≤1″、2 mm+2×10^{-6}D	2	5	5	3	3
四等	≤1″、2 mm+2×10^{-6}D	2	7	7	3	3

表 10.32　中间设站光电测距三角高程测量组间高差较差要求

等级	独立组数	组间高差较差/mm
二等	2	2
精密	2	2
三等	2	3
四等	2	4

（3）传递高差计算。

由图 10.38 得到：

$$h_{ab} = h_b - h_a \qquad (10.13)$$

根据三角高程测量单向观测高差计算式（10.4），将 h_a 和 h_b 的计算式代入（10.13）化简后得到：

$$h_{ab} = S_b \sin \alpha_b - S_a \sin \alpha_a + \frac{1-k}{2R}(S_b^2 \cos \alpha_b - S_a^2 \cos \alpha_a) \qquad (10.14)$$

式中，k 为当地大气折光系数，当视距长度为 100 m、200 m 时，大气折光影响量分别为 0.02 mm 和 0.09 mm，所以当限制最大视距长度不超过 150 m 时，可忽略大气折光影响，即认为 $k=0$；R 为地球平均曲率半径，6 371 km。

其他符号的几何意义见图 10.38。

式（10.14）也同样适用于图 10.39，注意垂直角符号，仰角为"+"，俯角为负"-"。

每个高差独立观测两组（重新设站或改变仪器高），每组测回数、垂直角较差、距离较差限差见表 10.31；组间高差较差限差见表 10.32，符合要求后，取两组高差平均值为传递高差。

3. CPⅢ控制网高程测量方法和精度等级

CPⅢ控制网高程测量可采用水准测量或三角高程测量方法施测，并应附合于线上水准基点上，附合路线长度不应大于 3 km。

不同铁路类型和轨道结构，不同列车设计速度区段 CPⅢ高程测量精度等级如表 10.33 所示。

表 10.33　轨道控制网（CPⅢ）高程测量精度等级要求

铁路类型	轨道结构	列车设计速度 v/（km/h）	精度等级
客货共线铁路、重载铁路	无砟	$120<v\leqslant 200$	精密
		$v\leqslant 120$	三等
	有砟	$160<v\leqslant 200$	三等
		$v\leqslant 160$	四等
城际铁路	无砟	$v=160$，$v=200$	精密
		$v=120$	三等
	有砟	$v=200$	三等
		$v=120$，$v=160$	四等

4. CPⅢ点对控制网高程水准测量

（1）单侧贯通往返观测。

往测时以轨道一侧的 CPⅢ水准点为主线贯通水准测量，另一侧的 CPⅢ水准点在进行贯通水准测量摆站时就近观测；返测时以另一侧的 CPⅢ水准点为主线贯通水准测量，对侧的水准点在摆站时就近联测，往测水准路线如图 10.40 所示。

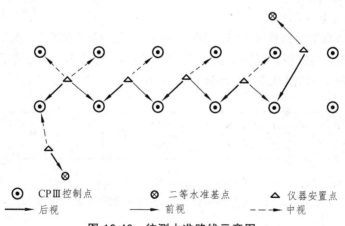

⊙ CPⅢ控制点　　⊗ 二等水准基点　　△ 仪器安置点
⟶ 后视　　　　　⟶ 前视　　　　　--⟶ 中视

图 10.40　往测水准路线示意图

返测水准路线如图 10.41 所示。

① 光学水准仪观测。

奇数测站照准标尺分划顺序为：

A 后视标尺基本分划；B 中视标尺基本分划；C 前视标尺基本分划；D 前视标尺辅助分划；E 中视标尺辅助分划；F 后视标尺辅助分划。

偶数测站照准标尺分划顺序为：

G 前视标尺基本分划；H 中视标尺基本分划；I 后视标尺基本分划；J 后视标尺辅助分划；K 中视标尺辅助分划；L 前视标尺辅助分划。

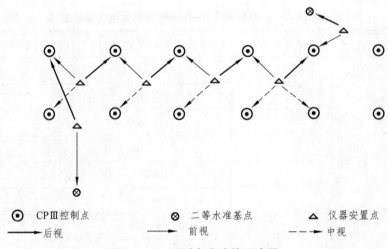

图 10.41　返测水准路线示意图

② 数字水准仪观测。

奇数测站照准标尺分划顺序为：

A 后视标尺；B 前视标尺；C 中视标尺；D 前视标尺；E 中视标尺；F 后视标尺。

偶数测站照准标尺分划顺序为：

C 前视标尺；H 中视标尺；I 后视标尺；J 后视标尺；K 中视标尺；L 前视标尺。

（2）单程矩形闭合环观测。

① 观测路线及方法。

CP Ⅲ 控制点高程水准测量应采用图 10.42 所示的水准路线形式。测量时，第一个闭合环的 4 个高差应由 2 个独立测站观测完成，其他闭合环的 3 个高差可由 1 个测站按照后—前—前—后或前—后—后—前的顺序进行单程观测。

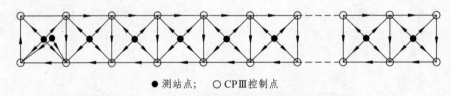

● 测站点；　○ CP Ⅲ 控制点

图 10.42　矩形环单程 CP Ⅲ 水准网测量观测示意图

② 检核路线及限差。

不同铁路类型和轨道结构、不同列车设计速度区段、不同精度等级水准测量单程观测数据应按图 10.43 所示网形进行相邻两对 CP Ⅲ 点所构成的闭合环的闭合差检核，水准环闭合差应符合表 10.34 的规定。

306

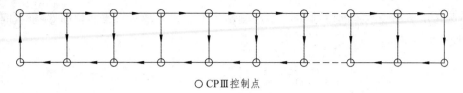

○ CPⅢ控制点

图 10.43　CPⅢ水准网单程观测形成的闭合环示意图

表 10.34　点对布设的 CPⅢ控制网水准测量相邻两对点水准环闭合差限差

铁路类型	轨道结构	列车设计速度 $v/（km/h）$	精度等级	相邻点对水准环闭合差/mm
客货共线铁路、重载铁路	无砟	$120<v\leqslant200$	精密	$\leqslant1.0$
		$v\leqslant120$	三等	$\leqslant2.0$
	有砟	$160<v\leqslant200$	三等	$\leqslant2.0$
		$120<v\leqslant160$	四等	$\leqslant3.0$
		$v\leqslant120$	四等	$\leqslant3.5$
城际铁路	无砟	$v=160，v=200$	精密	$\leqslant1.0$
		$v=120$	三等	$\leqslant2.0$
	有砟	$v=200$	三等	$\leqslant2.0$
		$v=160$	三等	$\leqslant3.0$
		$v=120$	四等	$\leqslant3.5$

5. 单侧自由测站 CPⅢ 网和导线 CPⅢ 网高程测量

单侧自由测站布设的 CPⅢ 控制点和导线形式布设的 CPⅢ 控制点高程测量应按表 10.34 规定的水准测量精度等级施测。

施测方法同上述往返观测法，往测参考图 10.43，返测参考图 10.44，所不同的是往测和返测是单点布设或导线点组成的同一条水准路线。

导线形式布设的 CPⅢ 控制点三角高程测量应按四等光电测距三角高程的要求施测。

6. CPⅢ 控制网三角高程测量

（1）外业观测。外业观测宜与 CPⅢ 平面控制测量合并进行，同步获取边长和垂直角观测值。

① 采用点对布设的 CPⅢ 控制网，多个测站三角高程测量所形成的相邻 CPⅢ 点间高差如图 10.44 所示。

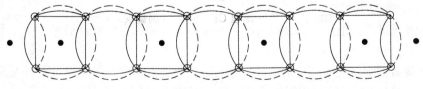

○ CPⅢ控制点;　● 自由测站点

图 10.44　点对布设的 CPⅢ 控制网自由测站三角高程测量示意图

307

② 采用单点布设的CPⅢ控制网，多个测站三角高程测量所形成的相邻CPⅢ点间高差如图10.45所示。

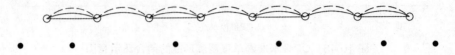

○CPⅢ控制点； ●自由测站点

图 10.45 单点布设 CPⅢ控制网自由测站三角高程测量示意图

（2）观测限差。用于构建 CPⅢ控制网自由测站三角高程的观测值，除满足 CPⅢ平面网的外业观测要求外，还应满足表 10.35 的规定。

表 10.35 CPⅢ控制网自由测站三角高程外业观测的主要技术要求

仪器标称精度	测回数	测回间距离较差/mm	测回间竖盘指标差互差/（″）	测回间竖直角互差/（″）
≤1″、1 mm+2×10⁻⁶D	≥2	≤2	≤9	≤6

构网平差时，不同铁路类型和轨道结构、不同列车设计速度区段，由不同测站测量的两相邻点高差互差应满足表 10.36 的规定，高差值采用距离加权平均值。

表 10.36 不同自由测站测量的两相邻 CPⅢ点高差限差

铁路类型	轨道结构	列车设计速度 v/（km/h）	不同测站测量的两相邻点高差互差/mm
客货共线铁路、重载铁路	无砟	120<v≤200	≤2.0
		v≤120	≤3.0
	有砟	160<v≤200	≤3.0
		120<v≤160	≤3.5
		v≤120	≤4.0
城际铁路	无砟	v=160，v=200	≤2.0
		v=120	≤3.0
	有砟	v=200	≤3.0
		v=160	≤3.5
		v=120	≤4.0

7. CPⅢ控制网高程测量的分段与衔接

CPⅢ控制网高程测量可根据施工需要分段施测，区段划分宜与 CPⅢ平面控制网区段划分一致。前后区段衔接应满足下列规定：

（1）CPⅢ水准测量前后区段之间重叠点不应少于 2 对（点对布设形式）或 2 个（单点布设形式）。

（2）CPⅢ自由测站三角高程测量前后区段之间重叠点不应少于 4 对（点对布设形式）或 4 个（单点布设形式）。

（3）CPⅢ导线点高程测量前后区段间重叠点不应少于 2 个。

8. CPⅢ控制网高程测量数据处理

（1）CPⅢ控制网高程测量外业观测成果的质量评定与检核。

包括：测站数据检核、水准路线数据检核，并计算每千米水准测量的高差偶然中误差，当CPⅢ水准网的附合（闭合环）数超过20个时还要进行每千米水准测量的高差中误差的计算。

（2）CPⅢ控制网高程测量平差。

① CPⅢ控制网高程测量的外业观测数据全部合格后，方可进行内业平差计算。

② CPⅢ控制网高程测量应采用线上水准基点进行固定数据严密平差，不同铁路类型和轨道结构、不同列车设计速度区段，高差改正数、高程中误差、平差后相邻点高差中误差允许值如表10.37所示。

表10.37 CPⅢ高程网平差后的精度指标

铁路类型	轨道结构	列车设计速度 v/（km/h）	高差改正数/mm	高程中误差/mm	平差后相邻点高差中误差/mm
客货共线铁路、重载铁路	无砟	120<v≤200	≤1.0	≤2.0	≤0.5
		v≤120	≤2.0	≤4.0	≤1.0
	有砟	160<v≤200	≤2.0	≤4.0	≤1.0
		120<v≤160	≤3.0	≤6.0	≤2.0
		v≤120	≤3.5	≤6.0	≤2.5
城际铁路	无砟	v=160，v=200	≤1.0	≤2.0	≤0.5
		v=120	≤2.0	≤4.0	≤1.0
	有砟	v=200	≤2.0	≤4.0	≤1.0
		v=160	≤3.0	≤5.0	≤2.0
		v=120	≤3.5	≤6.0	≤2.5

③ CPⅢ控制网高程测量区段间衔接时，不同铁路类型和轨道结构、不同列车设计速度区段，前后区段独立平差重叠点高程差值应满足表10.38的规定。满足该条件后，后一区段CPⅢ网平差应采用所联测的线上水准基点及前一区段CPⅢ点作为约束点进行平差。

表10.38 前后区段独立平差CPⅢ重叠点高程差值限差

铁路类型	轨道结构	列车设计速度 v/（km/h）	前后区段独立平差重叠点高程差值/mm
客货共线铁路、重载铁路	无砟	120<v≤200	≤3.0
		v≤120	≤5.0
	有砟	160<v≤200	≤5.0
		120<v≤160	≤7.5
		v≤120	≤10.0
城际铁路	无砟	v=160，v=200	≤3.0
		v=120	≤5.0
	有砟	v=200	≤5.0
		v=160	≤7.5
		v=120	≤10.0

三、CPⅢ控制网复测

（一）CPⅢ控制网平面复测

1. 自由测站边角交会法复测 CPⅢ控制点

采用自由测站边角交会法复测 CPⅢ控制点时，在满足 CPⅢ控制网测量规定的测量精度要求后，应进行复测与原测成果的分析比较。不同铁路类型和轨道结构、不同列车设计速度区段，复测与原测坐标较差限差、相邻点的复测与原测坐标增量较差限差如表 10.39 所示。

表 10.39　CPⅢ平面网自由测站边角交会法复测限差要求

铁路类型	轨道结构	列车设计速度 v/（km/h）	复测与原测坐标较差限差/mm	相邻点的复测与原测坐标增量较差限差/mm
客货共线铁路、重载铁路	无砟	$120 < v \leqslant 200$	3.0	2.0
		$v \leqslant 120$	4.5	3.0
	有砟	$160 < v \leqslant 200$	4.5	3.0
		$120 < v \leqslant 160$	6.0	4.5
		$v \leqslant 120$	7.5	6.0
城际铁路	无砟	$v = 160，v = 200$	3.0	2.0
		$v = 120$	4.5	3.0
	有砟	$v = 200$	4.5	3.0
		$v = 160$	6.0	4.5
		$v = 120$	7.5	6.0

注：坐标增量较差限差指 X、Y 坐标分量增量较差。

2. 导线法复测 CPⅢ控制点

采用导线法复测 CPⅢ控制点时，在满足相应等级精度规定后，应进行 CPⅢ导线复测与原测水平角及边长的分析比较，其水平角、边长较差限差如表 10.40 所示。

表 10.40　CPⅢ平面网导线法复测限差要求

控制网	水平角较差/（″）	边长较差/mm
CPⅢ	8	8

（二）CPⅢ控制网高程复测

高程网复测时，在满足 CPⅢ控制网高程测量精度要求后，应进行复测与原测成果的分析比较。不同铁路类型和轨道结构、不同列车设计速度区段，复测与原测高程较差限差、相邻点的复测与原测高差较差限差如表 10.41 所示。

表 10.41　CPⅢ高程网复测限差要求

铁路类型	轨道结构	列车设计速度 v/（km/h）	复测与原测高程较差限差/mm	相邻点的复测与原测高差较差限差/mm
客货共线铁路、重载铁路	无砟	$120<v\leqslant200$	3.0	2.0
		$v\leqslant120$	5.0	3.0
	有砟	$160<v\leqslant200$	5.0	3.0
		$120<v\leqslant160$	7.5	5.0
		$v\leqslant120$	10.0	6.0
城际铁路	无砟	$v=160$，$v=200$	3.0	2.0
		$v=120$	5.0	3.0
	有砟	$v=200$	5.0	3.0
		$v=160$	7.5	5.0
		$v=120$	10.0	6.0

（三）CPⅢ控制点复测成果

CPⅢ控制点应全部采用复测成果。这是考虑到加载后点位难免发生变动，CPⅢ控制点相对精度有所降低，CPⅢ控制点全部采用复测成果有利于提高长钢轨精调平顺性。

但当 CPⅢ控制点复测成果与原测成果较差超限时，应进行二次复测，查明原因，确保复测的正确性和可靠性，这是采用复测成果的前提。

（四）轨道施工测量

1. 加密基桩（CPⅣ）测量

无砟轨道安装之前，应依据基桩控制网（CPⅢ）进行基桩加密，现场也称为基点控制网 CPⅣ，主要用于轨道板安装和精调。加密时可采用光学准直法和精密水准测量方法，逐一测定加密基桩的位置和高程，并标定点位；加密基桩间距应根据施工方法确定，一般在 5~10 m 范围设置 1 个；加密基桩一般设置在线路中线上，也可设置在线路中线的两侧；道岔区应在岔心、岔前、岔后位置及道岔前后 100~200 m 范围内增设控制基桩，其位置一般在直股和曲股的两侧，可按坐标直接测设，也可按岔心和直股与曲股线路方向测设，并应埋置永久性桩位。

2. 无砟轨道安装测量

无砟轨道类型不同，需测设的内容也有所不同，但基本上都有底座施工测量、支承层的施工测量以及轨排或轨道板安装测量。

底座的测设主要是利用控制基桩放样并控制模板安装位置，平面采用坐标法，高程放样按精密水准测量要求测设。混凝土支承层施工测量应以 CPⅢ 控制点为依据，进行模板或基准线桩放样，使用混凝土摊铺机进行混凝土支承层摊铺作业时应设置基准线或导向钢索。

轨排安装测量分为轨排粗调和轨排精调测量。轨排粗调是以加密基桩为调整基准点，控制轨排中线放样误差和钢轨顶面高程放样误差；轨排精调应在钢筋绑扎和模板安装结束后进行，轨排精调是利用控制基桩或加密基桩为调整基准点，使用轨检小车或全站仪+水准仪进行调整。

轨道板安装测量主要是控制轨道板的安装定位。

3. 道岔安装测量

道岔安装测量的主要任务是测设中线控制点、轨排粗调测量和精调测量。根据道岔控制基桩在底座或支承层混凝土上施测岔前、岔心、岔后点位中线控制点，直股应布置不少于 5 个中线控制点，侧股不少于 2 个控制点。

4. 轨道衔接测量

区间无砟轨道施工宜采取单一作业面。当采用多个作业面施工时，应做好各施工作业面衔接测量。衔接测量的主要内容是设置贯通作业面，并在贯通作业面设置共用中线及高程控制点，在距贯通作业面不小于 200 m 范围内，作为两作业面施工测量的共用控制桩。

5. 线路整理测量

线路整理测量主要内容：线路整理测量前应对 CPⅢ 控制点进行复测；需要设置临时铺轨基桩时，应以 CPⅢ 控制点为基准测设于线路中线上；钢轨调整宜采用轨检小车测量，也可采用全站仪+水准仪测量；线路中线整理测量完成后，应编制线路、道岔调整后的坐标、高程成果表。

（五）轨道铺设竣工测量

竣工测量之前，应进行维护基桩测量。维护基桩测量应注意：维护基桩应根据维修检测方式布设，并充分利用已设置的基桩；利用已设置的基桩作为维护基桩时，应对其进行复测；需要增设中线维护基桩时，应检测 CPⅢ 控制点，并根据 CPⅢ 控制点进行线路中线和维护基桩测量；维护基桩的复测和增设的测量精度应不低于相应轨道结构加密基桩的精度要求，且满足线路维护要求。

轨道铺设竣工测量主要检测线路中线位置、轨面高程、测点里程、坐标、轨距、水平、高低、扭曲，应采用轨检小车测量。轨检小车测量步长宜为 1 个轨枕间距。

竣工测量完成后，应提交成果资料。

思考题与习题

1. 铁路新线勘测的初测、定测阶段，测量工作的主要任务是什么？
2. 解释 CP 0、CP Ⅰ、CP Ⅱ、CP Ⅲ 控制网的含义。
3. 各级平面控制网的测量等级与哪些因素有关？
4. CP Ⅱ 控制点的布设有哪些要求？
5. 简述全站仪坐标法中线测量的技术要求。
6. 简述 GNSS-RTK 中线测量的技术要求。
7. 试述横断面测量的目的及方法。
8. 单开道岔如何定位？
9. 试述用试探法测设路基边桩的方法和步骤。
10. 控制网交桩成果资料应包括哪些内容？
11. 轨道测量工程中，何谓"三网合一"？"三网合一"包括哪些内容？
12. 自由测站边角交会测量有哪些优点？
13. 理解并绘出间隔 2 对点设站的 CP Ⅲ 平面网观测网形示意图。
14. 建立 CP Ⅲ 控制网的目的是什么？为何说 CP Ⅲ 控制网是空间控制网？
15. 无砟轨道的安装测量包括哪几项？

第十一章　桥梁施工测量

　　桥梁是公路和铁路最重要的组成部分之一。建设一座桥梁，需要进行各种测量工作，其中包括勘测、施工测量、竣工测量等，并符合行业规范要求。

　　桥梁施工测量的目的，是利用测量仪器设备，根据设计图纸中的各项参数（如线路平纵横要素）和控制点坐标（或路线控制桩），按一定精度将桥位准确地测设在地面上，指导施工。根据桥梁类型、施工方法和基础类型的不同，桥梁施工测量的内容和测量方法、精度要求各有不同。概括起来主要包括桥轴长度测量，墩、台中心的定位及细部放样等。

第一节　桥轴线长度的确定及控制测量

一、桥轴线长度的确定

　　桥梁的中心线称为桥轴线，于桥头两端埋设两个控制点，两控制点 A、B 间的水平距离称为桥轴线长度，如图 11.1 所示。由于墩、台定位时主要以这两点为依据，所以桥轴线长度的精度直接影响墩、台定位的精度。为了保证墩、台定位的精度要求，首先需要估算出桥轴线长度需要的精度，从而合理地拟订测量方案，规定各项测量限差。下面为钢筋混凝土梁桥轴线精度的估算公式。

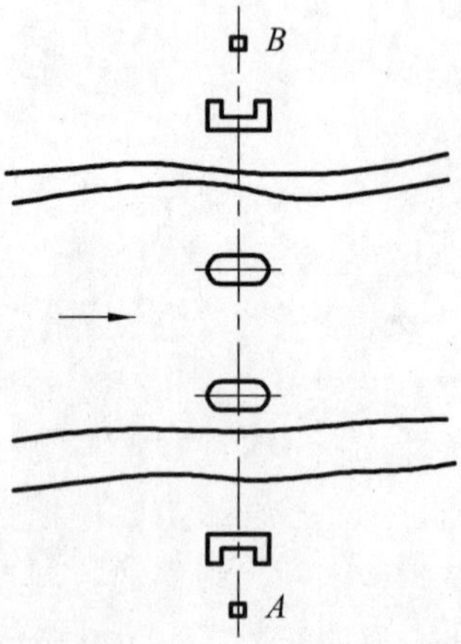

　　设墩中心点位放样限差为 Δ_D（一般为 ± 10 mm），全桥共有 N 跨，则桥轴线长度中误差为：

图 11.1　桥轴线

$$m_L = \pm \frac{\Delta_D}{\sqrt{2}} \sqrt{N} \tag{11.1}$$

　　其他桥型桥轴线精度的估算公式可查相关资料。按照式（11.1）求出桥轴线中误差以后，除以桥轴线长度 L，并化为 $K = 1/N$ 形式，即为桥轴线长度测量应满足的相对中误差。公路桥梁桥位三角网桥轴线精度要求如表 11.1 所列。

表 11.1   公路桥梁桥位三角网桥轴线精度要求

等级	桥轴线的控制桩间距离/m	测角中误差/(″)	桥轴线相对中误差	基线相对中误差
二	>5 000	±1.0	1/130 000	1/260 000
三	2 000~5 000	±1.8	1/70 000	1/140 000
四	1 000~2 000	±2.5	1/40 000	1/80 000
五	500~1 000	±5.0	1/20 000	1/40 000
六	200~500	±10.0	1/10 000	1/20 000
七	<200	±20.0	1/5000	1/10 000

二、桥梁平面控制

建立平面控制网的目的是测定桥轴线长度和据此进行墩、台位置的放样；同时，也可用于施工过程中的变形监测。桥梁平面控制以桥轴线控制为主，并保证全桥与线路连接的整体性，同时为墩、台定位提供测量控制点。对于跨越无水河道的直线小桥，桥轴线长度可以直接测定，墩、台位置也可直接利用桥轴线的两个控制点测设，无需建立平面控制网。对于大桥、特大桥，为确保桥轴线长度和墩、台定位精确，不能使用勘测阶段建立的测量控制网来进行施工放样工作，必须布设专用的施工平面控制网。

（一）控制点位要求

布设控制网时，可利用桥址地形图，拟订布网方案，并在仔细研究桥梁设计图及施工组织计划的基础上，结合当地情况进行踏勘选点，点位布设应力求满足以下要求：

（1）图形应尽量简单，并能利用布设的点，用前方交会法，以足够的精度对桥墩进行放样。

（2）控制网一般布设成三角网、边角网和精密导线网，其边长与河宽有关，一般在0.5~1.5倍河宽的范围内变动。

（3）为使桥轴线与控制网紧密联系，选择控制点时，应尽可能使桥的轴线作为三角网的一个边，以利于提高桥轴线的精度。如不可能，也应将桥轴线的两个端点纳入网内，以间接求算桥轴线长度，控制点与墩、台的设计位置相距不应太远，以方便墩、台的施工放样。

当桥梁位于曲线上时应把交点桩、主点尽量纳入网中，当这些点不能作为主网的控制点时，应把他们作为附网的控制点，其目的是使控制网与线路紧密联系在一起，从而以比较高的精度获取曲线要素，为精确放样墩、台做准备。

（4）控制点定点后宜组成方正的图形，图形中各三角形的边长应大致相等，交会角不致太大或太小。控制点应选在地质条件稳定、视野开阔、通视良好和便于交会墩位的地方。为便于观测和保存，所有控制点不应位于淹没地区和土壤松软地区，并尽量避开施工区，堆放材料及交通干扰的地方。

在控制点上要埋设标石及刻有"十"字的金属中心标志。如果兼作高程控制点使用，则中心标志宜做成顶部为半球状。

（二）平面控制网布设方法

在布网方法上，桥梁平面控制网可以按常规地面测量方法布设，也可以应用 GNSS 技术布网。

桥梁平面控制网按常规方法布设时，基本网形是三角形和四边形，并以跨江正桥部分为主。应用较多的有双三角形、大地四边形、双大地四边形以及三角形与四边形结合的多边形，如图 11.2 所示。根据观测要素的不同，桥梁控制网可布设成三角网、边角混合网、精密导线网等，现分述如下。

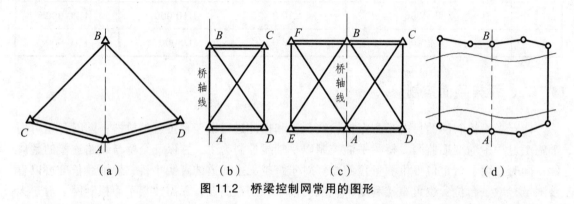

图 11.2　桥梁控制网常用的图形

1. 三角网

桥梁控制网中若观测要素仅为水平角时，控制网就称为测角网。由于测角网中至少应有一条起算边，为了检核，通常应高精度地量测两条基线边，每岸各一条。三角网的基线以前通常用铟瓦尺或经过检定的钢卷尺丈量，现在可采用高精度的光电测距仪和全站仪。

2. 边角混合网

由于全站仪既能量边，又能同时测角，所以在使用中等精度的全站仪观测时，布设测边网的情况很少。同时，测边网边长一般较短，多余观测数很少，可靠性也低，因此，一般用全站仪布设边角网。观测网中全部内角，测量全网所有边长或测量部分边长时，一般应观测三条或三条以上的边长，其中一条是桥轴线，另外在两岸各布设一条边。

3. 精密导线网

由于高精度测距仪的应用，桥梁控制网除了采用三角网和边角网的形式外，还可以选择布设精密导线的方案。如图 11.2（d）所示，在河流两岸的桥轴线上各设立一个控制点，并在桥轴线上、下游沿岸布设最有利交会桥墩的精密导线点。这种布网形式的图形简单，可避免远点交会桥墩时交会精度差的缺陷，因此简化了桥梁控制网的测量工作。

在布设三角网后，需要进行外业测量和内业计算两部分工作。桥梁三角网的外业主要包括角度测量和边长测量。外业测量应根据桥梁等级及精度要求按照角度测量和距离丈量的方法施测。目前一般采用全站仪进行测角和量边。由于桥轴线长度及各个边长都是根据基线及角度推算的，为保证桥轴线有可靠的精度，基线精度要高于桥轴线精度 2 ~ 3 倍。如果采用测边网或边角网，因边长是直接测定的，所以不受或少受测角误差的影响，测边的精度与桥轴线要求的精度相当即可。公路桥位三角网主要技术要求见表11.1。

由于桥梁三角网一般都是独立的，没有坐标及方向的约束条件，所以平差时都按自由网处理。它所采用的坐标系，一般是以桥轴线作为 X 轴，而桥轴线始端控制点的里程作为该点的 x 值。这样，桥梁墩台的设计里程即为该点的 x 坐标值，可以便于以后施工放样的数据计算。

在施工时如因机具、材料等遮挡视线，无法利用主网的点进行施工放样时，可以根据主网两个以上的点将控制点加密。这些加密点称为插点。插点的观测方法与主网相同，但在平差计算时，主网上点的坐标不得变更。

三、桥梁高程控制测量

建立高程控制网的常用方法是水准测量和测距三角高程测量。

1. 高程控制网的布设形式及技术要求

在桥梁的施工阶段，为了作为放样的高程依据，应建立高程控制网，高程控制网的主要形式是水准网，即在河流两岸建立若干个水准基点。这些水准基点除用于施工外，也可作为以后变形观测的高程基准点。

水准基点布设的数量视河宽及桥的大小而异。一般小桥可只布设 1 个；在 200 m 以内的大、中桥，宜在两岸各布设 1 个；当桥长超过 200 m 时，由于两岸联测不便，为了在高程变化时易于检查，则每岸至少设置 3 个。

水准基点是永久性的，必须十分稳固。除了它的位置要求便于保护外，根据地质条件，可采用混凝土标石、钢管标石、管柱标石或钻孔标石。在标石上方嵌以凸出半球状的铜质或不锈钢标志。

为了方便施工，也可在附近设立施工水准点，由于其使用时间较短，在结构上可以简化，但要求使用方便，也要相对稳定，且在施工时不致破坏。

桥梁水准点与线路水准点应采用同一高程系统。与线路水准点联测的精度不需要很高，当包括引桥在内的桥长小于 500 m 时，可用四等水准联测，大于 500 m 时可用三等水准进行测量。但桥梁本身的施工水准网，则宜用较高精度，因为它是直接影响桥梁各部放样精度的，所以当桥长在 300 m 以上时，应采用二等水准测量的精度；当桥长在 1 000 m 以上时，两岸的水准联测（即跨河水准测量）需采用一等水准测量的精度；桥长在 300 m 以下时施工水准测量可采用三等水准测量的精度。

2. 跨河水准测量

当水准路线需要跨越较宽的河流或山谷时，因跨河视线较长，超过了规定的长度，使水准仪 i 角的误差、大气折光和地球曲率误差均增大，且读尺困难。所以必须采用特殊的观测方法，这就是跨河水准测量方法。这里主要阐述一、二等跨河水准测量。

（1）场地选择。进行跨河水准测量，首先是要选择好跨河地点，如选在江河最窄处，视线避开草丛沙滩的上方，仪器站应选在开阔通风处，跨河视线离水面 2～3 m 以上。跨河场地仪器站和立尺点的布置如图 11.3 所示。

（2）观测方法。当跨河视距较短，渡河比较方便，在短时间内可以完成观测工作时，可采用如图 11.3（a）所示的"Z"字形布设过河场地，图中 I_1、I_2 既是仪器站又是立尺点；当使用两台水准仪作对向观测时，宜布置成图 11.3（b）或（c）的形式。I_1、I_2 为仪器站，b_1、b_2 为立尺点，要求跨河视线尽量相等，岸上视线 I_1b_1、I_2b_2 不少于 10 m 并相等。

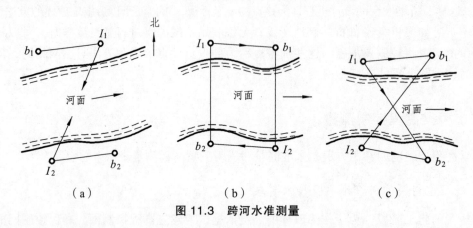

（a）　　　　　　　　　　（b）　　　　　　　　　（c）

图 11.3　跨河水准测量

观测时，仪器在 I_1 和 I_2 站同时观测 b_1 和 b_2 的立尺，得到两个高差 h_1、h_2，然后取两站所得高差的平均值，此为 1 个测回。再将仪器对换，同时将标尺对换，同法再测 1 个测回，取 2 个测回的平均值作为两点 b_1、b_2 的高差值。

随着电磁波测距技术的发展，测距三角高程测量的应用越来越广泛，其精度可以代替三、四等水准测量，这种方法简便灵活，受地形条件的限制较少。

测距三角高程的基本计算公式前面章节已讨论过，为了削弱大气折光的影响，通常采用对向观测法进行测量。

四、桥轴线长度的测量

桥轴线长度的测量可采用钢尺的精密丈量和光电测距仪测距。当桥梁位于干枯或河面较窄的河段，可用检定后的钢尺直接丈量，目前工程上多采用全站仪测量桥轴线长度。

第二节　桥梁墩、台中心定位及轴线测设

在桥梁墩、台的施工过程中，首要的是测设出墩、台的中心位置，此工作称为墩台定位。其测设数据是根据控制点坐标和设计的墩、台中心位置计算出来的。放样方法则可采用直接测设或交会的方法。

一、直线桥的墩、台中心定位

直线桥梁的墩、台定位所依据的原始资料为桥轴线控制桩的里程和桥梁墩、台的设计里程，根据里程可以算出它们之间的距离，并由此距离定出墩、台的中心位置。

如图 11.4 所示，直线桥的墩、台中心位置都位于桥轴线的方向上。墩、台中心的设计里程及桥轴线起点的里程是已知的，相邻两点的里程相减即可求得它们之间的距离。墩、台定位的方法，可视河宽、河深及墩、台位置等具体情况而定，可采用直接测距法或交会法测设出墩、台中心的位置。

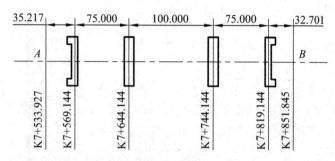

图 11.4 直线桥梁墩、台布置

1. 直接测距法

这种方法适用于无水或浅水河道。根据计算出的距离，从桥轴线的一个端点开始，用检定过的钢尺逐段测设出墩、台中心，并附合于桥轴线的另一个端点上。如在限差范围之内，则依据各段距离的长短按比例调整已测设出的距离。在调整好的位置上在测设出的点位上要用大木桩进行标定，在桩顶钉一小钉，即为测设的点位。

测设墩、台顺序最好从一端到另一端，并在终端与桥轴线的控制桩进行校核，因为按照这种顺序，容易保证桥梁每一跨都满足精度要求。也可从中间向两端测设，但这样容易将误差积累在中间衔接的一跨上。

用全站仪进行直线桥梁墩、台定位，快速、精确，只要墩、台中心处可以安置反射棱镜，而且仪器与棱镜能够通视，即使其间有水流障碍也可采用。

测设时最好将仪器置于桥轴线的一个控制桩上，瞄准另一控制桩。此时，望远镜所指方向为桥轴线方向，在此方向上移动棱镜，通过测距定出各墩、台中心，这样的测设可有效地控制横向误差。如在桥轴线控制桩上的测设遇有障碍，也可将仪器置于任何一个施工控制点上，利用墩、台中心的坐标进行测设。为确保测设点位的准确，测设后应将仪器搬至另一个控制点上再测设一次，进行校核。

2. 交会法

当桥墩位于水中，无法丈量距离及安置棱镜时，则采用角度交会法。

如图 11.5 所示，A、C、D 位控制网的三角点，且 A 为桥轴线的端点，E 为墩中心位置。在控制测量中 φ、φ'、d_1、d_2 为已知值。AE 的距离 l_E 可根据两点里程求出，也为已知，则：

$$\alpha = \arctan\left(\frac{l_E \sin \varphi}{d_1 - l_E \cos \varphi}\right) \qquad (11.2)$$

$$\beta = \arctan\left(\frac{l_E \sin \varphi'}{d_2 - l_E \cos \varphi'}\right) \qquad (11.3)$$

α、β 也可以根据 A、C、D、E 的已知坐标求出。

在 C、D 点上架设经纬仪，分别自 CA 及 DA 测设出 α 及 β 角，则两方向的交点即为 E 点的位置。为获得有利的测量数据，不一定要在同岸交会，应充分利用两岸的控制点，选择最为有利的观测条件，必要时也可以在控制网上增设插点，以满足测设要求。

为了检核精度及避免错误，通常都用 3 个方向交会，即同时利用桥轴线 AB 的方向。

由于测量误差的存在，3 个方向不交于一点，形成示误三角形，如图 11.6 所示。如果示误三角形在桥轴线方向上的边长不大于限差，则将交会点 E' 投影至桥轴线上，作为墩中心的点位。

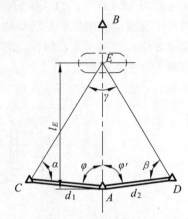

图 11.5　角度交会法

随着工程的进展，需要多次交会桥墩中心的位置。为了工作方便，通常都是在交会方向的延长线上设立标志，如图 11.7 所示。在以后交会时不必重新测设角度，而是直接照准标志即可。

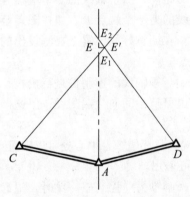

图 11.6　方向交会示误三角形

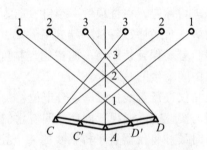

图 11.7　墩台中心交会

当桥墩筑出水面以后，即可在墩上架设棱镜，利用全站仪，以直接测距法定出墩中心的位置。

二、曲线桥的墩、台中心定位

曲线桥墩、台的测设与直线桥大致相同，也要先测设出线路中线上的主要控制点，作为墩、台位置测设及检核的依据。在测设出主要控制点后，经检核无误，即可进行墩、台中心测设。下面以铁路桥为例，说明曲线桥墩、台的中心定位。

在直线桥上，桥梁和线路的中线都是直的，两者完全重合。桥梁位于曲线上，线路中线为曲线，而每孔梁中线是直线，这样线路中线与梁中线两者不吻合。梁在曲线上布置是将各跨梁的中线连接起来，成为与线路中线基本符合的折线，这条折线称为桥梁工作线，也称为墩中心距，用 L 表示，如图 11.8 所示。相邻梁跨工作线所构成的偏角 α 称为桥梁偏角。墩、台中心即位于折线的交点上，曲线桥的墩、台中心定位，就是测设工作线的交点。

在桥梁设计中，梁中心线的两端并不位于线路的中心线上，因为如果位于线路的中线上，梁的中部线路必然偏向梁的外侧，当列车通过时，梁的两侧受力不均。因此桥梁工作线应尽量接近线路中线，所以梁的布置应使桥梁工作线各转折点相对外侧移动一段距离 E，这段距离称为"桥墩偏距"。偏距 E 一般是以梁长为弦线的中矢的一半，这种布梁方法称为平分中矢布置；如果偏距 E 等于中矢值，称为切线布置。两种布置如图 11.9、11.10 所示。

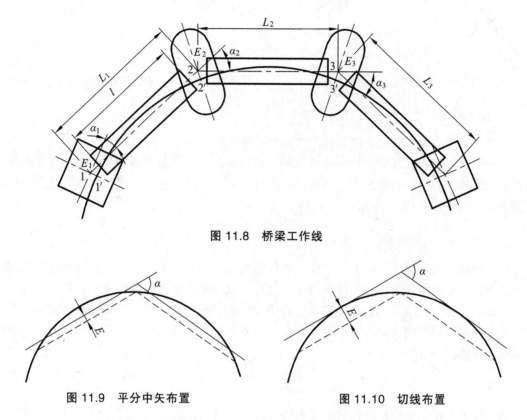

图 11.8　桥梁工作线

图 11.9　平分中矢布置　　　　图 11.10　切线布置

E、α、L 在设计图中都已经给出，根据给出的 E、α、L 即可测设墩位。

控制点在线路中线上的位置，可能一端在直线上，而另一端在曲线上（见图 11.11），也可能两端都位于曲线上（见图 11.12）。与直线不同的是曲线上的桥轴线控制桩不能预先设置在线路中线上，再沿曲线测出两控制桩间的长度，而是根据曲线长度，以要求的精度用直角坐标法测设出来。用直角坐标法测设时，是以曲线的切线作为 X 轴。为保证测设桥轴线的精度，则必须以更高的精度测量切线的长度，同时也要精密地测出转向角 α。

测设控制桩时，如果一端在直线上，而另一端在曲线上（见图 11.12），则先在切线方向上设出 A 点，测出 A 至转点 ZD_{5-3} 的距离，则可求得 A 点的里程。测设 B 点时，应先在桥台以外适宜的距离处，选择 B 点的里程，求出它与 ZH（或 HZ）点里程之差，即得曲线长度，据此，可算出 B 点在曲线坐标系内的 x、y 值。ZH 及 A 的里程都是已知的，则 A 至 ZH 的距离可以求出。这段距离与 B 点的 x 坐标之和，即为 A 点至 B 点在切线上的垂足 ZD_{5-4} 的距离。从 A 沿切线方向精密地测设出 ZD_{5-4}，再在该点垂直于切线的方向上设出 y，即得 B 点的位置。

在测设出桥轴线的控制点以后，即可据以进行墩、台中心的测设。根据条件，也是采用直接测距法、极坐标法或交会法。

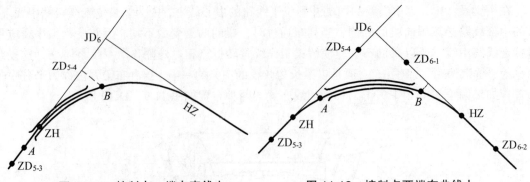

图 11.11　控制点一端在直线上　　　　图 11.12　控制点两端在曲线上

1. 直接测距法

在墩、台中心处可以架设仪器时，宜采用这种方法。

由于墩中心距 L 及桥梁偏角 α 是已知的，可以从控制点开始，逐个测设出角度及距离，即直接定出各墩、台中心的位置，最后再符合到另外一个控制点上，以检核测设精度。这种方法称为导线法。

2. 利用全站仪测设时，为了避免误差的积累，可采用极坐标法

由于控制点及各墩、台中心点在曲线坐标系内的坐标是可以求得的，故可据以算出控制点至墩、台中心的距离及其与切线方向的夹角 δ_i。自切线方向开始测设出 δ_i，再在此方向上测设出 D_i，如图 11.13 所示，即测得墩、台中心位置。此种方法因各点是独立测设的，不受前一点测设误差的影响。但在某一点上发生错误或有粗差不易发现，因此一定要对各个墩中心距进行检核。

3. 交会法

当墩位于水中，无法架设仪器及反光镜时，宜采用交会法。

由于这种方法是利用控制网点交会墩位，所以墩位坐标系与控制网的坐标系必须一致才能进行交会数据的计算。如果两者不一致时，则需先进行坐标转换，现举例说明交会数据的计算及交会方法。

在图 11.14 中，A、B、C、D 为控制点，E 为桥墩中心。在 A 点进行交会时，要算出自 AB、AD 作为起始方向的角度 θ_1 及 θ_2。

控制点及墩位的坐标是已知的，可据以算出 AE 的坐标方位角。

$$\alpha_2 = \arctan\left(\frac{y_E - y_A}{x_E - x_A}\right) = \arctan\left(\frac{0.008 - 0.002}{129.250 - 252.707}\right) = \arctan\left(\frac{0.006}{-123.455}\right) = 179°59'50.0''$$

在控制网资料中，已知 AB 的坐标方位角为 $\alpha_1 = 72°58'48.7''$，AD 的坐标方位角为 $\alpha_3 = 180°00'01.0''$，则：

$$\theta_1 = \alpha_2 - \alpha_1 = 179°59'50.0'' - 72°58'48.7'' = 107°01'01.3''$$
$$\theta_2 = \alpha_3 - \alpha_2 = 180°00'01.0'' - 179°59'50.0'' = 0°00'11.0''$$

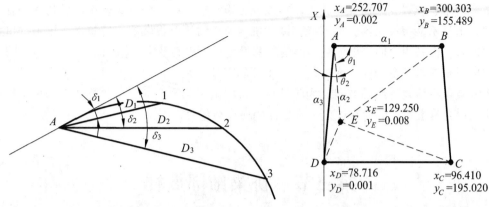

图 11.13　极坐标法测设墩、台中心　　　　图 11.14　交会数据计算

同理可求出在 B、C、D 各点交会时的角值。

在 A 点交会时，可以 AB 或 AD 作为起始方向，测设出相应的角值，即得 AE 方向。在交会时，一般需用 3 个方向，当示误三角形的边长在容许范围内时，取其重心作为墩中心位置。

三、墩、台纵、横轴线的测设

为了进行墩、台施工的细部放样，需要测设其纵、横轴线。在直线上，纵轴线是指过墩、台中心平行于线路方向的轴线；而横轴线是指过墩、台中心垂直于线路方向的轴线；桥台的横轴线是指桥台的胸墙线。

公路、铁路直线桥墩、台的纵轴线与桥轴线的方向重合，无须另行测设。在墩、台中心架设仪器，自纵轴线方向测设 90° 角或 90° 减斜交角度，即为横轴线的方向（见图 11.15）。

曲线桥的墩、台轴线位于桥梁偏角的分角线上，由于相邻墩、台中心曲线长度为 l，曲线半径为 R，则：

$$\frac{\alpha}{2} = \frac{l}{2R} \cdot \frac{180°}{\pi} \tag{11.4}$$

在墩、台中心架设仪器，照准相邻的墩、台中心，测设 $\alpha/2$ 角，即为纵轴线的方向，横轴线方向与直线桥墩测设方法一致（见图 11.16）。

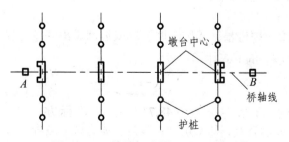

图 11.15　护桩标定墩、台纵、横轴线

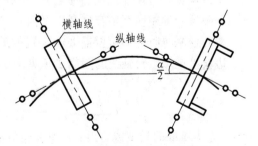

图 11.16　曲线墩台、纵、横轴线

在施工过程中，墩、台中心的定位桩要被挖掉，但随着工程的进展，施工中又经常需要

323

恢复墩、台中心位置，因而要在施工范围以外订设护桩，据以恢复墩台中心的位置。在水中的桥墩，由于不能架设仪器，也不能钉设护桩，所以暂不测设轴线，待筑岛、围堰或沉井露出水面以后，再利用它们钉设护桩，准确地测设出墩台中心及纵、横轴线。

护桩就是在墩、台的纵、横轴线上，于两侧不被干扰的位置各钉设至少两个木桩，因为有两个桩点才可恢复轴线的方向。为防破坏，可以多钉几个木桩。在曲线桥上的护桩纵横交错，使用时容易混淆，因此在桩上一定要注明墩、台编号。

第三节　桥梁细部放样

就整个桥梁放样而言，前面已分别叙述了三个部分：桥轴线放样、根据桥轴线测设墩、台位置，在墩、台中心放样其纵、横轴线。随着施工的进展，随时都要进行放样工作，但桥梁的结构及施工方法不同，所以测量的方法及内容也各不相同。现根据墩、台中心及其纵、横轴线，叙述墩台的细部放样工作，总的来说，主要包括基础放样和墩、台放样和高程测设等工作。

一、桥梁基础的施工放样

1. 明挖基础的施工放样

中小型桥梁的基础，最常用的是明挖基础和桩基础。明挖基础的构造如图 11.17 所示，它是在墩、台位置处挖出一个基坑，将坑底平整后，再灌注基础及墩身。明挖基础多在地面无水的地基上施工。如果在水上明挖基础，则要先建立围堰，将水排出后再进行。

在基础开挖之前，应根据墩、台的中心点及纵、横轴线按设计的平面形状测设出基础轮廓线的控制点。如果基础形状为方形或矩形，基础轮廓线的控制点应为四个角点及四条边与纵、横轴线的交点，如图 11.18 所示的 A、B、C、D 角桩，撒白灰线即可；如果是圆形基础，则为基础轮廓线与纵、横轴线的交点，必要时还可加设轮廓线与纵、横轴线成 45° 线的交点。控制点距桥墩中心点或纵、横轴线的距离应略大于基础设计的底面尺寸，一般可大 0.3 ~ 0.5 m，以保证能够正确安装基础模板为原则。如果地基土质稳定，不易坍塌，坑壁可垂直开挖，不设模板，可贴靠坑壁直接砌筑基础和浇筑基础混凝土，此时可不增大开挖尺寸，但应保证基础尺寸偏差在规定容许范围之内。

在开挖基坑时，如坑壁需要有一定的坡度，则应根据基坑深度及坑壁坡度设出开挖边界线。边坡桩至墩、台轴线的距离 D（见图 11.19）依下式计算：

$$D = \frac{b}{2} + h \cdot m \qquad\qquad (11.5)$$

式中，b 为坑底的长度或宽度；h 为坑底与地面的高差，即基坑开挖深度；m 为坑壁坡度系数的分母。

在测设边界桩时，自桥墩、台中心点和纵、横轴线，用钢尺丈量水平距离 d，在地面上测设出边坡桩，再根据边坡桩划出灰线，即可依此灰线进行施工开挖。

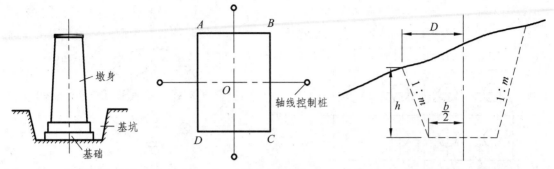

图 11.17 桥梁明挖基础   图 11.18 基础轮廓线   图 11.19 基坑边坡桩的测设

当基坑挖至坑底的设计高程时，应对坑底进行整平清理，然后安装模板，浇筑基础及墩身。在进行基础及墩身的模板放样时，可将经纬仪安置在墩、台中心线的一个护桩上，以另一个较远的护桩定向，这时仪器的视线即为中心线的正确位置。当模板的高度低于地面时，可用仪器在临时基坑的位置，放出中心线上的两点。在这两点上挂线并用垂球指挥模板的安装工作，如图 11.20 所示。在模板建成后，应检验模板内壁长、宽与纵、横轴线之间的关系尺寸，以及模板内壁的垂直程度。

2. 桩基础的施工放样

桩基础是目前常用的一种基础类型。根据施工方法的不同，可分为打入桩和钻（挖）孔桩。打入桩基础是预先将桩制好，按设计的位置及深度打入地下；钻（挖）孔桩是在基础的设计位置上钻（挖）好桩孔，然后在桩孔内放入钢筋笼，并浇筑混凝土成桩。在桩群的上部灌注承台，使桩和承台连成一体，再在承台以上修筑墩身，如图 11.21 所示。

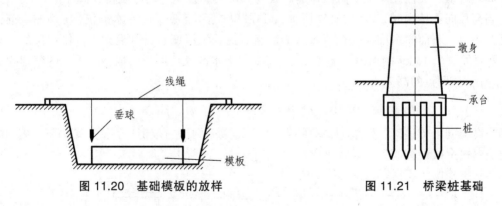

图 11.20 基础模板的放样   图 11.21 桥梁桩基础

在无水的情况下，桩基础的每一根桩的中心点可按其所在以桥梁墩、台纵、横轴线为坐标的轴的坐标系中的设计坐标，用支距法进行测设，如图 11.22 所示。如果各桩为圆周形布置，则各桩也可以其与墩、台纵、横轴线的偏角和至墩、台中心点的距离，用极坐标法进行测设，如图 11.23 所示。一个墩、台的全部桩位宜在场地平整后一次测设出，并以木桩标定，以便桩基础的施工。

如果桩基础位于水中，则可用前方交会法直接将每一个桩位定出，也可用交会法测设出其中一行或一列桩位，然后用大型三角尺测设出其他所有的桩位，如图 11.24 所示。

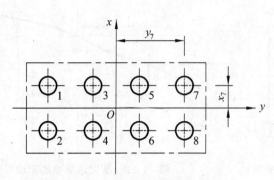

图 11.22　支距法测设桩基础的桩位

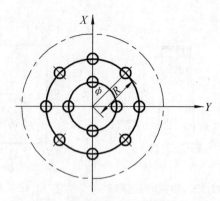

图 11.23　极坐标法测设桩基础的桩位

在测设出各桩的中心位置后，应对其进行检核，与设计的中心位置偏差不能大于限差要求。在钻（挖）孔桩浇注完成后，修筑承台以前，应以各桩的中心位置再进行一次测定，作为竣工资料使用。

二、桥梁墩、台高程测设

在开挖基坑、砌筑桥墩的高程放样中，均要进行高程传递，通常都在墩台附近设立一个施工水准点，根据这个水准点以水准测量方法测设各部分的设计高程。但在基础底部及墩、台的上部，

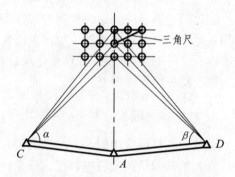

图 11.24　前方交会法测设桩基础的桩位

由于高差过大，无法用水准尺直接传递高程时，可用悬挂钢尺的办法传递高程。

当高程向下传递时，如图 11.25 所示，可在基坑上下各安置一台水准仪，上面的水准仪后视已知点 A，下面的水准仪前视待求点 D，然后视基坑深度悬挂一根钢尺，使钢尺的零端向下，下面吊一个 10 kg 的重锤。当钢尺稳定后，上下水准仪可同时读取钢尺上下的刻划读数 b 和 c，则 AD 两点的高差为：

$$h_{AD} = (a-b)+(c-d) = a-(b-c)-d \qquad (11.6)$$

当高程向上传递时，如图 11.26 所示，可在桥墩上倒挂一根钢尺，使零端向下，则 AD 的高差仍然按上式计算。

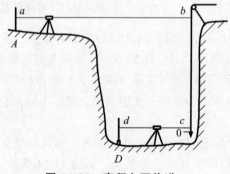

图 11.25　高程向下传递

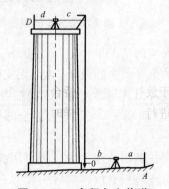

图 11.26　高程向上传递

三、桥（涵）锥体护坡放样

为使路堤与桥台连接处的路基不被冲刷，需在桥台两侧填土呈锥体形，并于表面砌石，称为锥体护坡，简称锥坡。

桥涵中的锥形护坡通常采用 1/4 椭圆截锥体，如图 11.27 所示，其平面投影的短边（短半轴）靠近桥台并与桥台的侧墙相接触，而长边（长半轴）与路堤相接。当锥坡的填土高度小于 6 m 时，锥坡的纵向即平行于路线方向的坡度一般为 1∶1；横向即垂直于路线

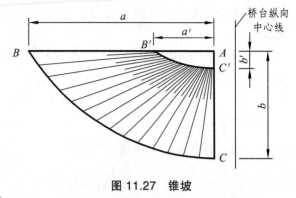

图 11.27　锥坡

方向的坡度一般为 1∶1.5，与桥台后的路基边坡一致。当锥坡的填土高度大于 6 m 时，路基面以下超过 6 m 的部分纵向坡度由 1∶1 变为 1∶1.25；横向坡度由 1∶1.5 变为 1∶1.75。

锥坡的顶面和底面都是椭圆的 1/4。锥坡顶面的高程与路肩相同，其长半径 a' 等于桥台宽度与桥台后路基宽度差值的一半；短半径 b' 等于桥台人行道顶面高程与路肩高程之差，但不应小于 0.75 m。锥体底面的高程一般与地面高程相同，其长半径 a 等于顶面长半径 a' 加横向边坡的水平距离；短半径 b 等于顶面短半径 b' 加纵向边坡的水平距离。

当锥坡的填土高度 h 小于 6 m 时：

$$\left.\begin{array}{l} a = a' + 1.5h \\ b = b' + h \end{array}\right\} \tag{11.7}$$

当锥坡的填土高度 h 大于 6 m 时：

$$\left.\begin{array}{l} a = a' + 1.75h - 1.5 \\ b = b' + 1.25h - 1.5 \end{array}\right\} \tag{11.8}$$

锥坡放样时，只需放出锥坡坡脚的轮廓线（1/4 个椭圆），即可由坡脚开始，按纵、横边坡上进行施工。

锥体护坡放样的方法有：支距法、纵横等分图解法、双点双距图解法、双圆垂直投影图解法等。这里重点介绍较简便常用的支距法、纵横等分图解法和双点双距图解法。

1. 支距法

由于放样锥坡是在桥台已修筑完成的前提下进行，因此，放样时要充分顾及放样的便利条件。其测设步骤如下：

（1）如图 11.28 所示，在椭圆形曲线的外侧过 B 点作 AB 的延长线 BC，使延

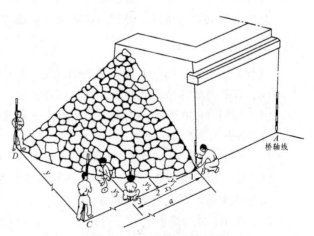

图 11.28　锥形护坡放样

327

长的长度等于椭圆锥长半轴长度 a 即 $BC = a$，并将此长度 10 等分（可根据实际需要确定），得出各相应等分点，如图中 1、2、3、…点。每相邻等分的间距为 $x_1 = 0.1a$，$x_2 = 0.2a$，$x_3 = 0.3a$，…

（2）计算各等分点的支距 y'。根据解析几何方法，可以求算椭圆上等分点所对应的坐标 y 值：

$$y = \frac{b}{a}\sqrt{a^2 - x^2}$$

因此，各等分点支距 y' 可用下式计算：

$$y' = b - y = b(1 - \sqrt{1 - 0.01n^2}) \tag{11.9}$$

式中，b 为锥形护坡短半轴长；n 为等分数，$n = 1$、2、3、…、10。

（3）用直尺沿平行椭圆短轴 CD 的方向量出各点相应的 y' 值并钉桩，再用线绳连接各点便得到椭圆曲线。

（4）基础开挖时，根据基础襟边宽度和开挖深度及基坑放坡计算后放出施工开挖线。

2. 纵横等分图解法

这种方法是先在图纸上按一定比例绘出椭圆曲线。如图 11.29 所示，以椭圆长、短半径 a、b 作一矩形 $ACDB$，将 BD、DC 各分成相同的等份，并以图中所示方法进行编号，连接相应编号的点得直线 1-1、2-2、3-3、…，1-1 与 2-2 相交于Ⅰ，2-2 与 3-3 相交于Ⅱ，3-3 与 4-4 相交于Ⅲ…，交点Ⅰ、Ⅱ、Ⅲ、…的连线即为椭圆曲线。按绘图比例尺量取Ⅰ、Ⅱ、Ⅲ、…各点的纵距和横距，以此作为放样数据。

实地放样时，先在地面测设矩形 $ACDB$，然后自 B 在 BD 直线上量出Ⅰ、Ⅱ、Ⅲ、…各点的纵距 y_1、y_2、y_3、…得各点垂足，由此再量出各点横距 x_1、x_2、x_3、…即得Ⅰ、Ⅱ、Ⅲ、…各点即为坡脚点，其连线即是椭圆所在的坡脚线，在Ⅰ、Ⅱ、Ⅲ、…各点打桩并分别与锥顶连接挂线调顺即可。

这种方法简便，知道了锥体的高度和横顺坡就可在现场放出 1/4 椭圆的坡脚线，如果现场条件许可，也可不绘图，直接在现场按上述作图方法拉线交出Ⅰ、Ⅱ、Ⅲ、…各点打桩。

此法等分的数目越多，得到的坡脚挂线点越多就越精确。

3. 双点双距图解法

这种方法也是在图纸上按一定比例尺绘出椭圆曲线，比例尺宜大些，一般采用 1∶50 或 1∶100，以满足放样精度的要求。其步骤如下：

（1）如图 11.30 所示，先在图纸上绘出一条直线 BB'，使 $BB' = 2a$，取 BB' 的中点 A，自 A 作 AC 垂直于 BB'，且使 $AC = b$。

（2）以 C 为圆心，a 为半径画弧交 BB' 于 F、F' 两点，即为椭圆两焦点。

（3）将一根长度为 $2a$ 细线，用针将其两端分别固定在焦点 F、F' 上，用铅笔尖靠在细线上拉紧细线画弧，即成半个椭圆 BCB'。

（4）将 BC 弧分成若干段，得到 1、2、3、…各点，按绘图比例尺量出这些点至 A、C 的距离 m_i、n_i 等，并列表作为放样数据。

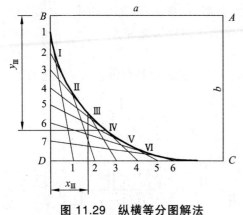

图 11.29　纵横等分图解法

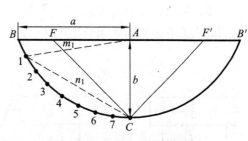

图 11.30　双点双距图解法

现场放样时，先根据长、短半轴长 a、b 测设出 A、B（B'）、C 3 点，然后自 A、C 两点相应量取 m_1、n_1 交会于 1 点，量取 m_2、n_2 交会于 2 点等，交会时注意两尺拉紧并置于同一水平面上。

4. 全站仪坐标法

在目前全站仪逐渐普及的情况下，采用全站仪放样锥坡极为简便、精确。

这种方法可按支距法将 b 或 a 等分成 n 段，根据各等分点的 x 值或 y 值，按椭圆方程计算各相应的 y 值或 x 值，从而获得 n 个椭圆曲线点坐标。测设时，将全站仪安置在 A、B、C、D 任一点上，后视另一点，即可按坐标测设出椭圆曲线上各点。

第四节　涵洞施工测量

涵洞属小型公路、铁路构造物，进行涵洞施工测量时，利用路线勘测时建立的控制点就可进行，不需另建施工控制网。

涵洞施工测量时要首先放出涵洞的轴线位置，即根据涵洞施工设计图表给出的涵洞中心里程，放出涵洞轴线与线路中线的交点，然后根据涵洞轴线与线路中线的交角，放出涵洞的轴线方向。

放样直线上的涵洞时，依涵洞的里程，自附近测设的里程桩沿线路方向量出相应的距离，即得涵洞轴线与线路中线的交点。若涵洞位于线路曲线上，则用测设曲线的方法定出涵洞轴线与线路中线的交点。

涵洞分为正交涵洞和斜交涵洞两种。正交涵洞的轴线与线路中线或其切线垂直；斜交涵洞的轴线与线路中线或其切线不相垂直而成斜交角 φ，φ 角与 90° 之差称为斜度 θ，如图 11.31 所示。

定出涵洞轴线与线路的交点后，将经纬仪安置在涵洞轴线与线路中线的交点处拨角即可定出涵洞轴线方向，涵洞轴线用大木桩标志在地面上，这些标志桩应在线路两侧涵洞的施工范围以外，每侧两个。自涵洞轴线与线路中线的交点处沿涵洞轴线方向量出上、下游的涵长，即得涵洞口的位置，并用小木桩标志涵洞口。

涵洞细部的高程放样，一般是利用附近已有的水准点用水准测量的方法进行。

涵洞基础及基坑边线由涵洞轴线设定，在基础轮廓线的转折处都要用木桩标定，如图11.32所示。开挖基础前还应定出基坑的开挖边界线。

基础建成后，安装管节或砌筑涵身等各个细部的放样，仍应以涵洞轴线为基准进行。这样基础的误差不会影响到涵身的正确位置。

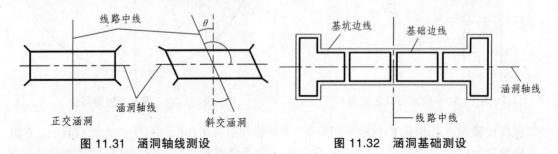

图 11.31　涵洞轴线测设　　　　　　　图 11.32　涵洞基础测设

对于基础面纵坡的测设，当涵洞顶部填土在 2 m 以上时，应设置预留拱度，以便路堤下沉后仍能保持涵洞原有的坡度。根据基坑土壤的种类，预留拱度一般采用 $H/50$ 或 $H/80$。H 为线路中心处涵洞流水槽面到路基设计高的填土高度。

测量放样时，应保证涵洞长度、涵底高程的正确。涵洞施工测量的精度比桥梁施工测量的精度低，在平面放样时，主要保证涵洞轴线与公路轴线保持设计的角度，即控制涵洞的长度。在高程控制放样时，要控制洞底与上、下游的衔接，保证洞底纵坡与设计图纸一致，不得积水。

思考题与习题

1. 什么是桥轴线？它的需要精度有何规定？

2. 桥梁施工测量的主要内容分哪几部分？桥梁控制测量的目的是什么？

3. 布设桥梁平面控制网时，应满足哪些要求？通常采用哪几种形式？各有什么特点？

4. 桥梁墩、台的纵、横轴线是怎样测定的？为什么在设立护桩时每侧不少于 2 个？

5. 如何测设涵洞轴线方向？

6. 在控制点 A、C、D 处安置仪器，用角度交会法测设桥墩中心 E，已知控制点及桥墩中心的坐标为

$$x_C = 1\ 212.45 \qquad y_C = -234.72$$
$$x_A = 1\ 238.96 \qquad y_A = 0$$
$$x_D = 1\ 207.63 \qquad y_D = 243.85$$
$$x_E = 1\ 492.78 \qquad y_E = 0$$

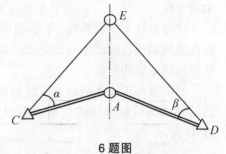

6 题图

计算在 C、D 测设 E 点的角度 α 和 β，叙述测设方法。

第十二章　隧道测量

隧道测量的主要任务，在勘测设计阶段是提供选址地形图和地质填图所需的测绘资料，定测时将隧道中线桩测设在地面上；在施工阶段是保证隧道从两端沿中线开挖能按照设计规定的精度正确贯通，并按设计要求对隧道各个部位的断面尺寸进行放样。

勘测设计阶段的测量工作，主要是为满足设计需要而测绘 1∶2 000 或 1∶5 000 的带状地形图，宽度为隧道中线两侧 100~200 m。

在施工阶段，主要是根据隧道施工所要求的精度和工作顺序安排相应的测量工作。施工阶段的主要测量工作包括：隧道开挖之前先做好洞外的地面控制测量，然后将地面控制网中的坐标和高程传递到洞内，称为联系测量；开挖以后，必须按照与地面控制测量统一的坐标系统，建立洞内控制网；再根据洞内控制导线标定隧道中线及其衬砌位置，保证隧道的正确贯通和施工；隧道贯通以后，还要进行实际贯通误差的测定和线路中线的调整。

工程完工以后，还要进行竣工测量，检查施工质量，为交付运营提供各种测量数据。运营以后，还要定期进行沉降、位移观测。

第一节　隧道洞外控制测量

因隧道施工造价高、施工难度大等原因，不同于桥梁等其他构造物。公路隧道按其洞身的长度可分为四级，如表 12.1 所示。

表 12.1　公路隧道分级

公路隧道分级	特长隧道	长隧道	中隧道	短隧道
直线形隧道长度/m	$L > 3\,000$	$3\,000 \geqslant L > 1\,000$	$1\,000 \geqslant L > 500$	$L \leqslant 500$
曲线形隧道长度/m	$L > 1\,500$	$1\,500 \geqslant L \geqslant 500$	$500 > L \geqslant 250$	$L < 250$

隧道施工时一般从两端沿中线相向开挖，随着中线向洞内延伸，中线测设误差会逐渐积累。对于较长隧道为了缩短工期，需要增加开挖工作面，根据地形采用横洞、斜井、竖井或平行坑道，将隧道分成多段施工。因此，为保证隧道贯通，使中线平面位置和高程在规定的限差内，首先要进行洞外控制测量。洞外控制测量包括平面控制测量和高程控制测量。

一、洞外平面控制测量

洞外平面控制测量的主要任务是测定两相向开挖洞口各控制点的相对位置，并与洞外线路中线点相联系，以便根据洞口控制点按设计方向进行开挖，保证隧道按规定精度贯通。隧道洞外平面控制测量可以结合隧道的长度和平面形状以及路线通过地区的地形情况等，分别采用：中线法、导线法、三角锁法、GPS 测量。

1. 中线法

对于长度较短的直线隧道，可以采用中线法定线。中线法就是在隧道洞顶地面上用直接定线的方法，把隧道的中线每隔一定的距离用控制桩精确地标定在地面上，作为隧道施工引测进洞的依据。由于洞口两点不通视，需要在洞顶地面上反复校核中线控制桩是否精确地放在路线中线上。通常采用正倒镜分中延长直线法，从一端洞口的控制点向另一端洞口延长直线。

如图 12.1 所示，图中 A、D 为定测时路线的中线点（也是隧道洞口的控制桩），B、C…为隧道洞顶的中线控制桩，在施工之前要进行复测，确认这些桩是否在一条直线上，并测量它们之间的距离。可按如下方法进行测设：

在 A 点安置仪器（经纬仪或全站仪），根据概略方向在洞顶地面上定出 B' 点，搬仪器到 B' 点，采用正倒镜分中法延长直线 AB' 到 C' 点，同法继续延长该直线，

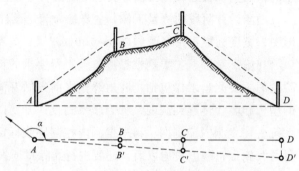

图 12.1　中线法地面控制

直到另一洞口控制桩 D 点的近旁 D' 点。在延长直线的同时，用经纬仪视距法或全站仪测距法测定 AB'、$B'C'$ 和 $C'D'$ 的距离。此时 D、D' 两点若不重合，量取 D、D' 两点的距离 DD'。按比例关系计算出 C 点偏离中线的距离 CC'：

$$CC' = \frac{AC'}{AD'} \cdot DD' \tag{12.1}$$

在 C' 点沿垂直于 $C'D'$ 的方向量取距离 CC' 定出 C 点，将仪器安置于 C 点，采用正倒镜分中法，延长直线 DC 到 B 点，同法继续延长该直线，直到另一洞口控制桩 A 点的近旁得 A' 点，若 A' 点与 A 点重合（或在容许误差范围内），则测设完成；否则，用同样的方法进行第二次趋近，直至 B、C 等点精确位于 A、D 方向上为止。B、C 等点即可作为隧道掘进方向的定向点，A、B、C、D 的分段距离应用全站仪测定，测距的相对误差不应大于 1/5 000。

施工时，将仪器安置于隧道洞口控制桩 A 或 D 上，照准定向点 B 或 C，即可向洞内延伸直线。

隧道位于曲线时，主要是在山顶测设切线（方法与直线隧道相同），则应首先精确标出两切线方向，然后精确测出转向角，将切线长度正确地标定在地表上，以切线上的控制点为准，将中线引入洞内。中线法简单、直观，但其精度不高。

2. 导线法

目前，全站仪已普及使用，导线测量建立洞外平面控制测量已成为主要方法。导线法平

面控制就是用导线连接进出口中线控制点，按精密导线方法实测和计算，求得隧道两端洞口中线控制点间的相对位置，作为引测进洞和洞内测量的依据。对于曲线隧道，导线也应沿两端洞口连线布设成直伸型导线为宜，并应将曲线的起、终点以及曲线切线上的两点包含在导线中。这样，曲线的转角即可根据导线测量结果计算出来，据此便可将路线定测时所测得的转角加以修正，从而获得更为精确的曲线测设元素。在有横洞、斜井和竖井的情况下，导线应经过这些洞口，以减少洞口投点。为了增加校核条件，提高导线测量的精度，导线布设形式一般多采用闭合导线环和主副导线闭合环。主副导线闭合环是将主导线尽量沿隧道中线布设，副导线采取较自由的方法布设，一般与主导线平行，主副导线在两洞口附近闭合。主导线既测角又测边，并计算各点坐标。副导线只测角不测边，目的是使导线角度测量得以检查，因此，不必计算副导线点坐标。

导线水平角的观测，应以总测回数的奇数测回和偶数测回，分别观测导线前进方向的左角和右角，以检查测角错误；将它们换算为左角或右角后再取平均值，可以提高测角精度。

为了减小仪器误差对测角精度的影响，导线点之间的高差不宜过大，视线应高出旁边障碍物或地面 1 m 以上，以减小地面折光和旁折光的影响。导线环水平角的观测，应以总测回数的奇数测回和偶数测回分别观测导线前进方向的左角和右角，以检查测角错误。导线法比较灵活、方便，对地形的适应性比较大。隧道洞外导线测量的等级划分、适用长度和精度要求可参考相关规范的技术要求。

3. 三角锁法

对长隧道或曲线隧道及上、下行隧道的施工控制网，由于地形复杂、要求更高，应以布设三角锁为宜，如图 12.2 所示。三角网的点位精度比导线点高，有利于控制隧道贯通的横向误差。布设三角锁时，先根据隧道平面图拟订三角网，然后实地选点，用三角测量的方法建立隧道施工控制网。

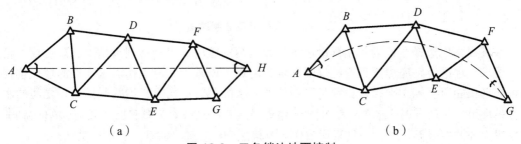

（a）　　　　　　　　　　　　　（b）

图 12.2　三角锁法地面控制

用三角锁布设隧道施工控制网时，一般布置成与路线同一方向延伸，隧道全长及各进洞点均包括在控制范围内，三角点应分布均匀，并考虑施工引测方便和使误差最小。基线不应离隧道轴线太远，否则将增加三角锁中三角形的个数，从而降低三角锁最远边推算的精度。隧道三角锁的图形，取决于隧道中线的形状、施工方法及地形条件。

直线隧道以单锁为主，三角点尽量靠近中线，条件许可时，可利用隧道中线作为三角锁的一边，以减少测量误差对横向贯通的影响。曲线隧道三角锁以沿两端洞口的连线方向布设较为有利；较短的曲线隧道可布设成中点多边形锁；长曲线隧道，包括一部分是直线、一部分是曲线的隧道，可布设成任意形式的三角形锁。

4. GPS 测量

用 GPS 定位技术作隧道地面控制测量，只需要在洞口外布点即可。对于直线隧道，洞口控制点应选在线路中线上，另外再布设两个定向点，定向点要与洞口点通视，便于引测进洞，但定向点间可不通视。对于曲线隧道，除洞口点外，还应在曲线的两个切线方向上选择两点作为 GPS 控制点，以便精确计算转向角。

GPS 控制测量时不要求点之间相互通视，而且对于网的图形也没有严格的要求，因此点的选择较传统的控制测量要简便，但 GPS 点要满足良好的接收信号的要求。由于 GPS 测量具有定位精度高、观测时间短、布网与观测简单，以及可以全天候作业等优点，在隧道地面控制测量中已得到广泛应用。

二、洞外高程控制测量

洞外高程控制测量的任务，是按照设计精度施测两相向开挖洞口附近水准点的高程，以便将整个隧道的统一高程系统引入洞内。而且，根据两洞口点间的高差和距离，可以确定隧道底面的设计坡度，并按设计坡度控制隧道底面开挖的高程。

洞外高程控制一般采用水准测量和光电测距三角高程测量。当山势陡峻采用水准测量困难时，也可采用光电测距三角高程的方法测定各洞口高程。每一个洞口应埋设不少于两个水准点，两水准点之间的高差，以安置一次水准仪即可测出为宜。两端洞口之间的距离大于 1 km 时，应在中间增设临时水准点，水准点间距以不大于 1 km 为宜。洞外高程控制通常采用三、四等水准测量方法，往返观测或组成闭合水准路线进行施测。

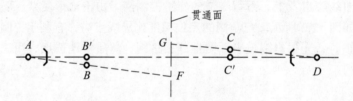

图 12.3   直线隧道进洞测量

水准线路应选择在连接两端洞口最平坦和最短的地段，以期达到设站少、观测快、精度高的要求。水准线路应尽量直接经过辅助坑道附近，以减少联测工作。水准点的埋设位置应尽可能选在能避开施工干扰、稳定坚实的地方。水准测量的精度，当两开挖洞口之间的水准路线长度短于 10 km 时，容许高程闭合差 $\Delta h = \pm 30\sqrt{L}$ (mm) （ L 为单程路线长度，单位为 km ）。若高程闭合差在限差以内，取其平均值作为测段之间的高差。

目前，光电测距三角高程测量已广泛使用，因此隧道高程控制测量与地面平面控制测量进行联合作业可减小外业的劳动强度。

第二节   隧道进洞测量

一、进洞测量

隧道贯通误差的大小，除与洞外、洞内控制测量的精度密切相关外，与隧道线路中线的测定精度也有密切关系。由于隧道横向贯通中误差只有几十毫米，线路中线测量的精度一般不能满足隧道横向贯通的精度要求。

图 12.3 所示为一直线隧道，A、B、C、D 为线路中线测量定出的四个转点，理论上应位于同一直线上，但因线路中线测量的精度远低于洞内、洞外控制测量的精度，实际上四点并不共线。在这种情况下，如果按照 AB 方向和 DC 方向进洞，即使洞内测量再不产生误差，AB、DC 延长之后在贯通面上的中线位置将分别为 F 和 G，仅仅由于线路中线测量误差而产生的贯通误差就有可能使其超限。因此，为了避免线路测量精度过低所导致的影响，通常是将 A、B、C、D 四点纳入地面控制网，或以必要的精度进行联测。这样就可以精确判定 A、B、C、D 四点是否位于同一直线上，也使各点的点位，各点之间的距离，各线段的坐标方位角具有较高的精度。

实际作业时，应将两端洞口点即 A 点和 D 点标定。A、D 两点的连线即作为隧道线路中线的平面理论位置，并以此为准。为了线路进洞照准方向方便，则可在两端洞口附近，在 AD 方向增设方向标，如可将 B 点移设至 B' 点，将 C 点移设至 C' 点。但 B'、C' 两点不能作为直线隧道的标准控制点使用，否则又会带来误差。当作为方向标使用时，B' 点距 A 点，C' 点距 D 点的距离不应过近，一般应在 200 m 以上。

对于曲线隧道也有类似的情况。如图 12.4 所示，该隧道进口端为曲线，出口端为直线。图中 A、B、C、D、E 为线路中线测量所设之点。由于测设精度较低，AB 与 ED 的延长线将不会交于 C 点，且在 C 点上测出的转角也有较大误差，由此计算的曲线测设元素也含有较大误差，如果根据这些数据进洞，会带来较大的贯通误差。因此，A、B、C、D、E 等各点也必须纳入地面控制网或与其进行联测，从而取得各点的精确坐标，然后即可确定各点及各线段之间的精密关系，并可反算出精确的转角值，以此推算曲线测设元素。根据这些精确的数据，才能避免线路测量误差的影响。

实际作业时，通常都是确定两端洞口外的曲线切线方向。确定的方法，可以在两洞口附近的地面上各定出切线上的两个控制点，通常称为转点，如图 12.4 中的 A、B 和 E、D 点。也可定出 A、C、E 3 点作为控制点，C 点作为两切线的交点。

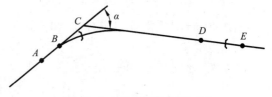

图 12.4　曲线隧道进洞测量

因此，无论直线隧道，还是曲线隧道，应先选定洞口控制点、切线控制点及曲线交点等作为线路标准控制点标定在地面上，再与地面控制网进行联测。这样，隧道线路中线就与洞外、洞内控制测量取得了紧密的关系。施工时，根据洞内设计点和洞口附近控制点之间的距离、角度和高差关系（测设数据），即可进行线路中线的计算，采用极坐标法或其他方法，测设洞内设计点位，从而指导隧道施工。

二、线路进洞关系数据的计算

线路进洞关系数据的计算，是指根据地面控制测量中所得到的洞口控制点的坐标及与之相联系的控制点的坐标和方向，计算进洞的数据，用以指示隧道的开挖方向。一般在直线段以线路中线作为 X 轴；曲线上则以一条切线方向作为 X 轴。

1. 直线进洞关系数据的计算

直线隧道通常在洞口设置两个控制点，如图 12.5 所示，A、B、C、D 为线路测量时设置的 4 个转点，A、D 作为两洞口标准控制点。在布设地面控制网时，将 4 点纳入网中，在得到四点的精密坐标值之后，即可反算 AB、CD 和 AD 的坐标方位角及直线长度。AD 与 AB 坐标方位角之差即为 β_1；DA 与 DC 坐标方位角之差即为 β_2，于是 B 点对于 AD 的垂距 BB'、C 点对于 AD 的垂距 CC' 可就计算出，即：

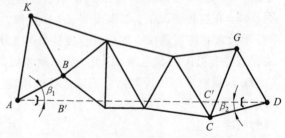

$$\left.\begin{array}{l} BB' = AB\sin\beta_1 \\ CC' = CD\sin\beta_2 \end{array}\right\} \qquad (12.2)$$

图 12.5　直线隧道控制点的移桩

为了测设 B' 点，可将经纬仪置于 B 点，后视 A 点，逆时针拨角（$90° - \beta_1$），按视线方向量出 BB' 长度取得 B' 点。同法可测设 C' 点，此时 B'、C' 即在 AD 直线上，B'、C' 即可作为方向标使用。以上 B'、C' 方向标的测设，通常称为隧道控制点的移桩。

线路进洞时，将经纬仪置于 A 点（D 点），瞄准 B' 点（C' 点），即得出进洞的方向。为了避免仪器轴系误差的影响，通常采用正倒镜分中定向的方法。洞内线路中线各点的坐标应根据标准控制点 A、D 的坐标计算，而不能使用 B'、C' 点计算。

当洞口仅设置一个控制点时，如图 14.5 所示的 A 和 D 点，这两点为标准控制点。只要将 A、D 点纳入地面控制网中，取得 A、D 两点的精密坐标值，即可反算出 AD 方向的坐标方位角。AK、DG 的坐标方位角也可通过坐标反算求得，$\angle KAD$ 和 $\angle GDA$ 也就可以算出。进洞时将经纬仪置于 A、D 点，即可后视 K、G 点拨角得到进洞的方向。

2. 曲线进洞关系数据的计算

曲线进洞时先计算洞口中线插点的测设数据，测设出该点，然后计算由该点进洞的数据，测设出该点的切线方向。

（1）圆曲线进洞。如图 12.6 所示，设 M、N、P、Q 为曲线两切线上的转点，是控制点，

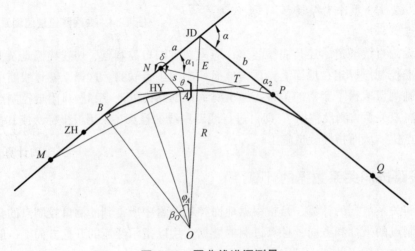

图 12.6　圆曲线进洞测量

336

已纳入地面控制网，它们的坐标已知。按照前面所述的圆曲线测设方法可计算出交点 JD、圆心 O、曲线上的主点的坐标。将曲线上的主点纳入地面控制网的坐标系，据此即可计算洞口曲线中线插点 A 的坐标。

曲线中线点 A 一般应选在距洞口位置数米至数十米的地方，该点的中线里程应为整桩号，且与地面其他控制点通视，且便于向洞内引测中线。

A 点坐标求得后，即可用极坐标法测设 A 点，计算 A 点的测设数据 δ 和 s。测设时将仪器置于 N 点上，后视 M 点，拨 δ 角，然后沿视线方向量取 s 距离，即得 A 点。

进洞方向实际上就是 A 点的切线方向，只要计算出图中的放样角 θ 即可。

$$\text{右 转：} \quad \alpha_{AT} = \alpha_{OA} + 90° \qquad \text{左 转：} \quad \alpha_{AT} = \alpha_{OA} - 90° \qquad (12.3)$$

$$\text{右 转：} \quad \theta = \alpha_{AT} - \alpha_{AN} \qquad \text{左 转：} \quad \theta = \alpha_{AN} - \alpha_{AT} \qquad (12.4)$$

将仪器置于 A 点，后视 N 点，拨 θ 角定出 A 点的切线方向。切线方向定出后，按 A 点里程和需要测设的曲线桩里程，用曲线测设的方法施测进洞。

（2）缓和曲线进洞。如图 12.7 所示，参照圆曲线进洞计算和缓和曲线的测设方法计算出交点坐标，然后根据 A 点里程按前面所讲缓和曲线计算公式计算 A 点的切线支距法坐标，再经坐标的旋转和平移，得出 A 点在地面坐标系中的坐标（x_A，y_A）。

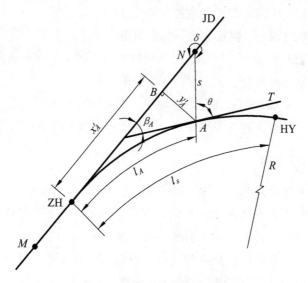

图 12.7　缓和曲线进洞测量

A 点的坐标求得后，再按照极坐标法测设 A 点。先计算测设数据 δ 和 s，测设方法均与圆曲线进洞相同。A 点切线方向的测设也需计算放样角 θ，但与圆曲线进洞时的计算方法不同，应按以下方法计算：

$$\theta = 90° + \beta_A - \angle BAN \qquad (12.5)$$

A 点的切线角 $\beta_A = \dfrac{l_A^2}{2Rl_s} \cdot \dfrac{180°}{\pi}$

$$\text{右转：} \angle BAN = \alpha_{AN} - \alpha_{AB} \qquad \text{左转：} \angle BAN = \alpha_{AB} - \alpha_{AN}$$

这样在 A 点上按计算所得 θ 角即可将 A 点的切线放出。

三、由洞外向洞内传递方向和坐标

为了加快施工进度，隧道施工中除了进、出口的两个开挖面外，还会用平行导坑、斜井、横洞或竖井来增加施工开挖面。为此就要经由它们布设导线，把洞外导线的方向和坐标传递给洞内导线，构成一个洞内、洞外统一的控制系统，这种导线称为联系导线，如图 12.8 所示。联系导线属支导线性质，其测角误差和边长误差直接影响隧道的横向贯通精度，故使用中必须多次精密测定、反复校核，确保无误。

当由竖井进行联系测量时，可以采用垂准仪光学投点、陀螺经纬仪定向的方法，来传递坐标和方位。

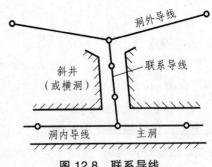

图 12.8　联系导线

四、由洞外向洞内传递高程

经由斜井或横洞向洞内传递高程时，可采用往返水准测量，当高差较差合限时取平均值的方法。由于斜井坡度较陡，视线很短，测站很多，加之照明条件差，故误差积累较大，每隔 10 站左右应在斜井边脚设一临时水准点，以便往返测量时校核。随全站仪的普及，现常用光电测距三角高程测量的方法来传递高程，大大提高了工作效率。

由竖井传递高程，是通过测量井深而将地面水准点的高程传递至井下的水准点，高程传递应独立进行两次，其互差应满足限差要求。竖井传递高程有以下两种方法：

1. 钢尺导入法传递高程

此法为传统的竖井传递高程的方法，即在井上悬挂一根经过检定的钢尺（或钢丝），尺零点下端挂一标准拉力的重锤，如图 12.9 所示，在井上、井下各安置一台水准仪，同时读取钢尺读数 l_1 和 l_2，然后再读取井上、井下水准点的尺读数 a、b，为避免钢尺上下移动对测量结果的影响，井上、井下读取钢尺读数 l_1 和 l_2 必须同时进行。变更仪器高，并将钢尺升高或降低，重新观测一次。观测时应量取井口和井下的温度。由此可求得井下水准点 B 的高程：

$$H_B = H_A + a - [(l_1 - l_2) + \Delta t + \Delta k] - b \qquad (12.6)$$

式中，H_A 为井上水准点 A 的高程；a、b 为井上、井下水准尺读数；l_1、l_2 为井上、井下钢尺读数，$L = l_1 - l_2$；Δk 为钢尺尺长改正数；Δt 为钢尺温度改正数，

$$\Delta t = \alpha L(t_{均} - t_0)$$

式中，α 为钢尺膨胀系数，取 $1.25 \times 10^{-5}/℃$；$t_{均}$ 为井上、井下平均温度；t_0 为钢尺检定时的温度。

2. 用光电测距仪传递高程

此法用光电测距仪代替钢尺测定竖井的深度，由于观测的是竖直距离，就需按仪器的外部轮廓加工一个支架，支架由托架和脚架组成，测量时将仪器平放在托架上，使仪器竖轴处于水平位置。

如图 12.10 所示，将光电测距仪安置在地面井口盖板上的特制支架上，并使仪器竖轴水平，望远镜竖直瞄准井下预置的反射棱镜，在测井深前，应将气象参数即温度和气压以及棱镜常数输入仪器，然后测出井深 h。在井上、井下各置一台水准仪。由地面上的水准仪在已知水准点 A 的水准尺上读取读数 a，在测距仪横轴位置（发射中心）立尺读取读数 b；由井下水准仪在洞内水准点 B 的水准尺上读取读数易 b'，将尺立于反射棱镜中心读取读数 a'。井下水准点 B 的高程为：

$$H_B = H_A + (a-b) - h + (a' - b') \qquad (12.7)$$

此法操作简便，精度高。

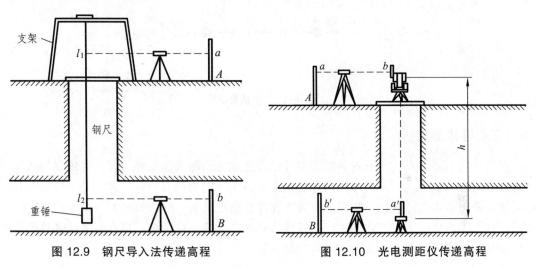

图 12.9　钢尺导入法传递高程　　　　　图 12.10　光电测距仪传递高程

第三节　洞内控制测量

隧道洞内控制测量包括平面控制测量和高程控制测量。隧道洞内施工放样是依据中线，随着开挖延伸长度的增加，中线纵向测量误差、横向测量误差、高程测量误差的累积，将会影响贯通质量。因此，除建立洞外控制系统外，还要建立洞内控制系统，将洞外建立的平面控制和高程控制传递到洞内，从而建立洞内控制点。其目的是依据洞内控制点的放样中线，可以及时修正隧道中线的偏差，控制掘进方向，保证洞内建筑物的精度和隧道施工中多向掘进的贯通精度。

一、洞内平面控制测量

由于隧道洞内场地狭窄，故洞内平面控制主要采用中线和导线两种形式。

（一）中线形式

中线形式是指用中线控制点直接进行施工放样。一般以定测精度测设出新点，测设中线点的距离和角度数据由理论坐标值反算，这种方法一般用于较短的隧道。若将上述测设的新点，再以高精度测角、量距，算出实际的新点精确点位，再和理论坐标相比较，若有差异，应将新点移到正确的中线位置上，这种方法可以用于曲线隧道 500 m、直线隧道 1 000 m 以上的较长隧道。

如图 12.11 所示，1、2、3、…为以定测精度测设的中线点，当掌子面距洞口较远，延伸中线精度不足时，可将中线点的某些点，例如 1、4、7、9 点以高精度测其水平角和水平距离，然后计算各点坐标并和这些点的理论坐标相比较，如果不符，再把这些导线点精密地移动到理论坐标位置上，中间各中线点 2、3、5、6、8 如果偏离中线不远，能保证放样精度时，不再移设，偏离中线较远的应加以移设。

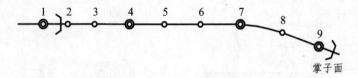

图 12.11　中线形式

（二）导线形式

洞内导线有多种形式，洞内导线需要随隧道的掘进不断向前延伸，即需要依据导线测设中线，进行施工放样。因此，对洞内导线的形式最主要的要求有两个：其一是尽可能有利于提高导线临时端点的点位精度；其二是每次在建立新点之前，必须检测前一个点的稳定性，及时观察由于山体压力或洞内施工、运输等影响而产生的点位位移，只有在确认老点没有发生变动时，才能用它来发展新点。洞内导线一般采取下列形式：

1. 单导线

一般用于短隧道，为了检核，导线必须独立进行 2 次以上的测量。如图 12.12 所示，A 点为地面平面控制点，1、2、3、4、…为洞内导线点。导线角采用左右角观测，即在一个导线点上，用半数测回观测左角（图中 α 角），半数测回观测右角（图中 β 角）。计算时再将所测角度统一归算为左角或右角，然后取平均值。观测右角时，仍以左角起始方向配置度盘位置。在左角和右角分别取平均值后，应计算该点的圆周角闭合差 Δ，且不大于规定的限差，即：

$$\Delta = \alpha_{i平} + \beta_{i平} - 360° \tag{12.8}$$

式中，$\alpha_{i平}$ 为导线点 i 左角观测值的平均值；$\beta_{i平}$ 为导线点 i 右角观测值的平均值。

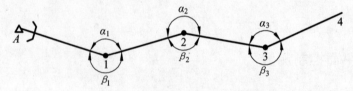

图 12.12　单导线左、右角观测法

2. 主、副导线环

如图 12.13 所示，双线为主导线，单线为副导线。副导线只测角不量距离，主导线既测角又量距离。闭合环角度平差后，对提高导线端点的横向点位精度很有利，并可对角度测量加以检查；同时根据角度闭合差还可以评定测角精度，节省了副导线大量的测边工作。但导线点坐标只能沿主导线进行传递。

洞内导线点一般采用地下挖坑，然后浇灌混凝土并埋入铁制标心的方法埋设，这与一般导线点的埋设方法基本相同。但是由于洞内狭窄，施工及运输繁忙，且照明差，桩志露出地面极易撞坏，故标石顶面应埋在坑道底面以下 10 ~ 20 cm 处，上面盖上铁板或厚木板。为便于找点，应在边墙上用红油漆注明点号，并以箭头指示桩位，做好点之记。导线点兼作高程点使用时，标心顶面应高出桩面 5 mm。洞内导线网如图 12.14 布设。

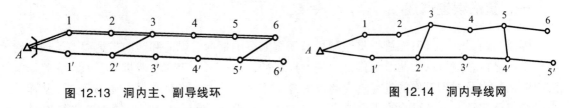

图 12.13　洞内主、副导线环　　　　　　　　　图 12.14　洞内导线网

二、洞内高程控制测量

洞内控制测量的目的，是为了在洞内建立一个与地面统一的高程系统，由洞口水准点向洞内布设水准路线，测定洞内各水准点高程，以作为隧道施工放样的依据，确保隧道在竖向正确贯通。可采用水准测量和光电测距三角高程测量。

洞内水准测量的方法与地面水准测量方法基本相同，但由于隧道施工的具体情况，又具有以下特点：

（1）在隧道贯通之前，洞内水准线路均为支水准线路，因此需用往返测量进行检核。由于洞内施工场地狭小，施工繁忙，还有水的浸害，会影响到水准标志的稳定性，故应经常性地由地面水准点向洞内进行重复的水准测量，根据观测结果以分析水准标志有无变动。

（2）有时为了测量需要，可将水准点埋设于坑道顶部或边帮上，观测时应倒立水准尺，记录的水准读数则为负值。

（3）为了满足洞内衬砌施工的需要，水准点的密度一般要达到安置仪器后，可直接后视水准点就能进行施工放样而不需要迁站的要求。洞内导线点也可用作水准点。一般情况下，每隔 200 ~ 500 m 设立一对高程控制点。

（4）隧道贯通后，在贯通面附近设置一个水准点 E（或选定中线点），由进、出口水准点 J、C 引进的水准线路均联测至 E 点上，如图 12.15 所示。这样，E 点就得到两个高程值 H_{JE} 和 H_{CE}，实际的高程贯通误差为

$$f_{\mathrm{h}} = H_{JE} - H_{CE} \tag{12.9}$$

当 f_{h} 不大于限差时，即可求取高程贯通点 E 的高程。若贯通面进口一侧与出口一侧的水准线路长度大致相等，则取 H_{JE} 与 H_{CE} 的算术平均值作为 E 点高程；若路线长度相差较大，则应取加权平均值，其权由水准线路长度而定。其他各水准点高程则按距离进口水准点或出口水准点的线路长度成比例进行调整。

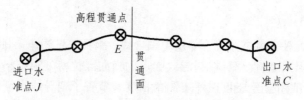

图 12.15 隧道贯通水准测量

第四节 隧道贯通误差的测定与调整

一、贯通误差概述

隧道贯通后，应及时地进行贯通测量，测定实际的横向、纵向和竖向贯通误差。误差在容许范围之内，就可认为测量工作已达到预期目的。不过，由于存在着贯通误差，它将影响隧道断面扩大及衬砌工作的进行。因此，应该采用适当的方法将贯通误差加以调整，从而获得一个对行车没有不良影响的隧道中线，并作为扩大断面、修筑衬砌以及铺设道路的依据。

如图 12.16 所示，E' 点为进口一端放出的贯通点，E'' 点为出口一端放出的贯通点，空间线段 $E'E''$ 称为隧道实际贯通误差。空间线段 $E'E''$ 在水平面上的投影称为实际平面贯通误差。水平线段 $E'E''$ 在贯通面上投影的线段 $E''P$ 称为横向贯通误差，在垂直于贯通面的方向上的投影线段长 $E'P$ 称为实际纵向贯通误差。E' 与 E'' 的高差称为实际高程贯通误差。在纵向方面所产生的贯通误差，一般对隧道施工和隧道质量不产生影响，高程要求的精度，使用一般水准测量方法即可满足；而横向贯通误差（在平面上垂直于线路中线方向）的大小，则直接影响隧道的施工质量，严重者甚至会导致隧道报废。所以一般说贯通误差，主要是指隧道的横向贯通误差。

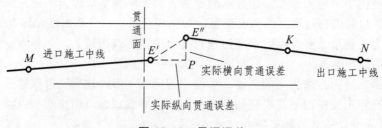

图 12.16 贯通误差

二、纵、横向贯通误差的测定方法

1. 中线法贯通的隧道

当隧道贯通之后，应从相向测量的两个方向各自向贯通面延伸中线，并各钉一个临时桩 E' 与 E''，见图 12.16，由两端中线分别延伸中线至贯通面，按贯通面的里程钉一个中线点，量取两点横向距离 $E''P$ 为横向贯通误差，量取两点的纵向距离 $E'P$ 为纵向贯通误差。此方法对于直线隧道与曲线隧道均适用，只是曲线隧道贯通面方向是指贯通面所在曲线处的法线方向。

2. 导线法贯通的隧道

用导线作洞内平面控制的隧道时，可在实际贯通点附近设 1 个临时中线桩 E，见图 12.16，分别由进出口导线测出其坐标。分别为（$x_{E进}$，$y_{E进}$）和（$x_{E出}$，$y_{E出}$），直线隧道是以线路中线方向作为 X 轴，则实际贯通误差由下式计算得出：

$$f_{贯} = \sqrt{(x_{E出} - x_{E进})^2 + (y_{E出} - y_{E进})^2} \tag{12.10}$$

横向、纵向贯通误差分别为：

$$\left.\begin{array}{l} f_{横} = y_{E出} - y_{E进} \\ f_{纵} = x_{E出} - x_{进} \end{array}\right\} \tag{12.11}$$

如果是曲线隧道，如图 12.17 所示，设贯通面方向与实际贯通误差 f 方向的夹角为 φ，可按下式计算：

$$\varphi = \alpha_f - \alpha_{贯} = \arctan\frac{y_{E出} - y_{E进}}{x_{E出} - x_{进}} - \alpha_{贯} \tag{12.12}$$

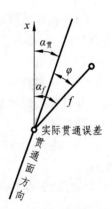

图 12.17 曲线隧道的贯通误差

式中，$\alpha_{贯}$ 为贯通面方向的坐标方位角，可根据贯通点在曲线上的里程计算。在 φ 角算得后，即可计算横向、纵向贯通误差

$$\left.\begin{array}{l} f_{横} = f\cos\varphi \\ f_{纵} = f\sin\varphi \end{array}\right\} \tag{12.13}$$

3. 方位角贯通误差

如图 12.18 所示，将仪器安置在 E 点上，测出转折角 β，将进、出口两边的导线连通，就能求出导线的角度闭合差，这里称为方位角贯通误差，它表示测角误差的总影响。

图 12.18 导线控制的贯通误差

三、贯通误差的调整

调整贯通误差，原则上应在隧道未衬砌地段上进行，一般不再变动已衬砌地段的中线。未衬砌地段的工程，在中线调整之后，均应以调整后的中线指导施工。

（一）按导线法贯通的调整方法

如图 12.19 所示，自进口控制点 J 至导线点 A 为进口一端已建立的洞内导线；自出口控

制点 C 至导线点 B 为出口一端已建立的洞内导线，这些地段已由导线测设出中线，并据此衬砌完毕。A、B 之间是未衬砌的调线地段。调整方法如下：

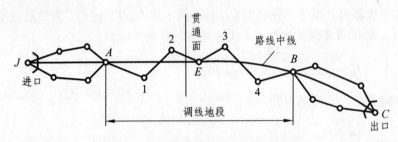

图 12.19　洞内导线贯通后的误差调整

（1）在隧道贯通后，以 A、B 两点作为已知点，在其间构成含贯通点 E 的附合导线，以附合导线 A-1-2-E-3-4-B 计算角度闭合差（即方位角贯通误差），将闭合差平均分配至衬砌地段的各导线角。

（2）以调整后的角度，推算附合导线各边的坐标方位角，进而与边长推算各边的坐标增量，并计算坐标增量闭合差 f_x、f_y（对于直线隧道，中线方向为 X 轴方位，f_x、f_y 即是纵、横向贯通误差）。

（3）将 f_x、f_y 按与边长成比例的原则对各边的坐标增量进行改正，最后算出调整后的各点坐标。

（4）以调整后的坐标放样未衬砌的地段施工中线。

（二）按中线法贯通的调整方法

1. 折线法调整直线地段

如图 12.20 所示，在调线地段两端各选一中线点 A 和 B，连接 AB 形成一条折线。若因调线而产生的转折角 β_1 和 β_2 在 5′ 之内，即可将此折线视为直线；如果转折角在

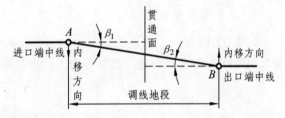

图 12.20　调线地段为直线采用折线法调整

5′~25′ 时，则按表 12.2 中的内移量将 A、B 两点内移；如果转折角大于 25′ 时，则应加设半径为 4 000 m 的圆曲线。

表 12.2　转折角 5′~25′ 时的内移量

转折角/（′）	内移量/mm	转折角/（′）	内移量/mm
5	1	20	17
10	4	25	16
15	10		

2. 圆曲线地段调线

当调线地段全部位于圆曲线上时，应根据实际横向贯通误差，由调线地段圆曲线的两端向贯通面按长度比例调整中线位置，如图 12.21 所示。

3. 贯通点在曲线始、终点附近时的调整

调线地段有直线和曲线，贯通点在曲线始、终点附近时，将曲线始、终点的切线延伸，理论上应与贯通面另一侧的直线重合。但是，由于贯通误差的存在，实际出现的情况是既不重合，也不平行。因此，通常应先将两者调整平行，然后再调整，使其重合。

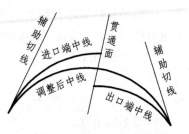

图 12.21 调线地段为圆曲线的

（1）调整圆曲线长度法。如图 12.22 所示，进口端曲线的 HZ 点在贯通面附近，由 HZ 点继续向前延伸切线时，此切线与出口端为直线的中线相交于 K 点，其交角为 β，为使曲线切线平行于出口端中线，可将圆曲线增加或减少一段弧长（图中为增加。增加与减少取决于 β 角的正负。β 角为正值需增加，反之需减少。β 角的计算见下文），使这段弧长所对的圆心角等于 β。这样，YH 点移至 YH′ 点，HZ 点移至 HZ′ 点，而由 HZ′ 点做出的切线必然由原切线方向旋转一 β 角，而与出口端中线平行。此时交点由 JD 移至 JD′，转角由 α 增加一 β 值而变为 α'，切线长也相应增加。

β 角值采用以下方法计算：

图 12.23 所示为图 12.22 所示的局部放大图。为求得 β 角值，由 HZ 点沿切线延伸至 C 点，量出 HZ 点至 C 点的长度为 l，由 HZ 点和 C 点分别量出至出口端中线的垂距 d_1 和 d_2，β 角即可算出：

$$\beta = \frac{d_1 - d_2}{l} \rho''\tag{12.14}$$

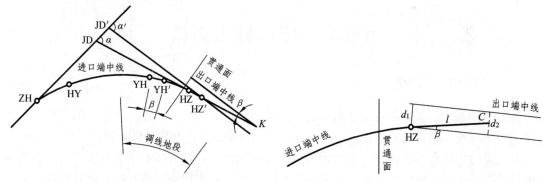

图 12.22 调整圆曲线长度法　　　　　**图 12.23 β 角值计算关系**

计算的 β 角的精度与测量 d_1、d_2 的精度以及 l 的长度有关。一般情况下，d_1、d_2 的测量中误差应达到 ± 1 mm。对于 l 的长度，若 β 角欲达到 $10''$ 的精度，应不短于 60 m；若 β 角欲达到 $30''$ 的精度，l 应不短于 20 m；若 β 角欲达到 $1'$ 的精度，l 应不短于 5 m，l 丈量精度可精确至 cm。

设圆曲线半径为 R，圆曲线需增、减的弧长为：

$$L = R\beta / \rho\tag{12.15}$$

由上述可以看出，当 $d_1 > d_2$，β 为正值，L 也为正值，圆曲线需增长；反之，当 $d_1 < d_2$，β 为负值，L 也为负值，圆曲线就需减短。

调整平行后应进行检核。由 HZ' 点延长切线，其长度不小于 20 m，量取延长切线两端点至出口端中线的垂距 d_1 和 d_2，若 $d_1 = d_2$，说明两切线平行。其间距 $S = d_1 = d_2$。

（2）调整曲线始、终点法。如图 12.24 所示，JD' 和 HZ' 为调整平行后交点和缓直点所处的位置。欲将调整平行后的切线与出口端中线重合，只需将曲线的 ZH 点沿其切线方向连同整个曲线推移一段距离 m。此时，ZH 移至 ZH'，HZ' 移至 HZ"，这样两端中线就完全重合。m 值可按下式求得：

$$m = \frac{s}{\sin \alpha'} \qquad (12.16)$$

式中，s 为调整平行后的切线与出口端中线的距离；α' 为调整平行后的转角。

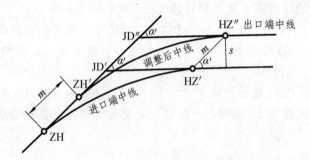

图 12.24　调整曲线始、终点法

第五节　隧道施工测量

一、洞内中线测量

隧道洞内施工，是以中线为依据来进行。隧道掘进洞内之后，首先需建立临时中线，以指导导坑的开挖，随后应测设正式中线，指导隧道的全面开挖和作为隧道衬砌工程的依据。

洞内临时中线点的埋设，一般采用混凝土包裹木桩，在其上钉上小钉的桩志，点名为该点的里程桩号。正式中线点的桩志与洞内导线点的桩志形式相同，为混凝土金属标志，但一般可利用已埋设的临时中线点桩志，重新测定后使用。

中线点的间距应根据规范要求和施工需要而定。一般在直线地段，临时中线点为 20 ~ 40 m 一个点，正式中线点为 90 ~ 150 m 一个点；在曲线地段，临时中线点为 10 ~ 30 m 一个点，正式中线点为 60 ~ 100 m 一个点。隧道中线的测设方法有下列两种：

1. 由导线测设中线

用精密导线进行洞内隧道控制测量时，为便于施工，应根据导线点位的实际坐标和中线点的理论坐标，反算出距离和角度，利用极坐标法，根据导线点测设出中线点。由导线建立新的中线点之后，还应将经纬仪安置在已测设的中线点上，测出中线点之间的夹角，将实测的检查角与理论值相比较；另外实量 4 ~ 5 点的距离，也可与理论值比较，作为另一种检核，确认无误即可挖坑埋入带金属标志的混凝土桩。

若使用全站仪进行洞内中线测设，只要计算出中线点的坐标，输入全站仪，在测设时，仪器通过操作会自动转换为极坐标，无须再自行计算。

2. 中线法

用中线法测设中线点，在直线上应采用正倒镜分中法延伸直线；在曲线上由于洞内空间狭窄，一般采用偏角法或弦线支距法、弦线偏距法等。

二、隧道施工放样

开挖钻爆作业之前，应根据临时中线点用串线法或仪器照准的方法，在开挖断面上从上而下绘出线路中线，以白灰水、红油漆或其他方法标绘出来，然后根据这条中线，按设计断面尺寸，在开挖面上绘出断面轮廓线，测定断面的顶和底线，最后再根据断面轮廓线及中线布置炮眼。

（一）开挖断面测量

开挖断面必须确定断面各部位的高程，通常采用的方法称腰线法。所谓腰线是指用红油漆在坑壁上画一粗线，以作为开挖的高程标志。腰线高程一般以起拱线高程加 1 m 或轨顶（路面）高程加 1 m。由于隧道洞内有一定坡度，所以在高程测量时应计算出相距 5~10 m 的高程，标注腰线位置，施工人员可根据腰线放出坡度和各部位的高程。

如图 12.25 所示，将水准仪置于开挖面附近，后视已知水准点 P 读数 a，即得仪器视线高程：

$$H_i = H_P + a \qquad (12.17)$$

根据腰线点 A、B 的设计高程，可分别计算出 A、B 点与仪器视线间的高差 Δh_A、Δh_B：

$$\left. \begin{array}{l} \Delta h_A = H_A - H_i \\ \Delta h_B = H_B - H_i \end{array} \right\} \qquad (12.18)$$

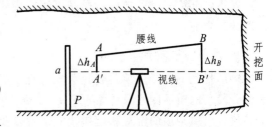

图 12.25 腰线法测定开挖断面高程

先在边墙上用水准仪放出与视线等高的两点 A'、B'，然后分别量测 Δh_A、Δh_B，即可定出点 A、B，A、B 两点间的连线即是腰线。根据腰线就可以定出断面各部位的高程及隧道的坡度。

（二）拱部边墙放样

拱部断面的轮廓线一般用五寸台法测出。如图 12.26 所示，自拱顶外线高程起，沿线路中线向下每隔 0.5 m 向左、右两侧测量其设计支距，然后将各支距端点连接起来，即为拱部断面的轮廓线。在隧道的直线地段，隧道中线与路线中线重合一致，开挖断面的轮廓左、右支距（指与中线的垂直距离）也相等。在曲线地段，隧道中线由路线中线向圆心方向内移一个 d 值。由于标定在开挖面上的中线是依路线中线标定的，因此在标绘轮廓线时，内侧支距应比外侧支距大 $2d$。

墙部的放样采用支距法，如图 12.27 所示。曲墙地段自起拱线高程起，沿路线中线向下每隔 0.5 m 向左、右两侧按设计尺寸测量支距。直墙地段间隔可大些，可每隔 1 m 测量支距定点。如隧道底部设有仰拱时，可由路线中线起，向左、右每隔 0.5 m 由轨面（路基）高程向下量出设计的开挖深度。

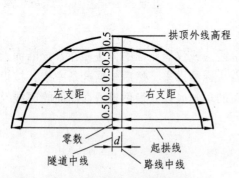

图 12.26　隧道曲线地段拱部断面（mm）

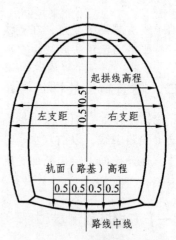

图 12.27　隧道断面（mm）

施工断面各部位高程的确定应考虑允许的施工误差，一般起拱线、内拱顶和外拱顶高程，均需增加 5 cm，有时为防止掘进中底部开挖超高处理困难，采取将底部高程降低 10 cm。

（三）衬砌放样

隧道各部位衬砌的放样，是根据线路中线、起拱线及路基高程定出其断面尺寸。所以在衬砌放样之前，首先应对这三条基本线进行复核检查。

1. 拱部衬砌放样

拱部衬砌的放样主要是将拱架安置在正确位置上。拱部分段进行衬砌，一般按 5～10 m 进行分段，地质不良地段可缩短至 1～2 m。拱部放样根据线路中线点及水准点，用经纬仪和水准仪放出拱架顶的位置和起拱线的位置以及十字线（是指线路中线与其垂线所形成的十字线，在曲线上则是线路中线的切线与其垂线所形成的十字线），然后将分段两端的两个拱架定位。

拱架定位时，应将拱架顶与放出的拱架顶位置对齐，并将拱架两侧拱脚与起拱线的相对位置放置正确。两端拱架定位并固定后，在两端拱架的拱顶及两侧拱脚之间绷上麻线，据以固定其间的拱架。在拱架逐个检查调整后，即可铺设模板衬砌。

2. 边墙及避人洞的衬砌放样

边墙衬砌先根据线路中线点和水准点，按施工断面各部位的高程，用仪器放出路基高程、边墙基底高程及边墙顶高程，对已放过起拱线高程的，应对起拱线高程进行检核。如为直墙，可以校准的线路中线按设计尺寸放出支距，即可立模衬砌。如为曲墙，可先按 1∶1 的大样制出曲墙模型板，然后从线路中线按算得的支距安设曲墙模型板进行衬砌。

避人洞的衬砌放样与隧道的拱、墙放样基本相同。其中心位置是按设计里程，由线路中线放垂线（即十字线）定出。

3. 仰拱和铺底放样

仰拱砌筑时的放样，是先按设计尺寸制好模型板，然后在路基高程位置绷上麻线，再由麻线向下量支距，定出模型板位置。

隧道铺底时，是先在左、右边墙上标出路基高程，由此向下放出设计尺寸，然后在左、右边墙上绷以麻线，以此来控制各处底部是否挖够了尺寸，之后即可铺底。

4. 洞门仰坡放样

隧道施工之前有路堑边坡和洞门仰坡的放样工作，路堑边坡的放样已在"线路测量"一章叙述，这里仅介绍洞门仰坡放样。

仰坡与边坡在坡面上的放样方法相同，即先把仰坡的坡脚线（相当于边坡的路肩线）按设计数据在地面上确定下来，得到坡脚线高程和平面位置之后，再根据设计的仰坡坡度，即可确定。

三、隧道竣工测量

隧道竣工后，为了检查主要结构物和建筑物以及线路位置是否符合设计要求，并提供竣工文件所需的资料，也为将来运营中的维修工程等提供测量控制点，必须进行竣工测量。

在进行竣工测量时，首先进行中线测量，从隧道一端测至另一端。在测量时，直线地段每 50 m 的点，曲线地段每 20 m 的点，以及以后需要加测的断面处，如洞身断面变换处和衬砌类型变换处，应打临时中线桩或标志。如遇施工中埋设的中线点标志，即进行检测。在检测时应该对其里程及其与中线的偏差进行检测。此外，对洞身断面变换处和衬砌类型变换处的里程也应核对。当隧道中线统一检测闭合后，在直线地段每 200~250 m、曲线上的主点，均应埋设永久中线桩。

洞内每 1 km 应埋设一个水准点，短于 1 km 的隧道应至少埋设一个或两端洞门附近各设一个。洞内水准点应附合到洞外水准点上，平差后确定各点高程。

中线点应在边墙上标明点的名称及里程，水准点应在边墙上标明点的编号和高程，以便以后养护维修时使用。

中线测量已在欲测断面处打有临时中线桩，据以测绘每个断面处隧道的实际净空，包括拱顶高程，线路中线左、右起拱线的宽度，铺底或仰拱高程，铁路隧道测量轨顶水平宽度。测量的方法一般采用支距法，以线路中线为准。最后应绘出断面净空图。

思考题与习题

1. 隧道测量的主要任务是什么？为什么要进行隧道洞外、洞内控制测量？
2. 隧道贯通误差包括哪些内容？
3. 洞内控制测量一般采用什么形式？
4. 贯通误差是如何测定和调整的？
5. 隧道竣工测量的内容有哪些？

参考文献

[1] 覃辉，伍鑫. 土木工程测量[M]. 第五版. 上海：同济大学出版社，2019.

[2] 王兆祥. 铁道工程测量[M]. 北京：中国铁道出版社，2008.

[3] 聂让，付涛. 公路施工测量手册[M]. 北京：人民交通出版社，2008.

[4] 曹智翔，邓明镜. 交通土建工程测量[M]. 第二版. 成都：西南交通大学出版社，2008.

[5] 徐绍铨等. GPS 测量原理及应用[M]. 第二版. 武汉：武汉大学出版社，2008.

[6] 冯大福，吴继业. 数字测图[M]. 重庆：重庆大学出版社，2021.

[7] 张冠军，张志刚，于华. GPS RTK 测量技术实用手册[M]. 北京：人民交通出版社，2014.

[8] 陈立春. 工程测量[M]. 北京：人民交通出版社，2021.

[9] 姜远文，唐平英. 道路工程测量[M]. 北京：机械工业出版社，2002.

[10] 李仕东. 工程测量[M]. 第二版. 北京：人民交通出版社，2007.

[11] 中国有色金属工业协会，中华人民共和国住房和城乡建设部. 工程测量标准（GB 50026—2020）[S]. 北京：中国计划出版社，2020.

[12] 中铁二院工程集团有限责任公司，国家铁路局. 铁路工程测量规范（TB 10101—2018）[S]. 北京：中国铁道出版社，2019.

[13] 中国铁路设计集团有限公司. 铁路工程测量手册. 北京：人民交通出版社，2018.

[14] 中华人民共和国交通部. 公路勘测规范（JTG C10—2007）[S]. 北京：人民交通出版社，2006.

[15] 中华人民共和国交通部. 公路工程技术标准（JTG B01—2003）[S]. 北京：人民交通出版社，2004.